Prozessmodell für den Werkzeugbau im iterativen Produktentwicklungsprozess

Process Model for Tool Making in an Iterative Product Development Process

Von der Fakultät für Maschinenwesen
der Rheinisch-Westfälischen Technischen Hochschule Aachen
zur Erlangung des akademischen Grades eines
Doktors der Ingenieurwissenschaften
genehmigte Dissertation

vorgelegt von

Johan Daniel Matthias de Lange

Berichter:

Univ.-Prof. Dr.-Ing. Dipl.-Wirt. Ing. Günther Schuh
Univ.-Prof. Dr.-Ing. Thomas Bergs

Tag der mündlichen Prüfung: 01. September 2020

ERGEBNISSE AUS DER PRODUKTIONSTECHNIK

Johan de Lange

Prozessmodell für den Werkzeugbau im iterativen Produktentwicklungsprozess

Herausgeber:
Prof. Dr.-Ing. T. Bergs
Prof. Dr.-Ing. Dipl.-Wirt. Ing. G. Schuh
Prof. Dr.-Ing. C. Brecher
Prof. Dr.-Ing. R. H. Schmitt

Band 23/2020

WZL | RWTH AACHEN UNIVERSITY

Fraunhofer IPT

Bibliografische Information der Deutschen Nationalbibliothek
Die Deutsche Nationalbibliothek verzeichnet diese Publikation in der Deutschen Nationalbibliografie; detaillierte bibliografische Daten sind im Internet über https://portal.dnb.de abrufbar.

Johan de Lange:

Prozessmodell für den Werkzeugbau im iterativen Produktentwicklungsprozess

1. Auflage, 2020

Gedruckt auf holz- und säurefreiem Papier, 100% chlorfrei gebleicht.

Apprimus Verlag, Aachen, 2020
Wissenschaftsverlag des Instituts für Industriekommunikation und Fachmedien an der RWTH Aachen
Steinbachstr. 25, 52074 Aachen
Internet: www.apprimus-verlag.de, E-Mail: info@apprimus-verlag.de

Druck: KN Digital Printforce GmbH, Stuttgart

ISBN 978-3-86359-898-3

D 82 (Diss. RWTH Aachen University, 2020)

Vorwort

Die vorliegende Dissertation entstand während meiner Arbeit als wissenschaftlicher Mitarbeiter am Lehrstuhl für Produktionssystematik des Werkzeugmaschinenlabors WZL der Rheinisch-Westfälischen Technischen Hochschule (RWTH) Aachen. Mein erster Dank gilt daher dem Inhaber des Lehrstuhls für Produktionssystematik, Herrn Professor Günther Schuh. Durch sein in mich und meine Arbeit gesetztes Vertrauen wurde mir die Promotion ermöglicht. Das von ihm geschaffene inspirierende und innovative Umfeld war die wesentliche Grundlage zum Gelingen dieser Arbeit.

Mein weiterer Dank gilt Herrn Professor Thomas Bergs für die Übernahme des Korreferats. Bei Herrn Professor Detlef Stolten bedanke ich mich für die Übernahme des Vorsitzes der Prüfungskommission sowie bei Herrn Professor Johannes Schleifenbaum für die Übernahme des Beisitzes.

Die praxisnahe Zusammenarbeit mit der WBA Aachener Werkzeugbau Akademie GmbH und ihrem Netzwerk von Partnerunternehmen aus der Branche Werkzeugbau war ein wesentlicher Erfolgsfaktor für das Gelingen meiner Promotion. Für das Schaffen dieses Branchennetzwerks sowie der vielfältigen Möglichkeiten eines praxisnahen Austauschs danke ich besonders Professor Wolfgang Boos sowie allen weiteren Mitarbeitern der WBA. Darüber hinaus danke ich im Speziellen Herrn Dr. Sven Holsten von der Phoenix Contact GmbH & Co. KG sowie Herrn Holger Löffler von der Vorwerk Elektrowerke GmbH & Co. KG für die konstruktive Zusammenarbeit in gemeinsamen Projekten.

Einen ganz besonderen Dank richte ich an meine ehemaligen Kollegen und Freunde aus der Abteilung Unternehmensentwicklung des WZL: Dr. Martin Pitsch, Dr. Thomas Kühn, Dr. Michael Salmen, Dr. Thomas Kuhlmann, Dr. Tobias Hensen, Dr. Advan Begovic, Maximilian Stark, Dr. Felix Rittstieg, Dr. Christoph Kelzenberg, Jan Wiese, David Goertz, Jens Helbig, Felix Stracke, Dr. Thilo Schultes, Max Busch, Christoph Ebbecke, Julian Boshof, Tim Graberg, Niklas Kessler, Tim Ochel, Christoph Frey und Bernd Haase. Mit ihnen teile ich Erinnerungen an viele spannende Dienstreisen, persönliche Unternehmungen und insbesondere fachliche Diskussionen. Außerdem danke ich meinen studentischen Mitarbeitern und Abschlussarbeitern für ihren unermüdlichen Einsatz und neue Denkanstöße.

Mein größter Dank gilt zuletzt meiner Familie, insbesondere meinen Eltern, meiner Schwester und meiner Partnerin Patricia. Sie haben mich jederzeit nach vollen Kräften unterstützt und durch ihre persönlichen Ratschläge und selbstlose Unterstützung zu dem Gelingen meines Promotionsvorhabens beigetragen.

Düsseldorf, im August 2020 Johan de Lange

Kurzfassung

Der Produktentwicklungsprozess ist ein zentraler Prozess produzierender Unternehmen. Innovative Produkte schnell und effektiv zu entwickeln und in die Serienproduktion zu überführen, stellt ein wichtiges Differenzierungsmerkmal im Wettbewerb dar. Der Werkzeugbau ist für die Entwicklung und Fertigung von Werkzeugen zuständig und daher als wesentliches Element in diesen Prozess eingebunden. Im klassischen, sequenziellen Prozessverständnis von Produktentwicklung und Werkzeugbau werden zunächst alle nicht-werkzeugbezogenen Entwicklungsschritte der Produktentwicklung durchgeführt. Anschließend erfolgen Werkzeugentwicklung und -herstellung durch den Werkzeugbau. Ziel von iterativen Produktentwicklungsprozessen ist es jedoch, den Werkzeugbau in die Produktentwicklung zu integrieren und einen teilweise parallelen Ablauf von nicht-werkzeugbezogenen Entwicklungsschritten und Werkzeugbau durchzuführen. Dadurch soll eine Flexibilisierung und Beschleunigung des gesamten Produktentwicklungsprozesses erreicht werden. Eine entsprechende gezielte Integration in einen iterativen Produktentwicklungsprozess stellt für Werkzeugbaubetriebe, die zumeist als eigenständige organisatorische Einheiten oder externe Unternehmen aufgestellt sind, eine äußerst komplexe Herausforderung dar.

Im Rahmen dieser Dissertation wurde ein organisatorisches Rahmenwerk zur gezielten Integration des Werkzeugbaus in iterative Produktentwicklungsprozesse erarbeitet. Der entwickelte Lösungsansatz ist als ein allgemeingültiges Gestaltungsmodell konzipiert, welches die prozessuale Gestaltung der Integration des Werkzeugbaus fokussiert und somit als Prozessmodell definiert wird. Eine übergeordnete Strukturierung liefert die Phaseneinteilung des Prozessmodells in die vier übergeordneten Phasen Engineering Support, Prototypen, Nicht-Serienwerkzeuge und Serienwerkzeuge. Darüber hinaus ist das Prozessmodell in sechs Gestaltungselemente mit jeweils weiteren zugeordneten Gestaltungsaspekten strukturiert. Die zentralen Gestaltungselemente sind Entwicklungsphasen mit Entwicklungsschritten, Entwicklungsziele, Entwicklungsleistungen des Werkzeugbaus, Ablauf- und Iterationsbedingungen, Wissensweitergabe und -rückführung sowie digital vernetzte Prozesssteuerung. Durch umfangreiche Gestaltungsempfehlungen, die für die einzelnen Gestaltungselemente entwickelt wurden, kann das Prozessmodell für den unternehmensspezifischen Anwendungsfall ausdetailliert und in der Praxis eingesetzt werden.

Zur Sicherstellung der Anwendbarkeit wurde das Prozessmodell in zwei Fallbeispielen bei den Unternehmen Phoenix Contact GmbH & Co. KG und Vorwerk Elektrowerke GmbH & Co. KG erfolgreich validiert. Das entwickelte Prozessmodell liefert Werkzeugbaubetrieben somit ein praxistaugliches organisatorisches Rahmenwerk, um die Strukturen für eine gezielte und erfolgreiche Integration in den iterativen Produktentwicklungsprozess zu schaffen.

Abstract

The product development process is a central process of manufacturing companies. Developing innovative products fast and effectively as well as transferring them into series production, is a critical competitive factor. Tool making being responsible for the development and manufacturing of tools is an essential element in this process. In the classical, sequential process understanding of product development and tool making, all non-tool-related development steps are performed first. Afterwards, tool development and tool manufacturing are conducted by the tool shop. The objective of iterative product development processes is to integrate tool making into product development and to follow a partially parallel sequence of non-tool-related development steps and tool making steps. This approach is intended to create a more flexible and faster product development process. Yet, a corresponding targeted integration into an iterative product development process represents an extremely complex challenge for tool shops, which are usually set up as independent organizational units or external companies.

In the context of this dissertation, an organizational framework for the targeted integration of tool making into an iterative product development processes has been created. The developed solution is conceptualized as a universal design model. It focuses on the process-related design of the integration of tool making and is thus defined as a process model. The process model is structured into four superordinate phases: engineering support, prototypes, non-series tools, and series tools. In addition, the process model is divided into six design elements: development phases with development steps, development goals, development services of tool making, sequence and iteration conditions, knowledge transfer and feedback, as well as digitally connected process control. Each design element is detailed with further assigned design aspects. The extensive design recommendations, developed for the individual design elements, allow the process model to be detailed for company-specific application and to be put into practice.

To ensure the applicability, the process model has been tested with two case studies at the companies Phoenix Contact GmbH & Co. KG and Vorwerk Elektrowerke GmbH & Co. KG. Both cases have been successfully validated. The developed process model thus provides tool shops with a practical organizational framework to create the structures for a targeted and successful integration into an iterative product development process.

I Inhaltsübersicht

II Inhaltsverzeichnis

III Abbildungsverzeichnis

IV Abkürzungsverzeichnis

3DP	3D-Printing (englisch: 3D-Drucken)
AM	Additive Manufacturing (englisch: additive Fertigung)
AR	Augmented Reality (englisch: erweiterte Realität)
ARIS	Architektur integrierter Informationssysteme
Aufl.	Auflage
BDE	Betriebsdatenerfassung
bzgl.	bezüglich
bzw.	beziehungsweise
ca.	circa
CAD	Computer-Aided Design (englisch: Computer-gestützte Konstruktion)
CAE	Computer-Aided Engineering (englisch: Computer-gestützte Entwicklung)
CAM	Computer-Aided Manufacturing (englisch: Computer-gestützte Fertigung)
CAP	Computer-Aided Planning (englisch: Computer-gestützte Planung)
CAQ	Computer-Aided Quality (englisch: Computer-gestütztes Qualitätsmanagement)
CAx	Computer-Aided Everything (englisch: Computer-gestütztes Alles)
CFD	Computational Fluid Dynamics (englisch: numerische Strömungsuntersuchung)
CNC	Computerized Numerical Control (englisch: computerisierte numerische Steuerung)
CPPS	Cyber-physisches Produktionssystem
CPS	Cyber-physisches System
d. h.	das heißt
DIN	Deutsche Industrienorm bzw. Deutsches Institut für Normung
DMU	Digital Mock Up (englisch: digitale Attrappe)
DSM	Design Structure Matrix (englisch: Entwicklungsstrukturmatrix)
ECO	Engineering Change Order (englisch: Änderungsprozess in der Entwicklung)
EBM	Electro Beam Melting (englisch: Elektronenstrahlschmelzen)
EPK	Ereignisgesteuerte Prozesskette
ERM	Entity-Relationship Model (englisch: Objektbeziehungsmodell)
ERP	Enterprise Resource Planning (englisch: Unternehmensressourcenplanung)
ESI	Early Supplier Involvement (englisch: frühzeitige Zuliefererereinbindung)
et al.	et alii (lateinisch: und weitere)
etc.	et cetera (lateinisch: und die übrigen)
f.	folgende Seite
F&E	Forschung und Entwicklung

FEM	Finite Elemente Methode
ff.	fortfolgende Seiten
FLM	Fused Layer Modeling (englisch: Extrusionsverfahren)
FMEA	Failure Mode and Effects Analysis (englisch: Fehlermöglichkeits- und -einflussanalyse)
FOPD	Function Oriented Product Development (englisch: funktionsorientierte Produktentwicklung)
ggf.	gegebenenfalls
GoM	Grundsätze ordnungsmäßiger Modellierung
GTIS	Global Tool Shop Information System (englisch: globales Werkzeugbauinformationssystem)
Hrsg.	Herausgeber
i. A. a.	in Anlehnung an
i. d. R.	in der Regel
inkl.	inklusive
IoTS	Internet of Things and Services (englisch: Internet der Dinge und Dienste)
IPE	Integrierte Produktentwicklung
Jg.	Jahrgang
KI	Künstliche Intelligenz
LLM	Layer Laminate Manufacturing (englisch: Schicht-Laminat-Verfahren)
max.	maximal
MDE	Maschinendatenerfassung
MKS	Mehrkörpersimulation
MS	Meilenstein
MVP	Minimum Viable Product (englisch: mindest-praktikables Produkt)
NC	Numerical Control (englisch: numerische Steuerung)
Nr.	(Heft-)Nummer
NVH	Noise Vibration and Harshness (englisch: Akustik- und Schwingungsanalyse)
PDM	Produktdatenmanagement
PE	Produktentwicklung
PEP	Produktentstehungsprozess
PFEM	Product Family Evolution Model (englisch: Evolutionsmodell der Produktfamilie)
PLM	Product Lifecycle Management (englisch: Produktlebenszyklusverwaltung)
PPS	Produktionsplanung und Steuerung
R&D	Research and Development (englisch: Forschung und Entwicklung)
S.	Seite(n)
SADT	Structured Analysis and Design Technique (englisch: Strukturierte Analyse- und Konstruktionstechnik)
SE	Simultaneous Engineering (englisch: simultane Entwicklung)

SGM	Spritzgießmaschine
SL	(Laser-)Stereolithographie
SLM	Selective Laser Melting (englisch: selektives Laserschmelzen)
SLS	Selective Laser Sintering (englisch: selektives Lasersintern)
sog.	sogenannte
SOP	Start of Production (englisch: Produktionsstart)
TOTE	Test-Operate-Test-Exit (englisch: testen, durchführen, testen, beenden)
TRIZ	теория решения изобретательских зада (russisch: Theorie des erfinderischen Problemlösens)
u. a.	unter anderem
UML	Unified Modeling Language (englisch: vereinheitlichte Modellierungssprache)
usw.	und so weiter
VDID	Verband der Deutschen Industrie Designer
vgl.	vergleiche
VDMA	Verband Deutscher Maschinen- und Anlagenbau
VMU	Virtual Mock Up (englisch: virtuelle Attrappe)
VR	Virtual Reality (englisch: virtuelle Realität)
WZ	Werkzeug
WZB	Werkzeugbau
XP	Extreme Programming (englisch: Extremprogrammierung)
z. B.	zum Beispiel
z. T.	zum Teil

1 Einleitung

In diesem ersten Kapitel erfolgt eine Einführung in die vorliegende Arbeit. Hierzu wird zunächst die der Arbeit zugrunde liegende Motivation und Problemstellung (Kapitel 1.1) erläutert, bevor die Zielsetzung der Arbeit (Kapitel 1.2) formuliert wird. Es folgt eine Darlegung des Forschungsansatzes der Arbeit (Kapitel 1.3), wovon ausgehend der Aufbau der Arbeit abgeleitet wird (Kapitel 1.4).

1.1 Motivation und Problemstellung

Produzierende Unternehmen stehen stetig vor der Herausforderung, sich in einem ändernden Marktumfeld positionieren und durchsetzen zu müssen. Besonders vor dem Hintergrund globalisierter, stark diversifizierter und sich dynamisch ändernder Märkte bedeutet dies eine komplexe und anspruchsvolle Aufgabe.[1] In diesem Zusammenhang hat die Produktentwicklung für produzierende Unternehmen eine zentrale Bedeutung. Die Entwicklung neuartiger, innovativer Produkte stellt einen wesentlichen Erfolgsfaktor für die Überlebensfähigkeit von Unternehmungen dar.[2] Speziell definierte Produktentwicklungsprozesse strukturieren und systematisieren die Aufgabe der Produktentwicklung in Unternehmen und stellen somit das wichtigste Instrument zur Steuerung der Produktentwicklung dar. Daher kann der Kontrolle und Beherrschung dieses Prozesses eine besondere Wichtigkeit beigemessen werden.[3]

Vor dem Hintergrund des sich stetig wandelnden Marktumfelds besteht auch für die Produktentwicklung die Aufgabe, sich den ändernden Rahmenbedingungen kontinuierlich anzupassen und sich zu optimieren. So hat sich bspw. der Produktlebenszyklus in der Automobilindustrie von 1950 bis 2017 von zehn auf vier Jahre um 60% reduziert. Dies führt zu einer deutlich erhöhten Frequenz von Entwicklungsprojekten. Auch die Entwicklungsdauer von Produkten hat sich von 1990 bis 2017 um mehr als 60% reduziert.[4] Entwicklungsprojekte müssen demnach deutlich schneller durchgeführt werden. Somit ergeben sich für die Produktentwicklung und insbesondere auch für die Gestaltung von Produktentwicklungsprozessen verschiedene neue Anforderungen. Diese Anforderungen können unter den zentralen Faktoren Innovationsdruck, Zeitdruck, Kostendruck und Flexibilitätsdruck zusammengefasst werden. Der Innovationsdruck ergibt sich aus der zuvor eingeführten Notwendigkeit, neue, den Kundenbedürfnissen entsprechende Produkte zu entwickeln. Komplexitätssteigerung, Individualisierung und digitale Veredlung von Produkten können ebenfalls dem Innovationsdruck zugeordnet werden. Der Zeitdruck folgt zum einen aus der gesteigerten Schnelllebigkeit von Produkten. Zum anderen macht es der allgemein schnelle technologische Fortschritt notwendig, Produktgenerationen stetig weiterzuentwickeln und zu aktualisieren. Der Kostendruck resultiert aus der besonders entscheidenden, frühen Position der Produktentwicklung im Lebenszyklus eines Produkts. Bereits in der frühen Phase der Produktentwicklung werden ein Großteil der

1 Vgl. Mattmann (Modellintegrierte Produkt- und Prozessentwicklung), 2017, S. 1

2 Vgl. Lindemann (Handbuch Produktentwicklung), 2016, S. XXVII sowie S. 483

3 Vgl. Eigner et al. (Interdisziplinäre Produktentstehung), 2012, S. 8

4 Vgl. Boos et al. (Agile Tool Development), 2017, S. 8

Kosten und damit auch der wirtschaftliche Erfolg eines Produkts festgelegt. Der Flexibilitätsdruck ist Ergebnis der hochgradig volatilen Märkte, des Aufkommens stetig neuer Technologien und sich wandelnder Kundenbedürfnisse. Während des laufenden Produktentwicklungsprozesses muss daher deutlich flexibler als in der Vergangenheit auf Änderungen von Rahmenbedingungen reagiert werden.[5] Diesen gesteigerten, komplexen und sich gegenseitig beeinflussenden Anforderungen werden klassische, sequenzielle Vorgehensmodelle für Produktentwicklungsprozesse nicht gerecht. Daher setzen produzierende Unternehmen zunehmend Produktentwicklungsprozesse ein, die auf iterativen Vorgehensmodellen beruhen. Solche iterativen oder auch als agil bezeichneten Produktentwicklungsprozesse sind speziell auf die aufgeführten Anforderungen ausgerichtet und bieten Strukturen und Herangehensweisen zur Erfüllung ebendieser Anforderungen.[6]

Der Werkzeugbau nimmt eine zentrale Rolle im Produktentstehungsprozess industriell gefertigter Produkte ein. Durch die Entwicklung und Fertigung von Werkzeugen als Produktionsmittel für die Serienproduktion ist der Werkzeugbau sowohl wichtiger Partner der vorgelagerten Produktentwicklung als auch der nachgelagerten Serienproduktion.[7] Mit seinen Kompetenzen zur Auslegung von Werkzeugen und zur Festlegung der notwendigen Fertigungsverfahren ist er maßgeblich für die Herstellbarkeit von Produkten und die Effizienz der Serienproduktion verantwortlich. Aufgrund der in diesem Zusammenhang erforderlichen engen Zusammenarbeit zwischen Produktentwicklung und Werkzeugbau haben die Herausforderungen und Trends der Produktentwicklung direkten Einfluss auch auf den Werkzeugbau. So ist auch der Werkzeugbau einem starken Innovationsdruck, Zeitdruck, Kostendruck und Flexibilitätsdruck ausgesetzt.[8] Erschwert wird diese Situation für den Werkzeugbau zudem durch die Branchenspezifika, welche darin bestehen, dass es sich bei Werkzeugbaubetrieben meist um vergleichsweise kleine Unternehmen oder Abteilungen handelt. In Kombination mit dem demografischen Wandel sehen sich Werkzeugbaubetriebe daher Herausforderungen der Effizienzoptimierung bei geringen Wiederholhäufigkeiten sowie des Wissensmanagements ausgesetzt.[9]

Aufgrund dieser Herausforderungen sowie der Bestrebungen der Produktentwicklung als Kunde des Werkzeugbaus, neuartige, iterative Produktentwicklungsprozesse einzusetzen, besteht auch für den Werkzeugbau die Notwendigkeit, seine bestehenden Prozesse und Strukturen anzupassen und zu optimieren. Für die Prozessschnittstelle von Produktentwicklung und Werkzeugbau besteht noch vielfach ein sequenzielles Prozessverständnis. Der Werkzeugbau

5 Vgl. Gausemeier et al. (Produkte und Produktionssysteme integrativ konzipieren), 2012, S. 9; Feldhusen, Grote (Einleitung Pahl/Beitz Konstruktionslehre), 2013, S. 6.; Mattmann (Modellintegrierte Produkt- und Prozessentwicklung), 2017, S. VII; Kantelberg (Gestaltung agiler Entwicklungsprozesse technischer Produkte), 2018, S. 1ff.

6 Vgl. Klein (Agiles Engineering im Maschinen- und Anlagenbau), 2016, S. 4ff.

7 Vgl. Hensen (Auslegung industrieller Werkzeugbaubetriebe), 2017, S. 2; Boos (Gestaltung und Bewertung von modularen Werkzeugen), 2008, S. 1

8 Vgl. Boos et al. (Agile Tool Development), 2017, S. 8

9 Vgl. Schuh et al. (Operative Exzellenz im Werkzeug- und Formenbau), 2010, S. 21ff.; Schuh et al. (Systematic Knowledge Management), 2019, S. 190ff.

muss daher zunächst ein neues Prozessverständnis entwickeln, bei dem er seine Rolle im iterativen Produktentwicklungsprozess definiert.[10] Hierbei muss ein integriertes Prozessverständnis für die Prozessschnittstelle zwischen Produktentwicklung und Werkzeugbau geprägt werden. Anschließend gilt es, diese neue Rolle des Werkzeugbaus im iterativen Produktentwicklungsprozess aktiv zu gestalten. Zusammenfassend kann festgestellt werden, dass sich der Werkzeugbau gezielt und systematisch in iterative Produktentwicklungsprozesse integrieren und seine **Position und Rolle im iterativen Produktentwicklungsprozess aktiv gestalten** muss.

Die Motivation für die vorliegende Arbeit, gerade jetzt einen Lösungsbeitrag zu der zuvor beschriebenen Aufgabe für den Werkzeugbau zu liefern, lässt sich durch folgende Aspekte begründen. Der Handlungsdruck für den Werkzeugbau, sich in den iterativen Produktentwicklungsprozess zu integrieren, hat aufgrund der beschriebenen Entwicklungen in den letzten Jahren stark zugenommen. Ein weiteres Aufschieben der Bearbeitung der vorliegenden Problemstellung kann daher insbesondere für den deutschen Werkzeugbau auch vor dem Hintergrund des zunehmend stärker werdenden Wettbewerbsdrucks aus osteuropäischen und asiatischen Ländern nicht erfolgen. Zudem liefern die in den letzten Jahren erfolgten technologischen Entwicklungen insbesondere im Bereich der additiven Fertigungsverfahren und der als Industrie 4.0 bezeichneten digitalen Vernetzung die technologischen Instrumente, um die Aufgabe zur Integration des Werkzeugbaus in einen iterativen Produktentwicklungsprozess erfolgreich zu gestalten.

1.2 Zielsetzung der Arbeit

Wie im vorherigen Kapitel ausgeführt, wird in vielen industriellen Unternehmen und vor allem in Werkzeugbaubetrieben das Zusammenwirken von Produktentwicklung und Werkzeugbau durch ein sequenzielles Prozessverständnis beschrieben. Dies stellt den Ist-Zustand dar. Demgegenüber wird von Unternehmen ein integriertes Prozessverständnis von Produktentwicklung und Werkzeugbau als Ziel-Zustand angestrebt, um Produktentwicklungsprozesse zu verkürzen und zu flexibilisieren sowie gleichzeitig die Innovativität und Kosteneinhaltung zu erhöhen. Dieser Ziel-Zustand ist allerdings zumeist nicht ausreichend detailliert ausgearbeitet. Darüber hinaus fehlen häufig detaillierte Kenntnisse, Erfahrungen und Vorstellungen, wie dieser Ziel-Zustand erreicht werden kann. Vor diesem Hintergrund stellen das Erreichen und die Umsetzung dieses diffusen Ziel-Zustands für Werkzeugbaubetriebe eine große Herausforderung dar, da kein geeignetes Umsetzungskonzept existiert, das den Ziel-Zustand präzisiert und in eine leicht verständliche und umsetzbare Struktur gliedert. Das **übergeordnete, allgemeine Ziel** dieser Arbeit ist daher, ein organisatorisches Rahmenwerk zu entwickeln, um die Integration des Werkzeugbaus in einen iterativen Produktentwicklungsprozess ganzheitlich zu gestalten. Damit liegt dieser Arbeit bewusst das Ziel zugrunde, einen Lösungsansatz aus der Perspektive eines Werkzeugbaubetriebs zu entwickeln. Bestehende Lösungsansätze in dem fokussierten Problembereich nehmen i. d. R. die Perspektive der Produktentwicklung ein und

[10] Vgl. Boos et al. (Agile Tool Development), 2017, S. 8ff.

betrachten den Werkzeugbau als eine untergeordnete bzw. nachgelagerte Aufgabe in der gesamten Prozesskette. Im Rahmen dieser Arbeit wird diese Perspektive bewusst umgekehrt, indem das zu entwickelnde organisatorische Rahmenwerk auf Werkzeugbaubetriebe als Anwender abzielt.

Das organisatorische Rahmenwerk soll aus geeigneten Elementen bestehen, welche spezifische Gestaltungselemente für Werkzeugbaubetriebe liefern. Mithilfe der einzelnen Elemente soll auf diese Weise ein struktureller Handlungsrahmen für Werkzeugbaubetriebe geschaffen werden. Über die Strukturierung hinaus soll dieser Handlungsrahmen auch eine inhaltliche Beschreibung liefern. Der inhaltliche Beitrag dieses Handlungsrahmens soll durch konkrete Gestaltungsempfehlungen beigesteuert werden. Das organisatorische Rahmenwerk muss einen anwendungsbezogenen Charakter aufweisen, sodass Werkzeugbaubetriebe das Rahmenwerk für sich anpassen und umsetzen können.

Das Lösungskonzept soll daher i. A. a. FRIEDLI den Charakter eines Leerstellengerüsts aufweisen.[11] Dieses Leerstellengerüst gibt dem anwendenden Werkzeugbaubetrieb konkrete Strukturen und inhaltliche Elemente vor. Es muss aber noch Leerstellen ausweisen, die anschließend durch den Anwender unternehmensspezifisch anzupassen und auszugestalten sind. Da ein solches Leerstellengerüst einen angestrebten Ziel-Zustand strukturiert, abstrahiert und abbildet, kann es in Form eines Gestaltungsmodells definiert werden. Im Rahmen dieser Arbeit soll daher ein solches Gestaltungsmodell entwickelt werden. Im Kern der Betrachtung steht die prozessuale Integration des Werkzeugbaus in den iterativen Produktentwicklungsprozess. Deshalb wird das zu entwickelnde Gestaltungsmodell in dieser Arbeit als Prozessmodell bezeichnet. Ein Prozessmodell wird als ein abstraktes organisatorisches Rahmenwerk zur Gestaltung von Prozessabläufen verstanden, das aus mehreren Gestaltungselementen besteht. Unter dem Prozessmodell wird daher bewusst keine detaillierte Prozessbeschreibung verstanden, mit der starre Vorgaben zu Prozessschritten und -abläufen definiert werden. Eine solche detaillierte, unflexible Prozessbeschreibung widerspricht schließlich der Entwicklung hin zur flexiblen, iterativen Produktentwicklung, bei der Prozesse agil ablaufen und nicht im Detail vorausgeplant werden können. Daher kann ein Prozessmodell für den Werkzeugbau im iterativen Produktentwicklungsprozess grundsätzlich keine detaillierte, starre Prozessbeschreibung in Form einer allgemeingültigen, idealen Detaillösung liefern. Eine ausführliche Definition zu dem Begriff Modell im Allgemeinen sowie zu den Begriffen Gestaltungsmodell und Prozessmodell erfolgt in Kapitel 4, bevor die konkrete Konzeptionierung des Prozessmodells erfolgt.

[11] Vgl. Friedli (Technologiemanagement), 2006, S. 21

Vor dem Hintergrund der beschriebenen Ausführungen zum übergeordneten, allgemeinen Ziel dieser Arbeit besteht die **spezifische Zielsetzung** in der Entwicklung eines Prozessmodells für den Werkzeugbau im iterativen Produktentwicklungsprozess. Somit kann die **führende Forschungsfrage** dieser Arbeit formuliert werden:

Wie muss ein Prozessmodell für den Werkzeugbau im iterativen Produktentwicklungsprozess gestaltet werden?

Zur möglichst validen Beantwortung der definierten Forschungsfrage verfolgt die spezifische Zielsetzung der Arbeit weitere **notwendige Teilziele**:

1. Das erste Teilziel ist die Systematisierung bestehender Grundlagen des Problem- und Gestaltungsbereichs dieser Arbeit und die Herausarbeitung des vorliegenden Praxisproblems. Dadurch soll sichergestellt werden, dass das zu entwickelnde Prozessmodell die relevanten Problemstellungen der Praxis adressiert.
2. Das zweite Teilziel besteht aus der strukturierten Analyse vorhandener theoretischer Ansätze, der Identifizierung geeigneter Lösungselemente sowie der Ableitung des Forschungsdefizits. Durch dieses Teilziel soll Sorge getragen werden, dass geeignete Elemente bestehender Forschungsarbeiten in der Konzeptionierung des Prozessmodells berücksichtigt werden.
3. Das dritte notwendige Teilziel ist die Anwendung und Prüfung der Praxistauglichkeit des zu entwickelnden Prozessmodells anhand realer Fallbeispiele aus der Praxis. Hiermit soll gewährleistet werden, dass das Prozessmodell umsetzbar ist und die avisierte Problemstellung löst.

1.3 Forschungsansatz der Arbeit

Der für die vorliegende Arbeit gewählte Forschungsansatz folgt den in vorangegangenen Forschungsarbeiten am Lehrstuhl für Produktionssystematik des Werkzeugmaschinenlabors WZL der RWTH Aachen etablierten Vorgehensweisen. Die Festlegung und Beschreibung des Forschungsansatzes basiert insbesondere auf den Arbeiten von PITSCH[12], RIESENER[13] und SALMEN[14].

Grundsätzlich erhebt wissenschaftliche Forschung den Anspruch, sowohl das Kriterium **Relevanz** als auch das Kriterium **Rigor** zu erfüllen.[15] Relevanz kann dabei in einem erweiterten Verständnis als wissenschaftliche und praktische Relevanz gefasst werden.[16] Während die wissenschaftliche und insbesondere praktische Relevanz des Themas dieser Arbeit in der Motivation und Problemstellung in Kapitel 1.1 dargelegt wurde, wird im Folgenden das Kriterium

12 Vgl. Pitsch (Kompetenzfeldbasierte Vernetzung von Werkzeugbaustandorten), 2014

13 Vgl. Riesener (Ähnlichkeitsbasierte Produktkonfiguration im Maschinenbau), 2015

14 Vgl. Salmen (Digital vernetzter Shopfloor), 2016

15 Vgl. Winter (Design Science Research in Europe), 2008, S. 470

16 Vgl. Dilger (Rigor, wissenschaftliche und praktische Relevanz), 2012, S. 6f.

Rigor betrachtet. Das Kriterium Rigor bezeichnet ein „systematisches und methodisches Vorgehen, das Befolgen von wissenschaftlichen Regeln und Standards“[17]. Dieser Forderung folgend wird der Forschungsansatz dieser Arbeit als rigor ausgelegt.

Nach BINDER UND KANTOWSKY kann wissenschaftliche Forschung als ein Erkenntnisprozess oder bildlicher als eine Entdeckungsreise verstanden werden. In diesem Prozessablauf werden unbekannte Themen entdeckt und schließlich eine neue Wirklichkeit für die Forschungsgemeinschaft erschlossen. Zur Darlegung eines systematischen Erkenntnisprozesses müssen zunächst mit einer festgelegten Erkenntnisperspektive der Ausgangspunkt und mit einer methodischen Vorgehensweise die eingesetzten Mittel beschrieben werden, bevor im letzten Schritt die Ergebnisse der Forschung abgeleitet und festgehalten werden können.[18] Die vorliegende Arbeit stellt dementsprechend die Dokumentation des Forschungsprozesses des Autors zu dem eingeführten Thema vom Ausgangspunkt über eingesetzte Mittel bis zum Ergebnis der Forschung dar. Im Rahmen dieses Kapitel erfolgt eine Beschreibung der Erkenntnisperspektive sowie des methodischen Vorgehens. Die Forschungsergebnisse werden im weiteren Verlauf der Arbeit diesem Ansatz folgend erarbeitet und abschließend präsentiert.

Zur Definition der **Erkenntnisperspektive** kann die vorliegende Arbeit in die Wissenschaftssystematik nach ULRICH UND HILL eingruppiert werden. Diese teilt die verschiedenen Wissenschaftsdisziplinen in Formalwissenschaften und Realwissenschaften ein (vgl. Abbildung 1).

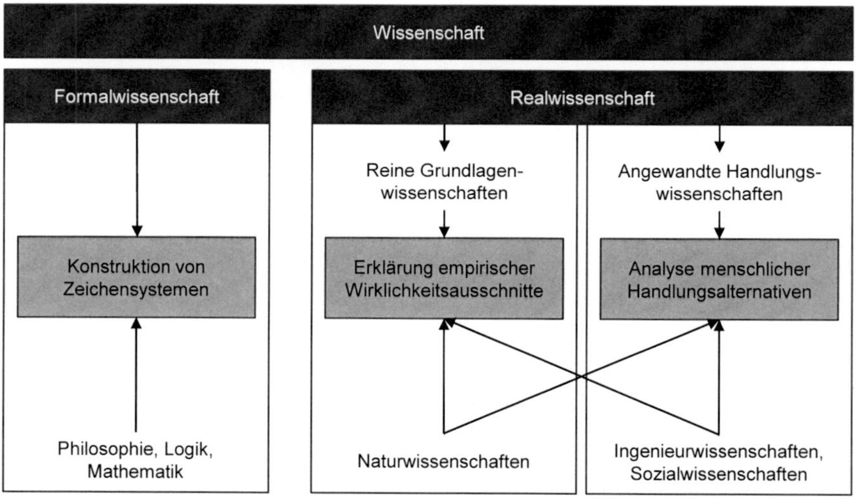

Abbildung 1: Wissenschaftssystematik nach ULRICH UND HILL[19]

---

[17] Dilger (Rigor, wissenschaftliche und praktische Relevanz), 2012, S. 2

[18] Vgl. Binder, Kantowsky (Technologiepotentiale), 1996, S. 2f.; Riesener (Ähnlichkeitsbasierte Produktkonfiguration im Maschinenbau), 2015, S. 7

[19] I. A. a. Ulrich, Hill (Wissenschaftstheoretische Grundlagen I), 1976, S. 305; Salmen (Digital vernetzter Shopfloor), 2016, S. 5

Formalwissenschaften haben zum Ziel, geeignete Sprachen in Form von Zeichensystemen inkl. definierter Regeln zur Verwendung zu konstruieren. Sie haben keinen Realitätsbezug und bauen lediglich auf einer inneren Logik auf. Zu den Formalwissenschaften gehören die Wissenschaftsdisziplinen Philosophie, Logik und Mathematik. Realwissenschaften haben das Ziel, empirische Wirklichkeitsausschnitte zu beschreiben, zu erklären und zu gestalten. Realwissenschaften bauen auf den Formalwissenschaften auf und müssen über das Kriterium der logischen Wahrheit hinaus auch das Kriterium der faktischen Wahrheit erfüllen. Realwissenschaften können einerseits in reine Grundlagenwissenschaften mit dem Ziel der Erklärung empirischer Wirklichkeitsausschnitte und andererseits in angewandte Handlungswissenschaften mit dem Ziel der Analyse menschlicher Handlungsalternativen unterschieden werden. Während bei den reinen Grundlagenwissenschaften die Bildung von Erklärungsmodellen im Fokus steht, liegt der Fokus bei den angewandten Handlungswissenschaften auf der Bildung von Handlungs- bzw. Entscheidungsmodellen. Zu den reinen Grundlagenwissenschaften gehören die Naturwissenschaften. Zu den angewandten Handlungswissenschaften können die angewandten Sozialwissenschaften und somit auch die Betriebswirtschaftslehre zugeordnet werden. ULRICH UND HILL ordnen die Ingenieurwissenschaften ebenfalls den Handlungswissenschaften zu, weisen aber auf den notwendigen Zusammenhang zwischen reinen Grundlagenwissenschaften und angewandten Handlungswissenschaften hin.[20] SALMEN hingegen sieht die Ingenieurwissenschaften als gleichermaßen den reinen Grundlagenwissenschaften und angewandten Handlungswissenschaften zugehörig.[21]

Die vorliegende Arbeit kann der Wissenschaftsdisziplin Ingenieurwissenschaften zugeordnet werden, besitzt aber auch starke Verknüpfungen mit der Betriebswirtschaftslehre. Daher lässt sich die Arbeit noch konkreter in die vergleichsweise junge Wissenschaftsdisziplin Wirtschaftsingenieurwesen einordnen.[22] Aufgrund der in Kapitel 1.2 definierten Zielsetzung der Arbeit zur Entwicklung eines praxisbezogenen Handlungsrahmens mit konkreten Gestaltungsempfehlungen kann die Arbeit den angewandten Handlungswissenschaften zugeordnet werden. Darüber hinaus wird die grundlegende Erkenntnisperspektive durch das zugrunde gelegte Forschungsparadigma geprägt.[23] Als Forschungsparadigma für diese Arbeit wird der systemtheoretische Ansatz nach ULRICH[24] zur Anwendung im Rahmen von interdisziplinären Gestaltungs- und Führungsproblemen produktiver sozialer Systeme definiert (siehe auch Kapitel 4.1.2).[25]

Nachdem mit der grundlegenden Erkenntnisperspektive der Ausgangspunkt des Forschungsprozesses definiert wurde, wird mithilfe des **forschungsmethodischen Vorgehens** die Ausgestaltung des Erkenntnisgewinnungsprozesses festgelegt. Klassisch lassen sich Forschungsvorgehen in deduktive und induktive Ansätze unterteilen. Bei der Deduktion werden

---

20 Vgl. Ulrich, Hill (Wissenschaftstheoretische Grundlagen I), 1976, S. 305f.

21 Vgl. Salmen (Digital vernetzter Shopfloor), 2016, S. 6

22 Vgl. Schuh, Warschat (Potenziale einer Forschungsdisziplin), 2014, S. 9

23 Vgl. Binder, Kantowsky (Technologiepotentiale), 1996, S. 3f.

24 Vgl. Ulrich (Management), 1984, S. 9ff.

25 Vgl. Ulrich, Hill (Wissenschaftstheoretische Grundlagen I), 1976, S. 307ff.

ausgehend von einer allgemeinen Ausgangstheorie Einzelaussagen abgeleitet. Der Forschungsprozess erfolgt vom Allgemeinen zum Speziellen. Im Rahmen der Induktion wird mittels Entdeckungsfragen versucht, von beobachteten Phänomenen auf Theorien zu schließen. Der Forschungsprozess der Induktion wird entgegengesetzt zur Deduktion vom Speziellen zum Allgemeinen durchgeführt. Sowohl der Deduktion als auch der Induktion werden in ihrer Reinform diverse Schwachstellen zugeschrieben.[26] Daher wurden verschiedene Ansätze entwickelt, die deduktive und induktive Aspekte vereinen (vgl. Abbildung 2).

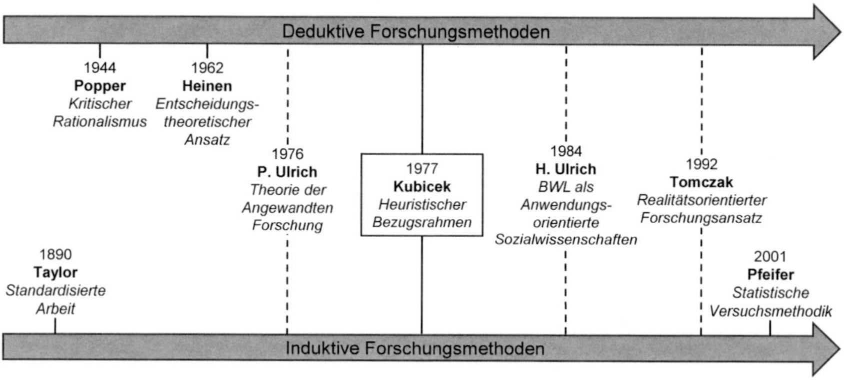

Abbildung 2: Historische Entwicklungen der Forschungsmethodiken[27]

Weitere international anerkannte Ansätze können mit Theory for Design and Action bzw. Action Research nach LEWIN[28] inkl. zugehörigen diversen Weiterentwicklungen, Case Study Research nach EISENHARDT[29] sowie Grounded Theory nach GLASER UND STRAUSS[30] identifiziert werden.

Als forschungsmethodisches Vorgehen wird für die vorliegende Arbeit der Ansatz der explorativen Forschung nach KUBICEK gewählt. Dieser Ansatz ist für die Anwendung im Rahmen angewandter Handlungswissenschaften besonders geeignet.[31] Der Ansatz lässt sich per Defini-

[26] Vgl. Breuer et al. (Reflexive Grounded Theory), 2018, S. 8 sowie S. 56ff.; Popper (Logik der Forschung), 2005, S. 3ff.

[27] I. A. a. Schuh, Warschat (Potenziale einer Forschungsdisziplin), 2014, S. 72. Abweichend zu der zitierten Quelle wird die Forschungsmethodik nach KUBICEK nicht als rein induktive sondern gleichermaßen induktive und deduktive Forschungsmethodik dargestellt, da eine entsprechende eindeutige Einteilung von KUBICEK selber abgelehnt wird. Vgl. Kubicek (Heuristische Bezugsrahmen), 1977, S. 15 sowie die weiteren Ausführungen innerhalb dieses Kapitels.

[28] Vgl. Lewin (Action Research and Minority Problems), 1946

[29] Vgl. Eisenhardt (Building Theories from Case Study Research), 1989

[30] Vgl. Glaser, Strauss (The Discovery of Grounded Theory), 2006; Bryant (Grounded Theory and Grounded Theorizing), 2017; Corbin, Strauss (Basics of Qualitative Research), 2015

[31] Vgl. Salmen (Digital vernetzter Shopfloor), 2016, S.7

tion als „Konstruktion wissenschaftlicher Aussagen als einen von theoretischen Absichten geleiteten und auf systematischem Erfahrungswissen basierenden Lernprozess“[32] verstehen.[33] Bei dem Ansatz explorativer Forschung hat der Forschungsprozess seinen Startpunkt in systematischem Erfahrungswissen, welches zur Bildung von Theorien eingesetzt wird.[34] Der Ansatz folgt dem Grundsatz „kein Wissen ohne Probleme“ nach POPPER[35]. Damit hat dieser Forschungsansatz stark induktive Züge. Nach KUBICEK kann er jedoch nicht eindeutig einer der beiden Kategorien Deduktion oder Induktion zugeordnet werden.[36] Der Ansatz setzt auf ein iteratives Vorgehen, bei dem induktive und deduktive Schlüsse alterieren, um damit das Induktionsproblem zu lösen. Daher kann der Ansatz als iterative Heuristik bezeichnet werden.[37]

Die Abbildung 3 verdeutlicht den Prozess der Erkenntnisgewinnung entsprechend dem für diese Arbeit gewählten forschungsmethodischen Vorgehen der explorativen Forschung. Zentral hierfür ist der heuristische Bezugsrahmen, welcher im Rahmen des Forschungsprozesses detailliert wird. Ein heuristischer Bezugsrahmen kann allgemein als Gesamtheit von Annahmen, Fragen und Interpretationsmustern bzgl. einer Problemstellung verstanden werden. Der Ausgangsbezugsrahmen wird zunächst durch ein theoretisches Vorverständnis gebildet, welches der Autor durch persönliche Erfahrungen, theoretisches Vorwissen sowie durch Literaturanalysen erlangt hat. Ausgehend davon werden Fragen an die Realität gestellt. Mit der Aufnahme von Erfahrungswissen durch direkte eigene Erfahrungen sowie dokumentierte externe Erfahrungen erfolgt der nächste Schritt. Dieses Erfahrungswissen wird anschließend durch kritische Reflexion sowie Differenzierung und Abstraktion exploriert. Über die Formulierung neuer Annahmen sowie weiterer Fragen wird der Forschungsprozess iterativ weitergeführt.[38]

[32] Kubicek (Heuristische Bezugsrahmen), 1977, S. 13

[33] Vgl. Salmen (Digital vernetzter Shopfloor), 2016, S. 5f.

[34] Vgl. Kubicek (Heuristische Bezugsrahmen), 1977, S. 13

[35] Popper (Die Logik der Sozialwissenschaften), 1975, S. 104

[36] Vgl. Kubicek (Heuristische Bezugsrahmen), 1977, S. 15

[37] Vgl. Kubicek (Heuristische Bezugsrahmen), 1977, S. 14

[38] Vgl. Kubicek (Heuristische Bezugsrahmen), 1977, S. 16

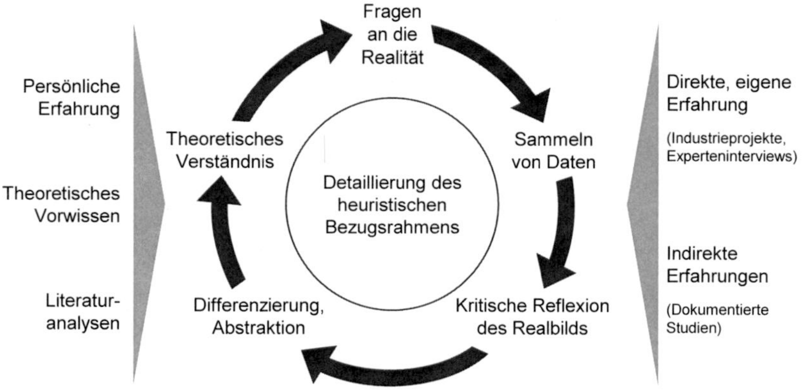

Abbildung 3: Forschungsmethodisches Vorgehen explorativer Forschung nach KUBICEK[39]

Der konkrete heuristische Ausgangsbezugsrahmen dieser Arbeit kann mittels eines Strukturbaums relevanter Themen dargestellt werden (vgl. Abbildung 4). Oberste Betrachtungsebene des Problembereichs stellt die **Produktentstehung** dar, welche durch die Elemente **Produktentwicklung** und **Werkzeugbau** gebildet wird und daher mit diesen verknüpft ist. Sowohl Produktentstehung als auch Werkzeugbau und Produktentwicklung können als Prozess verstanden werden, weshalb das Element **Prozess** eine zentrale Rolle einnimmt. Diese Prozesse werden zunehmend iterativer gestaltet und daher verknüpft das weitere Element **Iteration** Produktentwicklung mit Werkzeugbau sowie mit dem Prozess. Damit bildet dieses Element den letzten Baustein des heuristischen Ausgangsbezugsrahmens für die Entwicklung eines Prozessmodells für den Werkzeugbau im iterativen Produktentwicklungsprozess.

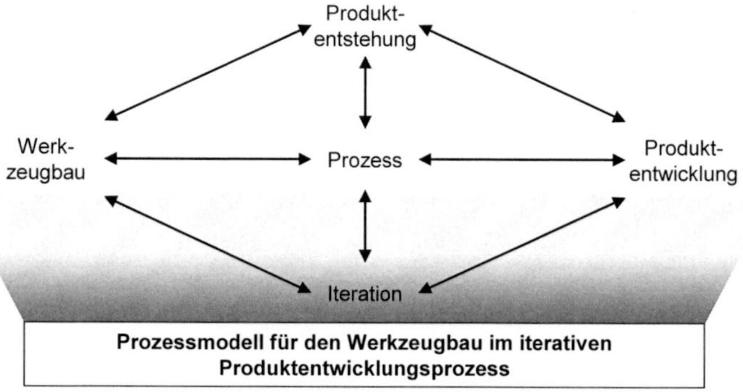

Abbildung 4: Heuristischer Ausgangsbezugsrahmen der Arbeit[40]

39 I. A. a. Salmen (Digital vernetzter Shopfloor), 2016; S. 7; Kubicek (Heuristische Bezugsrahmen), 1977, S. 14ff.; Tomczak (Forschungsmethoden), 1992, S. 84

40 Eigene Darstellung mit Struktur i. A. a. Salmen (Digital vernetzter Shopfloor), 2016, S. 8

Basis für die inhaltliche Ausgestaltung des heuristischen Bezugsrahmens dieser Arbeit liefern das **theoretische Verständnis** sowie das **praktische Erfahrungswissen** des Autors. Dieses beruht auf den Tätigkeiten als wissenschaftlicher Mitarbeiter des Lehrstuhls für Produktionssystematik am Werkzeugmaschinenlabor WZL der RWTH Aachen von 2015-2019. Die wesentlichen Erfahrungsquellen lassen sich durch die folgenden Punkte zusammenfassen:

- Leitung von nationalen und internationalen Industrieberatungsprojekten mit Fokus auf der strategischen und operativen Weiterentwicklung und Optimierung von Werkzeugbaubetrieben
- Leitung von Konsortialforschungsprojekten mit Werkzeugbaubetrieben aus dem Partnernetzwerk der WBA Aachener Werkzeugbau Akademie GmbH; darunter speziell ein Konsortialforschungsprojekt „agiler Werkzeugbau im hochiterativen Produktentwicklungsprozess" im konkreten thematischen Zusammenhang dieser Arbeit[41]
- Leitung eines öffentlich geförderten Forschungsprojekts „Datenbasierte Werkzeugverfügbarkeit für die Serienproduktion durch Predictive Maintenance" (WerkPriMa)[42]

1.4 Aufbau der Arbeit

Die Gliederung der Arbeit erfolgt entsprechend dem am Lehrstuhl für Produktionssystematik des Werkzeugmaschinenlabors WZL der RWTH Aachen etablierten Aufbau wissenschaftlicher Arbeiten.[43] Dieser vielfach erprobte und bewährte Aufbau lehnt sich an die verschiedenen Phasen angewandter Forschung nach ULRICH an.[44] Dieser Ansatz nach ULRICH wird auch durch die Deutsche Akademie der Technikwissenschaften (acatech) als für die Forschungsdisziplin des Wirtschaftsingenieurwesens geeignet und anerkannt angesehen.[45] Obwohl die Strategie zur angewandten Forschung nach ULRICH als ein eigenständiges forschungsmethodisches Vorgehen angesehen werden kann, lässt sie sich aufgrund ihrer ebenfalls iterativen und von sowohl induktiven als auch deduktiven Elementen geprägten Charakteristik ideal zur Dokumentation eines explorativen Forschungsprozesses im Rahmen des gewählten Forschungsvorgehens nach KUBICEK verwenden.[46]

Die einzelnen Phasen der Strategie zur angewandten Forschung nach ULRICH können Abbildung 5 entnommen werden. Erster Schritt dieses Vorgehens ist die Erfassung und Typisierung bestehender Probleme. Hiervon ausgehend folgt der Forschungsprozess systematisch verschiedenen Schritten bis hin zur Ableitung von Beurteilungskriterien, Gestaltungsregeln und

41 Vgl. de Lange, Goertz (Agiler Werkzeugbau im hochiterativen Entwicklungsprozess), 2017

42 Vgl. de Lange, Busch (Forschungsprojekt „WerkPriMa"), 2019; Schuh et al. (Achieving Process Efficiency and Stability in Serial Production), 2019

43 Vgl. Pitsch (Kompetenzfeldbasierte Vernetzung von Werkzeugbaustandorten), 2014; Riesener (Ähnlichkeitsbasierte Produktkonfiguration im Maschinenbau), 2015; Salmen (Digital vernetzter Shopfloor), 2016

44 Vgl. Ulrich (Management), 1984, S. 193

45 Vgl. Schuh, Warschat (Potenziale einer Forschungsdisziplin), 2014, S. 73

46 Vgl. Salmen (Digital vernetzter Shopfloor), 2016, S. 9ff.

-modellen, welche anschließend zunächst überprüft und dann in der Praxis implementiert werden.[47] Abbildung 5 zeigt die Zuordnung der jeweiligen Schritte zu den einzelnen Kapiteln der vorliegenden Arbeit.

Abbildung 5: Aufbau der Arbeit mit Zuordnung der Kapitel zur Strategie angewandter Forschung nach ULRICH[48]

Das **erste Kapitel** führt in die Themenstellung der Arbeit ein, indem Motivation und Problemstellung vorgestellt werden. Daran anschließend wird die Zielsetzung der Arbeit definiert. Bevor in den Hauptteil der Arbeit übergeleitet wird, erfolgen Erläuterungen zum Forschungsansatz sowie zum Aufbau der Arbeit.

Im **zweiten Kapitel** werden ausgewählte Grundlagen zu den im Rahmen der Problemstellung und Zielsetzung dieser Arbeit relevanten Themen vorgestellt. Dazu werden die beiden Themenbereiche Produktentwicklung sowie Werkzeugbau fokussiert. Relevante Begrifflichkeiten werden definiert und eingeordnet sowie inhaltliche Teilaspekte der beiden Themenbereiche dargelegt. Zum Abschluss des Kapitels wird der bestehende Handlungsbedarf aus der Praxis zur Entwicklung eines neuen Lösungsansatzes für den Werkzeugbau im iterativen Produktentwicklungsprozess beschrieben.

Das **dritte Kapitel** widmet sich der Bewertung bestehender Ansätze im Kontext der Problemstellung. Zur Sicherstellung einer möglichst fundierten Bewertung werden zunächst eine einheitliche Bewertungssystematik sowie klare Anforderungen definiert. Anschließend erfolgt die Vorstellung und Bewertung einzelner theoretischer Ansätze. Als Fazit der Bewertung wird ein

[47] Vgl. Ulrich (Management), 1984, S. 193

[48] I. A. a. Ulrich (Management), 1984, S. 193; Salmen (Digital vernetzter Shopfloor), 2016, S. 10

Handlungsbedarf aus der Theorie zur Weiterentwicklung der nicht ausreichenden theoretischen Ansätze dargelegt. Aufbauend darauf erfolgt eine Konkretisierung der Forschungsfrage.

Im Rahmen des **vierten Kapitels** erfolgt die Herleitung und Konzeption des Prozessmodells. Hierzu werden zunächst Grundlagen der wissenschaftlichen Konzeption betrachtet, bevor anschließend eine Herleitung der einzelnen Gestaltungselemente des Prozessmodells erfolgt. Die einzelnen Elemente werden schließlich in ein Gesamtmodell integriert.

Im **fünften Kapitel** wird das konzeptionierte Prozessmodell ausdetailliert. Alle einzelnen Gestaltungselemente werden im Detail vorgestellt. Hierzu werden sie jeweils in einzelne Gestaltungsaspekte untergliedert und mit relevanten Inhalten sowie konkreten Handlungsempfehlungen ausgeführt. Darüber hinaus wird das Zusammenwirken der einzelnen Gestaltungselemente erläutert.

Das **sechste Kapitel** führt anhand von zwei verschiedenen Fallbeispielen eine kritische Reflexion des im vorherigen Kapitel erarbeiteten Prozessmodells durch. Dieses Kapitel dient der Dokumentation der Prüfung der Praxistauglichkeit der erarbeiteten Lösung im Anwendungszusammenhang.

Mit einer Zusammenfassung und einem Ausblick wird die Arbeit im **siebten Kapitel** abgeschlossen. Die Zusammenfassung gibt einen Kurzüberblick über die erarbeiteten Ergebnisse der Arbeit. In dem Ausblick werden Möglichkeiten für an diese Arbeit anknüpfende Forschung identifiziert.

2 Relevante Grundlagen

Die Ziele des zweiten Kapitels sind die Einführung in den Kontext des Betrachtungs- und Gestaltungsbereichs sowie die Ableitung des Handlungsbedarfs aus der Praxis. Zur Einführung in den Themenbereich der Arbeit werden in Kapitel 2.1 zunächst theoretische Grundlagen zur Produktentwicklung vorgestellt. Darauf aufbauend werden in Kapitel 2.2 der Werkzeugbau und das Zusammenwirken von Produktentwicklung und Werkzeugbau thematisiert. Abschließend wird in Kapitel 2.3 der konkrete Handlungsbedarf aus der Praxis spezifiziert.

Die Aufbereitung der in Kapitel 2 zusammengefassten Grundlagen erfolgte mithilfe einer **strukturierten Untersuchung relevanter Literatur**. Hierbei wurde das Vorgehen nach VOM BROCKE ET AL. mit den fünf Schritten Definition des Rechercheumfangs, Konzeptualisierung des Themas, Literaturrecherche, Literaturanalyse und -synthese sowie Forschungsagenda angewandt.[49] Die Definition des Rechercheumfangs erfolgte entsprechend der Empfehlung von VOM BROCKE ET AL. nach dem sechs Aspekte umfassenden Rahmenwerk von COOPER. Hierbei wurde im ersten Aspekt der Fokus auf Forschungsergebnisse und -methoden sowie Theorien gelegt. Der zweite Aspekt, Ziel, wurde mit der Integration relevanter Literatur gewählt. Im dritten Aspekt wurde für die Perspektive eine neutrale Betrachtung eingenommen. Bezüglich des vierten Aspekts, Abdeckung der Literaturrecherche, wurde keine Vollständigkeit angestrebt, sondern Repräsentativität. Zur Sicherstellung der gewünschten Abdeckung wurde als Auswahlkriterium zur Zusammenstellung der relevanten Grundlagen der in Kapitel 1.3 hergeleitete heuristische Bezugsrahmen genutzt. Bezüglich des fünften Aspekts zur Organisation der Rechercheergebnisse wurde ein konzeptioneller Ansatz gewählt, bei dem Inhalte thematisch gruppiert werden. Für die im Rahmen des sechsten Aspekts zu definierenden Adressaten wurden insbesondere spezialisierte Wissenschaftler gewählt. Gleichwohl hat die vorliegende Arbeit den Anspruch, auch Anwender aus der unternehmerischen Praxis zu adressieren.[50] Abbildung 6 fasst die für diese Arbeit angewandte Taxonomie des Rechercheumfangs entsprechend dem von COOPER definierten Rahmenwerk zusammen.

[49] Vgl. vom Brocke et al. (Documenting the Literature Search Process), 2009, S. 2207ff.

[50] Vgl. Cooper (Organizing Knowledge Syntheses), 1988, S. 104ff.

Charakteristika	Kategorien			
1) Fokus	Forschungs-Ergebnisse	Forschungs-Methoden	Theorien	Anwendungen
2) Ziel	Integration	Kritik	zentrale Sachverhalte	
3) Perspektive	neutrale Betrachtung	Einnahme einer Position		
4) Abdeckung	vollständig	ausgiebig und ausgewählt	repräsentativ	zentral
5) Organisation	historisch	konzeptionell	methodisch	
6) Adressaten	Spezialisierte Wissenschaftler	Allgemeine Wissenschaftler	Praktiker/ Politiker	allgemeine Öffentlichkeit

▭ = festgelegte Ausprägungen für die Literaturrecherche der vorliegenden Arbeit

Abbildung 6: Taxonomie der Literaturrecherche für diese Arbeit[51]

2.1 Produktentwicklung

In diesem Unterkapitel erfolgt zunächst eine Einführung zur Produktentwicklung, da diese typischerweise dem Werkzeugbau zeitlich vorgelagert stattfindet. Die Vorstellung der relevanten Grundlagen zu dem Themengebiet Produktentwicklung erfolgt in vier Abschnitten. Im ersten Abschnitt werden relevante Begrifflichkeiten erklärt und definiert, um ein einheitliches Begriffsverständnis zu schaffen. Im zweiten Abschnitt werden Herausforderungen der Produktentwicklung erörtert. Es folgt eine Beschreibung von Strategien, Strukturen und Prozessen der Produktentwicklung. Abschließend wird das Konzept des iterativen Produktentwicklungsprozesses vorgestellt.

2.1.1 Begriffsbestimmung und Einordnung

Begriffsbestimmungen – oder auch Definitionen genannt – dienen in der Wissenschaft der Schaffung eines eindeutigen Verständnisses.[52] Da auch der Begriff Produktentwicklung sowie damit verwandte Begriffe im allgemeinen Sprachgebrauch und auch in der Literatur nicht klar voneinander abgegrenzt verwendet werden, erfolgt in diesem Kapitel eine Bestimmung dieser Begriffe. So wird ein klares Begriffsverständnis für diese Arbeit geschaffen. Entsprechend werden nachfolgend die Begriffe Produkt, Produktlebenszyklus, Produktentstehung und Produktentstehungsprozess, Produktentwicklung und Produktentwicklungsprozess sowie Produktentwicklungsprojekt definiert und eingeordnet.

---

[51] I. A. a. Cooper (Organizing Knowledge Syntheses), 1988, S. 108ff.; vom Brocke et al. (Documenting the Literature Search Process), 2009, S. 2212

[52] Vgl. Rickert (Zur Lehre von der Definition), 1888, S. 21

2.1.1.1 Produkt

Der Begriff Produkt hat seinen Ursprung in dem lateinischen Wort producere, welches mit vorwärts führen, aber auch in figurativer Bedeutung mit hervorbringen übersetzt werden kann.[53] Nach DIN ISO 15226 kann unter einem Produkt ein Gegenstand oder eine Substanz verstanden werden, welcher bzw. welche durch einen natürlichen oder künstlichen Prozess produziert wurde.[54] JACKSTIEN UND VAJNA hingegen verstehen unter einem Produkt das „Ergebnis oder Erzeugnis menschlicher Arbeit und menschlichen Könnens“[55], also explizit etwas künstlich hervorgebrachtes. Das Gabler Wirtschaftslexikon bezieht ein Produkt konkret auf den Unternehmenskontext, indem es ein Produkt als das „Ergebnis der Produktion und Sachziel einer Unternehmung“[56] definiert. Ebenfalls kann ein Produkt aber auch als „Mittel der Bedürfnisbefriedigung“[57] aufgefasst werden. Durch diese zwei zuletzt genannten Definitionen wird sowohl die Betrachtungsweise aus Produzenten- als auch aus Konsumentensicht deutlich. Darüber hinaus kann ein Produkt in materielle Sachgüter und immaterielle Dienstleistungen sowie in Energieleistungen unterschieden werden.[58] Ebenfalls kann ein Produkt auch als eine Kombination der Kategorien materieller Sachgüter und immaterieller Dienstleistungen bestehen.[59] In diesem Zusammenhang muss verdeutlicht werden, dass ein Produkt sowohl aus einem einzelnen Element als auch aus mehreren Elementen bestehen kann.[60] Darüber hinaus kann mit dem Begriff Produkt zum einen ein einzelnes Objekt bezeichnet werden, welches sich bspw. konkret im Besitz eines einzelnen Kunden befindet. Zum anderen kann mit dem Begriff Produkt aber auch die Gesamtheit von Objekten eines gleichen Typs bezeichnet werden.[61]

Im Kontext dieser Arbeit wird der Begriff Produkt aus Produzentensicht betrachtet und somit als das **Ergebnis der Produktion** verstanden. Hierbei begrenzt sich die Betrachtung auf dingliche, d. h. materielle bzw. physische Produkte. Ferner wird der Begriff Produkt zur Beschreibung der Gesamtheit von Objekten eines gleichen Typs verwendet.

2.1.1.2 Produktlebenszyklus

Der Begriff Produktlebenszyklus beschreibt eine Abfolge von Phasen, die ein Produkt während seiner Lebensdauer durchläuft.[62] In der Literatur existiert eine Vielzahl von verschiedenen Pro-

---

53 Vgl. Aryobsei (Gestaltung von Freiheitsgraden), 2015, S. 12; Langenscheid Online Wörterbuch Latein (Producere), 2018

54 Vgl. DIN Deutsches Institut für Normung e.V. (DIN ISO 15226:2017-03), 2017, S. 6

55 Jackstien, Vajna (Grundlagen des Integrated Design Engineering), 2014, S. 68

56 Gabler Wirtschaftslexikon (Produkt), 2018

57 Gabler Wirtschaftslexikon (Produkt), 2018

58 Vgl. Gabler Wirtschaftslexikon (Produkt), 2018

59 Vgl. Jackstien, Vajna (Grundlagen des Integrated Design Engineering), 2014, S. 68; Kahn et al. (New Product Development), 2013, S. 462

60 Vgl. Aryobsei (Gestaltung von Freiheitsgraden), 2015, S. 13

61 Vgl. Stark (Product Lifecycle Management), 2005, S. 20

62 Vgl. Gabler Wirtschaftslexikon (Lebenszyklus), 2018

duktlebenszykluskonzepten, die sich jeweils hinsichtlich ihrer Betrachtungsperspektiven, Phasenaufteilungen sowie Bezeichnungen unterscheiden.[63] So kann grundsätzlich zwischen einer produktbezogenen Sicht aus der Perspektive des Konsumenten und einer marktbezogenen Sicht aus der Perspektive des Produzenten unterschieden werden.[64] Aus produktbezogener Sicht kann die Lebensdauer eines Produkts sowohl auf die technische Lebensdauer, also auf die Dauer der Funktionstüchtigkeit, als auch auf die Nutzungsdauer, also auf die wirtschaftliche bzw. physische Lebensdauer, bezogen werden. Hingegen kann aus marktbezogener Sicht die Produktlebensdauer entweder auf den Marktzyklus, also auf die Verweilzeit eines Produkts am Markt, oder auf die integrierte Produktlebensdauer, also auf den Zeitraum von der Produktidee bis zur Entsorgung, bezogen werden.[65] Abbildung 7 verdeutlicht diese unterschiedlichen Sichtweisen auf die Lebensdauer und somit auch auf den Lebenszyklus eines Produkts.

Abbildung 7: Unterschiedliche Sichtweisen auf den Begriff Produktlebensdauer[66]

Aufgrund der im Kontext dieser Arbeit relevanten und bereits im vorhergehenden Kapitel fokussierten Produzentensicht wird im Folgenden näher auf die **marktbezogene Sicht** des Produzenten eingegangen. Bei der enger gefassten Betrachtungsperspektive des marktorientierten Produktlebenszyklus wird das Produktleben dem Marktzyklus gleichgesetzt. Hierunter wird die Zeitspanne verstanden, während der ein Produkt am Markt existiert.[67] Der marktorientierte Produktlebenszyklus besteht aus den generischen Phasen Einführung, Wachstum, Reife bzw. Sättigung sowie Rückgang.[68] Die unterschiedlichen Phasen können insbesondere mittels

[63] Vgl. Kühn (Lebenszyklusorientierte Leistungssysteme im Werkzeugbau), 2016, S. 25ff.

[64] Vgl. Murthy et al. (Product Reliability), 2008, S. 21f.

[65] Vgl. Kühn (Lebenszyklusorientierte Leistungssysteme im Werkzeugbau), 2016, S. 25

[66] I. A. a. Kühn (Lebenszyklusorientierte Leistungssysteme im Werkzeugbau), 2016, S. 25

[67] Vgl. Kühn (Lebenszyklusorientierte Leistungssysteme im Werkzeugbau), 2016, S. 26; Perschke (Product Lifecycle Management), 2017, S. 25

[68] Vgl. Schuh (Innovationsmanagement), 2012, S. 65ff.; Stark (Product Lifecycle Management), 2005, S. 33

Kennzahlen wie Gewinn und Absatz bzw. Umsatz (vgl. Abbildung 8) sowie weiterer qualitativer Charakteristika voneinander abgegrenzt werden.[69]

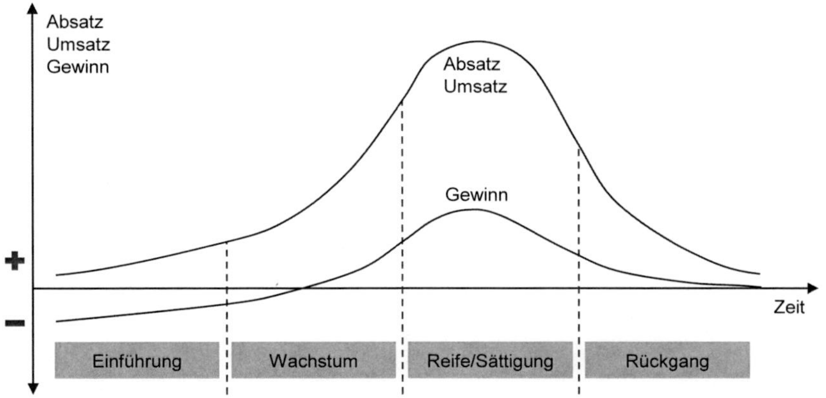

Abbildung 8: Idealtypischer Produktlebenszyklus[70]

Die weiter gefasste Betrachtungsperspektive des integrierten Produktlebenszyklus erweitert den Produktlebenszyklus im Vergleich zu dem marktorientierten Produktlebenszyklus um zusätzliche vor- und nachgelagerte Phasen. So wird dem Marktzyklus vorgelagert ein Beobachtungs- und ein Entstehungszyklus eingeschlossen. Nachgelagert zum Marktzyklus wird darüber hinaus ein Entsorgungszyklus betrachtet.[71] Vereinfacht lässt sich dieses integrierte Produktlebenszykluskonzept durch die drei konsekutiven Phasen Produktentstehung, Produktnutzung und Produktentsorgung darstellen (vgl. Abbildung 9).[72] Der integrierte Produktlebenszyklus umfasst somit alle Phasen eines Produkts von der Idee über die Produktentwicklung und Konstruktion, Produktion, Vertrieb und Nutzung bis hin zur Außerbetriebnahme eines Produkts.[73] Sogar die Wiederverwertung eines Produkts, auch als Recycling bezeichnet, kann als Teil des Produktlebenszyklus betrachtet werden.[74]

---

69 Vgl. Schuh (Innovationsmanagement), 2012, S. 67

70 I. A. a. Schuh (Innovationsmanagement), 2012, S. 67

71 Vgl. Kühn (Lebenszyklusorientierte Leistungssysteme im Werkzeugbau), 2016, S. 27ff.

72 Vgl. Schuh (Lebenszyklusorientierte Produktentwicklung), 2017, 195f.

73 Für detailliertere Erläuterungen der einzelnen Phasen und der jeweilig zugehörigen Teil-Phasen vgl. Arnold et al. (Product Lifecycle Management), 2011, S. 9; Schuh (Innovationsmanagement), 2012, S. 153; Grieves (Product Lifecycle Management), 2006, S. 41ff.; Stark (Product Lifecycle Management), 2005, S. 17; Eigner, Stelzer (Product-Lifecycle-Management), 2009, S. 8; Ullman (The Mechanical Design Process), 2010, S. 11ff.

74 Vgl. Ullman (The Mechanical Design Process), 2010, S. 11

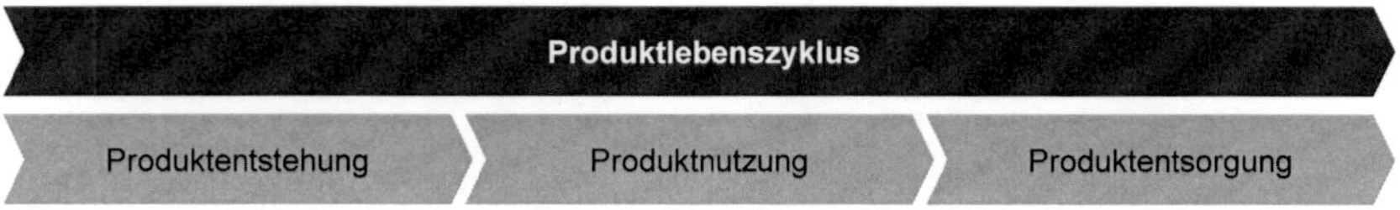

Abbildung 9: Allgemeine Darstellung des integrierten Produktlebenszyklus[75]

Im weiteren Verlauf dieser Arbeit wird der **Produktlebenszyklus als eine Abfolge von Phasen** innerhalb der integrierten Produktlebensdauer **von der Produktidee bis zu der Entsorgung** des Produkts verstanden.[76]

2.1.1.3 Produktentstehung und Produktentstehungsprozess

Im vorhergehenden Kapitel wurde bereits der Begriff Produktentstehung als Bezeichnung für die erste von drei konsekutiven Phasen im Produktlebenszyklus eingeführt. Nachfolgend werden dieser Begriff sowie der verwandte Begriff Produktentstehungsprozess genauer betrachtet und definiert.

Die Produktentstehung beschreibt die Gesamtheit aller Prozessschritte, in denen ein Produkt entsteht. Der durch die Abfolge dieser Schritte gebildete Prozess wird als Produktentstehungsprozess (PEP[77]) bezeichnet.[78] Der Prozess der Produktentstehung erfolgt nicht notwendigerweise streng sequenziell. So können einzelne Prozessschritte als parallel ablaufend oder auch ganze Teilprozessketten als parallel stattfindende Zyklen dargestellt und verstanden werden.[79] Start- und Endpunkt des Produktentstehungsprozesses sowie die Abgrenzung der einzelnen zugehörigen Schritte sind in der Literatur jedoch nicht eindeutig definiert. So lassen bspw. EIGNER UND STELZER in ihrer Definition der Produktentstehung den Startzeitpunkt offen, indem sie ihre Definition lediglich auf den Endpunkt und das Endergebnis der Produktentstehung fokussieren.[80] FELDHUSEN UND GROTE sowie GAUSEMEIER UND NORDSIEK hingegen bezeichnen konkret die Produkt- bzw. Geschäftsidee als Startpunkt der Produktentstehung.[81] Auch bzgl. des Endpunktes der Produktentstehung finden sich in der Literatur unterschiedliche Ansichten. Hierbei können insbesondere die zwei Auffassungen unterschieden werden, bei der entweder die Produktion als Teil der Produktentstehung angesehen wird oder explizit nicht. Die bereits erwähnten Autoren EIGNER UND STELZER verstehen das intellektuelle Produkt als Resultat der Produktentstehung. Unter dem intellektuellen Produkt wird das noch nicht phy-

75 I. A. a. Schuh (Lebenszyklusorientierte Produktentwicklung), 2017, S. 196

76 Vgl. Kühn (Lebenszyklusorientierte Leistungssysteme im Werkzeugbau), 2016, S. 25

77 Die Abkürzung PEP wird in der Literatur teilweise auch für den Begriff Produktentwicklungsprozess verwendet. Vgl. Eigner, Stelzer (Product-Lifecycle-Management), 2009, S. 1. Im Rahmen dieser Arbeit wird die Abkürzung PEP jedoch ausschließlich für den Begriff Produktentstehungsprozess verwendet.

78 Vgl. Feldhusen, Grote (Der Produktentstehungsprozess (PEP)), 2013, S. 11

79 Vgl. Gausemeier, Plass (Zukunftsorientierte Unternehmensgestaltung), 2014, S. 55ff.

80 Vgl. Eigner, Stelzer (Product-Lifecycle-Management), 2009, S. 10

81 Vgl. Feldhusen, Grote (Der Produktentstehungsprozess (PEP)), 2013, S. 11; Gausemeier, Nordsiek (Einführung Produkte und Produktionss. konzipieren), 2012, S. 14

sisch produzierte Produkt verstanden, zu dem allerdings bereits alle Produkt- und Produktionsbeschreibungen sowie die digitalen Entwurfsunterlagen aller zugehörigen Produktionsmittel gehören.[82] Auch GAUSEMEIER UND NORDSIEK sehen die Produktion nicht als Teil der Produktentstehung, indem sie die Produktentstehung mit dem Serienanlauf abgeschlossen ansehen.[83] Abbildung 10 verdeutlicht dieses Verständnis der Produktentstehung, indem Produktentstehung, Produkt- und Produktionsentwicklung sowie Produktherstellung gegenübergestellt werden.

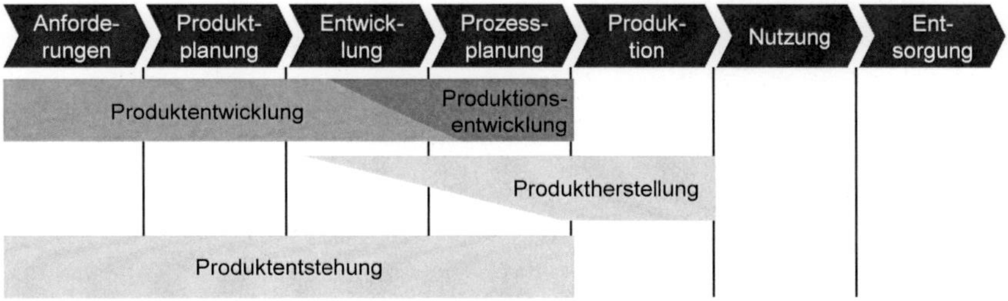

Abbildung 10: Gegenüberstellung von Produkt- und Produktionsentwicklung, Produktentstehung sowie Produktherstellung nach EIGNER UND STELZER[84]

FELDHUSEN UND GROTE vertreten hingegen die Auffassung, dass der Produktentstehungsprozess erst mit dem fertigen, d. h. produzierten Produkt endet und somit auch die Produktion mit einschließt.[85] Diese Auffassung lässt sich ebenfalls bei SCHUH ET AL., BENDER UND GERICKE, EHRLENSPIEL UND MEERKAMM, GEBHARDT sowie in der VDI Norm 2221 finden.[86] In Abbildung 11 wird dieses Verständnis der Produktentstehung mit dem eingeschlossenen Prozessschritt der Produktion verdeutlicht.

82 Vgl. Eigner, Stelzer (Product-Lifecycle-Management), 2009, S. 10

83 Vgl. Gausemeier, Nordsiek (Einführung Produkte und Produktionss. konzipieren), 2012, S. 14

84 I. A. a. Eigner, Stelzer (Product-Lifecycle-Management), 2009, S. 2

85 Vgl. Feldhusen, Grote (Der Produktentstehungsprozess (PEP)), 2013, S. 11 sowie S. 23

86 Vgl. Schuh et al. (Produktplanung), 2012, S. 59; Bender, Gericke (Entwicklungsprozesse), 2016, S. 402; Ehrlenspiel, Meerkamm (Integrierte Produktentwicklung), 2013, S. 1f.; Gebhardt (Additive Fertigungsverfahren), 2016, S. 14; VDI Verein Deutscher Ingenieure e.V., (VDI 2221), 1993, S. 8

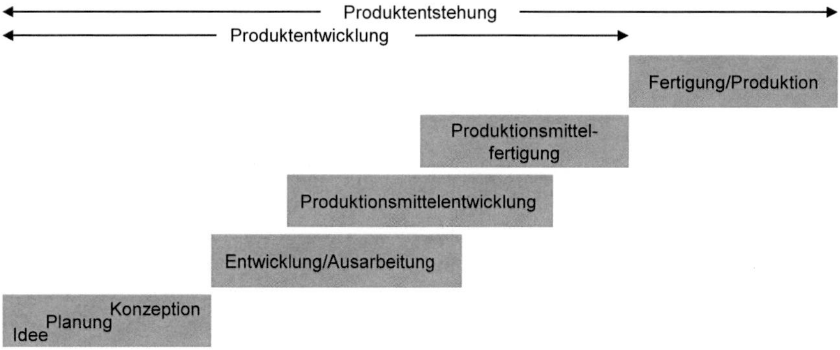

Abbildung 11: Gegenüberstellung der Umfänge von Produktentwicklung und Produktentstehung nach GEBHARDT[87]

Wie die beiden vorherigen Darstellungen erkennen lassen, bestehen je nach Autor auch Unterschiede bei den Prozessschritten zwischen Start und Ende der Produktentstehung. Diese Unterschiede beruhen jedoch lediglich auf unterschiedlichen Abgrenzungen und Bezeichnungen der betreffenden Prozessschritte und werden daher an dieser Stelle nicht weitergehend untersucht. In Kapitel 2.1.3.3 erfolgt eine tiefergehende Erläuterung der relevanten Prozessschritte der Produktentwicklung.

Innerhalb dieser Arbeit wird der Begriff Produktentstehung als die **Gesamtmenge aller Prozessschritte von einer Produktidee bis einschließlich der Produktion** verstanden. Dieses Verständnis mit eingeschlossenem Prozessschritt der Produktion wird bevorzugt, da mit einem vorliegenden physischen Produkt ein schlüssiger Übergang in die nachfolgende Phase Produktnutzung des Produktlebenszyklus erfolgen kann (vgl. Kapitel 2.1.1.2). In der Literatur wird der Begriff Produkterstellung synonym für die Produktentstehung verwendet.[88] Mit dem Begriff Produkterstellung wird der aktive Charakter des Prozesses im Gegensatz zum passiven Begriff Produktentstehung verdeutlicht. Bei der Produkterstellung bzw. Produktentstehung handelt es sich schließlich um einen künstlichen Unternehmensprozess, der aktiv initiiert und durchgeführt werden muss. Dennoch hat sich in der Literatur und im allgemeinen Sprachgebrauch der Begriff Produktentstehung durchgesetzt, weshalb er auch in dieser Arbeit favorisiert und genutzt wird. Nach DIN EN ISO 9000 wird unter einem Prozess ein „Satz zusammenhängender oder sich gegenseitig beeinflussender Tätigkeiten“[89] verstanden. Da mit der Produktentstehung eine Gesamtheit von Prozessschritten beschrieben wird, handelt es sich bei

---

87 I. A. a. Gebhardt (Additive Fertigungsverfahren), 2016, S. 14; VDI Verein Deutscher Ingenieure e.V., (VDI 2221), 1993, S. 6ff.

88 Vgl. Ehrlenspiel, Meerkamm (Integrierte Produktentwicklung), 2013, S. 1f.

89 DIN Deutsches Institut für Normung e.V. (DIN EN ISO 9000:2015-11), 2015, S. 33. Für eine ausführliche Gegenüberstellung verschiedener Prozessdefinitionen siehe auch Gadatsch (Geschäftsprozess-Management), 2017, S. 6ff. sowie die dort genannten Quellen.

der Produktentstehung selbst immer auch um einen Prozess, weshalb der Begriff der Produktentstehung ebenfalls synonym zum Begriff des Produktentstehungsprozesses verwendet wird.[90]

2.1.1.4 Produktentwicklung und Produktentwicklungsprozess

Nachdem im vorherigen Kapitel mit der Produktentstehung die für diese Arbeit relevante Phase des Produktlebenszyklus vorgestellt und definiert wurde, wird in diesem Kapitel eine weitere Ebene tiefer die Produktentwicklung bzw. der Produktentwicklungsprozess als Teilbereich der Produktentstehung näher betrachtet. Abbildung 12 stellt einleitend den Zusammenhang zwischen integriertem Produktlebenszyklus, Produktentstehung und Produktentwicklung dar. Hierbei wird aufgezeigt, wie die drei Begriffe jeweils unterschiedliche Teilmengen des gleichen Prozesses beschreiben.

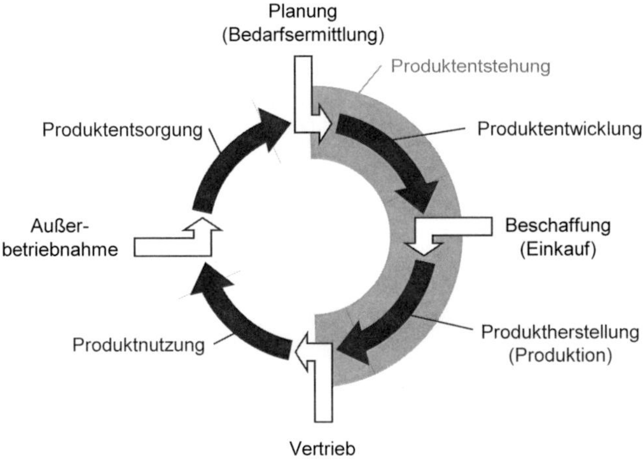

Abbildung 12: Produktlebenszyklus mit abgegrenzten Teilprozessen Produktentwicklung und Produktentstehung[91]

Der Begriff Produktentwicklung (PE) hat zwei grundlegende Bedeutungen. Er bezeichnet einerseits eine Organisationseinheit eines Unternehmens, wie bspw. eine Abteilung, einen Bereich oder ein Vorstandsressort, und andererseits einen Unternehmensprozess.[92] Im Kontext dieser Arbeit wird der Begriff Produktentwicklung – falls nicht explizit andersartig ausgewiesen – als **Unternehmensprozess** verstanden. In diesem Verständnis wird analog zu den Begriffen Produktentstehung und Produktentstehungsprozess der Begriff Produktentwicklung synonym

[90] Vgl. Feldhusen, Grote (Der Produktentstehungsprozess (PEP)), 2013, S. 11

[91] I. A. a. Bender, Gericke (Entwicklungsprozesse), 2016, S. 402

[92] Vgl. Ponn, Lindemann (Konzeptentwicklung und Gestaltung technischer Produkte), 2008, S. 7; Aryobsei (Gestaltung von Freiheitsgraden), 2015, S. 20ff. Siehe auch die in Kapitel 2.1.1.3 bereits vorgestellte Definition zu dem Begriff *Prozess* nach DIN EN ISO 9000.

zu dem Begriff Produktentwicklungsprozess verwendet. Im Gegensatz zum Deutschen existiert im Englischen keine begriffliche Differenzierung zwischen Produktentstehung und Produktentwicklung. Das englische Wort Product Development mit wörtlicher Übersetzung Produktentwicklung wird sowohl für die Produktentstehung als auch für die Produktentwicklung verwendet.[93] Im Deutschen wird jedoch zwischen Produktentwicklung und Produktentstehung klar unterschieden, indem die Produktentwicklung als Teilprozess der Produktentstehung verstanden wird.[94] Dieser Zusammenhang wird auch in den bereits vorgestellten Darstellungen Abbildung 10 sowie Abbildung 11 veranschaulicht. In der Gegenüberstellung dieser beiden Grafiken, die exemplarisch für die beiden erläuterten Verständnisse der Produktentstehung bzgl. dessen Endpunkt stehen, wird darüber hinaus deutlich, dass auch der Endpunkt der Produktentwicklung in der Literatur unterschiedlich definiert wird. Der Startpunkt der Produktentwicklung hingegen wird jeweils mit dem Startpunkt der Produktentstehung gleichgesetzt. Bezüglich des Endpunktes der Produktentwicklung ergeben sich zwei Positionen. So ist die Produktionsmittelfertigung nach GEBHARDT Teil der Produktentwicklung.[95] Nach EIGNER UND STELZER wird die Produktionsentwicklung bzw. die Prozessplanung und dadurch auch die Produktionsmittelentwicklung und -fertigung aus dem Produktentwicklungsprozess ausgeklammert.[96] In dieser Arbeit wird das Verständnis nach GEBHARDT präferiert, nach dem Produktionsmittelentwicklung und -fertigung Bestandteile der Produktentwicklung sind. Dieses Verständnis verdeutlicht die in dieser Arbeit adressierte Integration des Werkzeugbaus, welcher Teil der Produktionsmittelentwicklung und -fertigung ist (vgl. Kapitel 2.2), in den Produktentwicklungsprozess. PONN UND LINDEMANN beschreiben das Ziel der Produktentwicklung damit, „produzierbare und funktionsfähige Produkte zu generieren“[97]. Hierdurch werden zwei Ansprüche deutlich. Zum einen muss die Produktentwicklung anforderungsgerechte, d. h. den Kundenbedürfnissen entsprechende Produkte hervorbringen. Zum anderen müssen diese Produkte produzierbar gestaltet sein, weshalb eine Einbeziehung der Produktionsmittelentwicklung und -fertigung in die Produktentwicklung unabdingbar ist.

Im Folgenden wird **bei der Verwendung des Begriffs Produktentwicklung dennoch der Werkzeugbau ausgeklammert**, um eine Trennung zwischen den nicht-werkzeugbauspezifischen Aspekten der Produktentwicklung und dem Werkzeugbau zu schaffen. Hierbei handelt es sich um eine rein sprachliche Trennung. Inhaltlich folgt diese Arbeit einer integrierten Sichtweise von Produktentwicklung und Werkzeugbau und liefert einen Beitrag zur Umsetzung dieser Integration.

---

93 Vgl. Ulrich, Eppinger (Product Design and Development), 2015, S. 2; Ullman (The Mechanical Design Process), 2010, S. 11

94 Vgl. Eigner, Stelzer (Product-Lifecycle-Management), 2009 S. 1; Bender, Gericke (Entwicklungsprozesse), 2016, S. 402

95 Vgl. Gebhardt (Additive Fertigungsverfahren), 2016, S. 14

96 Vgl. Eigner, Stelzer (Product-Lifecycle-Management), 2009, S. 2

97 Ponn, Lindemann (Konzeptentwicklung und Gestaltung technischer Produkte), 2008, S. 14

2.1.1.5 Produktentwicklungsprojekt

Im Zusammenhang der Produktentwicklung ist ebenfalls der Begriff Produktentwicklungsprojekt von zentraler Bedeutung und muss gegenüber dem Begriff Produktentwicklungsprozess abgegrenzt werden. Während allgemein ein Prozess auch wiederholend und routinemäßig durchgeführt wird, ist das wesentliche Charakteristikum eines Projekts dessen Einmaligkeit.[98] Dieses Merkmal inkludiert ebenso das Merkmal Neuartigkeit.[99] So wird ein Projekt universell nach DIN 69901-5 als „Vorhaben, das im Wesentlichen durch Einmaligkeit der Bedingungen in ihrer Gesamtheit gekennzeichnet ist“[100], definiert. Mögliche einmalige Bedingungen eines einzelnen Projekts sind bspw. Zielvorgaben sowie zeitliche, finanzielle oder personelle Begrenzungen. Ebenfalls kann ein Projekt eine projektspezifische Organisation aufweisen.[101] In der Definition des Begriffs Projekt nach DIN EN ISO 9000 ist ein ähnliches Verständnis verschriftlicht. Ein Projekt wird hier jedoch darüber hinaus konkret in Beziehung zu einem Prozess gesetzt, indem ein Projekt als ein **„einmaliger Prozess“**[102] bezeichnet wird.[103] Übertragen auf die Produktentwicklung kann ein Produktentwicklungsprojekt den vorgestellten Definitionen entsprechend als die einmalige Durchführung eines Produktentwicklungsprozesses unter spezifischen Bedingungen verstanden werden. Im weiteren Verlauf der vorliegenden Arbeit wird der Begriff Produktentwicklungsprojekt diesem Verständnis folgend verwendet.

In der Literatur werden Projekte nach ihrem jeweiligen Projektziel in die drei Gruppen Investitionsprojekte, Forschungs- und Entwicklungsprojekte sowie Organisations- und IT-Projekte eingeteilt.[104] Das Ziel von Forschungsprojekten ist in der Regel abstrakt gefasst und kann als die Erlangung von neuen wissenschaftlichen Erkenntnissen beschrieben werden. Entwicklungsprojekte sind hingegen deutlich konkreter und haben die Entwicklung eines neuen Objekts wie bspw. eines Geräts, einer Maschine oder auch eines Programms zum Ziel.[105] Entwicklungsobjekt eines Produktentwicklungsprojekts ist ein Produkt entsprechend der in Kapitel 2.1.1.1 vorgestellten Definition.

2.1.2 Herausforderungen der Produktentwicklung

Die Herausforderungen der Produktentwicklung sind äußerst vielfältig und lassen sich aus verschiedenen Perspektiven betrachten. Eine erste Einteilung kann anhand der als „magisches Dreieck“ bekannten Dimensionen Qualität, Zeit und Kosten erfolgen.[106] Entsprechend dieser Dimensionen können Innovationsdruck, Zeitdruck und Kostendruck als Herausforderungen in

[98] Vgl. Ehrlenspiel, Meerkamm (Integrierte Produktentwicklung), 2013, S. 221

[99] Vgl. Ehrl-Gruber, Süss (Praxishandbuch Projektmanagement), 1995, Kapitel 2.2.1, S. 2

[100] DIN Deutsches Institut für Normung e.V. (DIN 69901-5:2009-01), 2009, S. 11

[101] Vgl. DIN Deutsches Institut für Normung e.V. (DIN 69901-5:2009-01), 2009, S. 11

[102] DIN Deutsches Institut für Normung e.V. (DIN EN ISO 9000:2015-11), 2015, S. 34

[103] Vgl. DIN Deutsches Institut für Normung e.V. (DIN EN ISO 9000:2015-11), 2015, S. 34

[104] Vgl. DIN Deutsches Institut für Normung e.V. (DIN 69901-5:2009-01), 2009, S.11

[105] Vgl. Jakoby (Projektmanagement für Ingenieure), 2015, S. 15f.

[106] Vgl. Vajna et al. (CAx für Ingenieure), 2009, S. 3

der Produktentwicklung differenziert werden. Eine vierte Herausforderung ergibt sich aus der zunehmend geforderten Flexibilität in der Produktentwicklung als Flexibilitätsdruck.

In den nachfolgenden Unterkapiteln werden diese vier zentralen Herausforderungen der Produktentwicklung ausführlich betrachtet. Zu beachten ist dabei, dass die einzelnen Herausforderungen starke Abhängigkeiten untereinander aufweisen. Bei der Adressierung dieser Herausforderungen müssen Unternehmen daher alle Herausforderungen gleichermaßen betrachten und ggf. gegeneinander abwägen.[107]

2.1.2.1 Innovationsdruck

Eine hohe Innovativität ist eine Schlüsselanforderung, um am Hochlohnstandort Deutschland eine Wettbewerbsfähigkeit zu erreichen.[108] „Der Standort Deutschland in seiner regionalen, europäischen und globalen Vernetzung lebt von der Kreation innovativer Erzeugnisse und damit verbundener Wertschöpfung."[109] In Kapitel 2.1.1.4 wurde bereits die entsprechend den Kundenwünschen anforderungsgerechte Generierung von Produkten als Ziel der Produktentwicklung eingeführt. Der Innovationsdruck in der Produktentwicklung umschließt diese Anforderungsgerechtheit, die auch als Qualität bezeichnet werden kann. Darüber hinaus bezieht er zusätzlich den Aspekt ein, einen Innovationsvorsprung in Form einer im Vergleich zu Wettbewerbsprodukten erhöhten Leistungsfähigkeit zu erzielen.[110]

Dem Innovationsdruck wird durch zwei Trends entgegengewirkt. Unternehmen versuchen zum einen durch Individualisierung und zum anderen durch multidisziplinäre Funktionserweiterungen den Kundennutzen ihrer Produkte zu erhöhen.[111] Beide Ansatzpunkte führen jedoch zu einer stark **erhöhten Komplexität** in der Produktentwicklung.[112]

Die Individualisierung von Produkten erfolgt aufgrund einer Diversifizierungsstrategie, bei der verschiedene Produkte und zudem in einer hohen Zahl von Varianten und Derivaten angeboten werden.[113] Hierdurch wird versucht, den allgemeingesellschaftlichen Trend der Individualisierung in entwickelten Ländern aufzugreifen und so zusätzliche Kunden anzusprechen.[114] Für die Produktentwicklung bedeutet dies eine deutlich erhöhte Komplexität, da die Anzahl von Produktentwicklungsprojekten steigt und innerhalb eines Produktentwicklungsprojekts eine hohe Variantenvielfalt beherrscht werden muss.[115]

Moderne technische Produkte kombinieren mechanische, elektronische sowie softwaretechnische Elemente.[116] Durch die gezielte Kombination der jeweiligen Vorteile dieser Elemente

[107] Vgl. Vajna et al. (CAx für Ingenieure), 2009, S. 4

[108] Vgl. Feldhusen, Grote (Einleitung Pahl/Beitz Konstruktionslehre), 2013, S. 5

[109] Eigner et al. (Interdisziplinäre Produktentstehung), 2012, S. 7

[110] Vgl. Vajna et al. (CAx für Ingenieure), 2009, S. 3

[111] Vgl. Eigner (Ausgangssituation – Entwicklungsprozess cybertronischer Systeme), 2017, S. 5

[112] Vgl. Feldhusen, Grote (Einleitung Pahl/Beitz Konstruktionslehre), 2013, S. 5f.

[113] Vgl. Feldhusen, Grote (Einleitung Pahl/Beitz Konstruktionslehre), 2013, S. 5

[114] Vgl. Zukunftsinstitut (Megatrend Individualisierung), 2018

[115] Vgl. Schuh, Riesener (Produktkomplexität managen), 2018, S. 4

[116] Vgl. Gausemeier et al. (Strategische Produktplanung), 2016, S. 20

wird versucht, einen zusätzlichen Kundennutzen zu erreichen. Dabei ist zu beobachten, dass insbesondere der Anteil Software immer weiter zunimmt. Dieser Trend lässt sich bereits seit den 1970er Jahren nachverfolgen und ist in Abbildung 13 dargestellt.

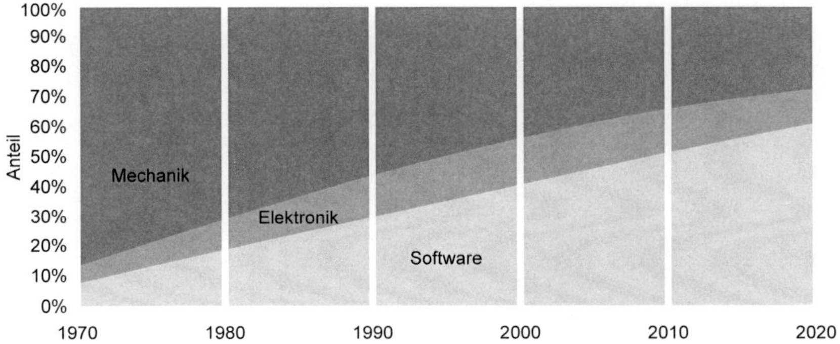

Abbildung 13: Anteil der Einzeldisziplinen an der Entwicklung mechatronischer Systeme[117]

In dieser Prognose wird der Anteil der Disziplin Mechanik an einem Produktentwicklungsprozess bis 2020 auf unter 30% abnehmen. Der Anteil der Disziplin Software wird hingegen auf über 60% geschätzt.[118] Aufgrund dieser erhöhten Multidisziplinarität müssen verschiedene Fachkompetenzen bei der Produktentwicklung mitwirken. Da Unternehmen nicht immer über alles notwendige Expertenwissen verfügen, erfolgt zunehmend eine Einbindung von strategischen, externen Entwicklungspartnern in den Produktentwicklungsprozess.[119] Daneben wird auch eine Integration relevanter interner Unternehmensabteilungen entlang des gesamten Produktlebenszyklus von Anforderungsdefinition über Betrieb bis Recycling des Produkts immer stärker.[120] Abbildung 14 verdeutlicht die durch den hohen Innovationsdruck ausgelösten Komplexitätstreiber in der Produktentwicklung. Infolge der zunehmenden Integration von internen und externen Experten nimmt die Anzahl der Projektbeteiligten deutlich zu und darüber hinaus arbeiten nicht alle Projektbeteiligten in Vollzeit in einem Entwicklungsprojekt. Dies führt im Ergebnis zu einem stark erhöhten **Koordinationsaufwand** durch das Projektmanagement.[121] Eine weiterführende Betrachtung der Schnittstellen im Produktentwicklungsprozess erfolgt in Kapitel 2.1.3.4.

[117] I. A. a. Eigner (Einleitung – Modellbasierte Virtuelle Produktentwicklung), 2014, S. 2. Die hier zitierte Originalquelle der ITQ GmbH ist nicht mehr online verfügbar.

[118] Vgl. Eigner (Einleitung – Modellbasierte Virtuelle Produktentwicklung), 2014, S. 2

[119] Vgl. Anderl (Einführung Smart Engineering), 2012, S. 5

[120] Vgl. Eigner (Einleitung – Modellbasierte Virtuelle Produktentwicklung), 2014, S. 8

[121] Vgl. Spath, Dangelmaier (Produktentwicklung Quo Vadis), 2016, S. 4

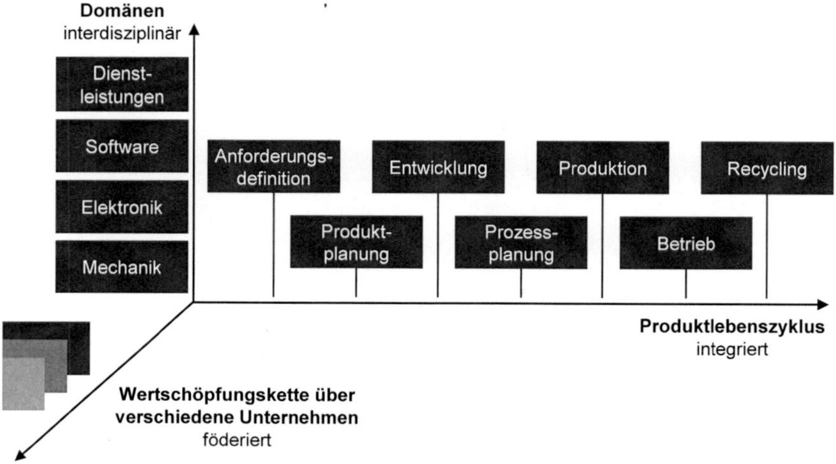

Abbildung 14: Komplexitätsdimensionen in der Produktentwicklung[122]

2.1.2.2 Zeitdruck

Als weitere Herausforderung sehen sich Unternehmen gezwungen, die Zeit der Produktentwicklung zu verkürzen.[123] Eine kurze **Time to Market** ist entscheidend, um einen technischen Innovationsvorsprung auch im Wettbewerb als Vorteil nutzen zu können. Für ein innovatives Produkt lassen sich nur bei einer sehr frühen Marktverfügbarkeit hohe Preise durchsetzen.[124] Abbildung 15 verdeutlicht das signifikant höhere Marktpotenzial in Form von Umsatz bei einer kurzen Entwicklungszeit im Vergleich mit einer langen Entwicklungszeit. Zwar besteht auch bei einem zu frühen Markteintritt eine Gefahr, da Kunden ggf. noch keine Akzeptanz für die Innovation aufweisen.[125] Jedoch lässt sich der Markteintrittszeitpunkt nur bei einer kurzen Time to Market flexibel und strategisch wählen und wird nicht alleinig durch den Produktentwicklungsprozess determiniert.

Einer Studie von McKinsey & Company zufolge erzielen Produkte, bei deren Produktentwicklung das vorgegebene Budget eingehalten wird und die aber mit sechs Monaten Verspätung in den Markt eingeführt werden, 33% weniger Gewinn aufgrund der Verzögerung. Produkte, die pünktlich, aber mit 50% Budgetüberschreitung entwickelt werden, erzielen lediglich einen um 4% reduzierten Gewinn.[126] Diese Zahlen zeigen die deutlich gewichtigere Bedeutung des Faktors Zeit im Vergleich mit dem Faktor Kosten während der Produktentwicklung.

[122] I. A. a. Eigner et al. (Interdisziplinäre Produktentstehung), 2012, S. 8

[123] Vgl. Gausemeier, Nordsiek (Einführung Produkte und Produktionss. konzipieren), 2012, S. 13

[124] Vgl. Vajna et al. (CAx für Ingenieure), 2009, S. 3

[125] Vgl. Kramer, Kramer (Bausteine der Unternehmensführung), 1997, S. 210

[126] Vgl. Musselwhite (Time-Based Innovation), 1990, S. 55; Charney (Time to Market), 1991, S. 5; Mynott (Lean Product Development), 2012, S. 28

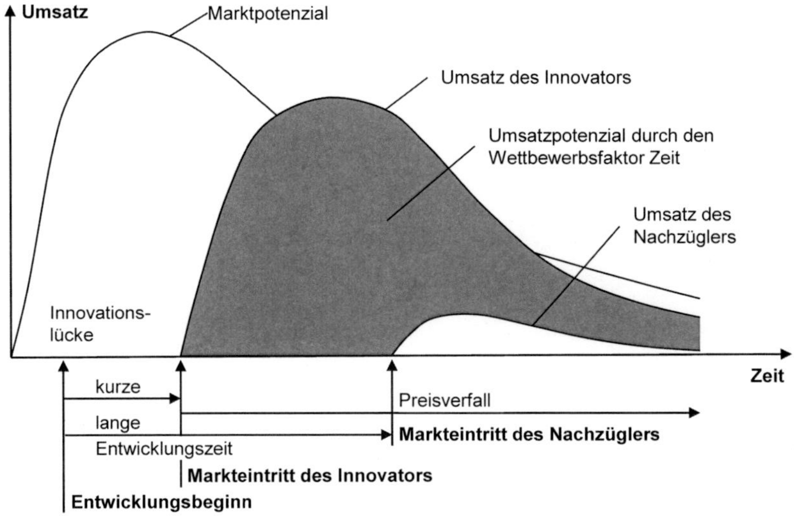

Abbildung 15: Umsatzpotenzial in Abhängigkeit zur Time to Market[127]

Ein weiterer Grund zur Verkürzung der Entwicklungszeiten ist die deutlich verkürzte Nutzungsphase von Produkten.[128] Unternehmen müssen immer kurzzyklischer neue Produkte auf den Markt bringen, um im Wettbewerbsvergleich keine veralteten und weniger leistungsstarke Produkte anzubieten.

2.1.2.3 Kostendruck

Ein weiterer Wettbewerbsfaktor ist es, Produkte zu möglichst geringen Kosten zu erstellen.[129] Aufgrund der vergleichsweise hohen Lohn-, Lohnnebenkosten, Rohstoff- und Energiekosten in hoch entwickelten Industrieländern sowie des starken Kapazitätsanstiegs von internationalen Wettbewerbern herrscht ein hoher Kostendruck. Der ehemals als Verkäufermarkt geprägte Wettbewerb hat sich infolgedessen zu einem **Käufermarkt** gewandelt, in dem der Kunde den am Markt erzielbaren Preis definiert. Dies gilt in besonderem Maße für weniger innovative Produkte.[130] Die Produktentwicklung hat einen erheblichen Einfluss auf die Kosten eines Pro-

[127] I. A. a. Feldhusen, Grote (Einleitung Pahl/Beitz Konstruktionslehre), 2013, S. 6; Kramer, Kramer (Bausteine der Unternehmensführung), 1997, S. 210

[128] Vgl. Feldhusen, Grote (Einleitung Pahl/Beitz Konstruktionslehre), 2013, S. 6

[129] Vgl. Gausemeier, Nordsiek (Einführung Produkte und Produktionss. konzipieren), 2012, S. 13

[130] Vgl. Vajna et al. (CAx für Ingenieure), 2009, S. 3; Ehrlenspiel, Meerkamm (Integrierte Produktentwicklung), 2013, S. 188

dukts. Zunächst entstehen während der Produktentwicklung selber Kosten. Noch entscheidender ist zudem, dass bereits in der Phase der Produktentwicklung der Großteil aller späteren Produktkosten festgelegt wird (vgl. Abbildung 16).[131]

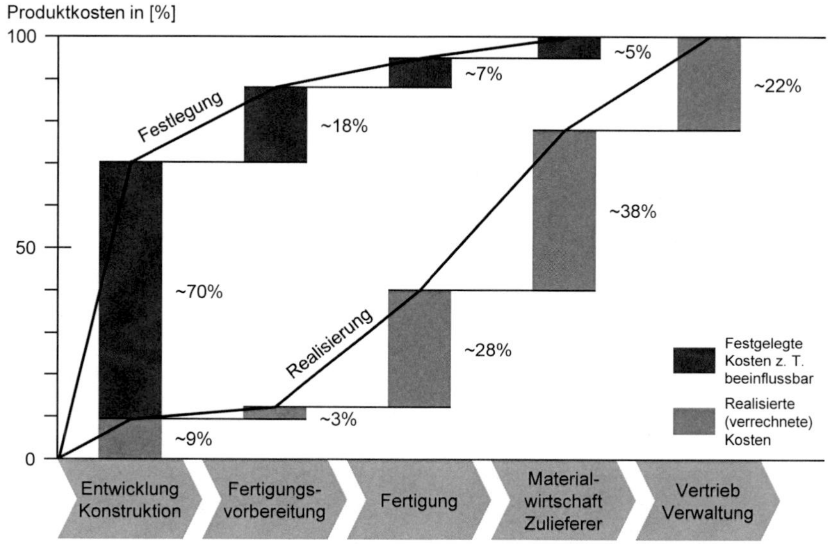

Abbildung 16: Kostenfestlegung und -entstehung in Unternehmensbereichen[132]

Im Umkehrschluss bedeutet dies, dass in der frühen Phase der Produktentwicklung die größte **Möglichkeit zur Kostenbeeinflussung** des späteren Produkts besteht.[133] So kann eine gelungene Produktgestaltung eine Einsparung der Produktkosten von bis zu 75% bewirken.[134] Ein weiterer Grund für die umfangreiche Kostenfestlegung zu Beginn eines Produktentwicklungsprojektes sind die Kosten zur Fehlerbehebung. Die Fehlerkosten steigen im Produktentstehungsprozess von Phase zu Phase mit dem Faktor 10. Dieser als „Rule of Ten“ bekannte Effekt ist als Faustregel zu verstehen, verdeutlicht aber den exponentiellen Zusammenhang der Fehlerbehebungskosten mit der Zeit im Produktentwicklungsprozess.[135]

Werden die Erkenntnisse aus Abbildung 15 und Abbildung 16 zusammengeführt, ergibt sich ein ganzheitliches Bild zum finanziellen Verlauf eines Produktlebenszyklus. Abbildung 17 stellt diesen Verlauf entsprechend dar. In der Produktentstehung fallen zunächst hohe Kosten an, wodurch Verlust entsteht. Bei zunächst geringem Absatz nach der Produkteinführung entsteht

[131] Vgl. Ullman (The Mechanical Design Process), 2010, S. 5; Vajna, Burchardt (Vorgehensweisen der Integrierten Produktentwicklung), 2014, S. 4; Mynott (Lean Product Development), 2012, S. 20

[132] I. A. a. Ehrlenspiel et al. (Kostengünstig Entwickeln und Konstruieren), 2014, S. 15

[133] Vgl. Ehrlenspiel et al. (Kostengünstig Entwickeln und Konstruieren), 2014, S. 13ff.

[134] Vgl. Ullman (The Mechanical Design Process), 2010, S. 4

[135] Vgl. Hopmann et al. (Spritzgießwerkzeuge), 2018, S. 569; Ehrlenspiel et al. (Kostengünstig Entwickeln und Konstruieren), 2014, S. 14

weiterer Verlust, welcher jedoch zunehmend geringer ausfällt. Wird der Absatz weiter gesteigert, erreicht das Produkt die Gewinnphase, in der die zuvor angefallenen Verluste ausgeglichen werden.

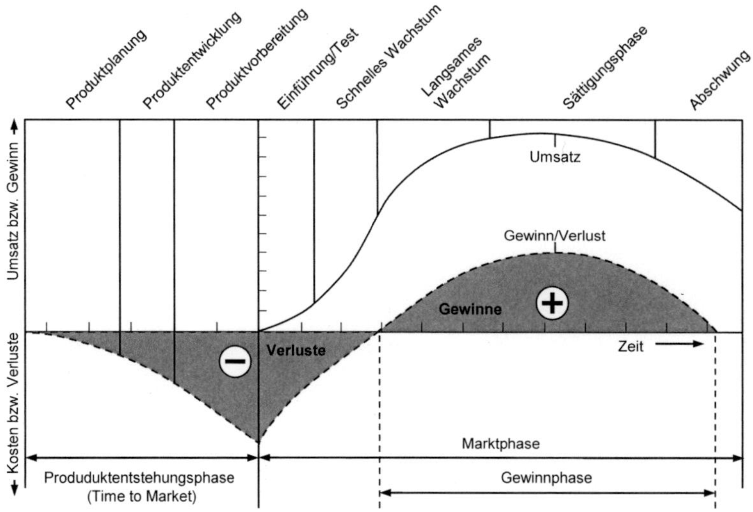

Abbildung 17: Finanzieller Verlauf eines Produktlebenszyklus[136]

2.1.2.4 Flexibilitätsdruck

Während der Produktentwicklung besteht die Herausforderung, möglichst flexibel auf neue Erkenntnisse und Informationen reagieren zu können.[137] Äußere Einflüsse erfordern häufig eine Änderung der Spezifikationen des zu entwickelnden Produkts während der laufenden Produktentwicklung. Solche neuerungsbezogenen Änderungen sind aufgrund ihrer Unvorhersehbarkeit somit unvermeidbar und können gegenüber Änderungen aufgrund auftretender Fehler unterschieden werden. Neuerungsbezogene Änderungen können mit bis zu 47% der Änderungen einen hohen Anteil aller Änderungen ausmachen. Ursachen für neuerungsbezogene Änderungen sind das Aufkommen neuer Technologien, sich ändernde Kundenwünsche sowie neue Gesetzgebungen.[138]

Die Notwendigkeit des Umgangs **mit neuerungsbezogenen Änderungen** kann als Flexibilitätsdruck beschrieben werden. Werden im Laufe der Produktentwicklung an einzelnen Elementen des Produktkonzepts Änderungen durchgeführt, sollten diese möglichst geringe Auswirkungen auf andere Elemente haben. Produktkonzepte müssen so aufgebaut und entwickelt

[136] I. A. a. Kramer, Kramer (Bausteine der Unternehmensführung), 1997, S. 209

[137] Vgl. Lindemann (Methodische Entwicklung technischer Produkte), 2009, S. 14

[138] Vgl. Langer (Änderungsmanagement), 2016, S. 516f.

werden, dass sie möglichst robust sind.[139] Diese Forderung ist insbesondere vor dem Hintergrund des im vorherigen Kapitel erläuterten Kostendrucks entscheidend. Frühe Entwicklungsentscheidungen haben großen Einfluss auf die festgelegten Kosten eines Produkts.[140] Die im Laufe des Produktentwicklungsprozesses exponentiell steigenden Änderungskosten sind ein Grund hierfür. Die „Rule of Ten" lässt sich wie auch bezogen auf Fehlerkosten ebenfalls auf neuerungsbezogene Änderungskosten anwenden. Demnach steigen die Änderungskosten um den Faktor 10 mit jedem Detaillierungsschritt im Produktentwicklungsprozess.[141] Der Flexibilitätsdruck kann daher auch mit dem englischen Begriff Design for Changeability ausgedrückt werden.[142]

Grundsätzlich können technische Änderungen in den Lebenszyklusphasen der Produktentwicklung, der Produktion sowie der Nutzung durchgeführt werden.[143] Änderungen werden typischerweise in formalisierten Änderungsprozessen, sog. Engineering Change Orders (ECO), durchgeführt.[144] Speziell Änderungsprozesse während der Phase der Produktentwicklung sind für einen großen Anteil der Durchlaufzeit sowie der Kosten einer Produktentwicklung verantwortlich.[145] Auch nach finaler Freigabe des Produkts für die Produktion können noch Änderungen am Produkt notwendig werden, welche ebenfalls als ECO abgewickelt werden.[146] Diese werden aufgrund der zeitlichen Einordnung nach der Produktentwicklung im Weiteren nicht näher berücksichtigt.

Die Herausforderung des Flexibilitätsdrucks steht aufgrund der hohen Auswirkungen von Änderungen auf Zeit und Kosten eines Entwicklungsprojekts in Konflikt mit den Herausforderungen des Zeit- und Kostendrucks. Jedoch ist eine hohe Flexibilität im Produktentwicklungsprozess entscheidend, um auf sich stetig ändernde Kundenbedürfnisse reagieren zu können. Das zu entwickelnde Produkt muss diese Kundenbedürfnisse trotz einer langen Dauer eines Produktentwicklungsprojekts und ggf. unvorhergesehener Entwicklungen genau terminiert erfüllen. Nur so kann dem bestehenden Innovationsdruck effizient begegnet werden. Die erläuterten Zusammenhänge zeigen, wie eng die vier in diesem Kapitel eingeführten Herausforderungen in der Produktentwicklung miteinander zusammenhängen und sich gegenseitig beeinflussen.

---

[139] Vgl. Gausemeier, Nordsiek (Einführung Produkte und Produktionss. konzipieren), 2012, S. 13f.

[140] Vgl. Gausemeier et al. (Produkte und Produktionssysteme integrativ konzipieren), 2012, S. 18f.

[141] Vgl. Zäh (Wirtschaftliche Fertigung mit Rapid-Technologien), 2006, S. 129 und die dort zitierte Quelle Hempelmann (Rapid Prototyping auf dem Weg zum Rapid Manufacturing), 2004 sowie Langer (Änderungsmanagement), 2016, S. 14f.

[142] Vgl. Langer (Änderungsmanagement), 2016, S. 533

[143] Vgl. Langer (Änderungsmanagement), 2016, S. 514

[144] Vgl. Langer (Änderungsmanagement), 2016, S. 526

[145] Vgl. Loch, Terwiesch (Accelerating the Process of Engineering Change Orders), 1999, S. 1f.

[146] Vgl. Ullman (The Mechanical Design Process), 2010, S. 91. Siehe auch S. 94 dieser Quelle für eine Darstellung zur Häufigkeit von Engineering Changes vor und nach Produktionsstart.

2.1.3 Strategien, Strukturen und Prozesse der Produktentwicklung

Den im vorangegangenen Kapitel vorgestellten zentralen Herausforderungen der Produktentwicklung müssen Unternehmen gezielt begegnen. Ziel dieses Kapitel ist es, vor diesem Hintergrund grundlegende Elemente vorzustellen, mit denen die Produktentwicklung gestaltet wird. Hierzu werden Strategien sowie Organisationsstrukturen der Produktentwicklung vorgestellt, bevor näher auf Produktentwicklungsprozesse eingegangen wird. Anschließend werden die Schnittstellen des Produktentwicklungsprozesses thematisiert.

2.1.3.1 Strategien

Zur Adressierung der vorgestellten Herausforderungen der Produktentwicklung haben sich unterschiedliche Strategien etabliert. Diese Strategien können als Grundgerüste zur Gestaltung der Produktentwicklung verstanden werden. Auf ihrer Basis werden geeignete Vorgehensweisen, bestehend aus Methoden, Vorgehensmodellen und Hilfsmitteln, ausgewählt und ausgestaltet. Ebenso dienen sie als Handlungsrahmen für den eigentlichen Produktentwicklungsprozess.[147] Nach LINDEMANN können bei allen Strategien folgende Gemeinsamkeiten als übergeordnete Prinzipien festgestellt werden:[148]

- Systemorientiertes, ganzheitliches Denken
- Klare Ausrichtung aller Handlungen auf Ziele
- Entwicklung geeigneter Vorgehensweisen
- Entwicklung geeigneter Verhaltensweisen

Abbildung 18 verdeutlicht den Zusammenhang zwischen Herausforderungen, übergeordneten Prinzipien, Strategien und Vorgehensweisen der Produktentwicklung.

In der Literatur und Praxis besteht eine Vielzahl von Strategien, die im Rahmen der Produktentwicklung eingesetzt werden. In aufeinander aufbauenden Arbeiten von LINDEMANN, DIEHL, KLEIN und KANTELBERG werden in diesem Zusammenhang folgende Strategien genannt und vorgestellt:[149]

- Integrierte Produktentwicklung[150]
- Design Thinking[151]
- Lean Innovation bzw. Lean Development und Lean Thinking[152]

[147] Vgl. Lindemann (Methodische Entwicklung technischer Produkte), 2009, S. 14

[148] Vgl. Lindemann (Methodische Entwicklung technischer Produkte), 2009, S. 14f.

[149] Vgl. Gausemeier et al. (Strategische Produkt- und Prozessplanung), 2016, S. 14; Diehl (Visualisierung disziplinübergreifender Entwicklungsabhängigkeiten), 2010, S. 17; Klein (Agiles Engineering im Maschinen- und Anlagenbau), 2016, S. 88; Kantelberg (Gestaltung agiler Entwicklungsprozesse technischer Produkte), 2018, S. 33

[150] Vgl. Andreasen, Hein (Integrated Product Development), 1987; Ehrlenspiel, Meerkamm (Integrierte Produktentwicklung), 2013

[151] Vgl. Rowe (Design Thinking), 1991

[152] Vgl. Womack, Jones (Lean Thinking), 1996; Schuh (Lean Innovation), 2013

- Simultaneous Engineering/Concurrent Engineering[153]
- Total Quality Management[154]
- Projektmanagement[155]
- Set Based Design[156]
- Fraktale Unternehmen[157]
- Systems Engineering[158]
- Agiles Engineering[159]

Für ausführliche Beschreibungen der genannten Strategien wird auf die genannten Quellen verwiesen. Ausgewählte, im Kontext dieser Arbeit relevante Strategien werden in Kapitel 3 vorgestellt und analysiert.

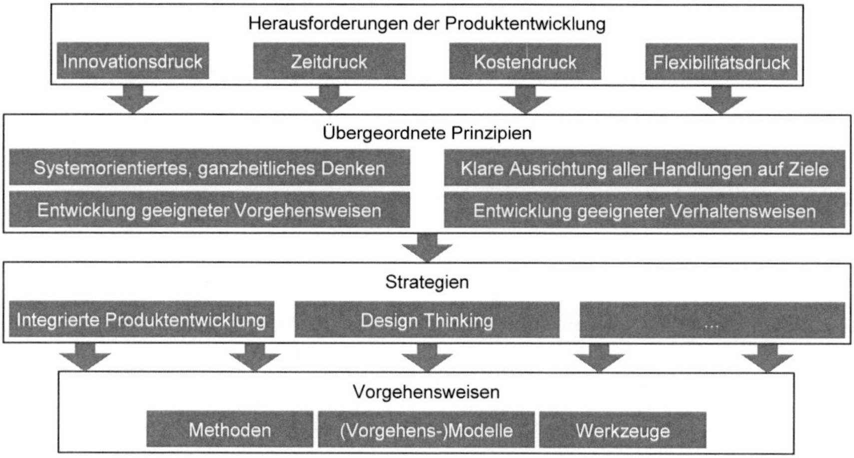

Abbildung 18: Zusammenhang der Herausforderungen, übergeordneten Prinzipien, Strategien und Vorgehensweisen der Produktentwicklung[160]

[153] Vgl. Lincke (Simultaneous Engineering), 1995; Bullinger, Warschat (Forschungs- und Entwicklungsmanagement), 1997

[154] Vgl. Pfeifer (Qualitätsmanagement), 2001

[155] Vgl. Gesellschaft für Projektmanagement (Projektmanagement-Fachmann), 2003

[156] Vgl. Ward et al. (The Second Toyota Paradox), 1995

[157] Vgl. Warnecke (Die Fraktale Fabrik), 1992

[158] Vgl. Hall, Athur, D. (A Methodology for Systems Engineering), 1962; Checkland (Systems Thinking, Systems Practice), 1981

[159] Vgl. Klein (Agiles Engineering im Maschinen- und Anlagenbau), 2016; Kantelberg (Gestaltung agiler Entwicklungsprozesse technischer Produkte), 2018

[160] I. A. a. Lindemann (Methodische Entwicklung technischer Produkte), 2009, S. 14f.; Diehl (Visualisierung disziplinübergreifender Entwicklungsabhängigkeiten), 2010, S. 17; Klein (Agiles Engineering im Maschinen- und Anlagenbau), 2016, S. 88; Kantelberg (Gestaltung agiler Entwicklungsprozesse technischer Produkte), 2018, S. 33

2.1.3.2 Organisationsstrukturen

Die Organisation eines Unternehmens kann in die zwei Betrachtungsbereiche Aufbauorganisation sowie Ablauforganisation unterteilt werden. Die Aufbauorganisation beschreibt die Struktur eines Unternehmens, während die Ablauforganisation die Durchführung der Prozesse innerhalb einer Unternehmung festlegt.[161] Aufbau- und Ablauforganisation bedingen sich gegenseitig und müssen in Unternehmen möglichst gut aufeinander abgestimmt werden.[162] In diesem Kapitel soll die Aufbauorganisation der Produktentwicklung innerhalb von Unternehmen betrachtet werden. Kapitel 2.1.3.3 beschreibt anschließend mit dem Produktentwicklungsprozess die Ablauforganisation der Produktentwicklung.

Die Produktentwicklung ist eine Organisationseinheit innerhalb eines Unternehmens. Als solche ist die Produktentwicklung innerhalb der Aufbauorganisation eines Unternehmens angeordnet. In der Praxis haben sich verschiedene Ausprägungsmöglichkeiten der Aufbauorganisation eines Unternehmens etabliert. Es kann zwischen folgenden typischen Ausprägungen unterschieden werden:[163]

- Funktionsorientierte Organisation
- Matrixorganisation
- Projektorganisation

Bei einer funktionsorientierten Organisation ist der Aufbau eines Unternehmens nach getrennten Funktionen gegliedert. Beispielsweise können Produktentwicklung, Produktion, Vertrieb und Finanzwesen als unterschiedliche Organisationseinheiten gefasst sein. Die Produktentwicklung ist somit hierbei als eine zentrale Organisationseinheit abgegrenzt. Bei einer Matrixorganisation wird ein Unternehmen mithilfe von zwei Kriterien gegliedert. Erstes Kriterium ist die Unterteilung nach Funktionen und zweites Kriterium ist eine Unterteilung in Sparten bspw. nach Produkten, Märkten oder Kunden. Dadurch wird die Produktentwicklung in mehrere einzelne Organisationseinheiten jeweils pro Sparte gegliedert. Eine Projektorganisation richtet die Organisation eines Unternehmens nach einzelnen Kundenaufträgen aus. Für einzelne Kundenprojekte werden spezifisch alle notwendigen Kompetenzen und Kapazitäten zu einer Organisationseinheit zusammengestellt. Hierbei ist typischerweise auch die Produktentwicklung Teil einer Projektorganisation. Es entstehen projektspezifische Produktentwicklungseinheiten. Besonderheit dabei ist, dass diese zeitlich begrenzt sind und nur für die Dauer oder sogar nur für den Teil der Dauer eines Projekts bestehen. Die dargestellten Organisationsformen werden in der unternehmerischen Praxis häufig je nach Unternehmenssituation kombiniert und im Zeitverlauf verändert.[164]

---

[161] Vgl. Lindemann (Methodische Entwicklung technischer Produkte), 2009, S. 12f.

[162] Vgl. Bullinger et al. (Handbuch Unternehmensorganisation), 2009, S. 4; Spath (Grundlagen der Organisationsgestaltung), 2017, S. 4

[163] Vgl. Lindemann (Methodische Entwicklung technischer Produkte), 2009, S. 13f.

[164] Vgl. Lindemann (Methodische Entwicklung technischer Produkte), 2009, S. 13f.

2.1.3.3 Prozess der Produktentwicklung

Der Ablauf von Produktentwicklungsprojekten wird durch den Produktentwicklungsprozess beschrieben. Der Produktentwicklungsprozess stellt dabei einen streng geregelten Ablauf von Aufgaben, Schritten und Phasen dar, mit dem Unternehmen regelmäßig Ideen zu verkaufsfähigen Produkten transformieren.[165] In diesem Zusammenhang werden Vorgehensmodelle dazu eingesetzt, die gewählte Produktentwicklungsstrategie zu operationalisieren und Produktentwicklungsprozesse mit ihren Einzelaktivitäten systematisch zu formen und zu organisieren.[166] Dadurch soll die hohe Komplexität von Produktentwicklungsprozessen abstrahiert und für die einzelnen Beteiligten beherrschbar gemacht werden.[167] Synonym zu dem Begriff Vorgehensmodell wird auch der Begriff des Prozessmodells gebraucht.[168] WAGNER UND LINDNER definieren ein Prozessmodell als einen „konzeptionellen Rahmen (...), mit dem ein Prozess definiert und abgegrenzt wird"[169].

Unterschiedliche **Vorgehensmodelle der Produktentwicklung** lassen sich insbesondere bzgl. ihres Auflösungsgrads unterscheiden. Der Auflösungsgrad kann von der Beschreibung elementarer Handlungsabläufe in Form einer Mikrologik bis zur Beschreibung von Meilensteinen auf Gesamtprojektebene in Form einer Makrologik gewählt werden (vgl. Abbildung 19).[170]

[165] Vgl. Kahn et al. (New Product Development), 2013. S. 463

[166] Vgl. Diehl (Visualisierung disziplinübergreifender Entwicklungsabhängigkeiten), 2010, S. 32ff.

[167] Vgl. Lindemann (Methodische Entwicklung technischer Produkte), 2009, S. 33

[168] Vgl. Vajna et al. (CAx für Ingenieure), 2009, S. 147; Bender, Gericke (Entwicklungsprozesse), 2016, S. 404ff. Von diesem Verständnis als Modell eines Geschäftsprozesses abzugrenzen ist die Verwendung des Begriffs Prozessmodell in den Gebieten der Regelungstechnik und Prozessautomatisierung, mit der ein Modell eines technischen Prozesses verstanden wird. Vgl. Vajna et al. (CAx für Ingenieure), 2009, S. 147. Für eine Einführung zu Grundlagen zu Modellen und zur Verwendung des Begriffs Prozessmodell im Rahmen dieser Arbeit vgl. Kapitel 4.1.3.

[169] Wagner, Lindner (Wertstromorientiertes Prozessmanagement), 2017, S. 68

[170] Vgl. Lindemann (Methodische Entwicklung technischer Produkte), 2009, S 38. Ebendieser Quelle kann auch eine Einordnung verschiedener, etablierter Vorgehensmodelle nach Auflösungsgrad entnommen werden.

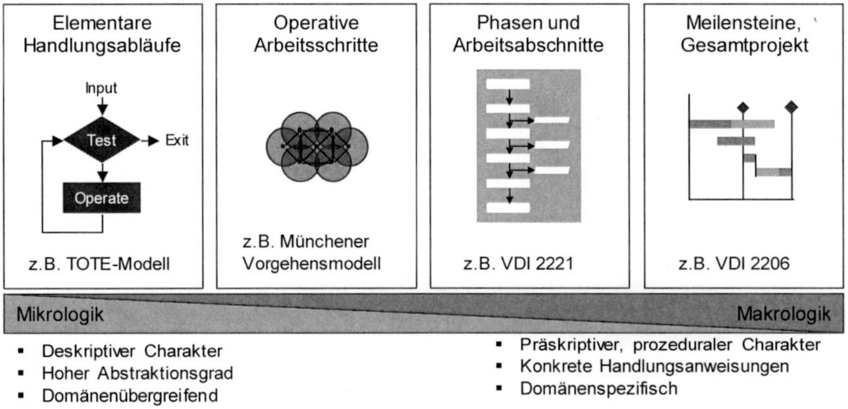

Abbildung 19: Auflösungsgrad von Vorgehensmodellen mit unterschiedlichen Zielen der Betrachtung[171]

Eine weitere wesentliche Unterscheidung verschiedener Vorgehensmodelle kann bzgl. ihrer **Ablaufcharakteristik** vorgenommen werden. Diese leitet sich aus der gewählten Strategie ab. Vier Ablaufcharakteristiken lassen sich stereotypisch unterscheiden, welche schrittweise als sequenziell, zyklisch, phasenweise wiederholend und phasenweise konkretisierend bezeichnet werden (vgl. Abbildung 20).[172] Im Folgenden werden die beiden Extreme der schrittweise sequenziellen Vorgehensmodelle denen der phasenweise konkretisierenden gegenübergestellt. Klassische sequenzielle Vorgehensmodelle können i. A. a. KANTELBERG als **deterministisch-normativ** bezeichnet werden. Diese auch als konzeptgesteuert, plan-driven oder präskriptiv bezeichneten Vorgehensmodelle sind dadurch charakterisiert, dass einzelne Schritte nacheinander und starr festgeschrieben durchlaufen werden. Entscheidende Grundannahme ist, dass ein Produktentwicklungsprozess vor Beginn vollständig und eindeutig bestimmt werden kann.[173] Für eine ausführliche Auflistung sowie Kurzbeschreibung etablierter deterministisch-normativer Vorgehensmodelle wird auf KLEIN verwiesen.[174]

---

[171] I. A. a. Klein (Agiles Engineering im Maschinen- und Anlagenbau), 2016, S. 33; Lindemann (Methodische Entwicklung technischer Produkte), 2009, S. 38

[172] Vgl. Bender, Gericke (Entwicklungsprozesse), 2016, S. 406

[173] Vgl. Kantelberg (Gestaltung agiler Entwicklungsprozesse technischer Produkte), 2018, S. 21

[174] Vgl. Klein (Agiles Engineering im Maschinen- und Anlagenbau), 2016, S. 35. Weitere ausführliche Auflistungen von Entwicklungsmethoden können zudem bei Pahl et al. (Engineering Design), 2007, S. 20ff. sowie bei Bender, Gericke (Entwicklungsprozesse), 2016, S. 408 entnommen werden.

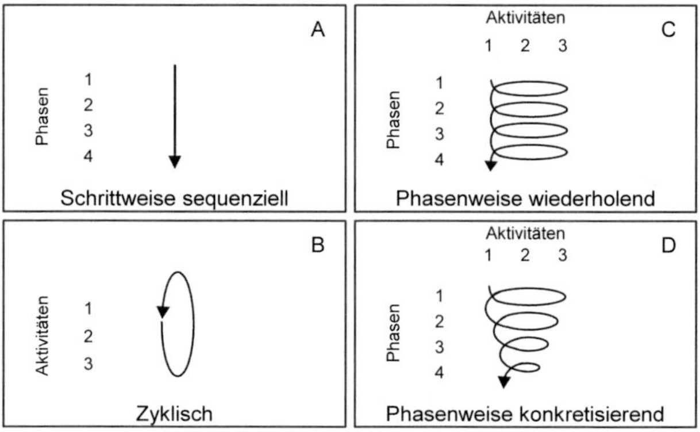

Abbildung 20: Ablaufcharakteristiken von Vorgehensmodellen[175]

Entgegen der dargestellten Grundannahme deterministisch-normativer Vorgehensmodelle können Produktentwicklungsprojekte typischerweise nur bedingt vollständig vorausgeplant und strukturiert werden. Da sich das zu erreichende Ergebnis erst im Verlauf der Entwicklung konkretisiert und unvorhergesehene Einflüsse einwirken, entwickeln sich Produktentwicklungsprojekte oftmals dynamisch.[176] Aus diesem Grund haben sich **empirisch-adaptive** Vorgehensmodelle entwickelt, welche durch eine hohe Veränderbarkeit gekennzeichnet sind. Auf Basis empirischer Fortschrittsbestimmungen werden im Projektverlauf iterative Anpassungen vorgenommen. Auf diese Weise wird eine phasenweise konkretisierende Ablaufcharakteristik erreicht. Entsprechende Vorgehensmodelle finden ihren Ursprung in der Softwareentwicklung, wurden jedoch auch in verschiedenen Ausprägungen für die Produktentwicklung adaptiert.[177] Für eine ausführliche Auflistung sowie Kurzbeschreibung etablierter empirisch-adaptiver Vorgehensmodelle wird ebenfalls auf KLEIN verwiesen.[178] Im Zusammenhang mit der Bezeichnung empirisch-adaptiv werden auch die Adjektive iterativ-inkrementell sowie agil verwendet.[179] In dieser Arbeit wird der Begriff iterativ als übergreifende Bezeichnung empirisch-adaptiver sowie agiler Vorgehensmodelle verstanden (vgl. Kapitel 2.1.4). Abbildung 21 zeigt eine schematische Gegenüberstellung der Grundzüge deterministisch-normativer und empirisch-adaptiver Vorgehensweisen.

[175] I. A. a. Bender, Gericke (Entwicklungsprozesse), 2016, S. 406 sowie Blessing (Process-Based Approach to Engineering Design), 1994, S. 41

[176] Vgl. Lindemann (Methodische Entwicklung technischer Produkte), 2009, S. 17

[177] Vgl. Kantelberg (Gestaltung agiler Entwicklungsprozesse technischer Produkte), 2018, S. 23f.

[178] Vgl. Klein (Agiles Engineering im Maschinen- und Anlagenbau), 2016, S. 35

[179] Vgl. Kantelberg (Gestaltung agiler Entwicklungsprozesse technischer Produkte), 2018, S. 23f.

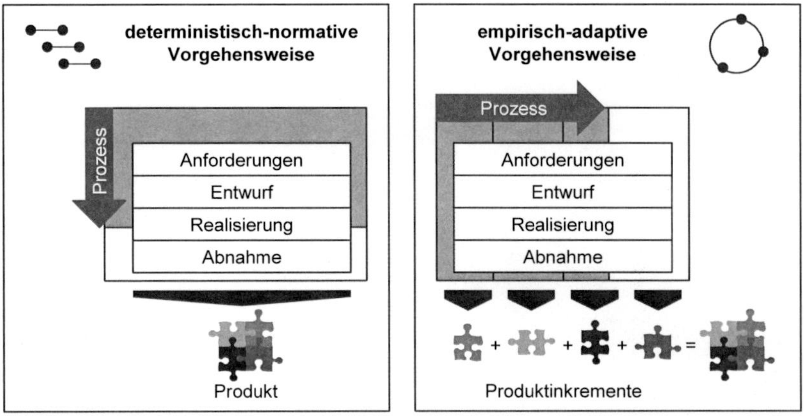

Abbildung 21: Gegenüberstellung deterministisch-normativer und empirisch-adaptiver Vorgehensweisen[180]

Zur grundlegenden Beschreibung relevanter Schritte während des Produktentwicklungsprozesses wird im Folgenden das Vorgehensmodell der VDI 2221 „Methodik zum Entwickeln und Konstruieren technischer Systeme und Produkte“[181] vorgestellt. Dieses Vorgehensmodell lässt sich bzgl. des Auflösungsgrads aufgrund der Beschreibung von Phasen und Arbeitsschritten tendenziell eher der Makrologik zuordnen. Es ist ein Vertreter der deterministisch-normativen Vorgehensmodelle und stellt ein in der Praxis etabliertes Vorgehen dar.

Das Vorgehen nach VDI 2221 kann auf oberster Ebene in die vier Phasen Aufgabe Klären, Konzipieren, Entwerfen und Ausarbeiten gegliedert werden.[182] Diesen Phasen werden sieben Arbeitsschritte mit jeweils konkreten Arbeitsergebnissen zugeordnet, die sequenziell durchlaufen werden. Ausgehend von der jeweiligen Aufgabenstellung der Produktentwicklung ermöglichen die sieben Arbeitsschritte schließlich die finale Realisierung des Produkts. Abbildung 22 veranschaulicht das Vorgehensmodell.[183]

---

180 I. A. a. Klein (Agiles Engineering im Maschinen- und Anlagenbau), 2016, S. 47; Boos et al. (Agile Tool Development), 2017, S. 11

181 Vgl. VDI Verein Deutscher Ingenieure e.V., (VDI 2221), 1993

182 Vgl. VDI Verein Deutscher Ingenieure e.V., (VDI 2221), 1993, S. 18

183 Eine weitere Detaillierung des Vorgehensmodells erfolgt in der VDI 2222 Blatt 1 sowie in der VDI 2223. Vgl. VDI Verein Deutscher Ingenieure e.V., (VDI 2222 Blatt 1), 1997; VDI Verein Deutscher Ingenieure e.V., (VDI 2223), 2004

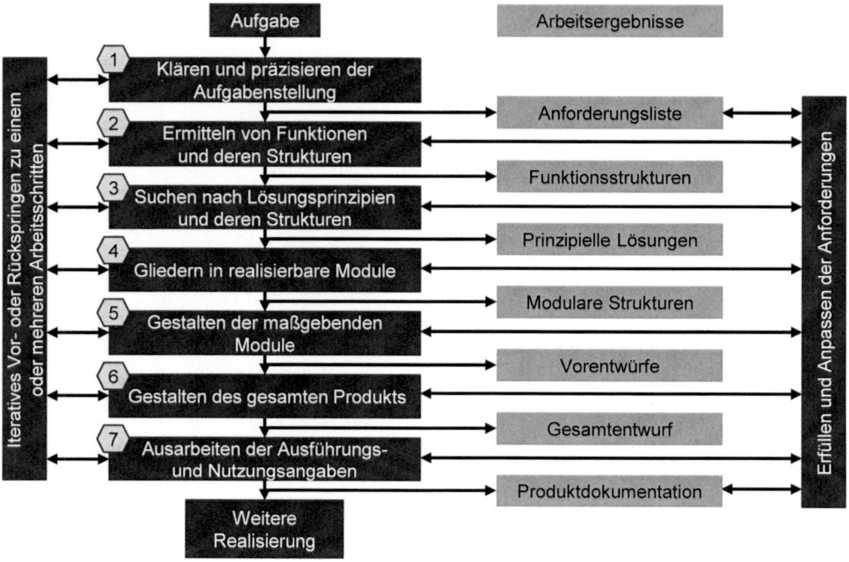

Abbildung 22: Generelles Vorgehen beim Entwickeln und Konstruieren nach VDI 2221[184]

Arbeitsschritt 1 umfasst das Klären und Präzisieren der Aufgabenstellung und hat eine Anforderungsliste als Arbeitsergebnis. In Arbeitsschritt 2 erfolgt das Ermitteln von Funktionen und deren Strukturen. Arbeitsergebnis sind entsprechende Funktionsstrukturen. Anschließend erfolgt in Arbeitsschritt 3 das Suchen nach Lösungsprinzipien und deren Strukturen zur Definition prinzipieller Lösungen. Mit dem Gliedern in realisierbare Module werden in Arbeitsschritt 4 modulare Strukturen erzeugt. Arbeitsschritt 5 beinhaltet das Gestalten der maßgebenden Module und präsentiert Vorentwürfe als Ergebnis. In Arbeitsschritt 6 werden diese durch das Gestalten des gesamten Produkts weiter zu einem Gesamtentwurf entwickelt. In Arbeitsschritt 7 erfolgt abschließend das Ausarbeiten der Ausführungs- und Nutzungsangaben, welche in Form der Produktdokumentation das Endergebnis der Produktentwicklung liefert.[185]

2.1.3.4 Schnittstellen des Produktentwicklungsprozesses

Innerhalb des Produktentstehungsprozesses umfasst der Produktentwicklungsprozess lediglich einen Teil der Prozessschritte (vgl. Kapitel 2.1.1.3 und 2.1.1.4). Es ergeben sich Schnittstellen des Produktentwicklungsprozesses sowohl zu vorgelagerten Prozessschritten als auch zu nachgelagerten Prozessschritten. Darüber hinaus bestehen auch innerhalb des Produktentwicklungsprozesses Schnittstellen zwischen einzelnen Beteiligten und Prozessschritten.

Bevor eine einzelne Produktidee mithilfe des Produktentwicklungsprozesses zu einem funktionsfähigen Produkt ausgearbeitet wird, muss eine einzelne, möglichst vielversprechende Idee

[184] I. A. a. VDI Verein Deutscher Ingenieure e.V., (VDI 2221), 1993, S. 9
[185] Vgl. VDI Verein Deutscher Ingenieure e.V., (VDI 2221), 1993, S. 9ff.

zunächst entwickelt und aus der Vielzahl verschiedener Ideen herausgefiltert werden. Vorgelagert zum Produktentwicklungsprozess finden daher die Prozessschritte Ideengenerierung, -entwicklung, -bewertung und -auswahl statt. Diese Prozessschritte können als **Teil des Innovationsprozesses** verstanden werden. Der Innovationsprozess umfasst im gängigen Verständnis die beschriebenen Prozessschritte von Ideengenerierung bis -auswahl sowie alle Prozessschritte des Produktentstehungsprozesses (vgl. Kapitel 2.1.1.3).[186] Der Innovationsprozess kann dabei als Trichter verstanden werden, durch den aus einer großen Vielzahl potenzieller Ideen systematisch eine kleine Menge Ideen extrahiert und umgesetzt wird.[187] Abbildung 23 zeigt die wesentlichen Schritte des Innovationsprozesses sowie dessen Verständnis als Innovationstrichter. Die sog. frühen Phasen[188] des Innovationsprozesses werden durch eine Umsetzungsentscheidung – auch Go/No-Go-Entscheidung genannt – abgeschlossen und bilden somit die vorgelagerte Schnittstelle zum Produktentwicklungsprozess. Im Rahmen dieser Umsetzungsentscheidung wird festgelegt, welche Idee verworfen wird und welche nachfolgend im Rahmen der Produktentwicklung ausdetailliert wird.[189]

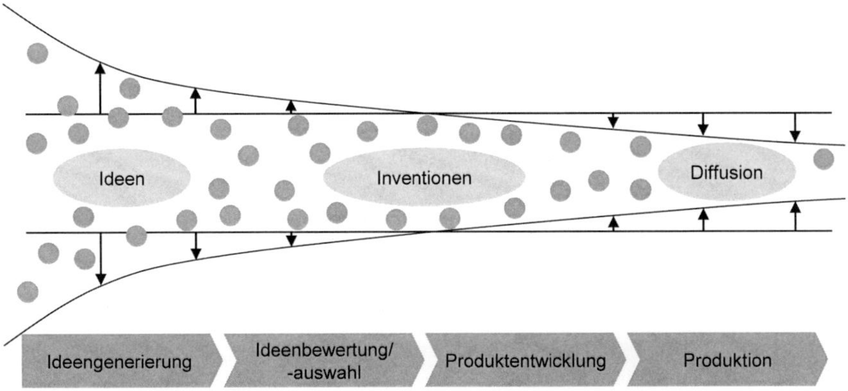

Abbildung 23: Innovationsprozess als Innovationstrichter[190]

Die nachgelagerte Schnittstelle des Produktentwicklungsprozesses wird durch die **Überführung des entwickelten Produkts in die Produktion** gebildet. Der Übergang von Produktentwicklung zur Produktion erfolgt jedoch nicht in einem einzigen, klar definierten Schritt, sondern

[186] Vgl. Müller-Prothmann, Dörr (Innovationsmanagement), 2011, S. 31f.; Seeger et al. (Gestaltung von Innovationsprozessen), 2014, S. 15ff.; Verworn, Herstatt (Frühe Phasen des Innovationsprozesses), 2007, S. 8ff.

[187] Vgl. Zeschky, Gassmann (The Innovation Process), 2016, S. 230f.

[188] Die frühen Phasen des Innovationsprozesses können auch als Produktplanungsphase bezeichnet werden. Für weitere gängige Bezeichnungen siehe auch Verworn, Herstatt (Frühe Phasen des Innovationsprozesses), 2007, S. 8.

[189] Vgl. Verworn, Herstatt (Frühe Phasen des Innovationsprozesses), 2007, S. 8

[190] I. A. a. Müller-Prothmann, Dörr (Innovationsmanagement), 2011, S. 31

wird durch verschiedene Tätigkeiten vollzogen und begleitet.[191] Entsprechend dem in Kapitel 2.1.1.4 vorgestellten Verständniss dieser Arbeit zum Umfang des Produktentwicklungsprozesses schließt die Produktentwicklung mit produzierbaren und funktionsfähigen Produktkonzepten. Mit dem Produktionsanlauf werden diese Produktkonzepte anschließend in die Produktion überführt. Der Anlauf der Produktion wird in verschiedenen Phasen vollzogen.[192] Es wird zwischen Vorserie, Nullserie und Hochlauf unterschieden. Während in der Vorserie noch lediglich Prototypen hergestellt werden, wird in der Nullserie unter seriennahen Bedingungen mit finalen Produktionsmitteln produziert.[193] Während der Vor- und Nullserie entstehen jeweils Kontaktpunkte zur Produktentwicklung. Bei auftretenden Problemen müssen einzelne Details des Produktkonzepts sowie der Produktionsmittel angepasst werden. Erst nach Abschluss der Nullserienphase kann die Produktentwicklung als abgeschlossen betrachtet werden, da erst hier die Produktionsfähigkeit des Produkts getestet, optimiert und freigegeben vorliegt. Nach der Nullserie beginnt der Start of Production (SOP) mit dem sog. „Job Number One".[194] Im Hochlauf werden dann die ersten kundentauglichen Produkte produziert, wobei die Stückzahl bis zur geplanten Ausbringungsmenge – der Kammlinie – gesteigert wird.[195]

Auch während des Produktentwicklungsprozesses treten interne Schnittstellen zwischen verschiedenen Teilprozessen und Tätigkeiten auf. Ebenfalls bilden sich interne Schnittstellen aufgrund der beteiligten unterschiedlichen Ingenieurdisziplinen mit verschiedenen Fachhintergründen (vgl. Kapitel 2.1.2.1).

In diesem Zusammenhang ist auch die **Integration externer Zulieferer** entscheidend. Hierzu wurden in der Literatur verschiedene Ansätze und Konzepte unter dem Begriff Early Supplier Involvement (ESI) entwickelt.[196] Ziel dieser Ansätze ist es, durch die frühzeitige Einbindung von Zulieferern die Entwicklungskomplexität für das eigene Unternehmen zu verringern und die Produktentwicklungszeit zu verkürzen.[197] Zur Umsetzung einer solchen Integration von Zulieferern in den Produktentwicklungsprozess zeigen HANDFIELD ET AL. verschiedene Integrationspunkte auf, die sich über den gesamten Produktentwicklungsprozess erstrecken (vgl. Abbildung 24).[198] Darüber hinaus kann zur Abgrenzung der Intensität der Zulieferereinbindung ein vierstufiges Modell zugrunde gelegt werden. Auf der ersten Stufe erfolgt keine Einbindung und der Zulieferer arbeitet exakt nach Spezifikation des Kunden. Die als White Box bezeichnete zweite Stufe umfasst eine informelle, beratende Einbindung des Zulieferers. Gray Box bedeutet als dritte Stufe eine darüber hinausgehende formelle Einbindung des Zulieferers. Bei

[191] Vgl. Eigner, Stelzer (Product-Lifecycle-Management), 2009, S. 2

[192] Vgl. Nagel (Risikoorientiertes Anlaufmanagement), 2011, S. 16ff.

[193] Vgl. Schuh (Anlaufmanagement in der Automobilindustrie), 2008, S. 2

[194] Vgl. Nagel (Risikoorientiertes Anlaufmanagement), 2011, S. 18

[195] Vgl. Fleischer et al. (Prozessbasierte Qualitätsprognose im Produktionsanlauf), 2005, S. 510f.

[196] Vgl. Clark (Project Scope and Project Performance), 1989; Dowlatshahi (Implementing Early Supplier Involvement), 1998; Handfield et al. (Involving Suppliers in New Product Development), 1999; Petersen et al. (Supplier Integration into New Product Development), 2005; Chiang, Wu (Supplier Involvement and Contract Design), 2016

[197] Vgl. Clark (Project Scope and Project Performance), 1989, S. 1247ff.

[198] Vgl. Handfield et al. (Involving Suppliers in New Product Development), 1999, S. 62ff.

der vierten Stufe Black-Box-Einbindung wird die Produktentwicklung vornehmlich durch den Zulieferer durchgeführt und dieser wird dabei lediglich durch grundlegende Leistungsbeschreibungen des Kunden geleitet.[199] In der Tendenz sollten Black-Box-Zulieferer für komplexe und kritische Bauteile und Systeme frühzeitig in den Produktentwicklungsprozess eingebunden werden, während bei White-Box-Zulieferern einfacherer Einzelkomponenten eine späte Integration in den Produktentwicklungsprozess ausreicht.[200]

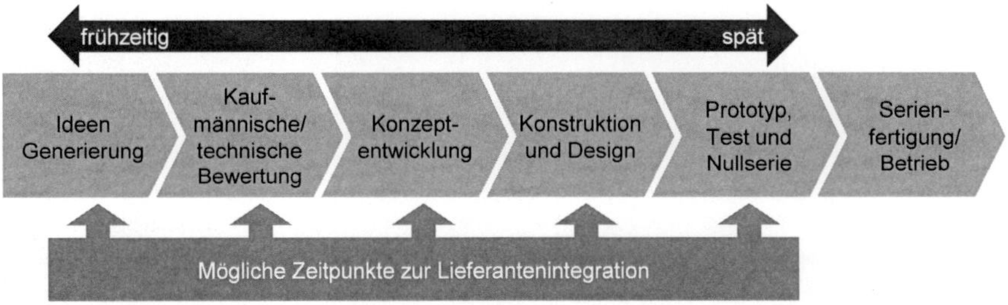

Abbildung 24: Zeitpunkte zur Zuliefererintegration im Produktentwicklungsprozess im Sinne des Early Supplier Involvement nach HANDFIELD[201]

Auf die für die vorliegende Arbeit besonders relevanten Schnittstellen der Werkzeugentwicklung im Produktentwicklungsprozess wird in Kapitel 2.2.4.3 eingegangen, nachdem zunächst der Werkzeugbau und die Werkzeugentwicklung eingeführt wurden.

An den dargestellten Schnittstellen des Produktentwicklungsprozesses treten regelmäßig starke Probleme auf. Aufgrund der hohen Komplexität und der Vielzahl von Beteiligten einer Produktentwicklung kann ein starkes **„Mauerdenken"** entstehen. Ein solches Mauerdenken wird insbesondere durch funktionale Organisationen (vgl. Kapitel 2.1.3.2) verstärkt. Hierbei fokussiert jeder Beteiligte nur seinen eigenen Aufgabenbereich ohne Berücksichtigung des Gesamtzusammenhangs. In einer „throw-it-over-the-wall"-Mentalität werden lediglich finale Arbeitsergebnisse an nachfolgende Prozessschritte weitergegeben (vgl. Abbildung 25).[202] Kommunikation findet nur in eine Richtung statt. Wichtige Informationen werden unvollständig weitergereicht. Aufgrund von unterschiedlichen Hintergrundinformationen sowie Ausbildungen der Beteiligten bestehen zudem Schwierigkeiten, Inhalte verständlich und eindeutig weiterzugeben. Im Ergebnis führen solche Schnittstellenprobleme zu Ineffizienzen, hohen Kosten und geringer Qualität im Produktentwicklungsprozess.[203]

199 Vgl. Petersen et al. (Supplier Integration into New Product Development), 2005, S. 378f.

200 Vgl. Handfield et al. (Involving Suppliers in New Product Development), 1999, S. 77

201 I. A. a. Handfield et al. (Involving Suppliers in New Product Development), 1999, S. 62 und S. 78

202 Vgl. Ehrlenspiel, Meerkamm (Integrierte Produktentwicklung), 2013, S. 191f.

203 Vgl. Ullman (The Mechanical Design Process), 2010, S. 8f.

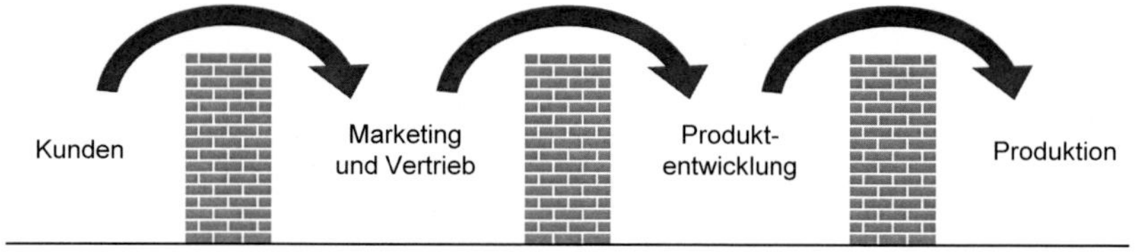

Abbildung 25: Mauerdenken im Produktentwicklungsprozess[204]

Den beschriebenen Schnittstellenproblemen im Produktentwicklungsprozess wird mithilfe von verschiedenen Konzepten begegnet. So kann nach KLEIN zwischen Kollaboration, Kooperation und Integration unterschieden werden. Kollaboration bezeichnet die Zusammenarbeit verschiedener Personen. Bei der multidisziplinaren Kollaboration erfolgt eine schwache Form der Zusammenarbeit, bei der sich die Beteiligten jeweils auf eine Teilaufgabe spezialisieren. Interdisziplinare Kollaboration fokussiert zusätzlich das gemeinsame Entwicklungsziel, während transdisziplinare Kollaboration die fachspezifischen Grenzen der Beteiligten auflöst und die stärkste Form der Kollaboration darstellt. Kooperation beschreibt ebenfalls die Zusammenarbeit verschiedener Personen, wobei jedoch der Aspekt der zielorientierten Abstimmung dieser Personen besonders fokussiert wird.[205] Integration bezeichnet allgemein die Herstellung einer Einheit oder die Eingliederung in ein größeres Ganzes.[206] Im Zusammenhang der Produktentwicklung kann Integration als das Vervollständigen von „Bereichen und Disziplinen, Produkten, Organisationen und Prozessen, Methoden, Wissen, Anwendungen und Informationen"[207] zu einer Ganzheit verstanden werden.[208] Damit steht das Konzept Integration für die stärkste mögliche Form der Zusammenarbeit. Verschiedene Strategien zur Produktentwicklung greifen das Konzept Integration auf. Unter anderem sei auf die Strategien der integrierten Produktentwicklung (IPE) sowie Simultaneous Engineering (SE) verwiesen, welche in Kapitel 3.2.2. detailliert vorgestellt werden.

In der Praxis stellt die effiziente Gestaltung der verschiedenen Schnittstellen des Produktentwicklungsprozesses eine große Schwierigkeit dar. Insbesondere vor dem Hintergrund der dargestellten Herausforderungen der Produktentwicklung ist ein erfolgreicher Umgang mit dieser Problematik von entscheidender Bedeutung.

2.1.4 Iterativer Produktentwicklungsprozess

In Kapitel 2.1.3.3 wurde mit der VDI 2221 ein relevanter Vertreter der deterministisch-normativen Vorgehensmodelle vorgestellt. Im Folgenden wird im Gegensatz dazu der iterative Produktentwicklungsprozess im Detail vorgestellt, welcher entsprechend einer empirisch-adaptiven Ablaufcharakteristik einen modernen Ansatz zur Gestaltung des Produktentwicklungspro-

[204] I. A. a. Ullman (The Mechanical Design Process), 2010, S. 8

[205] Vgl. Klein (Agiles Engineering im Maschinen- und Anlagenbau), 2016, S. 15ff.

[206] Vgl. Gabler Wirtschaftslexikon (Integration), 2018

[207] Jackstien, Vajna (Grundlagen des Integrated Design Engineering), 2014, S. 51

[208] Vgl. Jackstien, Vajna (Grundlagen des Integrated Design Engineering), 2014, S. 51

zesses darstellt. Zunächst werden dazu grundlegende Aspekte des iterativen Produktentwicklungsprozesses vorgestellt. Anschließend werden mit physischen sowie digitalen Prototypen die wesentlichen Möglichkeiten zur Umsetzung von Iterationen in einem iterativen Produktentwicklungsprozess erläutert.

2.1.4.1 Grundlegende Aspekte

Iterative Entwicklung bezeichnet zum einen die kontinuierliche und kleinschrittige Überarbeitung bzw. Nachbesserung und zum anderen die evolutionäre Verbesserung eines zu entwickelnden Objekts.[209] Durch kontinuierliche Erweiterung zusätzlicher Ergebnisse wird eine anfängliche Funktionalität schrittweise zum Zielsystem ausdetailliert.[210] Durch diesen starken Fokus auf das Anpassen an die sich im Prozessverlauf ergebenden Veränderungen stehen diese Vorgehen im starken Gegensatz zu deterministisch-normativen Vorgehensweisen, welche auf eine umfangreiche Planungsphase zu Beginn der Entwicklung und auf ein Festhalten an dieser Planung setzen.

LARMAN UND BASILI zeigen die bereits langjährige Entwicklung und den zunehmenden Einsatz iterativer Entwicklungsvorgehen in der Softwareentwicklung seit Mitte der 1950er Jahre auf.[211] Seit den 1990er Jahren haben sich iterative Entwicklungsvorgehen in der Softwareentwicklung endgültig durchgesetzt.[212] Aufgrund des großen Erfolgs der iterativen Entwicklung im Bereich Softwareentwicklung wurden seit Beginn des 21. Jahrhunderts vielfältige Ansätze entwickelt, um die zugrunde liegenden Gedanken auch auf die Hardwareentwicklung zu übertragen. Das Ergebnis sind iterative Produktentwicklungsprozesse.[213] Weitere Ansätze, die dieselben Grundgedanken verfolgen, wurden ebenfalls mit den Begriffen flexible Produktentwicklung oder agile Produktentwicklung publiziert.[214] Dem Verständnis von SCHUH ET AL. folgend wird in dieser Arbeit der Begriff iterativer Produktentwicklungsprozess als Sammelbezeichnung empirisch-adaptiver sowie agiler Vorgehensmodelle verwendet.[215]

---

[209] Vgl. Larman, Basili (Iterative and Incremental Developments: A Brief History), 2003, S. 2

[210] Vgl. Schulze (Systems Engineering), 2016, S. 176

[211] Vgl. Larman, Basili (Iterative and Incremental Developments: A Brief History), 2003, S. 2

[212] Vgl. Larman, Basili (Iterative and Incremental Developments: A Brief History), 2003, S. 8ff.

[213] Vgl. Diels et al. (Highly Iterative Product Development Process), 2015, S. 532ff.; Schuh et al. (Evaluation of Highly Iterative Product Development Methods), 2015, S. 661ff.; Schuh et al. (Highly-Iterative Product Development), 2016, S. 1ff.; Schuh et al. (Structuring Highly Iterative Product Development Projects), 2016, S. 1171ff.; Gartzen et al. (Prototyping in Highly Iterative Product Development), 2016, S. 19ff.; Jacob et al. (Iterative Produktentwicklung und Produktionsplanung für die Additive Fertigung), 2018, S. 742ff.; Kantelberg (Gestaltung agiler Entwicklungsprozesse technischer Produkte), 2018, S. 1ff.

[214] Vgl. Smith (Flexible Product Development), 2007, S. 1ff.; Feldhusen et al. (Agile Methods for Design to Customer), S. 451ff.; Cooper (What's Next?), 2014, S. 20ff.; Klein (Agiles Engineering im Maschinen- und Anlagenbau), 2016, S. 1ff.; Kantelberg (Gestaltung agiler Entwicklungsprozesse technischer Produkte), 2018, S. 1ff.

[215] Vgl. Schuh et al. (Evaluation of Highly Iterative Product Development Methods), 2015, S. 662f.; Schuh et al. (Structuring Highly Iterative Product Development Projects), 2016, 1171ff.

Ein wesentlicher Kernaspekt eines iterativen Produktentwicklungsprozesses ist die kontinuierliche Durchführung von Iterationen. Nach WYNN ET AL. können während der Produktentwicklung sechs verschiedene Typen von Iterationen klassifiziert werden (vgl. Abbildung 26):[216]

- **Exploration:** Erforschen von Problem- und Lösungsbereichen innerhalb eines kreativen Problemlösungsprozesses
- **Konvergenz:** Annähern von Eigenschaften zur Erreichung der gewünschten Lösung
- **Verfeinerung:** Weiterentwicklung einer Lösung bzgl. weiterer, nachrangiger Anforderungen
- **Nachbesserung:** Behebung bzw. Berücksichtigung auftretender Probleme oder unvorhergesehener externer Einflüsse durch Nacharbeit
- **Verhandlung:** Abstimmung und Behebung verschiedener Interessen und Zielkonflikte der an der Produktentwicklung beteiligten Personen und Disziplinen
- **Wiederholung:** Durchführung ähnlicher Tätigkeiten für unterschiedliche Aufgabenstellungen zu verschiedenen Zeitpunkten des Entwicklungsprozesses

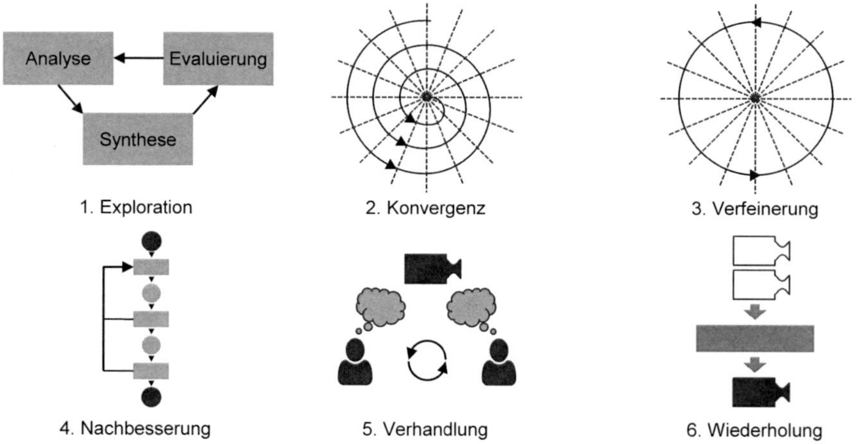

Abbildung 26: Iterationen in der Produktentwicklung[217]

Neben der grundsätzlichen Einbringung von Iterationen ist insbesondere auch entscheidend, diese frühzeitig im Produktentwicklungsprozess zu terminieren. Mithilfe der Durchführung von vielzähligen frühzeitigen Iterationen findet eine Verschiebung von Aufwand und Kosten von den späten in die frühen Phasen des Produktentwicklungsprozesses statt. Dieser Effekt kann mit dem Begriff bzw. dem Prinzip des Frontloading bezeichnet werden. Entsprechend der

[216] Vgl. Wynn et al. (Modelling Iteration in Engineering Design), 2007, S. 2; Bender, Gericke (Entwicklungsprozesse), 2016, S. 410

[217] I. A. a. Wynn et al. (Modelling Iteration in Engineering Design), 2007, S. 2

„Rule of Ten“ wird versucht, Iterationen möglichst frühzeitig durchzuführen, um die entstehenden Kosten gering zu halten (vgl. Abbildung 27).[218]

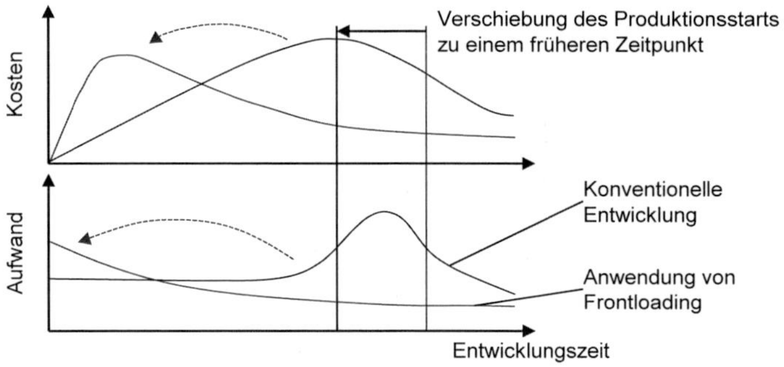

Abbildung 27: Auswirkungen von Frontloading in der Produktentwicklung[219]

COOPER postuliert im Zusammenhang der Umsetzung iterativer Produktentwicklungsprozesse vier Gestaltungsregeln zur Durchführung von Iterationen:[220]

- **Erschaffen:** Bei jeder Iteration gilt es, ein dem Kunden vorzeigbares Element – bspw. in Form eines Prototypen – zu erstellen.
- **Testen:** Jedes dieser Elemente sowie insbesondere jede Produktversion ist zu testen und dem Kunden vorzustellen.
- **Feedback:** Direktes Kunden- und Nutzerfeedback muss bei jedem Testen eingeholt werden.
- **Überarbeitung:** Eine Iteration schließt mit dem Überdenken der eigenen Standpunkte und der aktuellen Produktdefinition basierend auf dem eingesammelten Feedback sowie mit dem Start der nächsten folgenden Iteration.

Kern einer jeden Iteration ist somit die Schaffung und Analyse von Prototypen.[221] Hierbei kann zwischen physischen Prototypen sowie digitalen bzw. virtuellen Prototypen unterschieden werden, welche in den beiden Folgekapiteln detailliert betrachtet werden.

2.1.4.2 Physische Prototypen

Um ein Verständnis zum Einsatz von physischen Prototypen im iterativen Produktentwicklungsprozess zu erlangen, werden nach einer kurzen Definition verschiedene Typen von physischen Prototypen vorgestellt. Anschließend wird auf die Einsatzgebiete sowie Vor- und Nachteile physischer Prototypen eingegangen. Das Kapitel schließt mit einer Vorstellung von Vorgehensweisen zum Einsatz von physischen Prototypen.

---

[218] Vgl. Helbich (Entwicklung von Spritzgussprodukten), 2017, S. 15ff.

[219] I. A. a. Helbich (Entwicklung von Spritzgussprodukten), 2017, S. 17 sowie Mynott (Lean Product Development), 2012, S. 134

[220] Vgl. Cooper (What's Next?), 2014, S. 22

[221] Vgl. Gartzen et al. (Prototyping in Highly Iterative Product Development), 2016, S. 23

Nach DIN EN ISO/ASTM 52900 wird mit dem Begriff Prototyp eine „physikalische Darstellung eines gesamten Produkts oder einer Komponente davon, die mit Einschränkungen für Analyse, Design und Auswertung verwendet werden kann"[222], bezeichnet. In einem engeren Sinne wird der Begriff Prototyp nur für physische Bauteile mit bereits mechanisch-technologischen Funktionen verwendet. Somit grenzt sich der Begriff Prototyp im engeren Sinne gegenüber dem Begriff Modell ab, welcher Produktabbilder in den frühen Phasen der Produktentstehung bezeichnet. In dieser Arbeit wird der Begriff physischer Prototyp jedoch entsprechend dem allgemeinen Sprachgebrauch als übergeordneter Begriff aller verschiedener physischer Modelle und Prototypen verwendet.[223]

Nach Art der Darstellung des späteren Produkts bzw. nach Umfang der bewussten Einschränkung lassen sich mehrere Arten von Prototypen unterscheiden. Eine gängige Einteilung liefert der Verband der Deutschen Industrie Designer VDID in Zusammenarbeit mit dem Rat für Formgebung[224]:

- Ein **Proportionsmodell** dient der Darstellung der äußeren Form sowie relevanter Proportionen und wird zur Konsensfindung bzgl. einer Produktidee eingesetzt.
- Das **Ergonomiemodell** liefert Erkenntnisse bzgl. Bedien- und Benutzbarkeit eines Produkts und hilft bei der Entscheidung bzgl. Durchführbarkeit eines Produktkonzepts.
- Ein **Designmodell** bildet die äußere Form und Anmutung des späteren Produkts vollständig ab.
- Ein **Funktionsmodell** bildet wichtige Funktionen ab, um diese realitätsgetreu prüfen zu können.
- Ein **Prototyp (im engeren Sinne)** ist durch die hohe Ähnlichkeit zum späteren Produkt gekennzeichnet, kann aber durch zur Serie abweichende Fertigungsverfahren erstellt sein.
- Ein **Muster** weist den höchsten Detaillierungsgrad aller Prototypen auf und wird mithilfe des Serienfertigungsverfahrens in einer vorläufigen Serie produziert.

Die vorgestellten Arten von Prototypen weisen jeweils unterschiedliche Eigenschaften auf, welche in Abbildung 28 gegenübergestellt werden. Wesentliche Unterscheidungsmerkmale von Prototypen sind der Grad der Abstraktion, Detaillierung, Genauigkeit der Abbildung der Proportionen, Oberflächenqualität, Umfang der Abbildung relevanter Funktionen, Schnelligkeit der Verfügbarkeit, Preis sowie Möglichkeit zur Nutzung des Konstruktionsmaterials. Die Abgrenzung einzelner Arten von Prototypen kann dabei als fließend angesehen werden.

---

[222] DIN Deutsches Institut für Normung e.V. (DIN EN ISO/ASTM 52900:2017-06), 2017, S. 18

[223] Vgl. Gebhardt (Additive Fertigungsverfahren), 2016, S. 356

[224] Vgl. Gebhardt (Additive Fertigungsverfahren), 2016, S. 356ff.

	Proportions-modell	Ergonomie-modell	Design-modell	Funktions-modell	Prototyp (i. e. S.)	Muster
Abstraktion	hoch					keine
Detaillierung	niedrig					hoch
Proportionen	++	0	+	--	+	++
Oberflächen-qualität	-	+	-	-	+	++
Funktionen	keine					alle
Schnelle Verfügbarkeit	++	+	+	0	0	0
Niedriger Preis	++	+	+	+	0	0
Material	M	M	M	K	K	K

++: sehr wichtig 0: neutral -: weniger wichtig M: Modellmaterial
+: wichtig --: unwichtig K: Konstruktionsmaterial

Abbildung 28: Gegenüberstellung der Eigenschaften verschiedener Arten von Prototypen[225]

Im Englischen existiert eine im Vergleich zur VDID leicht abgewandelte Einteilung von Prototypen in Proof-of-Concept- bzw. Proof-of-Function-, Proof-of-Product-, Proof-of-Process- und Proof-of-Production-Prototypen. Durch diese Benennung wird deutlich, zu welchem Zweck die jeweiligen Prototypen eingesetzt werden. Proof-of-Concept- bzw. Proof-of-Function-Prototypen dienen dem Abgleich mit Kundenanforderungen sowie gesetzten Spezifikationen. Proof-of-Product-Prototypen werden zur Überprüfung und Verbesserung des Gesamtprodukts eingesetzt.[226] Ein Proof-of-Product-Prototyp ist geeignet, alle Basisanforderungen an das Produkt abzubilden und kann somit auch einem Testkunden vorgestellt werden. Möglichst frühe Proof-of-Product-Prototypen können als Primotyp bzw. englisch als Minimum Viable Product (MVP) bezeichnet werden.[227] Proof-of-Process-Prototypen dienen darüber hinaus zur Validierung des einzelnen Fertigungsprozesses und Proof-of-Production-Prototypen zur Überprüfung der gesamten Produktion.[228]

225 Eigene Darstellung i. A. a. Gebhardt (Additive Fertigungsverfahren), 2016, S. 358ff.

226 Vgl. Ullman (The Mechanical Design Process), 2010, S. 117f.

227 Vgl. Kampker et al. (Think Big, Start Small), 2017, S. 69; Schuh et al. (Industrie 4.0 Maturity Index), 2017, S. 34

228 Vgl. Ullman (The Mechanical Design Process), 2010, S. 117f.

Aus der Definition nach DIN EN ISO/ASTM 52900 wird deutlich, dass Prototypen für die Evaluierung spezifischer Eigenschaften eines Produkts eingesetzt werden. Darüber hinaus lassen sich vier Einsatzzwecke von Prototypen differenzieren[229]:

- **Lernen:** Prototypen ermöglichen es, kritische Produkteigenschaften abzubilden und dadurch Erkenntnisse zu gewinnen. So können einerseits technische Unsicherheiten und andererseits Unsicherheiten bzgl. der jeweiligen Kundenwünsche und -bedürfnisse geklärt werden.
- **Kommunikation:** Prototypen fördern eine zielgerichtete und fundierte Kommunikation zwischen verschiedenen Beteiligten im Produktentwicklungsprozess wie bspw. Unternehmensleitung, Vertrieb, Kunden und Investoren. Ein physischer Prototyp ermöglicht es, Informationen und Sachverhalte deutlich besser darzustellen als eine rein mündliche oder digitale Präsentation.
- **Integration:** Bei Produkten, die aus verschiedenen Komponenten bestehen, können Prototypen dazu eingesetzt werden, das Zusammenwirken dieser verschiedenen Komponenten zu testen. Die Integration verschiedener Einzelprototypen zu einem Gesamtprototyp erzwingt eine Koordination bzgl. des Gesamtergebnisses.
- **Meilensteine:** Prototypen können ebenfalls zur Veranschaulichung des Entwicklungsstands genutzt werden, indem zu bestimmten Meilensteinen Prototypen erstellt werden. Auf diese Weise kann ein Nachweis über die Erreichung bestimmter angestrebter Funktionalitäten erreicht werden.

Mit diesen vorgestellten Einsatzzwecken werden die Vorteile physischer Prototypen erkennbar. Physische Prototypen wirken insbesondere den in Kapitel 2.1.2 vorgestellten Herausforderungen Zeitdruck und Kostendruck entgegen. Durch die Möglichkeit, frühzeitig mithilfe von Prototypen Tests durchzuführen und über das zu entwickelnde Produkt zu lernen, wird das Risiko vermindert, umfangreiche Iterationen spät im Entwicklungsprozess durchführen zu müssen, welche viel Zeitverlust und Kosten verursachen. Abbildung 29 veranschaulicht mithilfe eines Fallbeispiels diese Risikominimierung, indem die direkte Fertigung eines Spritzgießwerkzeugs mit der vorgeschalteten Fertigung eines Prototypen verglichen wird. Bei dem konventionellen Prozess in diesem Beispiel besteht für die Funktionstüchtigkeit des Werkzeugs und damit auch für die Erreichung der gewünschten Bauteileigenschaften eine Erfolgswahrscheinlichkeit von 0,7. Durch den vorgeschalteten Test des Bauteils mittels eines Prototypen kann diese Erfolgswahrscheinlichkeit auf 0,95 erhöht werden.

[229] Vgl. Ulrich, Eppinger (Product Design and Development), 2015, S. 296ff.

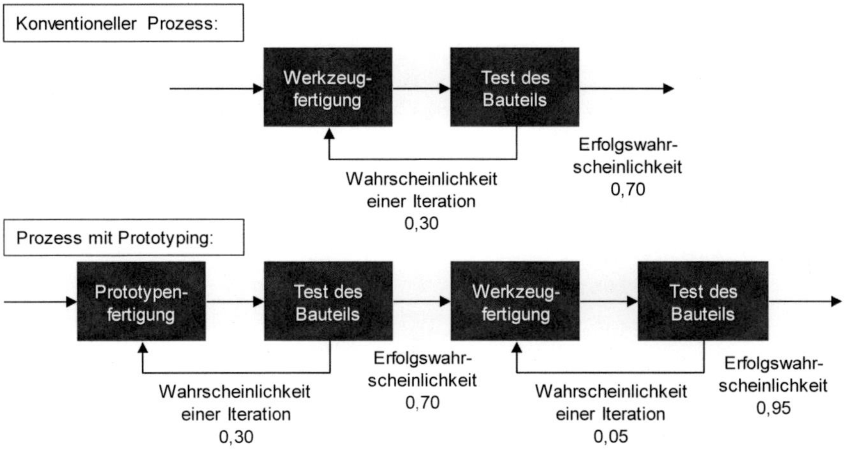

Abbildung 29: Fallbeispiel zur Veranschaulichung der Reduktion des Entwicklungsrisikos durch den Einsatz von Prototypen[230]

Die Fertigung von Prototypen kann zudem aufgrund des hohen Erkenntnisgewinns die schnellere Bearbeitung oder sogar eine parallele Bearbeitung von nachfolgenden Entwicklungstätigkeiten ermöglichen. Während die bis hierhin vorgestellten Vorteile physischer Prototypen grundsätzlich auch für digitale Prototypen gelten, gibt es darüber hinaus auch exklusive Vorteile physischer Prototypen. Da bei physischen Prototypen immer alle physikalischen Gesetze zugleich wirken und nicht, wie bei digitalen Prototypen, lediglich eine reduzierte Abbildung der Wirklichkeit erfolgt, können auch nicht beabsichtigte bzw. nicht im Fokus des jeweiligen Tests stehende Phänomene auftreten und entdeckt werden.[231] Nachteile physischer Prototypen sind, dass diese nur begrenzt flexibel eingesetzt werden können. Der Einsatz von physischen Prototypen erfordert eine genaue Planung und Spezifikation sowie Zeit zur Erstellung und zur Durchführung und Bewertung von Tests. Bei dynamischen Produktentwicklungsprojekten besteht eine Unsicherheit bzgl. des Entwicklungsreifegrads zu einer bestimmten Zeit, weshalb die Planung und der effektive Einsatz von physischen Prototypen eine Herausforderung darstellen.[232] Die Herstellung physischer Prototypen benötigt zum einen eine gewisse Zeit. Zum anderen verursacht sie Kosten. Beide Faktoren verlieren durch die rasante Weiterentwicklung additiver Fertigungsverfahren jedoch zunehmend an Bedeutung, sodass es möglich wird, physische Prototypen häufiger und schneller einzusetzen (vgl. Kapitel 2.2.5.4).[233]

Das klassische Vorgehen zum Einsatz von physischen Prototypen im Produktentwicklungsprozess ist phasen- bzw. meilensteinorientiert. Zu jeweils spezifisch vorausgeplanten Zeit-

[230] I. A. a. Ulrich, Eppinger (Product Design and Development), 2015, S. 300

[231] Vgl. Ulrich, Eppinger (Product Design and Development), 2015, S. 299ff.

[232] Vgl. Kampker et al. (Prototypen im agilen Entwicklungsmanagement), 2016, S. 73f.

[233] Vgl. Ulrich, Eppinger (Product Design and Development), 2015, S. 304

punkten werden Prototypen gefertigt, um spezifische Eigenschaften zu validieren (vgl. Abbildung 30). Im Gegensatz dazu können Prototypen auch in einer evolutionären Weise eingesetzt werden, bei der sie flexibel und nach Bedarf die Beantwortung verschiedener Fragestellungen unterstützen. Solche agilen Prototypen verfolgen dabei das Prinzip des schnellen und konsequenzarmen Scheiterns. [234]

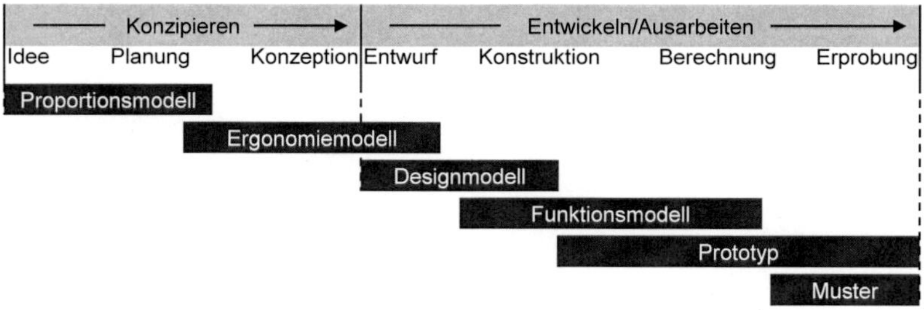

Abbildung 30: Einsatz verschiedener Arten von Prototypen im Produktentwicklungsprozess[235]

2.1.4.3 Digitale Prototypen

Analog zur Darstellung physischer Prototypen im vorherigen Kapitel werden für die Erläuterung digitaler Prototypen zunächst verschiedene Arten digitaler Prototypen vorgestellt, bevor auf die Einsatzgebiete sowie Vor- und Nachteile des Einsatzes digitaler Prototypen eingegangen wird.

In der Literatur existiert im Zusammenhang der virtuellen Produktentstehung eine Vielzahl von meist ungenau voneinander abgegrenzten Begriffen. In dieser Arbeit werden unter digitalen Prototypen alle Arten von digitalen Abbildungen des späteren Produkts einschließlich des Produktionsprozesses verstanden. Zur Abgrenzung unterschiedlicher Arten von digitalen Prototypen werden nachfolgend wesentliche Typen vorgestellt. Es lassen sich nach Detaillierungsgrad sortiert 2D-CAD-Konstruktionen, 3D-CAD-Konstruktionen, virtuelle Attrappen bzw. mit englischer Bezeichnung Virtual Mock Ups (VMU), virtuelle Prototypen sowie die virtuelle Produktentstehung bzw. das virtuelle Produkt unterscheiden.[236]

Mit **Computer-Aided Design Modellen** (CAD-Modelle) werden geometrische Eigenschaften von Produkten digital abgebildet. Durch sie wird die Grundlage für alle digitalen Prototypen gebildet und sie stellen selber die einfachste Art digitaler Prototypen dar. CAD-Modelle werden zur Dokumentation und Visualisierung von ersten Ideen bis schließlich des finalen Produkts eingesetzt. Hierbei kann zwischen 2D- und 3D-CAD-Konstruktionen unterschieden werden. 2D-CAD-Konstruktionen haben sich aus der Digitalisierung von Papierzeichnungen entwickelt und stellen das Produkt zweidimensional dar. Sie werden aufgrund der einfachen Lesbarkeit

[234] Vgl. Kampker et al. (Prototypen im agilen Entwicklungsmanagement), 2016, S. 74f.

[235] I. A. a. Gebhardt (Additive Fertigungsverfahren), 2016, S. 352

[236] Vgl. Ovtcharova (Virtual Engineering), 2009, S. 25

sowie der guten Darstellungsmöglichkeit von Detailinformationen eingesetzt. 3D-CAD-Konstruktionen stellen die Weiterentwicklung von 2D-CAD-Konstruktionen dar und zeigen das Produkt in dreidimensionaler Ansicht. Dadurch können auch komplexe Produkte sehr einfach dargestellt und durch den Betrachter aus verschiedenen Blickwinkeln erfasst werden.[237] CAD-Systeme gehören im Gegensatz zu den im Folgenden vorgestellten Systemen zu sog. Autorensystemen, da mit ihnen die Basisdaten eines Produkts angelegt werden, die in weiteren Systemen lediglich weiterverarbeitet bzw. ergänzt werden.[238]

Die nächste Detaillierungsstufe digitaler Prototypen stellen **virtuelle Attrappen** dar, welche auch als VMU bzw. Digital Mock Up (DMU) bezeichnet werden. Virtuelle Attrappen aggregieren die 3D-CAD-Konstruktion von Einzelbauteilen zu einem Gesamtprodukt. Dadurch werden relevante Prüfungen der Interaktionen der Einzelbauteile bspw. durch Einbauuntersuchungen, Kollisionsprüfungen, Ergonomieanalysen, Raumausnutzungsbetrachtungen oder Toleranzanalysen ermöglicht. Entsprechende Untersuchungen wären zwar prinzipiell auch im 3D-CAD-Modell möglich, aber deutlich aufwendiger. Ebenfalls wird ein vereinfachtes Datenhandling für einen großen Personenkreis ermöglicht.[239]

Teilweise wird in der Literatur auch die Abbildung von Simulationen im Konzept DMU eingeschlossen.[240] Dem Verständnis nach OVTCHAROVA folgend werden Simulationen jedoch erst in den weitergreifenden Konzepten des virtuellen Prototypen und des virtuellen Produkts beinhaltet. **Virtuelle Prototypen** umfassen zusätzlich zu den beschriebenen Informationen eines DMU Simulationen der gewünschten Eigenschaften des Produkts im späteren Einsatz. Beispielsweise können in diesem Zusammenhang Verhaltenssimulationen, Funktionssimulationen oder Hardware-Software-Simulationen durchgeführt werden.[241] Relevante Simulationsansätze sind insbesondere die Finite Elemente Methode (FEM), die Mehrkörpersimulation (MKS), Computational Fluid Dynamics (CFD) sowie Noise Vibration and Harshness (NVH).[242] FEM wird vielfältig zur Simulation von physikalischen Eigenschaften von Werkstoffen eingesetzt. So können mechanische, thermische, rheologische oder strömungstechnische Sachverhalte simuliert werden. Mittels MKS können komplexe Systeme bestehend aus mehreren Komponenten kinetisch nachgebildet werden. CFD dient zur Strömungssimulation. NVH wird für die Simulation und Berechnung von Geräuschen, Schwingungen und Steifigkeiten von Systemen eingesetzt.[243] Die aufgeführten Simulationsverfahren können unter dem Oberbegriff des Computer-Aided Engineering (CAE) zusammengefasst werden.[244]

[237] Vgl. Grieb (Digital Prototyping), 2010, S. 17ff.

[238] Vgl. Eigner, Stelzer (Product-Lifecycle-Management), 2009, S. 49

[239] Vgl. Ovtcharova (Virtual Engineering), 2009, S. 25; Gerhard (Daten- und Informationsmanagement PDM/PLM), 2016, S. 233; Roubanov (Produktmodelle und Simulation (CAE)), 2014, S. 178 u. 185f.

[240] Vgl. Eigner, Stelzer (Product-Lifecycle-Management), 2009, S. 48

[241] Vgl. Ovtcharova (Virtual Engineering), 2009, S. 25

[242] Vgl. Roubanov (Produktmodelle und Simulation (CAE)), 2014, S. 177ff.

[243] Vgl. Eigner, Stelzer (Product-Lifecycle-Management), 2009, S. 52f. Für detaillierte Erläuterungen zu den aufgezählten Simulationsmethoden siehe auch Rieg et al. (Numerische Simulationsverfahren), 2016, S. 905ff.

[244] Vgl. Alber-Laukant et al. (Simulation), 2018, S. 979

Das **virtuelle Produkt** stellt das umfassendste digitale Abbild des Produkts dar. Es umfasst alle zuvor beschriebenen Informationen, die während der virtuellen Produktentstehung erzeugt werden und erweitert diese um die Simulation weiterer mechanischer, physikalischer, elektrischer, elektronischer und logischer Eigenschaften. Im Speziellen werden hierzu weitere Prozesssimulationen durchgeführt.[245] Abbildung 31 zeigt dieses Verständnis des virtuellen Produkts als Sammlung aller Informationen digitaler Prototypen. Beispiele für Prozesssimulationen sind die Füllsimulation von Gießprozessen, die Umformsimulation, die Fügesimulation sowie die Simulation von abtragenden Fertigungsprozessen wie die Frässimulation.[246] Zur Verwaltung aller während der Produktentstehung anfallender Informationen und Daten werden spezialisierte Systeme eingesetzt. Solche Systeme zum Produktdatenmanagement (PDM) bzw. ihre Weiterentwicklung zu Systemen für das Product Lifecycle Management (PLM) bündeln und verteilen die relevanten Informationen entlang des gesamten Produktentstehungsprozesses.[247] Hinterlegte Produktstrukturen unterstützen bspw. die Verwaltung von zu komplexen Produkten gehörenden Daten.[248] Durch die Funktion der zielgerichteten Verteilung der vorliegenden Daten erfolgt über eine rein passive Datenverwaltung hinaus ein aktiver Eingriff in den Produktentwicklungsprozess. Mithilfe von PLM-Systemen wird daher auch eine aktive Steuerung und Unterstützung des Produktentwicklungsprozesses durchgeführt.[249] Dies geschieht insbesondere durch eine Zugriffsrechteverwaltung, die Vergabe von Bearbeitungsstatus und Versionierungen, durch die Hinterlegung von Entwicklungsmeilensteinen mit definierten Eigenschaften sowie durch die automatisierte Verteilung von Informationen mittels Workflow-Management-Funktionen[250]. Relevante mittels PLM abzubildende produktbezogene Prozesse sind insbesondere Freigabe- und Änderungsprozesse[251]

[245] Vgl. Ovtcharova (Virtual Engineering), 2009, S. 25

[246] Vgl. Alber-Laukant et al. (Simulation), 2018, S. 979ff.

[247] Vgl. Eigner, Stelzer (Product-Lifecycle-Management), 2009, S. 49

[248] Vgl. Gerhard (Daten- und Informationsmanagement PDM/PLM), 2016, S. 217

[249] Vgl. Perschke (Product Lifecycle Management), 2017, S. 7f.

[250] Vgl. Gerhard (Daten- und Informationsmanagement PDM/PLM), 2016, S. 217ff.

[251] Vgl. Arnold et al. (Product Lifecycle Management), 2011, S. 40

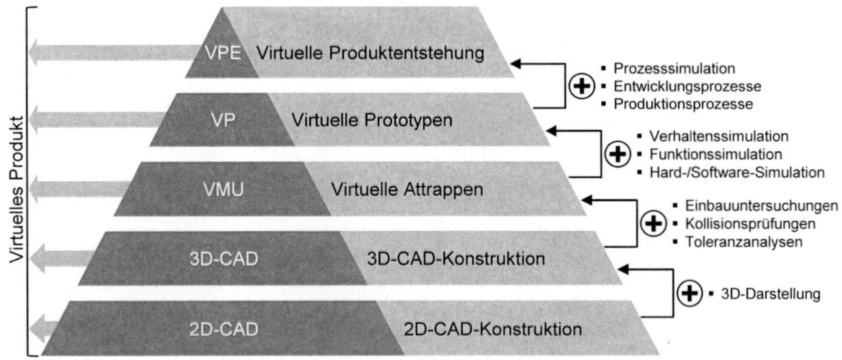

Abbildung 31: Virtuelles Produkt als Sammlung aller Informationen digitaler Prototypen[252]

Wie aus der Vorstellung der verschiedenen Arten von digitalen Prototypen ersichtlich wird, werden diese entlang der gesamten Produktentstehung mit dem Ziel der Unterstützung aller Beteiligter eingesetzt. Grundsätzlich werden dabei die gleichen Einsatzzwecke wie bei physischen Prototypen verfolgt, d. h. Lernen, Kommunikation, Integration und Meilensteine. Vorteile digitaler Prototypen gegenüber physischen Prototypen sind die deutlich geringeren Kosten, die schnelle Erstellungszeit sowie die dezentrale und unbegrenzt vervielfältigbare Verfügbarkeit. Im Ergebnis resultieren diese Eigenschaften in einer höheren Flexibilität digitaler Prototypen.[253] Digitale Prototypen lassen sich wesentlich kurzzyklischer überarbeiten. Die Blindplanzeit, die während der Erstellung von Prototypen bis zur Auswertung der Testergebnisse entsteht, ist bei digitalen Prototypen wesentlich geringer.[254] So ermöglicht der konsequente Einsatz digitaler Prototypen die Verkürzung von Produktentwicklungszeiten. Abbildung 32 verdeutlicht den Vergleich einer konventionellen Produktentwicklung unter Einsatz von physischen Prototypen mit der einer virtuellen Produktentwicklung mithilfe digitaler Prototypen.

Darüber hinaus ermöglicht der konsequente Einsatz von digitalen Prototypen einer Umfrage des VDMA zufolge eine bessere Transparenz bzgl. technischer Eigenschaften und Ursache-Wirkungsbeziehungen von Produkten, eine Reduzierung von Qualitätskosten, die Absicherung von Produktionstechnologien sowie eine Verringerung des Inbetriebnahmeaufwands.[255] Ein weiterer Vorteil von Simulationen ist, dass sich bestimmte Situationen im Voraus ausschließlich digital nachbilden lassen. Prominentes Beispiel hierfür ist die Simulation der bei der ersten Mondlandung eingesetzten technischen Komponenten.[256]

252 I. A. a. Ovtcharova (Virtual Engineering), 2009, S. 25

253 Vgl. Ulrich, Eppinger (Product Design and Development), 2015, S. 299ff.

254 Vgl. Gebhardt (Additive Fertigungsverfahren), 2016, S. 354

255 Vgl. Reimann, Gröpper (IT-Report Simulation + Visualisierung 2017), 2017, S. 10

256 Vgl. Grieb (Digital Prototyping), 2010, S. 17

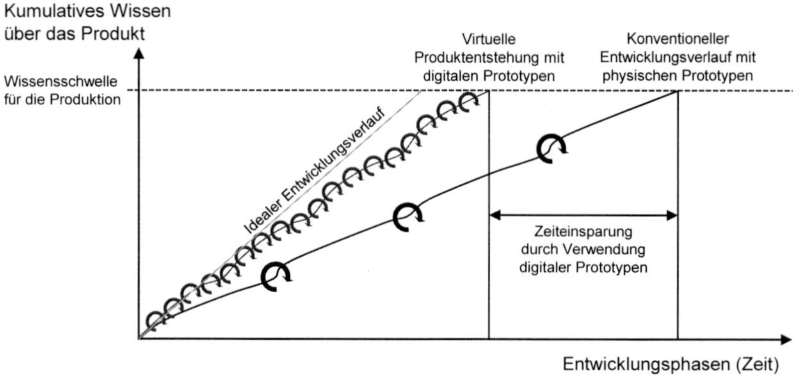

Abbildung 32: Konventioneller Entwicklungsverlauf und virtuelle Produktentstehung[257]

Physische Prototypen lassen sich schrittweise dem späteren Endprodukt annähern, sodass sie bei geringstem Abstraktionslevel dem eigentlichen Produkt gleichkommen. Digitale Prototypen stellen nach heutigem technischen Stand jedoch immer eine Vereinfachung und lediglich teilweise Abbildung der Wirklichkeit dar. Aus diesem Grund besitzen digitale Prototypen insbesondere für die Zwecke Kommunikation, Integration und Meilensteine lediglich eine eingeschränkte Effektivität gegenüber physischen Prototypen (vgl. Abbildung 33).[258]

	Lernen	Kommunikation	Integration	Meilensteine
Digitaler Prototyp	●	○	○	○
Abstrakter physischer Prototyp	●	●	○	○
Detaillierter physischer Prototyp	●	●	●	●

● = sehr gut geeignet ○ = weniger gut geeignet

Abbildung 33: Eignung digitaler und physischer Prototypen in Bezug auf ihre Einsatzzwecke[259]

Da sowohl physische als auch digitale Prototypen verschiedene Vor- und Nachteile aufweisen, gibt es Ansätze, beide Herangehensweisen in Form von **hybriden Prototypen** zu kombinieren.[260] Augmented Reality (AR) sowie Mixed Reality Anwendungen verfolgen den Ansatz, re-

[257] I. A. a. Ovtcharova (Virtual Engineering), 2009, S. 26

[258] Vgl. Ulrich, Eppinger (Product Design and Development), 2015, S. 296ff.

[259] I. A. a. Ulrich, Eppinger (Product Design and Development), 2015, S. 299

[260] Vgl. Wössner (Virtuelle und hybride Prototypen in kooperativen Arbeitsumgebungen), 2009, S. 44; Exner et al. (Hybrid Prototyping), 2016, S. 89ff.; Bertsche, Bullinger (Rapid Prototyping), 2007, S. 370ff.

ale Objekte mit digitalen Informationen anzureichern. Auf diese Weise kann eine realitätsgenaue Abbildung bei gleichzeitig hoher Veränderbarkeit erreicht werden. Ebenfalls können Produkte, die noch nicht physisch vorliegen, bereits in reale Umgebungen projiziert werden.[261]

Die vorgestellten Möglichkeiten zur Durchführung von Iterationen in Form von physischen und digitalen Prototypen innerhalb eines iterativen Produktentwicklungsprozesses lassen sich für ein vereinfachtes **Ablaufverständnis** zeitlich strukturieren. DING schlägt mit Bezug auf den Einsatz von Rapid Prototyping und Rapid Tooling (vgl. Kapitel 2.2.5.4) eine vierphasige Einteilung prototypenunterstützter Produktentwicklungsprozesse vor.[262] In einer Weiterentwicklung und Verallgemeinerung durch SCHUH ET AL. und durch BOOS ET AL. erfolgt durch die vier Phasen Frontloading, Prototypen, Primotypen sowie Serienprodukte eine Strukturierung des iterativen Produktentwicklungsprozesses (vgl. Abbildung 34).[263] Digitale Prototypen lassen sich in diesem Verständnis der Phase Frontloading zuordnen, in der möglichst schnell und kostengünstig erste Konzepte erstellt, überprüft und weiterentwickelt werden. Physische Prototypen werden erstmalig in der Phase Prototypen eingesetzt, um spezifische Anforderungen zu validieren. In der Phase Primotypen werden seriennahe physische Prototypen eingesetzt, um das Gesamtprodukt testen, bewerten und finalisieren zu können. Nach dieser Phase ist die geforderte Produktreife erreicht und somit die iterative Produktentwicklung abgeschlossen. Das finale Produkt wird in die Serienproduktion überführt.[264]

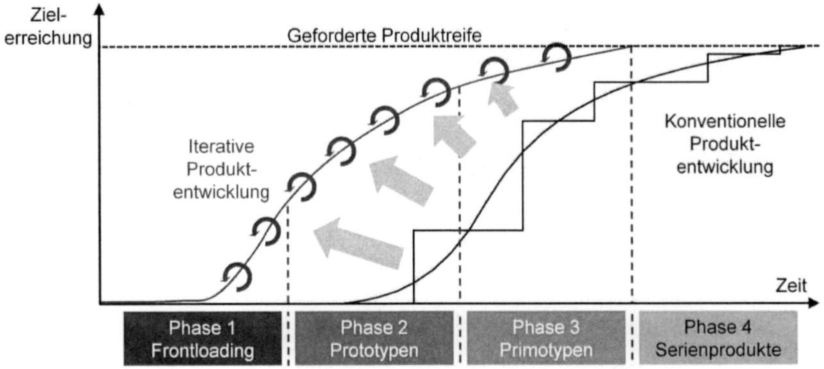

Abbildung 34: Iterative und konventionelle Produktentwicklung im Vergleich[265]

[261] Vgl. Bauer, Dangelmaier (Virtuelles Engineering), 2016, S. 939f.

[262] Vgl. Ding et al. (Integrated Manufacturing System for Rapid Tooling), 2004, S. 285; Zäh (Wirtschaftliche Fertigung mit Rapid-Technologien), 2006, S. 127

[263] Vgl. Schuh et al. (Highly Iterative Product Development Tool Making Industry), 2017, S. 579; Boos et al. (Agile Tool Development), 2017, S. 8f. SCHUH ET AL. bezeichnen die vierte Phase davon abweichend als Reverse Engineering, worunter die Definition von finalen Serienprodukten und finalen Produktionsmitteln verstanden wird. In dieser Arbeit wird der leichter verständliche Begriff Serienproduktion entsprechend BOOS ET AL. verwendet.

[264] Vgl. Boos et al. (Agile Tool Development), 2017, S. 8f.

[265] I. A. a. Boos et al. (Agile Tool Development), 2017, S. 8

2.2 Werkzeugbau

In diesem Kapitel erfolgt eine Vorstellung relevanter Grundlagen des Werkzeugbaus. Aufgrund der langjährigen Spezialisierung der Abteilung Unternehmensentwicklung des Lehrstuhls für Produktionssystematik am Werkzeugmaschinenlabor WZL der RWTH Aachen auf organisatorische Fragestellungen der Branche Werkzeugbau wurde bereits eine Vielzahl von Dissertationen zu diesem Themenbereich veröffentlicht. Die Struktur des vorliegenden Grundlagenkapitels zum Thema Werkzeugbau wurde daher an vorangegangene Dissertationen angelehnt. In diesem Zusammenhang sind insbesondere die Arbeiten von KLOTZBACH[266], BOOS[267], KÜHN[268], SALMEN[269], KUHLMANN[270], HENSEN[271] und BEGOVIC[272] zu nennen.

Zur Beschreibung der Grundlagen des Werkzeugbaus wird zunächst eine Begriffsbestimmung und Einordnung vorgenommen. Anschließend werden das Leistungsspektrum des Werkzeugbaus und dann Strukturen und Prozesse des Werkzeugbaus vorgestellt. Es folgt eine Beschreibung des Zusammenwirkens von Werkzeugbau und Produktentwicklung. Abschließend werden aktuelle Herausforderungen und Trends des Werkzeugbaus vorgestellt.

2.2.1 Begriffsbestimmung und Einordnung

Im Rahmen der Bestimmung und Einordnung der relevanten Begriffe zum Thema Werkzeugbau werden die Begriffe Werkzeug und Werkzeugbau betrachtet.

2.2.1.1 Werkzeug

Unternehmen haben gemeinhin das Ziel, durch die Erstellung und den Verkauf von Leistungen Gewinne zu erzielen.[273] Leistungen produzierender Unternehmen sind dabei Güter und damit verknüpfte Dienstleistungen. Die Herstellung von Gütern bzw. Produkten stellt somit eine Kernaktivität produzierender Unternehmen dar.[274] Zur Herstellung von Gütern sind Produktionsfaktoren notwendig, welche in dispositive Faktoren und Elementarfaktoren unterteilt werden können. Zu den dispositiven Faktoren werden Leitung, Planung, Organisation und Überwachung gezählt. Elementarfaktoren sind Arbeitsleistung, Betriebsmittel und Werkstoffe.[275] Betriebsmittel lassen sich wiederum in die Kategorien Fertigungsmittel, Mess- und Prüfmittel, Transportmittel, Ver- und Entsorgungsanlagen, Lagermittel sowie Organisationsmittel und Gebäudeinnenausstattung unterscheiden. Werkzeuge gehören schließlich neben maschinellen

[266] Vgl. Klotzbach (Gestaltungsmodell für den industriellen Werkzeugbau), 2007, S. 42ff.

[267] Vgl. Boos (Gestaltung und Bewertung von modularen Werkzeugen), 2008, S. 27ff.

[268] Vgl. Kühn (Lebenszyklusorientierte Leistungssysteme im Werkzeugbau), 2016, S. 32ff.

[269] Vgl. Salmen (Digital vernetzter Shopfloor), 2016, S. 36ff.

[270] Vgl. Kuhlmann (Corporate Tooling), 2017, S. 64ff.

[271] Vgl. Hensen (Auslegung industrieller Werkzeugbaubetriebe), 2017, S. 32ff.

[272] Vgl. Begovic (Datenbasiertes Wissensmanagement für Smart Services), 2018, S. 60ff.

[273] Vgl. Boos (Gestaltung und Bewertung von modularen Werkzeugen), 2008, S. 27

[274] Vgl. Aryobsei (Gestaltung von Freiheitsgraden), 2015, S. 30

[275] Vgl. Boos (Gestaltung und Bewertung von modularen Werkzeugen), 2008, S. 27

Anlagen, Werkzeugmaschinen, Vorrichtungen und Modellen zu den Fertigungsmitteln.[276] Werkzeuge lassen sich somit den Produktionsfaktoren zuordnen und haben eine hohe Bedeutung für die industrielle Produktion von Gütern.

Allgemein lässt sich ein Werkzeug als ein „Gegenstand, der in der menschlichen Hand oder in der Maschine unmittelbar auf ein mechanisch zu bearbeitendes Werkstück formend einwirkt"[277] definieren. DIN 8580 präzisiert diese Definition, indem die Einwirkung des Werkzeugs auf das Werkstück als Energieübertragung durch Relativbewegung mit dem Zweck einer Änderung von Form, Lage und Stoffeigenschaften bezeichnet wird.[278] Je nach Einsatzort können Werkzeuge demnach als Handwerkzeuge und Maschinenwerkzeuge unterschieden werden. Da Handwerkzeuge für die industrielle Produktion lediglich eine untergeordnete Rolle einnehmen, werden diese im weiteren Verlauf nicht betrachtet. Maschinenwerkzeuge können wiederum in die zwei Kategorien Standardwerkzeuge und Hohlformwerkzeuge aufgeteilt werden.[279] Zu den Standardwerkzeugen zählen bspw. Fräs-, Bohr-, Dreh-, Gewinde- oder Reibwerkzeuge, also Universalwerkzeuge, mit denen sich vielfältige Operationen an unterschiedlichen Werkstücken durchführen lassen. **Hohlformwerkzeuge** hingegen sind keine Universalwerkzeuge. Wesentliches Merkmal von Hohlformwerkzeugen ist, dass sie die Werkstückform ganz oder teilweise in Negativform abbilden.[280] Hohlformwerkzeuge werden für verschiedene Fertigungsverfahren eingesetzt. In Kapitel 2.2.2.2 erfolgt eine detaillierte Vorstellung relevanter Werkzeugkategorien. Für Werkzeuge zur Urformung ist der Begriff Form wie bspw. Spritzgießform oder Druckgussform gebräuchlich. Da Formen eine Teilmenge von Werkzeugen darstellen, werden diese im Folgenden unter dem Begriff Werkzeug zusammengefasst.[281] Für diese Arbeit werden unter dem Begriff Werkzeuge ausschließlich Hohlformwerkzeuge betrachtet, da diese aufgrund der beschriebenen Abbildung des Werkstücks im Gegensatz zu Standardwerkzeugen für die Produktentwicklung von besonderer Bedeutung sind.

2.2.1.2 Werkzeugbau

Mit dem Begriff Werkzeugbau wird einerseits eine einzelne Organisationseinheit bezeichnet, welche Werkzeuge entsprechend dem in Kapitel 2.2.1.1 eingeführten Begriffsverständnis

[276] Vgl. VDI Verein Deutscher Ingenieure e.V., (VDI 2815 Blatt 5), 1978, S. 2.
Diese Richtlinie wurde 2001 ohne Ersatz zurückgezogen, ist jedoch weiterhin anerkannt und genutzt. Vgl. Salmen (Digital vernetzter Shopfloor), 2016, S. 37

[277] Gabler Wirtschaftslexikon (Werkzeug), 2018

[278] Vgl. DIN Deutsches Institut für Normung e.V. (DIN 8580:2003-09), 2003, S. 5

[279] Vgl. Boos (Gestaltung und Bewertung von modularen Werkzeugen), 2008, S. 28; Aryobsei (Gestaltung von Freiheitsgraden), 2015, S. 31. Siehe auch die Einteilung des VDMA, der unter dem Fachverband Präzisionswerkzeuge zwei Fachabteilungen zusammenfasst. Zu der Fachabteilung Zerspanwerkzeuge & Spannzeuge werden Hersteller von Standardwerkzeugen und zu der Fachabteilung Werkzeugbau Hersteller von Hohlformwerkzeugen zugeordnet. Vgl. Verband Deutscher Maschinen- und Anlagenbau e.V. (Präzisionswerkzeuge), 2018

[280] Vgl. Lange, Schacher (Hohlformwerkzeuge), 1975, S. 468

[281] Vgl. Klotzbach (Gestaltungsmodell für den industriellen Werkzeugbau), 2007, S. 43

entwickelt und fertigt.[282] Eine entsprechende Organisationseinheit kann dabei bspw. ein eigenständiges Unternehmen oder eine Abteilung innerhalb eines Unternehmens sein (für eine detailliertere Betrachtung geläufiger Organisationsformen von Werkzeugbaubetrieben vgl. Kapitel 2.2.3.1). Andererseits wird mit dem Begriff Werkzeugbau auch die gesamte Branche ebendieser Unternehmen bezeichnet.[283] Umgangssprachlich wird der Begriff Werkzeugbau zudem auch als Bezeichnung für die Tätigkeit der Werkzeugerstellung, also dem „Bauen von Werkzeugen", verwendet. Zur klaren Abgrenzung dieser unterschiedlichen Bedeutungen wird im Folgenden der Begriff **Werkzeugbau im Sinne einer Organisationseinheit** verwendet. Für Aussagen bzgl. der übergeordneten Branche wird der Begriff Branche Werkzeugbau und für die Erstellung von Werkzeugen der Begriff Werkzeugerstellung verwendet.

Im Zusammenhang mit der Bezeichnung Werkzeugbau sind weitere Begriffe wie Formenbau, Werkzeug- und Formenbau, Werkzeug- und Anlagenbau sowie Betriebsmittelbau gebräuchlich.[284] Diese Begriffe betonen jeweils ein leicht unterschiedliches Leistungsspektrum (vgl. Kapitel 2.2.2), können jedoch unter dem Oberbegriff Werkzeugbau zusammengefasst werden.[285]

2.2.2 Leistungsspektrum des Werkzeugbaus

Die durch den Werkzeugbau erbrachten Leistungen sind äußerst vielfältig und gehen über das reine Erstellen von Werkzeugen deutlich hinaus. Zur Schaffung eines Überblicks über die relevante Variationsbreite wird in diesem Kapitel das Leistungsspektrum des Werkzeugbaus näher betrachtet und erläutert. Zunächst werden dazu die Position des Werkzeugbaus im Produktentstehungsprozess thematisiert und dabei die relevanten Kundengruppen des Werkzeugbaus eingeführt. Anschließend wird das Leistungsspektrum des Werkzeugbaus, unterschieden in Sachleistungen und in Dienstleistungen, vorgestellt.[286]

2.2.2.1 Position des Werkzeugbaus im Produktentstehungsprozess

Der Werkzeugbau nimmt eine besondere Position innerhalb der industriellen Produktentstehung ein.[287] Zur Schaffung eines übergeordneten Verständnisses für das Leistungsspektrum von Werkzeugbaubetrieben muss zunächst diese Position näher beschrieben werden. Wie in Kapitel 2.1.3.4 erläutert bildet der Werkzeugbau ein **zentrales Bindeglied zwischen Produktentwicklung und Serienproduktion** (vgl. Abbildung 35). Durch die Einordnung des Werkzeugbaus in den Produktentstehungsprozess mit den zwei Schnittstellen zur Produktentwicklung und Serienproduktion ergeben sich zwei zentrale Kundengruppen mit spezifischen Anforderungen und Bedürfnissen.

---

[282] Vgl. Kühn (Lebenszyklusorientierte Leistungssysteme im Werkzeugbau), 2016, S. 33

[283] Vgl. Kühn (Lebenszyklusorientierte Leistungssysteme im Werkzeugbau), 2016, S. 33

[284] Vgl. Salmen (Digital vernetzter Shopfloor), 2016, S. 38; Hensen (Auslegung industrieller Werkzeugbaubetriebe), 2017, S. 33

[285] Vgl. Frick (Erfolgreiche Geschäftsmodelle im Werkzeugbau), 2006, S. 21; Salmen (Digital vernetzter Shopfloor), 2016, S. 38

[286] Vgl. Hensen (Auslegung industrieller Werkzeugbaubetriebe), 2017, S. 35ff.

[287] Vgl. Hensen (Auslegung industrieller Werkzeugbaubetriebe), 2017, S. 41

Abbildung 35: Position des Werkzeugbaus im Produktentstehungsprozess[288]

Aus Sicht der Produktentwicklung hat der Werkzeugbau die Aufgabe, die entwickelten Produkte auf ihre fertigungstechnische Machbarkeit – auch Herstellbarkeit genannt – zu überprüfen und anschließend geeignete Werkzeuge und weitere Fertigungsmittel zur Fertigung der Produkte zu erstellen. Neben einer reinen reaktiven Herstellbarkeitsprüfung berät der Werkzeugbau die Produktentwicklung auch aktiv in der Gestaltung von Produkten, um eine grundsätzliche Herstellbarkeit oder eine effizientere Produktion sicherzustellen. Durch die Entwicklung innovativer Werkzeugkonzepte kann der Werkzeugbau darüber hinaus die Verwirklichung neuartiger Produktkonzepte ermöglichen. Aus Sicht der Serienproduktion ist der Werkzeugbau Lieferant von Werkzeugen und weiteren Fertigungsmitteln. Ebenfalls unterstützt der Werkzeugbau den Serienanlauf der Produktion und die Optimierung von Produktionsparametern. Eine weitere zentrale Aufgabe des Werkzeugbaus ist die Wartung und Instandsetzung von Werkzeugen.[289] Die durch den Werkzeugbau erbrachten Leistungen bestehen einerseits aus physischen Sachleistungen, aber auch aus Dienstleistungen. Auf diese Unterscheidung wird im Folgenden näher eingegangen.

2.2.2.2 Sachleistungen

Wie in Kapitel 2.1.1.1 eingeführt, können Produkte eines Unternehmens in materielle Sachgüter und immaterielle Dienstleistungen eingeteilt werden. Diese Unterscheidung kann auch auf den Werkzeugbau übertragen werden, indem die erbrachten Leistungen in Sachleistungen und Dienstleistungen unterschieden werden.[290] Die Sachleistungen des Werkzeugbaus können in die Kategorien Werkzeuge sowie sonstige Sachleistungen eingeteilt werden.

Werkzeuge – Einteilung nach Fertigungsverfahren

Die wesentliche angebotene Leistung von Werkzeugbaubetrieben sind Werkzeuge.[291] Werkzeuge werden für verschiedene Fertigungsverfahren benötigt und lassen sich entsprechend den zugehörigen Fertigungsverfahren einteilen. Der Einteilung von Fertigungsverfahren nach DIN 8580[292] folgend werden Werkzeuge für Fertigungsverfahren der Hauptgruppen Urformen, Umformen, Trennen und Fügen eingesetzt.[293] Im Bereich der Kunststoffverarbeitung gehören insbesondere Spritzgießwerkzeuge und im Bereich der Metallverarbeitung (Druck-)Gusswerkzeuge zu besonders relevanten Werkzeugtypen, die zum Urformen eingesetzt werden. Blechverarbeitungswerkzeuge wie bspw. Stanz- und Biegewerkzeuge werden zum Trennen und

288 I. A. a. Hensen (Auslegung industrieller Werkzeugbaubetriebe), 2017, S. 41

289 Vgl. Hensen (Auslegung industrieller Werkzeugbaubetriebe), 2017, S.42

290 Vgl. Kühn (Lebenszyklusorientierte Leistungssysteme im Werkzeugbau), 2016, S. 38

291 Vgl. Kühn (Lebenszyklusorientierte Leistungssysteme im Werkzeugbau), 2016, S. 38

292 Vgl. DIN Deutsches Institut für Normung e.V. (DIN 8580:2003-09), 2003, S. 7; Unger (Gastrow Injection Molds), 2006, S. 1

293 Vgl. Lange, Schacher (Hohlformwerkzeuge), 1975, S. 468

Umformen von Metallblechen verwendet. Massivumformwerkzeuge, die auch als Schmiedegesenke bezeichnet werden, werden ebenfalls zur Umformung von metallischen Werkstücken eingesetzt. Abweichend zur Einteilung umformender Fertigungsverfahren nach DIN 8582 in Druck-, Zugdruck-, Zug-, Biege- und Schubumformen hat sich in der Praxis eine Unterteilung der Umformtechnik in die Blech- sowie die Massivumformung durchgesetzt.[294] Mit den genannten Werkzeugtypen sind bereits die bedeutendsten Werkzeuge als Leistungen der Branche Werkzeugbau umfasst.[295] Abbildung 36 zeigt die Umsatzverteilung der deutschen Branche Werkzeugbau nach Erzeugnissen. Auf die Hauptkategorien von Werkzeugen entfallen mit Spritzgieß-, Blechverarbeitungs-, Massivumformungs-, (Druck-)Gusswerkzeugen sowie sonstigen Werkzeugen 81% des durchschnittlichen Umsatzes des Werkzeugbaus. Mit 39% des durchschnittlichen Umsatzes machen Spritzgießwerkzeuge dabei den deutlich größten Anteil aus. Darüber hinaus werden mit Teilefertigung, dem Verkauf von Vorrichtungen und Prüfmitteln, Anlagen und Sondermaschinen, Modellen und Prototypenwerkzeugen sowie sonstigen Leistungen 19% des durchschnittlichen Umsatzes erwirtschaftet.

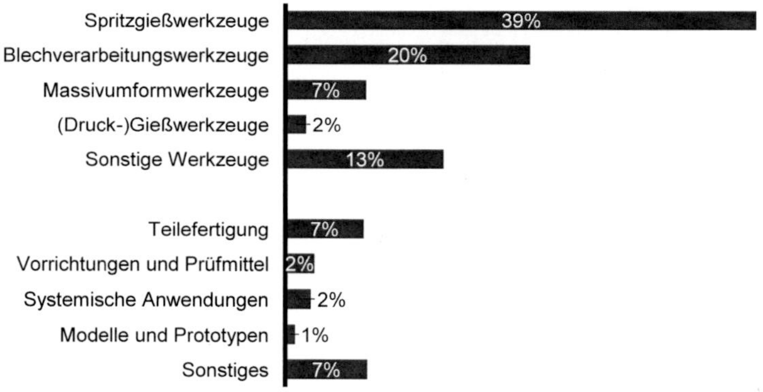

Abbildung 36: Umsatzverteilung der deutschen Branche Werkzeugbau nach Erzeugnissen[296]

Die eingeführten Hauptkategorien von Werkzeugtypen sind sehr heterogen und lassen sich jeweils weiter untergliedern. **Spritzgießwerkzeuge** können nach DIN ISO 12165 entsprechend ihrer Konstruktionsweise wie folgt kategorisiert werden:[297]

- Standardwerkzeuge[298]

[294] Vgl. Schuler GmbH (Handbuch der Umformtechnik), 1996, S. 433; Klocke (Fertigungsverfahren Umformen), 2017, S. 2; DIN Deutsches Institut für Normung e.V. (DIN 8582:2003-09), 2003, S. 3

[295] Vgl. Salmen (Digital vernetzter Shopfloor), 2016, S. 44f.

[296] Eigene Darstellung. Für Datenbasis vgl. WZL/IPT (Datenbank zum Werkzeugbau), Stand Jan. 2019

[297] Vgl. DIN Deutsches Institut für Normung e.V. (DIN 12165:2002-06), 2002, S. 28ff.

[298] Dieser Werkzeugtyp wird aufgrund seiner sehr einfachen Mechanik umgangssprachlich auch Auf-Zu-Werkzeug genannt. Vgl. Dangel (Spritzgießwerkzeuge), 2017, S. 5. Ebenfalls gebräuchlich ist der synonyme Begriff Normalwerkzeug. Vgl. Krahn et al. (Konstruktionsbeispiele Werkzeugbau Spritzgießen), 2008, S. 11.; Johannaber, Michaeli (Handbuch Spritzgießen), 2004, S. 1152

- Backenwerkzeuge
- Abstreiferwerkzeuge
- Plattenwerkzeuge
- Etagenwerkzeuge
- Heißkanalwerkzeuge

Die Kategorisierung nach DIN ISO 12165 ist dabei jedoch nicht überschneidungsfrei. Eine klarer abgegrenzte Kategorisierung von Spritzgießwerkzeugen kann durch die gleichzeitige Betrachtung mehrerer Merkmale erfolgen. Hierzu bieten sich primäre, konstruktive Merkmale wie Art des Angusssystems, Anzahl der Trennebenen, Art der Entformung oder Art der Kraftaufnahme an.[299] Ebenfalls können Spritzgießwerkzeuge nach formteilabhängigen Merkmalen wie bspw. Anzahl der Formhohlräume, Ein- oder Mehrkomponentenwerkzeuge und Formnestanordnung unterschieden werden.[300] Darüber hinaus kann eine Einteilung nach verarbeiteter Formmasse erfolgen:[301]

- Thermoplastwerkzeuge
- Duroplastwerkzeuge
- Elastomerwerkzeuge

Spritzgießwerkzeuge stellen gemessen am Umsatz die bedeutendste Gruppe von Werkzeugen zur Kunststoffverarbeitung dar. Dies ist darin begründet, dass das Spritzgießverfahren eines der Hauptverfahren zur Verarbeitung von Kunststoffen ist.[302] Neben Spritzgießwerkzeugen existieren eine Vielzahl von **weiteren Werkzeugtypen zur Kunststoffverarbeitung**, welche aufgrund ihrer geringen Umsatzanteile in Abbildung 36 unter der Kategorie Sonstige Werkzeuge gefasst sind:[303]

- Press- und Spritzpresswerkzeuge
- Blaswerkzeuge
- Warmformwerkzeuge
- Rotations- und Slush-Werkzeuge
- Werkzeuge für die Polyurethan-(PUR-)Formteilherstellung
- Werkzeuge für thermoplastische Partikelschaumstoffe
- Werkzeuge für Faserkunststoffverbundbauteile mit kontinuierlicher Faserverstärkung
- Werkzeuge für die Elastomerverarbeitung
- Extrusionswerkzeuge

[299] Vgl. Hopmann et al. (Spritzgießwerkzeuge), 2018, S. 95; Dolmetsch et al. (Der Werkzeugbau), 2017, S. 17

[300] Vgl. Hopmann et al. (Spritzgießwerkzeuge), 2018, S. 95; Dangel (Spritzgießwerkzeuge), 2017, S. 31

[301] Vgl. Hopmann et al. (Spritzgießwerkzeuge), 2018, S. 90

[302] Vgl. Hopmann et al. (Spritzgießwerkzeuge), 2018, S. 1

[303] Vgl. Wippenbeck (Werkzeuge für verschiedene Verarbeitungsverfahren), 2008, S. 1ff.; Hopmann, Michaeli (Extrusion Dies for Plastics and Rubber), 2016, S. 1ff. Weitere Unterkategorien der aufgeführten Werkzeugtypen können ebendiesen Quellen entnommen werden.

Relevante Werkzeugtypen aus der Kategorie der **Gießwerkzeuge für den Metallguss** sind Dauerformen. Hierbei können Werkzeuge entsprechend folgender Typen unterschieden werden:[304]

- Kokillengusswerkzeuge
- Druckgusswerkzeuge
- Niederdruckgusswerkzeuge
- Schleudergusswerkzeuge
- Stranggusswerkzeuge

Blechverarbeitungswerkzeuge werden für verschiedene Fertigungsverfahren eingesetzt und lassen sich in nachfolgende Kategorien einteilen:[305]

- Schneidwerkzeuge
- Biegewerkzeuge
- Prägewerkzeuge
- Ziehwerkzeuge

Die Blechverarbeitung weist dabei die Besonderheit auf, dass komplexe Werkstücke oftmals durch verschiedene nacheinander folgende Bearbeitungsoperationen gefertigt werden.[306] Hierzu sind mehrere Werkzeuge notwendig, die zusammen einen Werkzeugsatz bzw. ein Verbundwerkzeug bilden. So wird bspw. ein Außenhautkarosseriebauteil in der Automobilbranche typischerweise mit einem Werkzeugsatz bestehend aus einem Platinenschneidwerkzeug, einem oder mehreren Biege- oder Tiefziehwerkzeugen und einem Beschneid- sowie Lochwerkzeug hergestellt.[307] Je nach Art des Teiletransports kann ein Werkzeugsatz als mehrere Einzelwerkzeuge, Stufenwerkzeugsatz oder Folge- bzw. Folgeverbundwerkzeug ausgeführt werden.[308] Verbundwerkzeuge umfassen dabei sowohl Trenn- als auch Umformoperationen.[309]

Massivumformwerkzeuge lassen sich einerseits nach dem Temperaturbereich der Werkstücke während des Umformvorgangs unterscheiden:[310]

- Warmumformwerkzeuge
- Halbwarmumformwerkzeuge
- Kaltumformwerkzeuge

---

[304] Vgl. Schwickal (Formenbau), 2014, S. 253; Klocke (Fertigungsverfahren 5), 2018, S. 20ff.; Fritz, Schulze (Fertigungstechnik), 2012, S. 68ff.

[305] Vgl. Krahn et al. (Konstruktionsbeispiele Werkzeugbau Umformtechnik), 2009, S. 3

[306] Vgl. Schuler GmbH (Handbuch der Umformtechnik), 1996, S. 123

[307] Vgl. Krahn et al. (Konstruktionsbeispiele Werkzeugbau Umformtechnik), 2009, S. 3. Für ein konkretes Beispiel einer Operationsfolge für einen einteiligen Seitenwandrahmen siehe auch Waltl, Kerschner (Werkzeuge der Umformtechnik), 2012, S. 733.

[308] Vgl. Schuler GmbH (Handbuch der Umformtechnik), 1996, S. 124ff.

[309] Vgl. Dolmetsch et al. (Der Werkzeugbau), 2017, S. 91

[310] Vgl. Schuler GmbH (Handbuch der Umformtechnik), 1996, S. 436

Andererseits können Massivumformwerkzeuge auch nach dem Umformverfahren eingeteilt werden, für das sie eingesetzt werden:[311]

- Stauchwerkzeuge
- Fließpresswerkzeuge
- Walzwerkzeuge
- Einsenkwerkzeuge
- Prägewerkzeuge
- Strangpresswerkzeuge
- Gesenkschmiedewerkzeuge

Werkzeuge – Einteilung nach Einsatzart

Neben der im vorherigen Abschnitt ausführlich eingeführten Einteilung von Werkzeugen entsprechend den zugehörigen Fertigungsverfahren lassen sich Werkzeuge auch nach ihrer Einsatzart differenzieren. Eine entscheidende Gemeinsamkeit der im vorhergehenden Abschnitt aufgeführten Fertigungsverfahren ist, dass mit den zugehörigen Werkzeugen Werkstücke in Serienproduktion hergestellt werden können. Da Werkzeuge die Werkstückform ganz oder teilweise in Negativform abbilden, kann mit ihnen i. d. R. nur jeweils ein genau definierter Typ Werkstück hergestellt werden.[312] Folglich ist der Einsatz solcher Individualwerkzeuge bei großen Serien wirtschaftlich, bei denen die meist sehr hohen Werkzeugkosten auf eine große Menge produzierter Werkstücke umgelegt werden können. Diese Werkzeuge für den Einsatz zur Serienproduktion können daher als **Serienwerkzeuge** bezeichnet werden.[313]

Für spezielle Zielsetzungen kommen auch einfachere Werkzeugkonzepte zum Einsatz, die nicht den Anforderungen der Serienproduktion bspw. in Bezug auf Ausbringungsgeschwindigkeit, Gesamtstückzahl oder Teilequalität entsprechen.[314] Zur Abgrenzung werden diese Werkzeugkonzepte in dieser Arbeit unter dem Begriff **Nicht-Serienwerkzeuge** zusammengefasst.

Die Benennung und Abgrenzung verschiedener Nicht-Serienwerkzeuge ist in der Literatur und Praxis nicht eindeutig. Nach Waltl und Kerschner können Nicht-Serienwerkzeuge für die Blechverarbeitung in folgende Kategorien unterschieden werden[315]:

- Prototypenwerkzeuge
- Versuchswerkzeuge
- Kleinserienwerkzeuge

---

[311] Vgl. Dietrich (Praxis der Umformtechnik), 2018, S. 29ff. Für eine detaillierte Übersicht zu Verfahren der Massivumformung siehe auch Doege, Behrens (Handbuch Umformtechnik), 2010, S. 469ff.

[312] Ausnahmen dazu bilden bspw. für die Spritzgießfertigung sog. Stammformkonzepte mit Wechseleinsätzen. Bei diesen Werkzeugen lassen sich in kurzer Zeit einzelne Elemente Auswechseln, um so die Fertigung von anderen Produktvarianten oder gänzlich anderen Produkten zu ermöglichen. Vgl. Karlinger, Hinken (Konstruktionsablauf), 2008, S. 336f.

[313] Vgl. Waltl, Kerschner (Werkzeuge der Umformtechnik), 2012, S. 737

[314] Vgl. Waltl, Kerschner (Werkzeuge der Umformtechnik), 2012, S. 736ff.

[315] Vgl. Waltl, Kerschner (Werkzeuge der Umformtechnik), 2012, S. 736ff.

BAUERNHANSL UND ZOLLER nutzen dieselbe Einteilung für Nicht-Serienwerkzeuge für die Elastomerverarbeitung.[316] HOFMANN nutzt hingegen für Nicht-Serienwerkzeuge für das Spritzgießverfahren eine Einteilung in Prototyp-, Klein- und Vorserienwerkzeuge, wobei jedoch keine klare Abgrenzung der Begriffe vorgenommen wird.[317]

Prototypenwerkzeuge werden dazu eingesetzt, frühe Prototypen eines Bauteils mithilfe des späteren Fertigungsverfahrens zu erstellen. Solche Werkzeuge weisen üblicherweise nur geringe Anforderungen bzgl. der zu erzielenden Stückzahl auf, da das Ziel ist, lediglich eine geringe Anzahl von Bauteilen für Testzwecke zu produzieren. Ebenfalls werden die Bauteileigenschaften nur zu einem Teil abgebildet und ggf. auf wesentliche, zu prüfende Merkmale reduziert. Prototypenwerkzeuge können aufgrund der geringen zu erreichenden Lebensdauer mit vereinfachtem Aufbau und aus kostengünstigeren und einfacher zu bearbeitenden Materialien – wie bspw. für Spritzgießwerkzeuge Aluminium oder sogar Kunststoff – hergestellt werden.[318] Wesentlicher Vorteil des Einsatzes von Prototypenwerkzeugen ist, dass Prototypen durch die Nutzung des späteren Serienfertigungsverfahrens mit einem zum späteren Serienbauteil ähnlichen Eigenschaftsprofil erstellt werden können und so eine hohe Produkttreue aufweisen.[319]

Zielsetzung für **Versuchswerkzeuge** ist die Prüfung und Absicherung des Fertigungsprozesses.[320] Auch an Versuchswerkzeuge werden geringere Anforderungen bzgl. der zu erzielenden Stückzahl gestellt als an Serienwerkzeuge. Jedoch werden im Vergleich zu Prototypenwerkzeugen deutlich höhere Anforderungen bzgl. der Abbildung aller relevanten Bauteileigenschaften gestellt.[321] Auch wenn durch moderne Simulationsverfahren der Einsatz von Versuchswerkzeugen teilweise ersetzt werden kann, müssen bestimmte Effekte mithilfe eines realen Werkzeugs erprobt werden.[322] Beispiele hierfür sind Rückfederungseffekte bei der Blechumformung von Aluminiumbauteilen oder bei der Warmumformung.[323]

Einsatzzweck von **Kleinserienwerkzeugen** ist die Fertigung von kleinen Serien von Bauteilen. Sie kommen dann zum Einsatz, wenn Serienwerkzeuge keine Wirtschaftlichkeit aufweisen

316 Vgl. Bauernhansl, Zoller (Werkzeuge für die Elastomerverarbeitung), 2008, S. 255

317 Vgl. Hofmann (Prototyp-, Klein- und Vorserienwerkzeuge), 2008, S. 281ff. Statt Prototypenwerkzeug sind auch die synonymen Begriffe Prototypwerkzeug sowie Werkzeugprototyp gebräuchlich. Vgl. Dolmetsch et al. (Der Werkzeugbau), 2017, S. 317, Liewald, Wagner (Werkzeuge für die Blechumformung), 2012, S. 512 sowie DIN Deutsches Institut für Normung e.V. (DIN EN ISO/ASTM 52900:2017-06), 2017, S. 18. Ebenfalls synonym wird der Begriff weiche Werkzeuge bzw. englisch Soft Tooling genutzt, da Prototypenwerkzeuge oft aus ungehärteten Stählen oder Aluminium hergestellt werden. Vgl. Bruder (Kunststofftechnik), 2016, S. 145

318 Vgl. Hofmann (Prototyp-, Klein- und Vorserienwerkzeuge), 2008, S. 195; Dolmetsch et al. (Der Werkzeugbau), 2017, S. 175; Unger (Gastrow Injection Molds), 2006, S. 19

319 Vgl. Johannaber, Michaeli (Handbuch Spritzgießen), 2004, S. 1156

320 Vgl. Schuler GmbH (Handbuch der Umformtechnik), 1996, S. 137f.

321 Vgl. Waltl, Kerschner (Werkzeuge der Umformtechnik), 2012, S. 737

322 Vgl. Schuler GmbH (Handbuch der Umformtechnik), 1996, S. 138

323 Vgl. Ehlert (Zusammenspiel von virtueller und realer Welt), 2016, S. 40; Liewald, Wagner (Werkzeuge für die Blechumformung), 2012, S. 512

oder aus Zeitgründen in einem Serienanlauf nicht rechtzeitig erstellt werden können.[324] Sofern Kleinserienwerkzeuge zur Überbrückung einer frühen Verfügbarkeit von Bauteilen eingesetzt werden, während sich die eigentlichen Serienwerkzeuge noch in der Erstellung befinden, werden diese auch Überbrückungswerkzeuge bzw. englisch Bridge Tooling genannt.[325]

Grundsätzlich umfasst jede der drei Kategorien je nach Einsatzzweck sehr vielfältige Werkzeugkonzepte. Die Einteilung verschiedener Nicht-Serienwerkzeuge in die drei eingeführten Kategorien ist dabei nicht überschneidungsfrei. So können einzelne Werkzeuge auch die Ziele und Funktionen von Prototypen- und Versuchswerkzeugen vereinen.[326]

Im Zusammenhang mit der Herstellung von Nicht-Serienwerkzeugen wird oftmals der Begriff Rapid Tooling genannt. Rapid Tooling stellt jedoch keine eigene Kategorie von Nicht-Serienwerkzeugen dar, sondern beschreibt verschiedene Vorgehensweisen zur sehr schnellen Herstellung von Werkzeugen.[327] Da hierbei insbesondere additive Fertigungsverfahren eingesetzt werden, wird Rapid Tooling ausführlich in Kapitel 2.2.5.4 erläutert.

Sonstige Sachleistungen

Neben Werkzeugen fertigt der Werkzeugbau weitere Sachleistungen, die den Kategorien Modelle und Prototypen, Vorrichtungen und Prüfmittel, systemische Anwendungen sowie Sonstiges zugeordnet werden können. Unter die Kategorie Modelle und Prototypen fallen grundsätzlich alle in Kapitel 2.1.3.3 aufgeführten physischen Prototypen. Hierfür werden unterschiedliche Fertigungsverfahren genutzt.[328] Relevante Vorrichtungen sind Bearbeitungsvorrichtungen wie Bohr-, Fräs-, Dreh- und Fügevorrichtungen als auch Montagevorrichtungen.[329] Spezialisierte Prüfmittel wie Lehren oder Schablonen werden im Werkzeugbau erstellt, um bestimmte Merkmale der durch die Werkzeuge hergestellten Werkstücke kontrollieren zu können.[330] Systemische Anwendungen umfassen Sondermaschinen, Automatisierungstechnik und Anlagen. Unter Sonstiges fallen bspw. die Fertigung von einzelnen Bauteilen oder Kleinserien in Lohnfertigung.[331]

2.2.2.3 Dienstleistungen

Auch wenn die Erstellung von physischen Sachleistungen und insbesondere Werkzeugen der Hauptfokus der Leistungserstellung von Werkzeugbaubetrieben ist, werden zusätzlich auch Dienstleistungen angeboten. Dienstleistungen werden entlang des gesamten Lebenszyklus eines Werkzeugs von Entstehungs- über Optimierungs- bis hin zur Nutzungsphase eines

324 Vgl. Waltl, Kerschner (Werkzeuge der Umformtechnik), 2012, S. 736ff.

325 Vgl. DIN Deutsches Institut für Normung e.V. (DIN EN ISO/ASTM 52900:2017-06), 2017, S. 18

326 Vgl. Schuler GmbH (Handbuch der Umformtechnik), 1996, S. 139; Waltl, Kerschner (Werkzeuge der Umformtechnik), 2012, S. 737

327 Vgl. Zäh (Wirtschaftliche Fertigung mit Rapid-Technologien), 2006, S. 10

328 Vgl. Eversheim, Klocke (Werkzeugbau mit Zukunft), 1998, S. 25ff.; Salmen (Digital vernetzter Shopfloor), 2016, S. 43

329 Vgl. Dolmetsch et al. (Der Werkzeugbau), 2017, S. 223

330 Vgl. Eversheim, Klocke (Werkzeugbau mit Zukunft), 1998, S. 27

331 Vgl. Salmen (Digital vernetzter Shopfloor), 2016, S. 43

Werkzeugs angeboten.[332] Abbildung 37 gibt einen Überblick über relevante Dienstleistungen in den drei Phasen. Dabei wird jeweils angegeben, bei welchem Anteil von Werkzeugprojekten diese Dienstleistungen durchschnittlich durch Werkzeugbaubetriebe durchgeführt werden.

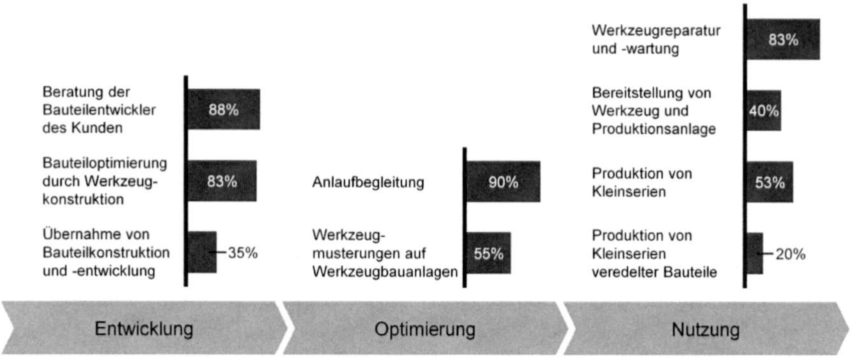

Abbildung 37: Anteil Werkzeugprojekte mit durchgeführten Dienstleistungen[333]

Die der Werkzeugherstellung vorgelagerte Phase Werkzeugentwicklung ist im Kontext dieser Arbeit besonders relevant, da hier die Schnittstelle zur Produktentwicklung besteht (vgl. Kapitel 2.2.2.1 und Kapitel 2.2.4.3). Speziell in der frühen Phase der Werkzeugentstehung kann der Werkzeugbau seine Kunden bei der werkzeug- und fertigungsgerechten Gestaltung von Bauteilen unterstützen. Diese Unterstützung kann einerseits in Form einer informellen oder auch expliziten Beratung durchgeführt werden. Bei 88% der Werkzeugprojekte erfolgt eine solche Beratung durch den Werkzeugbau. Andererseits kann auch eine eigenständige Bauteiloptimierung (83%) oder sogar eine komplette Übernahme der Bauteilkonstruktion und -entwicklung durch den Werkzeugbau (35%) erfolgen.[334] Ein zentrales Element zur Beratung und Optimierung der werkzeug- und fertigungsgerechten Gestaltung von Bauteilen ist die Durchführung von Simulationen. Gängige Simulationsmöglichkeiten werden in Kapitel 2.2.4.2 vorgestellt. Die hohen Prozentzahlen der angebotenen Dienstleistungen im Bereich der Entwicklung zeigen, dass beinahe bei jedem Werkzeugauftrag eine Entwicklungsdienstleistung durch den Werkzeugbau durchgeführt wird. Dies veranschaulicht die hohe Bedeutung der Schnittstelle zwischen Werkzeugbau und Produktentwicklung.

Abbildung 37 zeigt, dass zu fast jedem Werkzeugprojekt zusätzliche Dienstleistungen angeboten werden. Der Werkzeugbau entwickelt sich zunehmend von einem Produzenten zu einem produzierenden Dienstleister. Dennoch kalkulieren und verrechnen Werkzeugbaube-

[332] Vgl. Begovic (Datenbasiertes Wissensmanagement für Smart Services), 2018, S. 70

[333] Für die zugrunde liegende Datenquelle vgl. WZL/IPT (Datenbank zum Werkzeugbau), Stand Jan. 2019. Darstellung i. A. a. Begovic (Datenbasiertes Wissensmanagement für Smart Services), 2018, S. 70

[334] Vgl. Kühn (Lebenszyklusorientierte Leistungssysteme im Werkzeugbau), 2016, S. 43

triebe ihre Dienstleistungen meist nicht explizit, sondern subventionieren diese durch den eigentlichen Werkzeugauftrag quer. Die Dienstleistungen werden durch die Kunden vielmehr als integrierter Bestandteil eines Werkzeugauftrags verstanden.[335]

2.2.3 Strukturen und Prozesse des Werkzeugbaus

Nachdem der Werkzeugbau mit seiner Position im Produktentwicklungsprozess und seinen angebotenen Leistungen eingeführt wurde, werden in diesem Kapitel die zur Leistungserstellung notwendigen Strukturen und Prozesse vorgestellt. Hierzu wird zunächst auf Organisationsstrukturen, dann auf die Auftragsarten und zuletzt auf die Prozesskette des Werkzeugbaus eingegangen.

2.2.3.1 Organisationsstrukturen

Die Organisationseinheit Werkzeugbau kann unterschiedliche Charakteristika aufweisen. Eine wichtige begriffliche Unterscheidung ist in diesem Zusammenhang die Abgrenzung je nach Markzugang in entweder interne oder externe Werkzeugbaubetriebe. Als **interne Werkzeugbaubetriebe** werden Organisationseinheiten bezeichnet, die Teil eines Mutterunternehmens sind und hauptsächlich Leistungen für dieses erbringen. **Externe Werkzeugbaubetriebe** sind hingegen rechtlich eigenständige Unternehmen, welche ihre Leistungen frei am Markt für verschiedene externe Kunden anbieten.[336] Nach einer Studie von BOOS ET AL. umfasst die Branche Werkzeugbau in Deutschland 3.800 Betriebe, von denen 51% als intern und 49% als extern klassifiziert werden können.[337]

Die Abgrenzung eines internen Werkzeugbaubetriebs als eigene Einheit innerhalb eines Mutterunternehmens kann unterschiedlich stark ausgeprägt sein. So können drei Organisationsformen interner Werkzeugbaubetriebe mit verschiedenen Charakteristika unterschieden werden. Ein als **Abteilung** integrierter interner Werkzeugbaubetrieb ist eher ungenau von anderen Organisationseinheiten abgegrenzt. So erfolgt hier bspw. eine Kostenverrechnung lediglich über Hauptkostenstellen in Form von Gemeinkosten. Ein als **Cost-Center** organisierter interner Werkzeugbaubetrieb hingegen hat eine stärker ausgeprägte Kostenverantwortung und kalkuliert und verrechnet einzelne Leistungen, an deren Kosteneinhaltung er gemessen wird. Die strikteste Abgrenzung eines internen Werkzeugbaubetriebs wird durch die Organisation in Form eines **Profit-Centers** erreicht. Mit dieser Organisationsform wird der Werkzeugbau als eigenständiges Unternehmen im Unternehmen geführt. Es erfolgt eine stringente Verrechnung aller erbrachten und in Anspruch genommenen Leistungen. Durch die Organisation als Cost- oder Profit-Center ist es auch internen Werkzeugbaubetrieben möglich, Leistungen extern am

[335] Vgl. Begovic (Datenbasiertes Wissensmanagement für Smart Services), 2018, S. 71

[336] Vgl. Eversheim, Klocke (Werkzeugbau mit Zukunft), 1998, S. 3f.

[337] Vgl. Boos et al. (Tooling in Germany), 2018, S. 15. Der Verband Deutscher Werkzeug- und Formenbauer e.V. (VDWF) schätzt die Zahl deutscher Werkzeugbaubetriebe mit 8000 mehr als doppelt so hoch ein, geht aber auch von einer annähernden Gleichverteilung interner und externer Werkzeugbaubetriebe aus. Vgl. Spilok (Erfolg dank Präzision), 2017, S. 20

Markt anzubieten und die eigene Leistungsfähigkeit mit dem allgemeinen Wettbewerb des Markts zu messen.[338]

Externe Werkzeugbaubetriebe sind definitionsgemäß als eigenständige Unternehmen organisiert und sind daher in Bezug auf die Organisationsstruktur am ehesten mit internen als Profit-Center geführten Werkzeugbaubetrieben vergleichbar. Ein wesentlicher Vorteil externer Werkzeugbaubetriebe ist, dass sie einen breiten Kundenstamm bedienen und so umfangreiches Wissen über verschiedene Technologien erlangen.[339]

Ein weiteres wichtiges organisatorisches Merkmal von Werkzeugbaubetrieben ist ihre Größe gemessen an der Mitarbeiterzahl. Die Branche Werkzeugbau in Deutschland ist stark mittelständisch geprägt. So beschäftigen 71% der Betriebe weniger als 50 Mitarbeiter und weitere 28% 50 bis 100 Mitarbeiter. Lediglich 1% der Betriebe weist eine Mitarbeiterzahl größer als 100 auf. [340] Die geringe Größe der Werkzeugbaubetriebe bedeutet eine Herausforderung dahingehend, dass nur geringe personelle Ressourcen zur administrativen Abwicklung von Aufträgen zur Verfügung stehen.[341] Diese Herausforderung muss für das im Rahmen dieser Arbeit zu entwickelnde Prozessmodell explizit berücksichtigt werden. Eine prozentuale Verteilung von Mitarbeitern entlang der Prozesskette des Werkzeugbaus wird in Kapitel 2.2.3.3 gezeigt.

2.2.3.2 Auftragsarten

Im Werkzeugbau werden individuelle Aufträge bearbeitet, welche kundeninduziert ausgelöst werden.[342] Unabhängig von der beauftragten Leistung (vgl. Kapitel 2.2.2) können folgende Auftragsarten unterschieden werden:[343]

- **Neuaufträge:** Neuaufträge sind durch eine Neuentwicklung und Fertigung von Sachleistungen gekennzeichnet. Dabei wird die gesamte Prozesskette des Werkzeugbaus durchlaufen.[344] Entscheidendes Merkmal ist, dass die Möglichkeit des Rückgriffs auf Erfahrungswerte stark von der Existenz vergleichbarer, vergangener Projekte abhängt.
- **Wiederholaufträge:** Wiederholaufträge haben die erneute Fertigung einer bereits erstellten Sachleistung wie bspw. die Erstellung eines Schwesterwerkzeugs zur Aufgabe. Hierbei kann auf die bereits erstellten Konstruktionsunterlagen und Programme sowie auf ggf. bereits erlangte Erfahrungen des Erstwerkzeugs zurückgegriffen werden.
- **Änderungsaufträge:** Änderungsaufträge haben die Abänderung einer Sachleistung zum Ziel. Änderungsaufträge können sich dabei sowohl auf bestehende oder gerade

[338] Vgl. Kuhlmann (Gestaltung von Geschäftsprozessen), 2011, S. 27; Eversheim, Klocke (Werkzeugbau mit Zukunft), 1998, S. 75ff.

[339] Vgl. Salmen (Digital vernetzter Shopfloor), 2016, S. 40

[340] Vgl. Boos et al. (Tooling in Germany), 2018, S. 15

[341] Vgl. Salmen (Digital vernetzter Shopfloor), 2016, S. 41

[342] Vgl. Eversheim, Klocke (Werkzeugbau mit Zukunft), 1998, S. 20

[343] Die nachfolgende Aufzählung wurde von HENSEN aus verschiedenen Quellen zusammengestellt und vom Autor leicht adaptiert. Vgl. Hensen (Auslegung industrieller Werkzeugbaubetriebe), 2017, S. 40 und die dort zitierten Quellen sowie Salmen (Digital vernetzter Shopfloor), 2016, S. 46.

[344] Für weitergehende Erläuterungen zur Prozesskette des Werkzeugbaus siehe auch Kapitel 2.2.3.3.

in der Erstellung befindliche Sachleistungen beziehen. Änderungsaufträge sind insbesondere bei gerade in der Erstellung befindlichen Sachleistungen nur schlecht planbar und zeitlich kritisch.[345] Obwohl sie nicht die komplette Prozesskette des Werkzeugbaus beanspruchen, bedeuten sie meist einen hohen Aufwand in der Auftragsabwicklung.

- **Reparaturaufträge:** Treten an in der Serienproduktion befindlichen Werkzeugen Defekte auf, wird der Werkzeugbau mittels Reparaturaufträgen beauftragt, diese Defekte zu beheben. Auch Reparaturaufträge sind meist unplanbar und dringend, da von ihnen im schlimmsten Fall ein Stillstand in der Serienproduktion abhängt.
- **Wartungsaufträge:** Instandhaltungsmaßnahmen werden hingegen als geplante Wartungsaufträge im Sinne einer vorbeugenden Instandhaltung abgewickelt und sind daher nicht zeitkritisch.
- **Dienstleistungsaufträge:** Dienstleistungsaufträge können einzelne Prozessschritte der Leistungserstellung im Werkzeugbau umfassen und werden separat zu anderen Aufträgen angeboten und abgerechnet.

Der Marktzugang eines Werkzeugbaubetriebs hat erheblichen Einfluss auf die Ausprägung der in Kapitel 2.2.2.1 erläuterten Schnittstellen zu seinen Kunden. So arbeiten interne Werkzeugbaubetriebe tendenziell enger mit den internen Kunden des eigenen Mutterunternehmens zusammen als dies bei externen Werkzeugbaubetrieben mit ihrem breit gefächerten Kundenstamm Praxis ist. Dies zeigt sich in der Gegenüberstellung der Verteilung der verschiedenen Auftragsarten im Vergleich von internen zu externen Werkzeugbaubetrieben (vgl. Abbildung 38). Diese Gegenüberstellung zeigt, dass interne und externe Werkzeugbaubetriebe mit 30,9% und 33,2% in etwa einen ähnlichen Anteil ihrer Aufträge als Neu- und Wiederholaufträge durchführen. Damit stellen Neu- und Wiederholaufträge für beide Gruppen nach Anzahl den höchsten Anteil am Auftragsmix. Starke Unterschiede ergeben sich bei einem deutlich höheren Anteil von Reparatur- und Wartungsaufträgen bei internen Werkzeugbaubetrieben. Dieser hohe Anteil von Instandhaltung und -setzung ist auf die größere Nähe von internen Werkzeugbaubetrieben zu einem Mutterunternehmen und auf eine teilweise explizite Ausrichtung als Unterstützung der Serienproduktion zurückzuführen.[346] Externe Werkzeugbaubetriebe hingegen weisen einen deutlich höheren Anteil an Änderungsaufträgen sowie sonstigen Aufträgen wie bspw. Dienstleistungsaufträgen auf. Der höhere Anteil von Änderungsaufträgen bei externen Werkzeugbaubetrieben kann zu einem Teil darauf zurückgeführt werden, dass Änderungsaufträge bei externen Werkzeugbaubetrieben immer explizit angeboten, verrechnet und somit erfasst werden. Eine entsprechend genaue Erfassung von Änderungsaufträgen erfolgt bei als Abteilung geführten internen Werkzeugbaubetrieben meist nicht (vgl. Kapitel 2.2.3.1).

345 Für Ausführungen zu Engineering Change Orders siehe auch Kapitel 2.1.2.4.

346 Vgl. Hensen (Auslegung industrieller Werkzeugbaubetriebe), 2017, S. 41

	Interner Werkzeugbau	Externer Werkzeugbau
Neu- und Wiederholaufträge	30,9%	33,2%
Änderungsaufträge	12,4%	25,9%
Reparaturaufträge	24,1%	11,5%
Wartungsaufträge	20,5%	10,8%
Sonstige Aufträge	12,1%	18,6%

Abbildung 38: Verteilung von Auftragsarten interner und externer deutscher Werkzeugbaubetriebe nach Anzahl[347]

2.2.3.3 Prozesskette

Nachdem zuvor die Position des Werkzeugbaus im Produktentwicklungsprozess sowie die an den Schnittstellen zur Produktentwicklung und Serienproduktion erbrachten Leistungen vorgestellt wurden, wird im Folgenden die generische Prozesskette der Leistungserstellung im Werkzeugbau erläutert. Die Prozesskette des Werkzeugbaus kann von der allgemeinen branchenübergreifenden Wertkette nach PORTER[348] abgeleitet werden. Für den Werkzeugbau umfasst die Prozesskette die Elemente Akquise, Entwicklung, Arbeitsvorbereitung, Mechanische Fertigung, Montage und Try-out (vgl. Abbildung 39).[349] In der dargestellten Reihenfolge spiegelt die Prozesskette den Auftragsabwicklungsprozess von Neuaufträgen wider.[350]

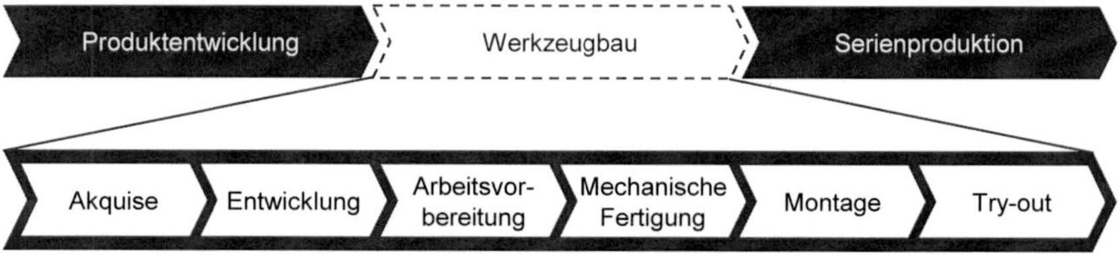

Abbildung 39: Interne Prozesskette des Werkzeugbaus[351]

[347] Für die zugrunde liegende Datenquelle vgl. WZL/IPT (Datenbank zum Werkzeugbau), Stand Jan. 2019. Darstellung i. A. a. Hensen (Auslegung industrieller Werkzeugbaubetriebe), 2017, S. 41.

[348] Vgl. Porter (Competitive Advantage), 1998, S. 36ff.

[349] HENSEN führt eine ausführliche Gegenüberstellung der in der Literatur leicht unterschiedlich strukturierten Prozesskette des Werkzeugbaus durch. Vgl. Hensen (Auslegung industrieller Werkzeugbaubetriebe), 2017, S. 47f. In dieser Arbeit wird jedoch der Strukturierung nach SALMEN gefolgt, da diese alle relevanten Elemente der Prozesskette umfasst und eine vereinfachte Darstellung ermöglicht. Vgl. Salmen (Digital vernetzter Shopfloor), 2016, S. 50

[350] Vgl. Eversheim, Klocke (Werkzeugbau mit Zukunft), 1998, S. 21

[351] I. A. a. Salmen (Digital vernetzter Shopfloor), 2016, S. 50

Die **Akquise** umfasst insbesondere die Tätigkeiten Vertrieb und Angebotskalkulation. Im Zuge des Vertriebs werden potenzielle Kunden identifiziert und angesprochen sowie eingehende Auftragsanfragen bearbeitet. Es erfolgt eine durchgehende Kommunikation mit den Kunden bzgl. Herstellbarkeitsbewertung, Angebotserstellung sowie Angebotsverhandlung. Als Kommunikationsschnittstelle zwischen anfragendem Kunden und Werkzeugbau stellt der Vertrieb sicher, dass alle relevanten Informationen der Anfrage aufgenommen werden. Bei Bedarf zieht der Vertrieb notwendige weitere Funktionsbereiche hinzu wie bspw. die Werkzeugentwicklung zur Beantwortung von Herstellbarkeitsfragen. Für die Angebotserstellung ist eine möglichst exakte Angebotskalkulation notwendig. Aufgrund der i. d. R. auftragsspezifischen Einmaligkeit von Anfragen stellt dies eine große Herausforderung dar.[352] In der Praxis werden verschiedene Kalkulationsmethoden von Expertenschätzungen über analytische Vorgehen, Kostenfunktionen bis hin zu Ähnlichkeitsmethoden eingesetzt.[353]

Der Prozessschritt **Entwicklung** umfasst nach Auftragserteilung Tätigkeiten der Methodenplanung und Konstruktion. Die Methodenplanung – auch Auslegung genannt[354] – definiert das Werkzeugkonzept basierend auf den vom Kunden vorgegebenen Anforderungen. Beispielsweise wird für Blechumformwerkzeuge die Operationsfolge und für Spritzgießwerkzeuge grundlegende Merkmale wie Trennebene, Schieber und Anguss festgelegt. Die Optimierung der Werkzeugkonzepte erfolgt iterativ und unter Hilfestellung verschiedener Softwareprogramme wie z. B. Simulationsprogramme. Nach Abstimmung des Werkzeugkonzepts erfolgt die eigentliche Werkzeugkonstruktion, bei der das herzustellende Werkzeug als CAD-Modell auskonstruiert wird. Abschließend werden 2D-Zeichnungen abgeleitet und Stücklisten erstellt.[355] Eine ausführliche Betrachtung der Abläufe und Tätigkeiten in der Werkzeugentwicklung erfolgt in Kapitel 2.2.4.

Die **Arbeitsvorbereitung** nutzt die in der Konstruktion erstellten Unterlagen zur Planung der nachfolgenden Fertigung. Hierzu werden notwendige Bearbeitungsstrategien aller Einzelteile sowie eine mögliche Fremdvergabe festgelegt. Anschließend wird in einer Grob- und Feinplanung unter Berücksichtigung des zur Verfügung stehenden Kapazitätsangebots sowie des notwendigen Kapazitätsbedarfs die Fertigung geplant. Ebenfalls erfolgen der Einkauf von Normalien und Standardkomponenten sowie die Abwicklung der Fremdvergabe einzelner Bearbeitungsschritte. Die Arbeitsvorbereitung umfasst neben der Planung auch die NC-Programmierung der nachfolgenden Bearbeitungsschritte. Hierzu werden basierend auf den aus der Konstruktion zur Verfügung gestellten CAD-Daten NC-Programme für die Werkzeugmaschinen

352 Vgl. Hensen (Auslegung industrieller Werkzeugbaubetriebe), 2017, S. 48f.; Salmen (Digital vernetzter Shopfloor), 2016, S. 51;

353 Vgl. Boos et al. (Erfolgreich Kalkulieren im Werkzeugbau), 2015, S. 12f.

354 Vgl. Schlößer (Werkzeuge in der Angebotsphase), 2008, S. 609

355 Vgl. Hensen (Auslegung industrieller Werkzeugbaubetriebe), 2017, S. 49; Salmen (Digital vernetzter Shopfloor), 2016, S. 51; Kühn (Lebenszyklusorientierte Leistungssysteme im Werkzeugbau), 2016, S. 44f.

wie Fräs-, Dreh- und Erodiermaschinen geschrieben.[356] Innerhalb der Programme werden die Bearbeitungsstrategien bspw. bestehend aus Wahl des Bearbeitungswerkzeugs, Vorschub, Drehzahl und Zustellung definiert und umgesetzt.[357]

Mit der **mechanischen Fertigung** erfolgt die Herstellung der einzelnen Bauteile eines Werkzeugs. Dies erfolgt typischerweise mit den Technologien Fräsen, Drehen, Schleifen, Senkerodieren und Drahterodieren. Darüber hinaus werden auch weitere Spezialtechnologien eingesetzt sowie einzelne Bearbeitungsschritte über externe Partner abgewickelt.[358]

In der **Montage** werden schließlich alle in Eigenfertigung erstellten oder durch Zukauf bereitgestellten Bauteile gemäß der definierten Stückliste zusammengeführt und zu einem Werkzeug montiert. Dabei erfolgen falls notwendig Anpassungstätigkeiten zur Sicherstellung der mechanischen Funktionstüchtigkeit des Werkzeugs.[359] Zur Prüfung der mechanischen Funktionstüchtigkeit gehört für Spritzgießwerkzeuge auch insbesondere das sog. Tuschieren, welches das Abstimmen von Trennungen und Passflächen umfasst.[360] Neben der rein mechanischen Montage von Bauteilen erfolgen auch die Montage und der Anschluss hydraulischer und elektronischer Komponenten.[361]

Im Rahmen des **Try-out**[362] wird das Werkzeug final geprüft, optimiert und freigegeben.[363] Dies erfolgt nach Möglichkeit auf seriennahen Produktionsmaschinen oder sogar auf den eigentlichen Produktionsmaschinen. Hierdurch können über die bereits in der Montage geprüften mechanischen Funktionalitäten alle relevanten Funktionen des Werkzeugs unter Serienproduktionsbedingungen getestet werden. Hierbei werden auch bereits erste Teile produziert und getestet. Üblicherweise resultiert aus den verschiedenen Tests Optimierungsbedarf für das Werkzeug, welcher dann in Optimierungsschleifen abgearbeitet wird.[364] Diese Optimierungsschleifen können in geringem Umfang durch Anpassung der Produktionsparameter an der Produktionsmaschine durchgeführt werden.[365] Meist ist es zusätzlich notwendig, das Werkzeug in der Montage des Werkzeugbaus nachzuarbeiten oder wieder zu demontieren, um einzelne Bauteile in der mechanischen Fertigung abändern zu können. Sind in diesem Zusammenhang konstruktive Änderungen notwendig, bedingt dies auch den Einbezug der Konstruktion. Mit dem erfolgreichen Try-out wird das Werkzeug an den Kunden in die Serienproduktion

[356] Vgl. Hensen (Auslegung industrieller Werkzeugbaubetriebe), 2017, S. 49; Salmen (Digital vernetzter Shopfloor), 2016, S. 51; Kühn (Lebenszyklusorientierte Leistungssysteme im Werkzeugbau), 2016, S. 45

[357] Vgl. Klotzbücher (Werkzeugfertigung), 2008, S. 482

[358] Vgl. Hensen (Auslegung industrieller Werkzeugbaubetriebe), 2017, S. 51

[359] Vgl. Salmen (Digital vernetzter Shopfloor), 2016, S. 51

[360] Vgl. Dangel (Spritzgießwerkzeuge), 2017, S. 230

[361] Vgl. Klotzbücher (Werkzeugfertigung), 2008, S. 488

[362] Im Sprizgießwerkzeugbau wird der Try-out auch synonym als Abmusterung bezeichnet. Vgl. Dangel (Spritzgießwerkzeuge), 2017, S. 265

[363] Vgl. Hensen (Auslegung industrieller Werkzeugbaubetriebe), 2017, S. 50

[364] Vgl. Kühn (Lebenszyklusorientierte Leistungssysteme im Werkzeugbau), 2016, S. 45f.

[365] Vgl. Dangel (Spritzgießwerkzeuge), 2017, S. 272

übergeben und somit das Werkzeugprojekt abgeschlossen. Der Try-out bildet somit die nachgelagerte Kundenschnittstelle zur Serienproduktion.[366]

Parallel zu den vorgestellten Elementen der Prozesskette des Werkzeugbaus erfolgt das **Projektmanagement**. Das Projektmanagement umfasst dabei die Aufgaben Projektplanung, -steuerung und -überwachung. Hauptaufgabe ist die Sicherstellung der termin- und kostenbezogenen Vorgaben eines Projekts. Nachdem aus einem Kundenkontakt der Akquisephase ein Auftrag entsteht, übernimmt das Projektmanagement zudem die Kommunikation zum Kunden. Nach Projektabschluss besteht eine weitere Aufgabe in der kritischen Reflexion des Projekts. Diese erfolgt hinsichtlich wirtschaftlicher, zeitlicher und technischer Gesichtspunkte.[367] Hierzu wird die während der Erstellung durchgeführte mitlaufende Kalkulation in eine finale Nachkalkulation überführt, welche mit der vor Projektbeginn ermittelten Angebotskalkulation abgeglichen wird.[368] Ziel einer solchen umfassenden Nachbetrachtung ist die strukturierte Ableitung von Verbesserungspotenzialen für nachfolgende Projekte.

Die nachfolgende Abbildung 40 zeigt die typische Mitarbeiterverteilung in deutschen Werkzeugbaubetrieben entlang der Prozesskette. Vertrieb und Projektmanagement werden in der Auswertung aufgrund der inhaltlichen Nähe der jeweiligen Tätigkeiten zusammengefasst. Unter indirekte Bereiche fallen Mitarbeiter mit Leitungs-, Administrations- und Qualitätssicherungsfunktionen. Die durchschnittliche Mitarbeiterverteilung zeigt, dass ein Großteil der Mitarbeiter in den Werkstattbereichen mechanische Fertigung und Montage beschäftigt ist. Lediglich ein kleiner Anteil der Mitarbeiter ist in den im Kontext dieser Arbeit relevanten Bereichen Akquise, Projektmanagement und Entwicklung tätig. In den letzten Jahren sind jedoch verstärkte Verschiebungen der Mitarbeiteranteile aus der mechanischen Fertigung in Know-how-intensivere vor- und nachgelagerte Bereiche zu beobachten.[369] Beispielsweise umfasst die Steigerung des Mitarbeiteranteils in der Arbeitsvorbereitung von 2004 bis 2017 67%.[370]

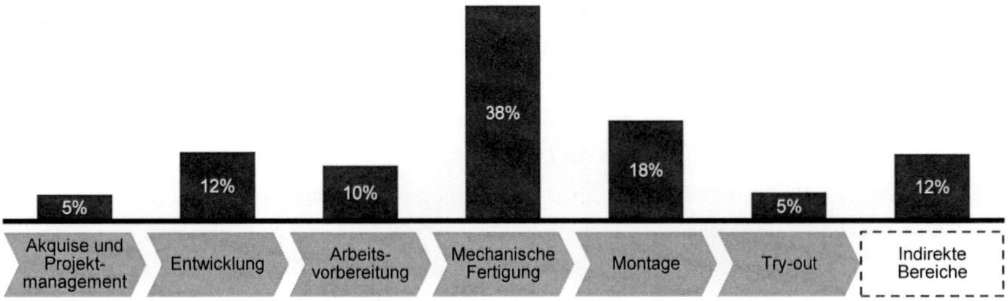

Abbildung 40: Typische Mitarbeiterverteilung deutscher Werkzeugbaubetriebe[371]

366 Vgl. Kühn (Lebenszyklusorientierte Leistungssysteme im Werkzeugbau), 2016, S. 46

367 Vgl. Hensen (Auslegung industrieller Werkzeugbaubetriebe), 2017, S. 50f.

368 Vgl. Boos et al. (Erfolgreich Kalkulieren im Werkzeugbau), 2015, S. 10ff.

369 Vgl. Salmen (Digital vernetzter Shopfloor), 2016, S. 54

370 Vgl. Boos et al. (Tooling in Germany), 2018, S. 28

371 Für die zugrunde liegende Datenquelle vgl. WZL/IPT (Datenbank zum Werkzeugbau), Stand Jan. 2019. Darstellung i. A. a. Salmen (Digital vernetzter Shopfloor), 2016, S. 54.

2.2.4 Werkzeugentwicklung

Die Werkzeugentwicklung wurde als wesentlicher Prozessschritt der Prozesskette des Werkzeugbaus eingeführt. Darauf aufbauend erfolgt in den folgenden Unterkapiteln eine detaillierte Betrachtung dieses Prozessschritts. Dazu wird zunächst der Prozess der Werkzeugentwicklung vorgestellt, bevor anschließend auf die während der Werkzeugentwicklung eingesetzten Softwaresysteme eingegangen wird. Es folgt eine Ausführung zur Ausgestaltung der Schnittstelle der Werkzeugentwicklung zum Produktentwicklungsprozess.

2.2.4.1 Werkzeugentwicklungsprozess

Aufgrund des Fokus der vorliegenden Arbeit auf der Schnittstelle zwischen Produktentwicklung und Werkzeugbau wird nachfolgend der Werkzeugentwicklungsprozess näher erläutert. Boos stellt fest, dass in der Literatur kein allgemeingültiger Entwicklungsprozess für Werkzeuge existiert. Da der Werkzeugbau jedoch als Teilbereich des Maschinenbaus angesehen werden kann, überträgt Boos die für den Maschinenbau allgemein anerkannte Konstruktionsmethodik nach Pahl und Beitz[372] auf die Werkzeugentwicklung.[373] Abbildung 41 zeigt die fünf relevanten Prozessschritte Planen und Klären der Aufgabenstellung, Konzeption des Werkzeugs, Entwerfen des Werkzeugs, Detaillieren des Werkzeugs sowie Arbeitsplanung.[374]

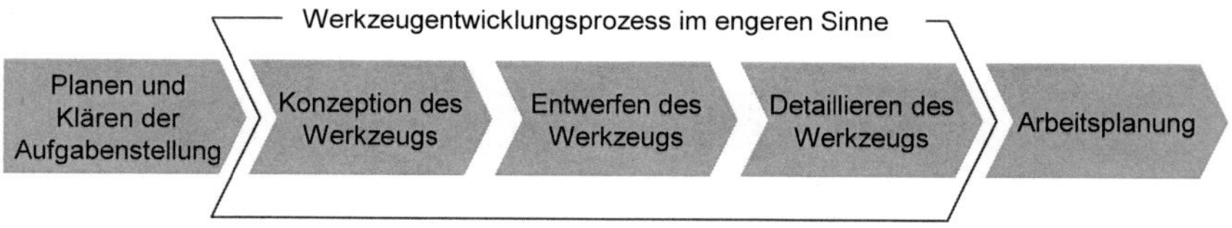

Abbildung 41: Werkzeugentwicklungsprozess nach Boos[375]

Die erste Phase des Werkzeugentwicklungsprozesses umfasst die **Planung und Klärung der Aufgabenstellung**. Zunächst wird dazu die Anfrage des Kunden und insbesondere das bereitgestellte Pflichtenheft überprüft sowie bzgl. der Vollständigkeit kontrolliert.[376] In diesem Zusammenhang wird insbesondere auch die Qualität der Daten überprüft. Hierbei können bereits Fehler aufgrund unterschiedlicher Toleranzangaben oder Datenverluste bei der Konvertierung der Daten zwischen verschiedenen Systemen auftreten.[377] Anschließend folgt ein internes Technologiegespräch, in dem verschiedene Fachexperten aus Kalkulation, Konstruktion und Fertigung die Anfrage mit dem zu fertigenden Bauteil analysieren. In diesem Rahmen wird bereits ein erstes Werkzeuggrobkonzept ermittelt. Dieses Werkzeuggrobkonzept definiert den

[372] Vgl. Pahl, Beitz (Konstruktionslehre), 1977, S. 52

[373] Vgl. Boos (Gestaltung und Bewertung von modularen Werkzeugen), 2008, S. 78ff.

[374] Vgl. Boos (Gestaltung und Bewertung von modularen Werkzeugen), 2008, S. 80ff.

[375] I. A. a. Boos (Gestaltung und Bewertung von modularen Werkzeugen), 2008, S. 82

[376] Vgl. Boos (Gestaltung und Bewertung von modularen Werkzeugen), 2008, S. 80

[377] Vgl. Klotzbücher (Werkzeugfertigung), 2008, S. 475. Nach Erfahrungen des Autors aus diversen Expertengesprächen treten diese Probleme auch heute noch sehr häufig auf und führen zu intensiven Aufwänden in den Entwicklungsabteilungen des Werkzeugbaus.

Werkzeugtyp sowie weitere grundlegende Entscheidungen zum Werkzeugaufbau. Darüber hinaus erfolgt eine terminliche und wirtschaftliche Beurteilung der Anfrage. Es wird ein Meilensteinplan ermittelt, um den gewünschten Fertigstellungstermin auf Realisierbarkeit zu überprüfen.[378] Die von BOOS beschriebenen Umfänge beinhalten die klassischen Tätigkeiten und Vorgehensweisen aus Werkzeugbausicht. Teile der Planung werden typischerweise aber bereits vorgelagert durch den Kunden durchgeführt. So erfolgen bereits zuvor eine Werkzeugauslegung und -spezifikation.[379] Während dieser frühen Planungsaktivitäten werden zunächst Herstellbarkeitsstudien durchgeführt.[380] Anschließend werden Ausbringungsmenge und Ziellebensdauer des zu entwickelnden Werkzeugs ermittelt. Diese und weitere Vorgaben werden in Form von Werkzeugspezifikationen dokumentiert, welche dann an die Werkzeugentwicklung als Vorgabe weitergegeben werden. Für die Festlegung der Werkzeugspezifikation bieten sich systematisierte Checklisten an. Hierzu können sowohl unternehmensspezifische als auch allgemeingültige Checklisten wie bspw. für Spritzgießwerkzeuge die allgemeine Norm DIN ISO 16916[381] genutzt werden.[382]

In der nächsten Phase erfolgt die **Konzeption des Werkzeugs**. Hiermit beginnt der Werkzeugentwicklungsprozess im engeren Sinne. Der zugeteilte Konstrukteur definiert eine Wirk- und Funktionsstruktur. Zunächst werden dazu die grundlegenden Werkzeugfunktionen ermittelt und basierend darauf der festgelegte Werkzeugtyp überprüft. In dieser Phase ist der Konstrukteur stark auf Erfahrungen sowie auf ähnliche in der Vergangenheit realisierte Werkzeugkonzepte angewiesen. Die festgelegte Wirk- und Funktionsstruktur des Werkzeugs stellt das zentrale Ergebnis dieser Phase dar.[383]

Anschließend folgt das **Entwerfen des Werkzeugs**. Hierbei wird die Baustruktur des Werkzeugs unter Zuhilfenahme ggf. existierender Basiskonstruktionen angelegt. Solche Konstruktionstemplates können sich auf ein komplettes Werkzeug, ein Werkzeugmodul oder eine Werkzeugbaugruppe beziehen. In ihnen sind standardisierte und parametrisierte Einzelteile hinterlegt. Dadurch wird dem Konstrukteur ermöglicht, auf bestehende Baustrukturen zurückzugreifen und diese für die anstehende Konstruktion zu verwenden.[384] Typischerweise wird der Konstruktionsentwurf am Ende dieser Phase durch den Kunden freigegeben.[385] Die Entwurfsphase umfasst im Bereich des Spritzgießwerkzeugbaus mit der rheologischen, der thermischen und der mechanischen Werkzeugauslegung drei Teilaufgaben.[386] Bei der mechani-

[378] Vgl. Boos (Gestaltung und Bewertung von modularen Werkzeugen), 2008, S. 80

[379] Vgl. Schlößer (Werkzeuge in der Angebotsphase), 2008, S. 611f.

[380] Vgl. Johannaber, Michaeli (Handbuch Spritzgießen), 2004, S.1039

[381] Vgl. DIN Deutsches Institut für Normung e.V. (DIN ISO 16916:2017-01), 2017

[382] Vgl. Schlößer (Werkzeuge in der Angebotsphase), 2008, S. 611f.

[383] Vgl. Boos (Gestaltung und Bewertung von modularen Werkzeugen), 2008, S. 81

[384] Vgl. Boos (Gestaltung und Bewertung von modularen Werkzeugen), 2008, S. 81

[385] Vgl. Karlinger, Hinken (Konstruktionsablauf), 2008, S. 313

[386] Vgl. Karlinger, Hinken (Konstruktionsablauf), 2008, S. 304f.

schen Auslegung werden Belastungen und Verformungen analysiert und bewertet. Ausgehend hiervon wird insbesondere die Werkstoffauswahl abgeleitet.[387] Die rheologische Auslegung analysiert und optimiert die Fließwege der Formmasse. In diesem Zusammenhang wird u. a. auch die Ausgestaltung des Angusses definiert.[388] Zur thermischen Auslegung gehört die Gestaltung der Kühl- sowie Heizsysteme des Werkzeugs.[389]

Aufbauend darauf erfolgt in der nächsten Phase die **Detaillierung des Werkzeugs**. Dazu wird das Werkzeug Schritt für Schritt mit all seinen Einzelteilen auskonstruiert. Zentrales Ergebnis dieser Phase ist das finale 3D-CAD-Modell des Werkzeugs. Davon ausgehend werden alle relevanten Zeichnungen mit Bemaßungen und Detailangaben sowie Stücklisten erstellt. Mit dieser Phase endet der Werkzeugentwicklungsprozess im engeren Sinne.[390] Nach Fertigstellung der Konstruktion wird diese für die Fertigung freigegeben.[391]

Als letzte Phase schließt sich nach BOOS die Phase der **Arbeitsplanung** an. Es werden Make-or-Buy-Entscheidungen getroffen, die Beschaffung von Zukaufteilen durchgeführt und Arbeitspläne mit Bearbeitungsreihenfolgen, Maschinenzuordnungen und Vorgabezeiten erstellt.[392] Da bereits jedoch zuvor die Werkzeugkonstruktion freigegeben wurde, hat die Phase Arbeitsplanung keinen großen Einfluss auf die Werkzeugentwicklung und wird von anderen Autoren auch nicht als dazugehörig betrachtet.[393] Lediglich in dem Fall, dass in der Arbeitsplanung festgestellt wird, dass einzelne Bauteile der Werkzeugkonstruktion nicht oder nur unter sehr hohen Kosten fertigbar sind, erfolgt eine Rückschleife in die vorherigen Phasen des Werkzeugentwicklungsprozesses.

Der beschriebene fünfphasige, sequenzielle Werkzeugentwicklungsprozess stellt einen idealisierten Ablauf dar. In der Praxis führt der stetig steigende Zeitdruck dazu, dass Ansätze des Simultaneous Engineering (vgl. Kapitel 2.1.4 sowie Kapitel 3.2.2.1) auch für eine parallele Produkt- und Werkzeugentwicklung angewandt werden. Auch wenn die Werkzeugspezifikationen aus der Planungs- und Klärungsphase nicht vollständig und final vorliegen, wird häufig mit den folgenden Phasen fortgefahren. So wird ein intensiver Kundendialog in allen Phasen der Werkzeugentwicklung geführt, um im Ergebnis den gemeinsamen Entwicklungsprozess beschleunigen zu können.[394]

2.2.4.2 Softwaresysteme

Im Folgenden wird ein Überblick über im Werkzeugbau gebräuchliche Softwaresysteme mit besonderem Betrachtungsfokus auf die Werkzeugentwicklung gegeben. Grundsätzlich wer-

[387] Vgl. Johannaber, Michaeli (Handbuch Spritzgießen), 2004, S. 1112ff.
[388] Vgl. Johannaber, Michaeli (Handbuch Spritzgießen), 2004, S. 1116ff.
[389] Vgl. Johannaber, Michaeli (Handbuch Spritzgießen), 2004, S. 1123ff.
[390] Vgl. Boos (Gestaltung und Bewertung von modularen Werkzeugen), 2008, S. 81
[391] Vgl. Klotzbücher (Werkzeugfertigung), 2008, S. 479
[392] Vgl. Boos (Gestaltung und Bewertung von modularen Werkzeugen), 2008, S. 81
[393] Vgl. Aryobsei (Gestaltung von Freiheitsgraden), 2015, S. 45
[394] Vgl. Karlinger, Hinken (Konstruktionsablauf), 2008, S. 305ff.

den in allen Bereichen der Prozesskette des Werkzeugbaus (vgl. Kapitel 2.2.3.3) Softwaresysteme eingesetzt. Die CAx-Prozesskette des Werkzeugbaus besteht aus einer Vielzahl von Einzelsystemen. In der Werkzeugentwicklung werden insbesondere CAD- und Simulationssoftware eingesetzt. In der Arbeitsvorbereitung wird mit diesen Systemen weitergearbeitet und zusätzlich Software zum Computer-Aided Planning (CAP) eingesetzt. Die Erstellung von CNC-Programmen für die mechanische Fertigung wird durch Software zum Computer-Aided Manufacturing (CAM) unterstützt. In der mechanischen Fertigung werden die erstellten NC-Programme schließlich eingesetzt. In der fertigungsbegleitenden sowie abschließenden Qualitätssicherung wird ebenfalls CAM-Software zur Programmierung der Messmaschinen sowie Systeme zur Computer-Aided Quality (CAQ) zur Verwaltung und Steuerung der Qualitätssicherungsdaten genutzt.[395] Für ein übergreifendes Projektmanagement werden zudem teilweise Systeme zum Product Lifecycle Management (PLM) eingesetzt. Diese werden entweder eigenständig durch Werkzeugbau oder von Kundenseite geführt.[396] Für allgemeine Erläuterungen zu in der Produktentwicklung gängigen Softwaresystemen siehe auch Kapitel 2.1.4.3.

Im Bereich der **CAD-Systeme** ist im Werkzeugbau 3D-CAD-Software Stand der Technik. Zunehmend werden dabei parametrische[397] und featurebasierte Systeme genutzt. Durch die parametrische Anpassung von vordefinierten Komponenten sowie durch die Nutzung von Features wird eine möglichst hohe Standardisierung in der Konstruktion umgesetzt. Diese Standardisierung führt zu einer hohen Zeitersparnis in der Konstruktion und in nachfolgenden Prozessschritten, da nicht wertschöpfende Prozessschritte eliminiert werden können. Ebenfalls kann hierdurch ein teilautomatisierter Konstruktionsprozess umgesetzt werden, bei dem der Konstrukteur Schritt für Schritt durch einen strukturierten Konstruktionsablauf geführt wird. Die eingesetzten Softwareprogramme sind in der Branche sehr heterogen und werden oftmals durch den Kunden vorgegeben. Gleiches gilt auch für die gängigen Datenaustauschformate.[398]

Simulationssysteme bieten dem Werkzeugbau vielfältige Möglichkeiten, frühzeitig Fehler zu erkennen und die Werkzeugentwicklung zu optimieren. Insbesondere kann dadurch eine hohe Zeitersparnis erreicht werden. Grundsätzlich lassen sich Simulationssysteme im Werkzeugbau in Systeme zur Prozesssimulation und zur Werkzeugsimulation unterscheiden. So setzen 43% der deutschen Werkzeugbaubetriebe Prozesssimulationen und 26,7% Werkzeugsimulationen ein.[399] Im Allgemeinen gelten auch für den Werkzeugbau die unter Kapitel 2.1.4.3 genannten Vorteile digitaler Prototypen.

---

395 Vgl. Boos et al. (Erfolgreich CAx-Prozessketten Gestalten im Werkzeugbau), 2018, S. 10f.

396 Vgl. Boos et al. (Erfolgreich CAx-Prozessketten Gestalten im Werkzeugbau), 2018, S. 21

397 Synonym zum Begriff Parametrik ist ebenfalls der Begriff Varimetrik gebräuchlich. Vgl. Hopmann et al. (Spritzgießwerkzeuge), 2018, S. 554

398 Vgl. Boos et al. (Erfolgreich CAx-Prozessketten Gestalten im Werkzeugbau), 2018, S. 13f.

399 Vgl. Boos et al. (Erfolgreich CAx-Prozessketten Gestalten im Werkzeugbau), 2018, S. 17. In einer separaten Studie zum Nutzungsgrad von Simulationssoftware ermittelt HELBICH mit 47% Nutzung von Prozesssimulationssoftware und 33% Nutzung von Struktursimulationssoftware leicht höhere Werte für die Entwicklung von Spritzgießprodukten. Vgl. Helbich (Entwicklung von Spritzgussprodukten), 2017, S. 37

Mit **Prozesssimulationen** kann der spätere Fertigungsprozess in Zusammenspiel mit dem zu entwickelnden Werkzeug simuliert, bewertet und optimiert werden. Simulationen werden i. d. R. in mehreren Iterationen durchgeführt, bei denen nacheinander einzelne Aspekte des Fertigungsprozesses abgebildet und optimiert werden. Für eine solche schrittweise Durchführung empfiehlt sich ein strukturiertes Vorgehen.[400] Aufgrund der großen Unterschiede der jeweiligen Fertigungsprozesse sind die jeweiligen Simulationsmöglichkeiten stark unterschiedlich. Für den Spritzgießprozess gibt es eine Vielzahl von Simulationsmöglichkeiten, bei denen eine rheologische und thermische Betrachtung vorgenommen wird. Diese unterscheiden sich zum einen bzgl. der zugrunde liegenden mathematisch-physikalischen Modelle und zum anderen bzgl. des ausgewählten Umfangs. So kann in einer einfachen Simulation nur das Formteil und die Anschnittposition betrachtet werden oder in einer umfangreichen Simulation zusätzlich noch ein bereits detailliertes Werkzeugkonzept.[401] Im Rahmen der Simulation lassen sich verschiedene Prozessgrößen im Zeitverlauf berechnen. Hierzu zählen bspw. das Füllbild, Fülldrücke, Schergeschwindigkeiten und Temperaturen.[402] Darüber hinaus können die für die spätere Bauteilqualität relevanten Phänomene Schwindung und Verzug ermittelt werden.[403]

Die Zielsetzung von Simulationen kann sehr vielfältig sein und unterscheidet sich je nach Einsatzzeitpunkt im Entwicklungsprozess. In einem ersten Schritt kann die grundsätzliche Herstellbarkeit von Bauteilen analysiert werden. Mögliche Prozessfehler und Qualitätsprobleme lassen sich vorhersehen und nötige Änderungen an der Bauteilkonstruktion vornehmen. Nachfolgend kann die optimale Auslegung des Werkzeugs unterstützt werden. Darüber hinaus lassen sich auch spätere Prozessparameter wie die Zykluszeit ermitteln und optimieren.[404] Werden Prozessfehler nicht frühzeitig mittels Simulationen entdeckt, führen diese zu erheblichen Problemen und kostspieligen Iterationen im Try-out des Werkzeugs. Abbildung 42 zeigt beispielhaft die häufigsten Probleme, die zu Iterationen beim Try-out von Spritzgießwerkzeugen führen. Alle genannten Probleme lassen sich mittels der zuvor genannten Simulationen analysieren und optimieren.[405]

[400] Vgl. Westhäuser et al. (Prozesskette zur Werkzeugauslegung), 2011, S. 719ff.

[401] Vgl. Hopmann et al. (Spritzgießwerkzeuge), 2018, S. 317ff.

[402] Vgl. Mennig (Werkzeugbau für die Kunststoffverarbeitung), 2008, S. 322; Hopmann et al. (Spritzgießwerkzeuge), 2018, S. 320f.

[403] Vgl. Kennedy, Zheng (Flow Analysis of Injection Molds), 2013, S. 6

[404] Vgl. Hopmann et al. (Spritzgießwerkzeuge), 2018, S. 579; Mennig (Werkzeugbau für die Kunststoffverarbeitung), 2008, S. 222f.

[405] Vgl. Helbich (Entwicklung von Spritzgussprodukten), 2017, S. 34f.

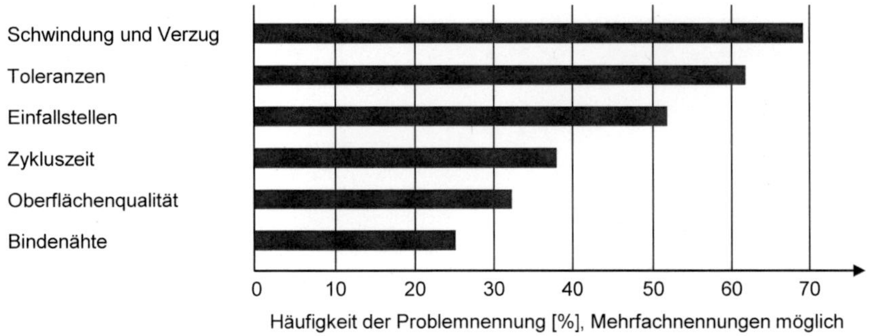

Abbildung 42: Ursachen für Iterationen beim Try-out eines Spritzgießwerkzeugs[406]

Neben Spritzgießfertigungsprozessen können auch weitere Fertigungsverfahren durch moderne Simulationsverfahren abgebildet werden. So lassen sich auch Thermoformprozesse simulieren. Hier können bis zu 60% der Entwicklungszeit und der damit verbundenen Kosten durch den Einsatz von Simulationssoftware im Vergleich zu einer Prototypenphase mit Versuchswerkzeugen eingespart werden.[407] Auch im Bereich Blechumformung wird Software zur Prozesssimulation eingesetzt. Hierbei werden insbesondere Rückfederungseffekte sowie Blechausdünnung simuliert.[408] Im Bereich des Druckgusswerkzeugbaus gibt es Ansätze zur kostenbezogenen Simulation und Optimierung von Bauteil und Werkzeug.[409]

Im Bereich der **Werkzeugsimulation** wird zum einen Software für Berechnungen basierend auf der Finite Elemente Methode (FEM) genutzt (vgl. Kapitel 2.1.4.3). Mithilfe dieser Systeme kann die mechanische Auslegung (vgl. Kapitel 2.2.4.1) von Werkzeugen unterstützt werden, indem voraussichtliche Verformungen des Werkzeugs im Einsatz im Rahmen einer Strukturanalyse bewertet werden.[410] Eine weitere Simulationsmöglichkeit ist die Kollisionsbetrachtung. Hierbei werden die mechanischen Bewegungen des Werkzeugs simuliert und evtl. vorhandene Überdeckungen einzelner Teilkörper identifiziert, welche in der Realität zu Kollisionen führen würden. Auch periphere Anlagen im Arbeitsraum des Werkzeugs wie Entnahme- oder Montageanlagen lassen sich in diesem Zusammenhang mithilfe eines DMU (vgl. Kapitel 2.1.4.3) prüfen.[411] Betrachtungsfokus von Werkzeugsimulationen ist somit immer das Werkzeug. Jedoch können Ergebnisse aus der Prozesssimulation als Eingangsinformationen für eine Werkzeugsimulation genutzt werden. Wie auch die Prozesssimulationen lassen sich Werkzeugsimulationen mit einer sehr unterschiedlichen Detaillierungstiefe durchführen. Daher

---

406 I. A. a. Helbich (Entwicklung von Spritzgussprodukten), 2017, S. 35

407 Vgl. Gottwald (Am Bildschirm optimiert), 2009, S. 64

408 Vgl. Ehlert (Zusammenspiel von virtueller und realer Welt), 2016, S. 40f.; Schuler GmbH (Handbuch der Umformtechnik), 1996, S. 140f.

409 Vgl. Denkena et al. (Virtual Prototyping im Werkzeug- und Formenbau), 2010, S. 612ff.

410 Vgl. Hopmann et al. (Spritzgießwerkzeuge), 2018, S. 364

411 Vgl. Hopmann et al. (Spritzgießwerkzeuge), 2018, S. 561

sollte vor dem Einsatz eine situationsbezogene Kosten-Nutzen-Bewertung bzgl. der Detaillierung der eingesetzten Simulation erfolgen.[412]

Zusammenfassend lässt sich festhalten, dass im gesamten Werkzeugbau und insbesondere in der Werkzeugentwicklung eine Vielzahl von Softwaresystemen zum Einsatz kommen. Jedoch besteht ein großes aktuell noch nicht genutztes Potenzial darin, diese im Sinne einer durchgängigen CAx-Prozesskette zu verknüpfen und dadurch Effizienzgewinne sowie Zusatzfunktionalitäten zu ermöglichen.[413] Ein weiteres Problem im praktischen Einsatz der Softwareprogramme ist die teilweise sehr hohe Komplexität der Systeme und hohe Investitionskosten.[414] Auch weisen Simulationsprogramme Verbesserungspotenzial hinsichtlich der Vorhersagequalität auf.[415] Die großen Potenziale des durchgängigen Softwareeinsatzes im Werkzeugbau wurden jedoch bereits erkannt. So lässt sich ein Trend zur digitalen Vernetzung im Werkzeugbau erkennen. Dieser Trend wird in Kapitel 2.2.5.4 ausführlich beschrieben.

2.2.4.3 Schnittstelle der Werkzeugentwicklung im Produktentwicklungsprozess

Die Werkzeugentwicklung startet an der Schnittstelle zum Produktentwicklungsprozess. Daher kommt der Gestaltung ebendieser Schnittstelle sowohl für eine erfolgreiche Werkzeugerstellung als auch für die gesamte Produktentstehung eine besonders wichtige Bedeutung zu. Im Folgenden werden verschiedene Ansätze und Aspekte zur Gestaltung dieser Schnittstelle vorgestellt.

Die **klassische Schnittstelle** zwischen Produktentwicklung und Werkzeugbau besteht in Form eines klar definierten Meilensteins. Es kann dabei von einer „harten“ Schnittstelle gesprochen werden. In dieser Form wird der Werkzeugbau erst nach Beendigung der Produktentwicklung mit der Werkzeugerstellung beauftragt. Der Werkzeugbau führt bis zur Übergabe des finalen Werkzeugs die gesamte Projektarbeit durch. Es erfolgen lediglich minimale Kommunikation und Rückfragen mit dem Auftraggeber.[416] Bei diesem Vorgehen stellt das Werkzeugpflichtenheft das zentrale Dokument der Schnittstelle zwischen Produktentwicklung und Werkzeugbau dar. In diesem Dokument werden alle Anforderungen an das zu erstellende Werkzeug festgehalten. Der Werkzeugbau stellt auf dessen Basis ein Angebot und führt die Werkzeugerstellung streng nach den hier definierten Spezifikationen durch (vgl. Kapitel 2.2.4.1).[417] Das Werkzeugpflichtenheft enthält typischerweise u. a. Daten und Informationen zu einem final ausdetaillierten Produkt mit definierten Maß- und Toleranzangaben, zu dem definierten Fertigungsprozess und seiner Machbarkeit sowie zu dem festgelegten Lebenszyklus inkl. Stückzahlen. Eine Darstellung des starr sequenziellen Prozessverständnisses der Schnittstelle zwischen Produktentwicklung und Werkzeugbau zeigt Abbildung 43.

[412] Vgl. Hopmann et al. (Spritzgießwerkzeuge), 2018, S. 403f.
[413] Vgl. Boos et al. (Erfolgreich CAx-Prozessketten Gestalten im Werkzeugbau), 2018, S. 31ff.
[414] Vgl. Helbich (Entwicklung von Spritzgussprodukten), 2017, S. 37f.
[415] Vgl. Dangel (Spritzgießwerkzeuge), 2017, S. 52ff.
[416] Vgl. Karlinger, Hinken (Konstruktionsablauf), 2008, S. 317
[417] Vgl. Boos (Gestaltung und Bewertung von modularen Werkzeugen), 2008, S. 80

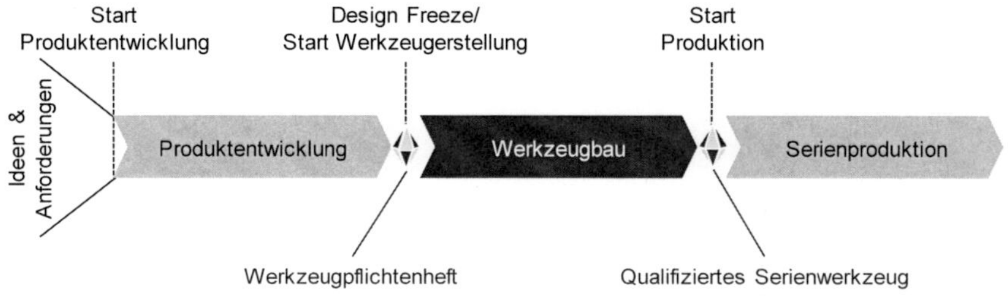

Abbildung 43: Sequenzielles Prozessverständnis der Schnittstelle Produktentwicklung und Werkzeugbau[418]

Die vorgestellte, starr sequenzielle Vorgehensweise kann jedoch nur für Projekte durchgeführt werden, die eine geringe Komplexität und niedrige Investitionssummen aufweisen. Grund hierfür ist zum einen eine vergleichsweise langsame Projektabwicklung. Zum anderen müssen für einen starren Design Freeze alle relevanten Produkteigenschaften final festgelegt werden. Dies gelingt aufgrund der hohen und typischerweise nicht vollständig bekannten Wechselwirkungen der Produkteigenschaften bei komplexen Projekten i. d. R. nicht fehlerfrei. Für komplexe Projekte werden daher Vorgehensweisen der **parallelen Produkt- und Werkzeugentwicklung** angewandt.[419] Insbesondere auch bei hohem Zeitdruck der Produktentwicklung muss die Werkzeugerstellung bereits zu einem Zeitpunkt gestartet werden, bei dem noch keine vollständigen Produktspezifikationen vorliegen. Die Werkzeugentwicklung muss folglich parallel zur Produktentwicklung erfolgen. Hierzu ist ein Prozessverständnis notwendig, bei dem der Werkzeugentwicklungs- und -erstellungsprozess in den Produktentwicklungsprozess integriert ist (vgl. Abbildung 44).[420]

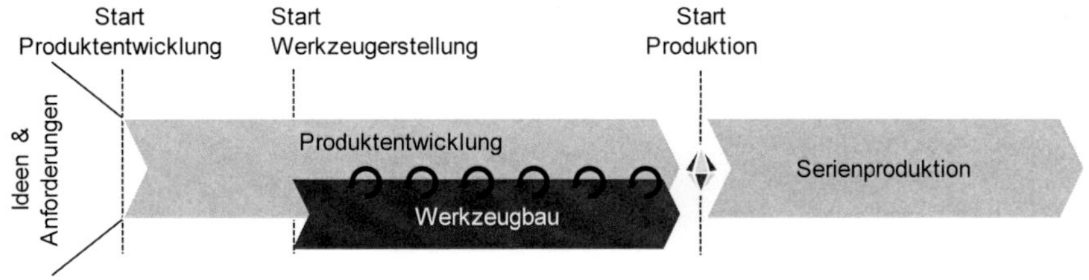

Abbildung 44: Integriertes Prozessverständnis der Schnittstelle Produktentwicklung und Werkzeugbau[421]

Die Wahl des Begriffes Integration deutet auf die starke Form von Zusammenarbeit hin, die bei diesem Prozessverständnis angestrebt wird (vgl. Kapitel 2.1.3.4). Anders als bei dem se-

[418] I. A. a. Boos et al. (Agile Tool Development), 2017, S. 19
[419] Vgl. Karlinger, Hinken (Konstruktionsablauf), 2008, S. 317
[420] Vgl. Boos et al. (Agile Tool Development), 2017, S. 19f.
[421] I. A. a. Boos et al. (Agile Tool Development), 2017, S. 20

quenziellen Prozessverständnis ist eine stetige Abstimmung zwischen Werkzeugbau und Produktentwicklung erforderlich.[422] Bereits 2010 wurde die Integration des Werkzeugbaus durch SCHUH ET AL. als eines der zentralen Handlungsfelder zur Erlangung operativer Exzellenz im Werkzeugbau identifiziert.[423] Die Integration des Werkzeugbaus in den Produktentwicklungsprozess kann in diesem Zusammenhang als Rückwärtsintegration bezeichnet werden und grenzt sich dadurch gegenüber der Vorwärtsintegration, also der Integration in Richtung Serienproduktion durch Übernahme von Produktionsoptimierungen, ab.[424] Da der Werkzeugbau als Zulieferer der Produktentwicklung verstanden werden kann, können bei der Integration des Werkzeugbaus in den Produktentwicklungsprozess auch die in Kapitel 2.1.3.4 vorgestellten Ansätze des Early Supplier Involvement (ESI) angewandt werden.

Der Gedanke einer parallelen Produkt- und Werkzeugentwicklung ist im Kern simpel. Jedoch stellt die Umsetzung Unternehmen vor große Herausforderungen, da die klar und einfach geregelte, starre Schnittstelle eines sequenziellen Prozesses mit einem voll spezifizierten Pflichtenheft entkräftet wird. Nach EVERSHEIM lässt sich eine parallele Produkt- und Werkzeugentwicklung durch die **schrittweise Erbringung einzelner Leistungen durch den Werkzeugbau** umsetzen. Die frühzeitige und schrittweise Erbringung von Entwicklungsleistungen durch den Werkzeugbau soll die Produktentwicklung kontinuierlich unterstützen. EVERSHEIM unterscheidet dabei zwischen CAD-Daten, Konzeptmodellen, Prototypen, Hilfswerkzeugen und Serienwerkzeugen (vgl. Abbildung 45). Die Erstellung dieser Leistungen erfolgt bei diesem Ansatz nicht in einer streng festgelegten Reihenfolge, sondern kann sich zeitlich überschneiden.[425]

422 Vgl. Karlinger, Hinken (Konstruktionsablauf), 2008, S. 307f.

423 Vgl. Schuh et al. (Operative Exzellenz im Werkzeug- und Formenbau), 2010, S. 44f.

424 Vgl. Kuhlmann (Gestaltung von Geschäftsprozessen), 2011, S. 34f.

425 Vgl. Eversheim, Klocke (Werkzeugbau mit Zukunft), 1998, S. 145f. Für eine detaillierte Betrachtung von Leistungs- und Informationsflüssen entsprechend diesem Verständnis siehe auch S. 101 ebendieser Quelle.

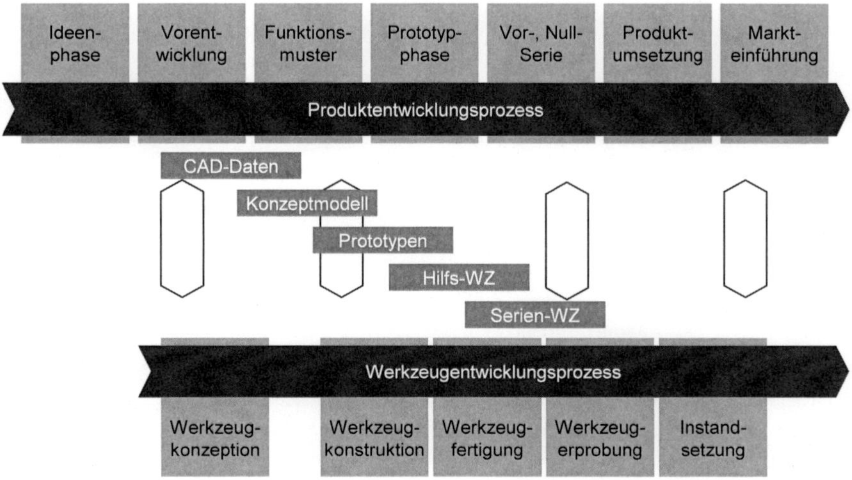

Abbildung 45: Leistungen des Werkzeugbaus in einem parallelen Produkt- und Werkzeugentwicklungsprozess nach EVERSHEIM[426]

Dieser Ansatz der kontinuierlichen Unterstützung der Produktentwicklung durch Entwicklungsleistungen des Werkzeugbaus ist insbesondere auch für iterative Produktentwicklungsprozesse relevant. Hier kann der Werkzeugbau wichtige Leistungen zur Durchführung von Iterationen erbringen. Eine einfache Strukturierung der Integration des Werkzeugbaus in den iterativen Produktentwicklungsprozess kann angelehnt an die in Kapitel 2.1.4.3 vorgestellten vier Phasen Frontloading, Prototypen, Primotypen und Serienproduktion erfolgen. Entsprechend werden mit Simulationen, Prototypen, Prototypenwerkzeugen sowie Serienwerkzeugen vier Typen von Leistungen durch den Werkzeugbau erbracht (vgl. Abbildung 46). Einerseits bezieht sich der Leistungstyp **Simulationen** im weiteren Sinne auf alle durch den Werkzeugbau angebotenen vorgelagerten Dienstleistungen (vgl. Kapitel 2.2.2.3) sowie andererseits im engeren Sinne auf digitale Prototypen wie insbesondere Prozesssimulationen und Werkzeugsimulationen (vgl. Kapitel 2.2.4.2). **Prototypen** können verschiedenartig spezifizierte physische Prototypen zur Validierung spezifischer Produkteigenschaften sein (vgl. Kapitel 2.1.4.2). Unter **Prototypenwerkzeuge** sind alle Arten von Nichtserienwerkzeugen (vgl. Kapitel 2.2.2.2.) gefasst. Prinzipiell könnten insbesondere auch die Leistungen Simulation und Prototyping durch die Produktentwicklung selber durchgeführt werden. Der Werkzeugbau ist jedoch idealer Partner zur Erbringung ebendieser Leistungen, da er einerseits über spezialisiertes Wissen zu Fertigungsprozessen und Werkzeugtechnologien sowie andererseits über auf die Einzelfertigung spezialisierte Fertigungstechnologien verfügt.[427]

[426] I. A. a. Eversheim, Klocke (Werkzeugbau mit Zukunft), 1998, S. 146

[427] Vgl. Boos et al. (Agile Tool Development), 2017, S. 16f.

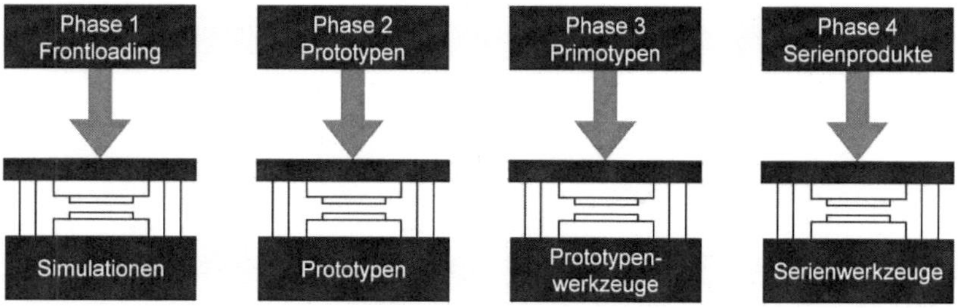

Abbildung 46: Leistungen des Werkzeugbaus zur Integration in einen iterativen Produktentwicklungsprozess[428]

Die beiden vorgestellten Ansätze zur Gestaltung der Schnittstelle zwischen Werkzeugbau und Produktentwicklung stellen mit dem sequenziellen sowie mit dem integrierten Verständnis zwei Extrempositionen dar. In der Praxis existieren viele Mischformen. Abbildung 47 stellt eine Verteilung von Zeitpunkten der erstmaligen Interaktion des Werkzeugbaus im Produktentwicklungsprozess dar. Es wird deutlich, dass über die Hälfte der Werkzeugbaubetriebe deutlich vor dem Designfreeze des Kunden erstmalig im Produktentwicklungsprozess aktiv werden.

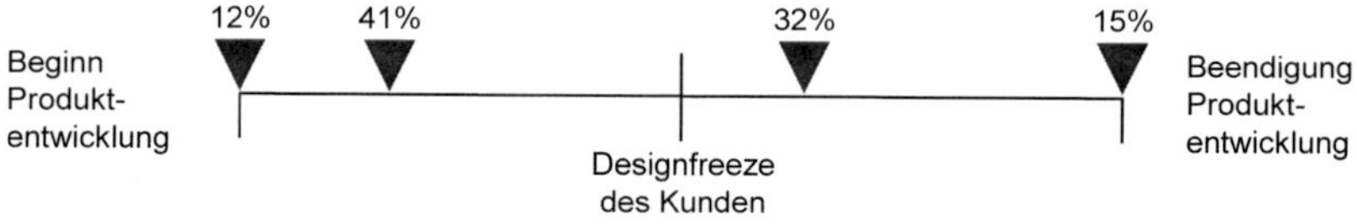

Abbildung 47: Zeitpunkt der erstmaligen Aktivität des Werkzeugbaus im Produktentwicklungsprozess[429]

Obwohl die Bedeutung einer Integration des Werkzeugbaus in die Produktentwicklung insbesondere vor dem Hintergrund der zunehmend iterativ gestalteten Produktentwicklungsprozesse zunimmt und das Grundkonzept einer solchen Integration leicht zu erfassen ist, stellt die praktische Umsetzung Werkzeugbaubetriebe vor große Herausforderungen. Für eine erfolgreiche Umsetzung mangelt es an detaillierten und praxistauglichen methodischen Ansätzen.[430]

2.2.5 Herausforderungen und Trends

In den Kapiteln 2.2.1 bis 2.2.4 wurden wesentliche Aspekte zu Leistungen, Strukturen und Abläufen im Werkzeugbau vorgestellt. Mit dem nun folgenden Kapitel wird auf die aktuelle Situation von Werkzeugbaubetrieben am Hochlohnstandort Deutschland eingegangen, indem zunächst wesentliche Herausforderungen des Werkzeugbaus vorgestellt und anschließend aktuelle Trends erläutert werden, mit denen der Werkzeugbau auf die Herausforderungen reagiert. Die Vorstellung aktueller Trends des Werkzeugbaus beschränkt sich dabei auf die im

---

[428] I. A. a. Schuh et al. (Highly Iterative Product Development Tool Making Industry), 2017, S. 579

[429] I. A. a. Schuh et al. (Fast Forward Tooling), 2015, S. 37

[430] Vgl. de Lange, Goertz (Agiler Werkzeugbau im hochiterativen Entwicklungsprozess), 2017, S. 46ff.

Kontext dieser Arbeit relevanten Trends der Industrialisierung, der digitalen Vernetzung sowie der additiven Fertigungsverfahren. Weitere Trends wie bspw. die Internationalisierung von Werkzeugbaubetrieben werden nicht thematisiert.[431]

2.2.5.1 Herausforderungen des Werkzeugbaus

Aufgrund der stark ausgeprägten Kunden-Lieferanten-Beziehung zwischen Produktentwicklung und Werkzeugbau sind aktuelle Herausforderungen des Werkzeugbaus durch die Produktentwicklung geprägt. So übertragen sich die in Kapitel 2.1.2 für die Produktentwicklung vorgestellten Herausforderungen Innovationsdruck, Zeitdruck, Kostendruck und Flexibilitätsdruck auf den Werkzeugbau.

Die eingesetzte Werkzeugtechnologie ist unmittelbar für die technischen Limitationen innovativer Produkte maßgeblich. Der **Innovationsdruck** der Produktentwicklung wird daher direkt an den Werkzeugbau weitergegeben. Da der Werkzeugbau für die produktionstechnische Machbarkeit von neuen Produkten verantwortlich ist, muss er stetig neue Fertigungs- und Werkzeugtechnologien entwickeln. Nur durch eine entsprechende technologische Weiterentwicklung kann er seinen Kunden die Realisierung von neuartigen und innovativen Produkten ermöglichen. Der starke internationale Wettbewerb insbesondere für einfache bis mittelkomplexe Werkzeuge zwingt den Werkzeugbau am Hochlohnstandort Deutschland zusätzlich, sich durch einen hohen Innovationsgrad abzugrenzen.[432] Der Innovationsdruck schließt dabei nicht nur das Angebot innovativer Werkzeuge, sondern darüber hinaus auch innovativer Leistungssysteme mit integrierten Dienstleistungen mit ein.[433]

Die Werkzeugerstellung liegt auf dem kritischen Pfad der Produktentstehung und ist daher integraler Bestandteil der Time to Market. Folglich wirkt sich der hohe **Zeitdruck** in der Produktentstehung auch auf den Werkzeugbau aus.[434] Im Rahmen von Produktentwicklungsprojekten wird eine möglichst kurze Werkzeugerstellungszeit gefordert, weshalb sich der Werkzeugbau in einen sehr eng gesteckten Terminplan einordnen muss.[435]

Der **Kostendruck** in der Produktentwicklung äußert sich für den Werkzeugbau dadurch, dass Budgets für die Beschaffung von Werkzeugen äußerst knapp bemessen sind. Diese Entwicklung wird durch die zunehmende Derivatisierung gefördert. Geringe Produktionszahlen pro Werkzeug lassen nur geringe Werkzeugkosten zu. Auch die zuvor beschriebene Globalisierung und der Preiskampf mit internationalen Wettbewerbern erhöhen den Kostendruck.[436] Insbesondere internationale Wettbewerber, die über geringe Faktorkosten verfügen, haben in der personalintensiven Branche Werkzeugbau einen starken Kostenvorteil und können diesen

[431] Vgl. Kuhlmann (Corporate Tooling), 2017, S. 2

[432] Vgl. Salmen (Digital vernetzter Shopfloor), 2016, S. 56ff.

[433] Vgl. Kühn (Lebenszyklusorientierte Leistungssysteme im Werkzeugbau), 2016, S. 54f.

[434] Vgl. Begovic (Datenbasiertes Wissensmanagement für Smart Services), 2018, S. 78f.; Boos et al. (Agile Tool Development), 2017; S. 8f.

[435] Vgl. Schuler GmbH (Handbuch der Umformtechnik), 1996, S. 128

[436] Vgl. Salmen (Digital vernetzter Shopfloor), 2016, S. 57; Hensen (Auslegung industrieller Werkzeugbaubetriebe), 2017; S. 56f.

aufgrund der zunehmend globalisiert aufgestellten Geschäftsstrukturen der Kunden auch effektiv nutzen.[437]

Die Kürzung der Produktentwicklungszeiten führt dazu, dass der Werkzeugbau frühzeitig mit der Werkzeugerstellung starten muss. Eine Parallelisierung der Werkzeugerstellung zur noch nicht abgeschlossenen Produktentwicklung führt jedoch dazu, dass eine Vielzahl von Änderungen während der Werkzeugerstellung auftreten (vgl. Kapitel 2.2.3.2). Auf diese Änderungen muss der Werkzeugbau flexibel reagieren, um die weiterhin geltenden Zeit- und Kostenzusagen einzuhalten.[438] Der entstehende **Flexibilitätsdruck** für den Werkzeugbau lässt sich durch die hohe Anzahl von bis zu 25 Änderungsanträgen nach Beauftragung des Werkzeugbaus zeigen. Entsprechende Änderungen verursachen bis zu 25% der Werkzeugkosten.[439]

Eine weitere Herausforderung für den Werkzeugbau kann mit dem **demografischen Wandel** identifiziert werden. Der demografische Wandel der Gesellschaft in Deutschland stellt für Werkzeugbaubetriebe insofern eine Herausforderung dar, als dass der Werkzeugbau sowohl personal- als auch wissensintensiv charakterisiert ist. So wird es aufgrund der sinkenden Erwerbstätigenzahlen zunehmend schwieriger, qualifizierte Mitarbeiter zu finden.[440] Zudem droht durch das Ausscheiden erfahrener Mitarbeiter ein erheblicher Wissensverlust, dem gezielt entgegengewirkt werden muss.[441] Aktuelle und zukünftige Tätigkeiten im Werkzeugbau erfordern über ausgeprägte handwerkliche Fähigkeiten hinaus zunehmend auch Spezialwissen, bspw. in Bezug auf Automatisierung oder IT-Technologie.[442]

2.2.5.2 Trend der Industrialisierung des Werkzeugbaus

Die Industrialisierung der Produktion zum Ende des 19. und Beginn des 20. Jahrhunderts resultierte in einem hohen Produktivitätsgewinn. Lean Production Methoden ermöglichten in der zweiten Hälfte des 20. Jahrhunderts eine weitere Verbesserung der Produktivität. Jedoch wurden diese für die Serienproduktion enorm vorteilhaften Methoden lange Zeit als ungeeignet für die Einzelfertigung und deren individuellen und flexiblen Prozesse des Werkzeugbaus angesehen. Seit Anfang des 21. Jahrhunderts hat diesbezüglich jedoch ein Umdenken in der Branche Werkzeugbau stattgefunden.[443] Innovative Werkzeugbaubetriebe haben vor dem Hintergrund des starken Wettbewerbsdrucks eine Entwicklung hin zur Industrialisierung des Werkzeugbaus begonnen. Das Gestaltungsmodell für den industriellen Werkzeugbau nach KLOTZBACH liefert eine wichtige Strukturierung der zentralen Elemente zur Industrialisierung im Werkzeugbau.[444] Die Gestaltungselemente Fokussierung und Kooperation dienen zur Schaffung der Voraussetzungen zur Industrialisierung. Produktstandardisierung, Prozessstandardisierung, Fließfertigung und Taktung stellen Kernelemente dar. Administration sowie Mitarbeiter

437 Vgl. Begovic (Datenbasiertes Wissensmanagement für Smart Services), 2018, S. 77
438 Vgl. Begovic (Datenbasiertes Wissensmanagement für Smart Services), 2018, S. 79
439 Vgl. Boos et al. (Agile Tool Development), 2017, S. 9
440 Vgl. Salmen (Digital vernetzter Shopfloor), 2016, S. 82
441 Vgl. Hensen (Auslegung industrieller Werkzeugbaubetriebe), 2017, S. 57
442 Vgl. Salmen (Digital vernetzter Shopfloor), 2016, S. 57
443 Vgl. Klotzbach (Gestaltungsmodell für den industriellen Werkzeugbau), 2007, S. 2ff.
444 Vgl. Hensen (Auslegung industrieller Werkzeugbaubetriebe), 2017, S. 45

und Veränderung liefern Gestaltungsempfehlungen in administrativen, indirekten Bereichen (vgl. Abbildung 48).[445]

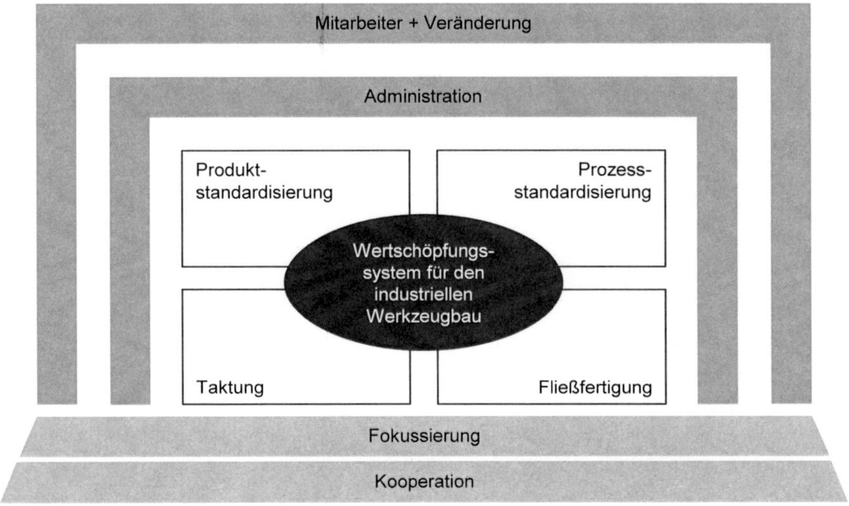

Abbildung 48: Gestaltungsmodell für den industriellen Werkzeugbau nach KLOTZBACH[446]

Das Gestaltungselement **Fokussierung** beschreibt die Notwendigkeit, das Angebotsspektrum bewusst einzuschränken. Dadurch kann die Komplexität des Gesamtsystems eines Werkzeugbaubetriebs signifikant reduziert werden. **Kooperation** mit Wertschöpfungspartnern ermöglicht demgegenüber ein geschicktes Ergänzen der eigenen Kompetenzen. Hierdurch kann den Kunden ein umfangreiches Leistungsspektrum angeboten werden.[447]

Das Kernelement **Produktstandardisierung** hat eine Standardisierung der angebotenen Leistungen zum Ziel. Diese Handlungsempfehlung steht im vermeintlichen Widerspruch zu der durch die Kunden geforderten möglichst optimalen Individuallösung. Durch einen intelligenten Aufbau von Werkzeugstandards kann jedoch auch bei hoher Standardisierung eine optimale, individuelle Kundenlösung ermöglicht werden. Eine Produktstandardisierung ermöglicht im nächsten Schritt eine **Prozessstandardisierung** sowohl in indirekten als auch direkten Bereichen. Standardisierte Informations- und Fertigungsprozesse stellen eine Basis für die effiziente Bearbeitung von Aufträgen dar.[448]

Das nächste Kernelement **Fließfertigung** erfordert eine Arbeitsteilung sowie eine anschließende Aufgabenintegration relevanter Prozessschritte, um diese in einen möglichst optimalen

[445] Vgl. Klotzbach (Gestaltungsmodell für den industriellen Werkzeugbau), 2007, S. 164f.
[446] I. A. a. Klotzbach (Gestaltungsmodell für den industriellen Werkzeugbau), 2007, S. 181
[447] Vgl. Klotzbach (Gestaltungsmodell für den industriellen Werkzeugbau), 2007, S. 165ff.
[448] Vgl. Klotzbach (Gestaltungsmodell für den industriellen Werkzeugbau), 2007, S. 168ff.

Fluss anordnen zu können. Im Rahmen der **Taktung** kann schließlich eine zeitliche Verkettung aller Tätigkeiten erfolgen. Dadurch kann maximale Effizienz erreicht werden.[449]

Das Gestaltungselement **Administration** hat die Schaffung geeigneter Rahmenbedingungen in indirekten Bereichen wie bspw. Controlling, Personalwesen und Einkauf zum Ziel. Hierdurch sollen Schnittstellenverluste vermieden werden. **Mitarbeiter und Veränderung** stellt das letzte Gestaltungselement für den industriellen Werkzeugbau dar und liefert Empfehlungen zum Einbezug der Mitarbeiter in den Veränderungsprozess.[450]

Das durch KLOTZBACH entworfene Gestaltungsmodell wurde durch verschiedene weitere Arbeiten ausdetailliert und erweitert.[451] Mit diesen detaillierten Inhalten hat es bis heute Gültigkeit als Handlungsrahmen für die Produktivitätssteigerung von Werkzeugbaubetrieben.[452]

2.2.5.3 Trend der digitalen Vernetzung des Werkzeugbaus

Unter der digitalen Vernetzung kann die Veränderung der Lebens- und Arbeitswelt beruhend auf der Einführung und intensiven Nutzung digitaler Systeme verstanden werden.[453] Mit Bezug auf den unternehmerischen Kontext wird die digitale Vernetzung auch mit dem Schlagwort Industrie 4.0 betitelt, welches die vierte industrielle Revolution bezeichnet.[454] Die vierte Industrialisierungsstufe beruht dabei auf den Entwicklungen der vorangegangenen industriellen Revolutionen durch Einführung von Wasser- und Dampfkraft, Einführung von arbeitsteiliger Massenproduktion und Nutzung von einer durch Elektronik und IT automatisierten Produktion. Industrie 4.0 verspricht darüber hinaus einen weiteren Produktivitätszugewinn durch den Einsatz von cyber-physischen Systemen (CPS) sowie des Internets der Dinge und Dienste in industriellen Prozessen.[455]

Die Weiterentwicklung von Prozessen im Sinne von Industrie 4.0 kann durch vier Reifegradstufen verdeutlicht werden (vgl. Abbildung 49). Aufbauend auf den vorausgesetzten Stufen der Computerisierung und Konnektivität bildet die erste der vier Industrie 4.0-Reifegradstufen die **Sichtbarkeit**. Mithilfe von Sensoren und einer Vielzahl weiterer Datenquellen ist es Ziel dieses Schritts, ein Abbild des Unternehmens, den sog. digitalen Schatten, zu erzeugen. Auf der nächsten Stufe **Transparenz** erfolgt eine Analyse des digitalen Schattens und der zugrunde liegenden Wirkungszusammenhänge, um daraus Wissen ableiten zu können. Dieses Wissen ermöglicht dann auf der dritten Reifegradstufe **Prognosefähigkeit**. Dadurch können Zukunftsszenarien berechnet und durch die Ermittlung von Eintrittswahrscheinlichkeiten vorhergesagt

[449] Vgl. Klotzbach (Gestaltungsmodell für den industriellen Werkzeugbau), 2007, S. 137ff.

[450] Vgl. Klotzbach (Gestaltungsmodell für den industriellen Werkzeugbau), 2007, S. 178ff.

[451] Siehe insbesondere Boos (Gestaltung und Bewertung von modularen Werkzeugen), 2008; Zwanzig (Taktung der Unikatfertigung am Beispiel des Werkzeugbaus), 2010; Kuhlmann (Gestaltung von Geschäftsprozessen), 2011; Rittstieg (Prozesssynchronisierung), 2011

[452] Vgl. Schuh et al. (Industrialization of the Tool and Die Industry), 2015, S.159ff.

[453] Vgl. Salmen (Digital vernetzter Shopfloor), 2016, S. 63

[454] Vgl. Plattform Industrie 4.0 (Was ist Industrie 4.0?), 2019

[455] Vgl. Kagermann et al. (Umsetzungsempfehlungen Industrie 4.0), 2013, S. 17f.

werden. Auf der vierten Stufe **Adaptierbarkeit** kann sich das Gesamtsystem schließlich automatisiert und auf Basis der erstellten Prognosen anpassen. Entscheidungen können entsprechend den analysierten Daten und erstellten Prognosen autonom getroffen werden, um dabei relevante Zielgrößen zu optimieren.[456]

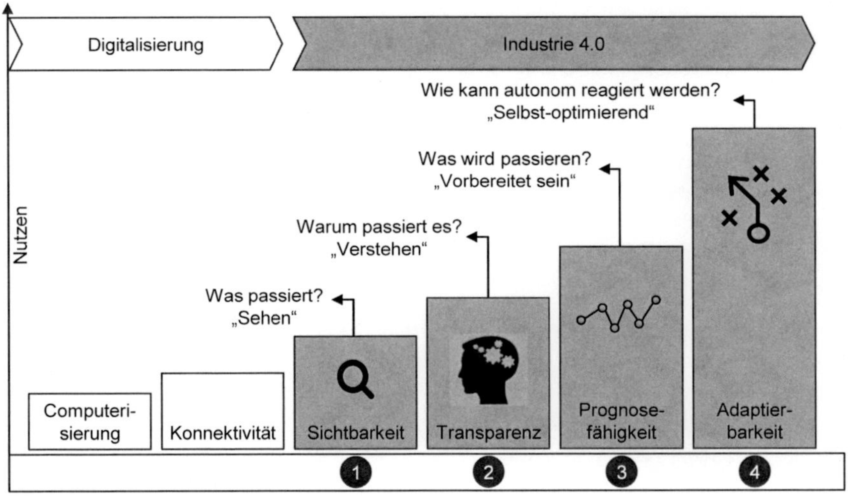

Abbildung 49: Industrie 4.0-Reifegradstufen[457]

Die vorgestellten Reifegradstufen veranschaulichen den Umfang der Weiterentwicklung von durch Industrie 4.0 befähigten Systemen. Für ein weitergehendes Verständnis sind darüber hinaus die Anwendungsbereiche von Industrie 4.0 wichtig. Hierbei kann zwischen äußeren bzw. marktseitigen und inneren bzw. wertschöpfungsseitigen Anwendungsbereichen unterschieden werden.[458]

Marktseitige Anwendungsbereiche bestehen in der Verbesserung des Leistungsangebots von Unternehmen. Es kann zwischen Smart Products und Smart Services unterschieden werden. Smart Products sind intelligente Produkte, also Produkte, die um intelligente Komponenten wie bspw. Sensoren, Prozessoren und Steuerungselemente sowie um Vernetzungskomponenten wie bspw. Schnittstellen, Sende- und Empfangsvorrichtungen erweitert werden. Dadurch können sie Zusatzfunktionen abbilden, die einen Zusatznutzen für den Kunden ermöglichen. Durch den Einsatz von Smart Products werden Smart Services ermöglicht. Smart Services stellen eine Neu- oder Weiterentwicklung von Dienstleistungen, basierend auf dem Wissen und den Möglichkeiten gewonnener Daten, dar. Die weitreichendste marktseitige Anwendung von Industrie 4.0 stellt die Entwicklung neuer Geschäftsmodelle dar, die auf Basis

456 Vgl. Schuh et al. (Industrie 4.0 Maturity Index), 2017, S. 15ff.; Schuh et al. (Industrie 4.0: Implement it!), 2018, S. 33ff.

457 I. A. a. Schuh et al. (Industrie 4.0 Maturity Index), 2017, S. 16

458 Vgl. Salmen (Digital vernetzter Shopfloor), 2016, S. 72ff.

von Smart Products und Smart Services ermöglicht wird.[459] Kernpotenziale wertschöpfungsseitiger Anwendungsfelder von Industrie 4.0 sind die Individualisierung der Kundenwünsche, Wertschöpfungspotenziale durch neue Dienstleistungen und das Angebot von Industrie 4.0-Lösungen.[460]

Wertschöpfungsseitige Anwendungsbereiche haben die Verbesserung der unternehmensinternen Prozesse zum Ziel. Dadurch sollen Effizienzsteigerungen ermöglicht werden. Durch den Zusammenschluss singulärer cyber-physischer Systeme zu einem cyber-physischen Produktionssystem (CPPS) erfolgt die digitale Vernetzung der gesamten wertschöpfenden Prozesse eines Unternehmens. Entsprechend den vorgestellten Reifegradstufen von Industrie 4.0 lassen sich Prozesse aufnehmen, analysieren, vorhersagen und schließlich automatisieren.[461] Kernpotenziale dieser wertschöpfungsseitigen Anwendung sind eine Flexibilisierung von Geschäftsprozessen, eine optimierte Entscheidungsfindung, eine erhöhte Ressourcenproduktivität und -effizienz sowie eine demografiesensible Arbeitsgestaltung und Verbesserung der Work-Life-Balance.[462]

Die beschriebenen Potenziale markt- und wertschöpfungsseitiger Anwendungsbereiche von Industrie 4.0 ergeben sich auch für den Werkzeugbau. So kann der Werkzeugbau im Bereich der marktseitigen Anwendungen mit einer ganzheitlichen Kombination aus Smart Products und Smart Services neue Umsatzpotenziale erschließen.[463] Smart Products sind in diesem Kontext intelligente Werkzeuge, die durch den Einsatz von Sensorik und Aktorik in der Lage sind, den Fertigungsprozess zu erfassen und im laufenden Prozess zu optimieren. Zudem kann der Werkzeugbau verschiedenste Smart Services wie bspw. eine datenoptimierte Wartungsstrategie oder die Ermittlung optimaler Betriebsparameter anbieten. Im Bereich wertschöpfungsseitiger Anwendungen ergeben sich in den drei Feldern Smart Organization, Smart Innovation und Smart Shopfloor Optimierungspotenziale. Smart Organization bedeutet das Schaffen einer vernetzten, lernenden Organisation. Smart Innovation beschreibt intelligent vernetztes Innovations- und Entwicklungsmanagement. Smart Shopfloor bezeichnet die digitale Vernetzung von Wertschöpfungsprozessen in der Fertigung und Montage.[464] So lassen sich bspw. für den digital vernetzten Shopfloor vielfältige Anwendungen realisieren.[465]

Trotz der großen Potenziale der digitalen Vernetzung für den Werkzeugbau erfolgt die Umsetzung von Industrie 4.0 nur zögerlich. So schätzen 70% aller Werkzeugbaubetriebe den Um-

[459] Vgl. Salmen (Digital vernetzter Shopfloor), 2016, S. 72ff.; acatech – Deutsche Akademie der Technikwissenschaften (Smart Service Welt 2018), S. 2ff.; Schuh et al. (Smart Services im Alltag der Investitionsgüterindustrie), 2015, S. 36; Hensen et al. (Aktuelle Entwicklungen und Trends), 2018, S. 2

[460] Vgl. Kagermann et al. (Umsetzungsempfehlungen Industrie 4.0), 2013, S. 19f.

[461] Vgl. Salmen (Digital vernetzter Shopfloor), 2016, S. 75ff.; Hensen et al. (Aktuelle Entwicklungen und Trends), 2018, S. 1

[462] Vgl. Kagermann et al. (Umsetzungsempfehlungen Industrie 4.0), 2013, S. 20

[463] Vgl. Boos et al. (Smart Tooling), 2016, S. 41

[464] Vgl. Boos et al. (Smart Tooling), 2016, S. 15ff.

[465] Vgl. Boos et al. (Erfolgreich Digital Vernetzen auf dem Shopfloor im Werkzeugbau), 2016, S. 13ff.

setzungsgrad von Industrie 4.0 im Werkzeugbau als unterdurchschnittlich im Vergleich zu anderen Branchen ein. Die jährlichen Investitionen von Werkzeugbaubetrieben belaufen sich durchschnittlich auf 114.781 €.[466] Damit liegen diese bei knapp 70% aller Werkzeugbaubetriebe unter 10% der jährlichen Ausgaben für Forschung und Entwicklung.[467] Für eine Umsetzung von Industrie 4.0 müssen Werkzeugbaubetriebe zukünftig geeignete Vorgehensweisen und Strukturen zur gezielten Bewertung und Implementierung von Industrie 4.0-Technologien sowohl vor dem Hintergrund technischer Möglichkeiten als auch wettbewerbsseitiger Anforderungen schaffen.[468]

2.2.5.4 Trend der additiven Fertigungsverfahren im Werkzeugbau

Ein weiterer für den Werkzeugbau relevanter Trend ist die rasante Weiterentwicklung additiver Fertigungsverfahren (AM)[469]. Durch die stetige Weiterentwicklung von Prozesstechnologien, Werkstoffen, Fertigungsmaschinen und Anwendungsfällen werden additive Fertigungsverfahren zunehmend für den Werkzeugbau interessant.[470]

Laut Definition der DIN EN ISO ASTM 52900 bezeichnet der Begriff additive Fertigung einen „Prozess des Verbindens von Werkstoffen, um Bauteile aus 3D-Modelldaten, im Gegensatz zu subtraktiven und umformenden Fertigungsmethoden üblicherweise Schicht für Schicht, herzustellen“[471]. Durch diese Charakteristika unterscheiden sich additive Fertigungsverfahren grundlegend von Verfahren der subtraktiven Formgebung und der umformenden Formgebung.[472]

Wesentliche Verfahren der additiven Fertigung sind[473]:

- Polymerisation bzw. (Laser-)Stereolithographie (SL) bzw. Polymerdrucken
- Sintern/Schmelzen bzw. (selektives) Lasersintern ((S)LS) bzw. selektives Laserschmelzen (SLM), Selective Mask Sintering (SMS), Elektronenstrahlschmelzen (EBM)

466 Vgl. Boos et al. (Smart Tooling), 2016, S. 13

467 Vgl. Busse (Industrie 4.0 im Werkzeugbau), 2016, S. 52

468 Vgl. Schuh et al. (Integration of Tool Making into Agile Product Development), 2018, S. 1ff.

469 Additive Fertigungsverfahren werden oftmals auch im deutschen Sprachgebrauch entsprechend der englischen Bezeichnung Additive Manufacturing (AM) genannt. Vgl. DIN Deutsches Institut für Normung e.V. (DIN EN ISO/ASTM 52900:2017-06), 2017, S. 6. Obwohl additive Fertigung die offizielle Begrifflichkeit für diese Gruppe der Fertigungsverfahren ist, hat sich in der Umgangssprache der Terminus 3D-Druck bzw. 3D-Printing etabliert. 3D-Druck ist jedoch im engeren Sinne die Bezeichnung eines spezifischen additiven Fertigungsverfahrens, weshalb er in der vorliegenden Arbeit auch nur als solcher verwendet wird. Vgl. Wohlers et al. (Wohlers Report 2018), 2018, S. 17

470 Vgl. Begovic, Johannsen (Aktuelle Entwicklungen und Trends), 2016, S. 4; Boos et al. (Smart Tooling), 2016, S. 30

471 DIN Deutsches Institut für Normung e.V. (DIN EN ISO/ASTM 52900:2017-06), 2017, S. 6

472 Vgl. Gebhardt (Additive Fertigungsverfahren), 2016, S. 1

473 Vgl. Gebhardt (Additive Fertigungsverfahren), 2016, S. 103. Die Vielzahl der unterschiedlichen Bezeichnungen und Abkürzungen zu den einzelnen Technologien wird bereits in dieser Auflistung deutlich. Darüber hinaus existieren noch deutlich mehr Begriffsvarianten, die auf unterschiedliche Herstellerbezeichnungen zurückzuführen sind. Vgl. S. 2, S. 12 sowie S. 104 ebendieser Quelle.

- Schicht-Laminat-Verfahren bzw. Layer Laminate Manufacturing (LLM)
- Extrusionsverfahren bzw. Fused Layer Modeling (FLM)
- 3D-Drucken bzw. Three Dimensional Printing (3DP)
- Aerosoldrucken

Die verschiedenen Verfahren unterscheiden sich deutlich in den jeweiligen Eigenschaften. Insbesondere gibt es große Unterschiede bzgl. der Schnelligkeit der Verfahren, der einsetzbaren Materialien sowie bzgl. der Festigkeit, der Größe, der erzielbaren Toleranzen und Oberflächenqualitäten der gefertigten Bauteile.[474]

Additive Fertigungsverfahren wurden bereits vor über 50 Jahren erforscht. Jedoch wurden die ersten kommerziellen Anlagen erst in den späten 1980er Jahren in den Markt eingeführt.[475] Das Anwendungspotenzial dieser gänzlich neuartigen Technologie wurde früh erkannt, allerdings dauerte es bis in die 2010er Jahre, dass der Trend der additiven Fertigung international und über alle Branchen hinweg an Aufmerksamkeit und Bedeutung gewann.[476]

Die vielfältigen Vorteile additiver Fertigungsverfahren lassen sich mit folgenden drei übergeordneten Aspekten strukturieren und zusammenfassen:

- **Designfreiheit:** Additive Fertigungsverfahren schränken das Bauteildesign im Gegensatz zu konventionellen Fertigungsverfahren nicht ein. So können Konstruktionen ermöglicht werden, die andernfalls nicht fertigbar sind. Es lassen sich bionische Strukturen ermöglichen, um Festigkeiten zu optimieren und um Gewicht zu reduzieren. Ebenfalls lassen sich Einzelbauteile mittels Funktionsintegration konsolidieren.[477]
- **Schnelligkeit:** Additive Fertigungsverfahren weisen insbesondere gegenüber werkzeugbasierten Fertigungsverfahren einen deutlichen Schnelligkeitsvorteil auf. Bauteile können mit nur minimalem Vorbereitungsaufwand in kurzer Zeit gefertigt werden.[478]
- **Hochindividuelle Fertigung:** Additive Fertigungsverfahren erfahren nur eine sehr geringe Kostenreduktion über Skaleneffekte und weisen daher insbesondere bei kleinen Stückzahlen einen Kostenvorteil gegenüber konventionellen Fertigungsverfahren auf. In Kombination mit den minimalen Vorbereitungsprozessen ermöglicht dies eine wirtschaftliche Individualisierung der Produktion.[479] Die Möglichkeiten der Individualisierung lassen zudem auch eine örtlich verteilte Produktion und damit eine dezentrale Versorgung zu. Dies kann genutzt werden, um Ersatzteile und Lager zu reduzieren.[480]

[474] Vgl. Gebhardt (Additive Fertigungsverfahren), 2016, S. 95ff.

[475] Vgl. Wohlers et al. (Wohlers Report 2018), 2018, S. 18

[476] Vgl. Wohlers, Gornet (History of Additive Manufacturing (1987-2014)), 2014, S. 1ff.

[477] Vgl. Wohlers et al. (Wohlers Report 2018), 2018, S. 187ff.

[478] Vgl. Wohlers et al. (Wohlers Report 2018), 2018, S. 181ff.

[479] Vgl. Gebhardt (Additive Fertigungsverfahren), 2016, S. 15ff.

[480] Vgl. Wohlers et al. (Wohlers Report 2018), 2018, S. 183f.; Zimmermann et al. (Potenziale durch die Anwendung Additiver Fertigung), 2018, S. 408f.

Nachteile bzw. zukünftige Herausforderungen additiver Fertigungsverfahren umfassen die folgenden fünf Punkte:

- **Bauteileigenschaften:** Abhängig vom jeweiligen Verfahren bestehen aktuell verschiedene Begrenzungen zu den zuvor genannten Eigenschaften und Vorteilen. Dies gilt sowohl bzgl. der einsetzbaren Materialien, der Festigkeit, der Größe, der erzielbaren Toleranzen und Oberflächenqualitäten der gefertigten Bauteile.[481]
- **Laufende Kosten:** Sowohl Maschinen- als auch Materialkosten sind vergleichsweise hoch und bestimmen die laufenden Kosten der Verfahren. Die zukünftige Erzielung von Skaleneffekten bei der Herstellung von Maschinen und Materialien verspricht jedoch eine drastische Kostensenkung. Allerdings ist AM insbesondere in höheren Stückzahlbereichen aktuell noch nicht wettbewerbsfähig und wird nur dann eingesetzt, wenn durch die Eigenschaften der höheren Designfreiheit Zusatznutzen für die gefertigten Bauteile erzielt werden können.[482]
- **Maschinendurchsatz:** Additive Fertigungsverfahren sind in ihrer durchsatzbezogenen Skalierbarkeit beschränkt und können daher keine hohen Stückzahlen in kurzer Zeit liefern.[483]
- **Zertifizierung und Qualitätssicherung:** Aufgrund der erst jungen Entwicklung und Marktreife additiver Fertigungsverfahren fehlt es an geeigneten Rahmenbedingungen zur Zertifizierung und Qualitätssicherung. Insbesondere für besonders kritische Bauteile der Medizin- oder Luft- und Raumfahrtbranche müssen noch entsprechende Rahmenbedingungen entwickelt werden.[484]
- **Änderung von Organisationskulturen:** Neben den genannten Aspekten der technischen Weiterentwicklung additiver Fertigungsverfahren ist auch eine organisatorische Anpassung in den anwendenden Unternehmen notwendig. Aufgrund der grundlegend verschiedenen Designmöglichkeiten sowie der abweichenden Prozesskette müssen Unternehmen ihre Denk- und Arbeitsweisen auf diese neuen Technologien anpassen. So müssen Unternehmen bspw. eine stärkere Innovationskultur und damit ein fortwährendes Hinterfragen des Status quo fördern.[485]

Die spezifischen Vor- und Nachteile additiver Fertigungsverfahren ermöglichen verschiedene Anwendungsfelder. Aus Anwendungsperspektive können insbesondere die drei Bereiche Rapid Prototyping, Rapid Manufacturing und Rapid Tooling unterschieden werden.[486] In den frühen Phasen der Entwicklung additiver Fertigungsverfahren wurden die drei Begriffe zunächst als Kategorisierung von Technologien genutzt.[487] Da verschiedene AM-Technologien jedoch für unterschiedliche Anwendungen einsetzbar sind, hat sich das Begriffsverständnis dahinge-

[481] Vgl. Gebhardt (Additive Fertigungsverfahren), 2016, S. 95ff.
[482] Vgl. Wohlers et al. (Wohlers Report 2018), 2018, S. 185f.
[483] Vgl. Wohlers et al. (Wohlers Report 2018), 2018, S. 186
[484] Vgl. Wohlers et al. (Wohlers Report 2018), 2018, S. 186f.
[485] Vgl. Wohlers et al. (Wohlers Report 2018), 2018, S. 187
[486] Vgl. Gebhardt (Additive Fertigungsverfahren), 2016, S. 6ff.
[487] Vgl. Pham, Dimov (Rapid Prototyping and Rapid Tooling), 2003, S. 1ff.

hend weiterentwickelt, dass es für eine reine Unterscheidung der Anwendungsbereiche genutzt wird (vgl. Abbildung 50).[488] Da die Anwendungsbereiche in diesem Begriffsverständnis nicht technologiespezifisch abgegrenzt sind, werden teilweise auch nicht-additive Fertigungsverfahren innerhalb dieser Anwendungsbereiche eingesetzt. Dies ist je nach Anwendungsfall sinnvoll. Dieses Kapitel beschränkt sich jedoch auf die Vorstellung der drei Anwendungsbereiche mit Bezug auf additive Fertigungsverfahren.

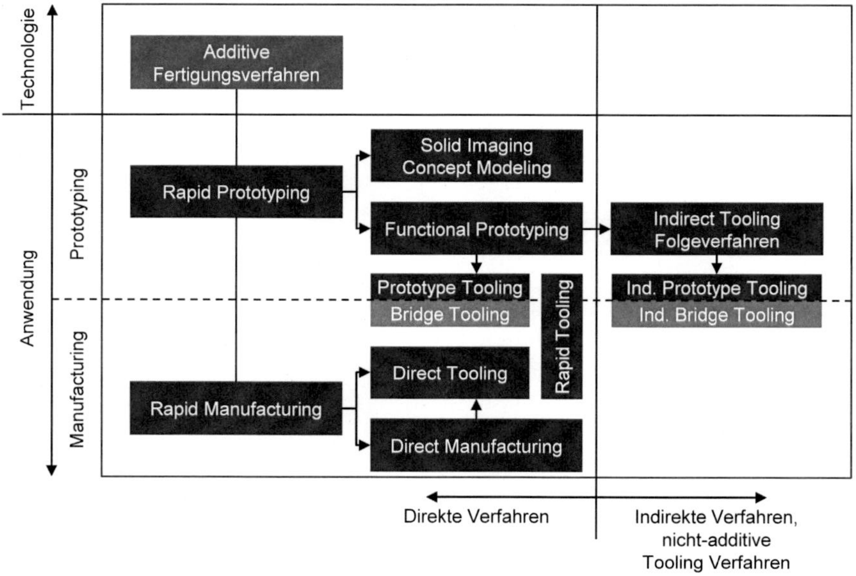

Abbildung 50: Gliederung additiver Fertigungsverfahren in Anwendungsbereiche[489]

Rapid Prototyping bezeichnet die Anwendung des schnellen Prototypenbaus. Hierbei werden die hohe Schnelligkeit sowie die Individualisierbarkeit der Verfahren ausgenutzt und auf den Bereich der Fertigung von Prototypen angewandt. Der Bereich Rapid Prototyping lieferte die ersten kommerziell erfolgreichen Anwendungen für AM und kann daher mittlerweile bereits als etabliert angesehen werden.[490] Der Erfolg der schnellen Prototypenfertigung beruht darauf, dass auf diese Weise eine äußerst schnelle und kostengünstige Validierung von Produkten mittels physischer Prototypen (vgl. Kapitel 2.1.4.2) erfolgen kann. Die unterschiedlichen Eigenschaften der einzelnen AM-Technologien bewirken jedoch Einschränkungen bzgl. der Einsetzbarkeit für die jeweilige Art von Prototypen. Einfache und abstrakte Konzeptprototypen lassen sich sehr gut mittels AM herstellen. Möglichst realitätsnahe Muster sind jedoch begrenzt

[488] Vgl. Fritz, Schulze (Fertigungstechnik), 2012, S. 106; DIN Deutsches Institut für Normung e.V. (DIN EN ISO/ASTM 52900:2017-06), 2017, S. 18

[489] I. A. a. Gebhardt (Additive Fertigungsverfahren), 2016, S. 7 und S. 413

[490] Vgl. DIN Deutsches Institut für Normung e.V. (DIN EN ISO/ASTM 52900:2017-06), 2017, S. 18; VDI Verein Deutscher Ingenieure e.V., (VDI 3405), 2014, S. 4

realisierbar, da Material-, Gefüge-, Toleranz- und Oberflächenanforderungen teilweise nicht denen eines mittels Serienfertigungsverfahren hergestellten Produkts entsprechen.[491]

Der Anwendungsbereich **Rapid Manufacturing** beinhaltet die Fertigung von finalen Produkten. Hierbei wird das Endprodukt direkt erzeugt, weshalb der Begriff Direct Manufacturing synonym verwendet wird. Der Zusatz „rapid" weist auf den erläuterten Schnelligkeitsvorteil dieser Anwendungen hin, der insbesondere bei individualisierten Produkten besonders bedeutsam ist.[492] Deshalb bietet sich Rapid Manufacturing insbesondere für eine hochflexible Fertigung an.[493]

Rapid Tooling wird als Bezeichnung für die Anwendung additiver Fertigungsverfahren zur schnellen Werkzeugherstellung verwendet.[494] Daher könnte Rapid Tooling zwar im engeren Sinne den beiden zuvor vorgestellten Anwendungsbereichen Rapid Prototyping und Rapid Manufacturing zugeordnet werden. Jedoch hat sich aufgrund der unterschiedlichen Zielstellung die Betrachtung von Rapid Tooling als eigenständiger, dritter Anwendungsbereich durchgesetzt. Rapid Tooling kann grundsätzlich in die Unterbereiche Direct Tooling, Prototype Tooling und Indirect Tooling unterschieden werden. Beim Direct Tooling werden Werkzeuge oder Werkzeugeinzelteile direkt additiv gefertigt. Direct Tooling entspricht daher dem Vorgehen des Rapid Manufacturing. Beim Prototype Tooling werden Werkzeuge oder Werkzeugeinzelteile aus Prototypmaterialien hergestellt, welche im Vergleich zu Serienwerkzeugen vereinfachte Eigenschaften aufweisen. Prototype Tooling lässt sich daher dem Rapid Prototyping zuordnen (vgl. Abbildung 50).[495] Indirect Tooling ist ein Verfahren, bei dem mittels Rapid Prototyping hergestellte Prototypen abgeformt werden, um eine Werkzeugform zu erzeugen.[496] Direct Tooling kann insbesondere für die Fertigung von Serien-, Versuchs- und Vorserienwerkzeugen eingesetzt werden. Prototype Tooling und Indirect Tooling können hingegen für die Fertigung von Prototypenwerkzeugen angewandt werden (vgl. Kapitel 2.2.2.2). Insbesondere zur Herstellung von Werkzeugen für urformende und umformende Fertigungsverfahren findet das Rapid Tooling Anwendung.[497] So haben sich für die Herstellung von Spritzgießwerkzeugen aufgrund der vergleichsweise geringeren Belastungen eines Spritzgießwerkzeugs bereits verschiedene Rapid Tooling Anwendungen etabliert.[498]

Abbildung 51 zeigt die grundsätzliche Verteilung verschiedener Anwendungen additiver Fertigungsverfahren. Dabei wird deutlich, dass mit 33% bereits der größte Einsatzbereich additiver Fertigungsverfahren in der direkten Fertigung von Bauteilen liegt. Mit 31% folgt das Einsatzgebiet des Rapid Prototyping, wozu Prototypen zur Anpassung und Montage, Präsentationsmodelle sowie Anschauungshilfen zu zählen sind. Weitere 20% können mit Werkzeugteilen,

491 Vgl. Hopmann et al. (Spritzgießwerkzeuge), 2018, S. 67ff.
492 Vgl. Gebhardt (Additive Fertigungsverfahren), 2016, S. 8f.
493 Vgl. Richter et al. (Additive Fertigungsmethoden), 2016, S. 17
494 Vgl. DIN Deutsches Institut für Normung e.V. (DIN EN ISO/ASTM 52900:2017-06), 2017, S. 18
495 Vgl. Gebhardt (Additive Fertigungsverfahren), 2016, S. 6ff.
496 Vgl. Gebhardt (Rapid Prototyping im Werkzeugbau), 2008, S. 586
497 Vgl. Zäh (Wirtschaftliche Fertigung mit Rapid-Technologien), 2006, S. 10
498 Vgl. Hopmann et al. (Spritzgießwerkzeuge), 2018, S. 886

Mustern für den Metallguss sowie Mustern für Prototypenwerkzeuge dem Bereich des direkten und indirekten Rapid Tooling zugeordnet werden.[499]

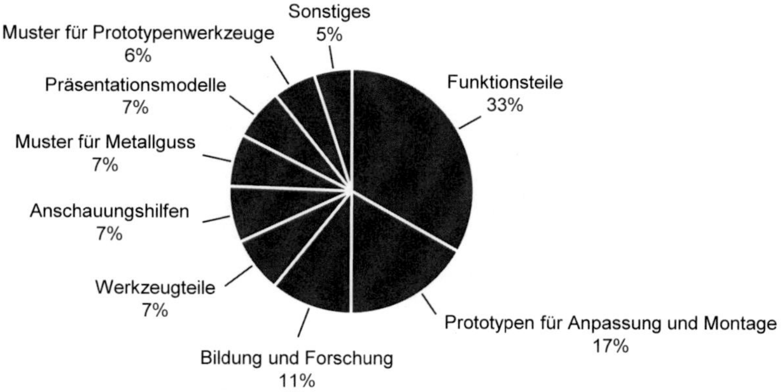

Abbildung 51: Aufteilung der Anwendungen additiver Fertigungsverfahren[500]

Diese Zahlen zeigen, dass additive Fertigung für den Werkzeugbau besondere Relevanz hat und bereits in verschiedenen Anwendungen eingesetzt wird. Der VDI identifiziert den Werkzeugbau in einer Studie als eine der Branchen mit vielversprechendem Einsatzpotenzial für AM. Vorteile additiver Fertigungsverfahren ergeben sich für den Werkzeugbau einerseits durch die hohe Schnelligkeit, welche dem herrschenden Zeitdruck entgegenwirkt. Andererseits ermöglicht die Designfreiheit neuartige Geometrien und Funktionen, um innovative Produkte und Performanceverbesserungen zu ermöglichen. Diese Eigenschaften können in Bezug auf den für den Werkzeugbau herrschenden Innovationsdruck eingesetzt werden.[501] Beispielsweise können für Spritzgießwerkzeuge konturnahe Kühlungen mit komplex geformten Kühlkanälen realisiert werden. Hierdurch kann eine effektive und gleichmäßige Kühlung der Formmasse erreicht werden, um die Zykluszeit zu reduzieren und die Bauteilqualität zu optimieren.[502] Additive Fertigungsverfahren stellen jedoch auch eine Gefahr für den Werkzeugbau dar, da für durch direkte additive Fertigung hergestellte Bauteile keine Werkzeuge benötigt werden.[503] Jedoch gehen Branchenexperten davon aus, dass keine vollständige Substitution werkzeugbasierter Fertigungsverfahren stattfinden wird, da werkzeugbasierte Fertigungsverfahren auch langfristig eine deutlich höhere Wirtschaftlichkeit für die Massenproduktion aufweisen werden.[504]

[499] Vgl. Wohlers et al. (Wohlers Report 2018), 2018, S. 25

[500] I. A. a. Wohlers et al. (Wohlers Report 2018), 2018, S. 25

[501] Vgl. VDI Verein Deutscher Ingenieure e.V. (Handlungsfelder AM), 2016, S. 9f.

[502] Vgl. Jansen (Generative Fertigung von konturnah temperierten Werkzeugen), 2014, S. 1ff.; Westhäuser et al. (Prozesskette zur Werkzeugauslegung), 2011, S. 719ff.

[503] Vgl. KPMG (Additive Manufacturing), 2015, S. 12

[504] Vgl. Sonnenberg, Itasse (3D-Revolution in der Nische), 2016, S. 27

Es lässt sich zusammenfassen, dass additive Fertigungsverfahren ideale Möglichkeiten zur Unterstützung der iterativen Produkt- und Werkzeugentwicklung bieten. Physische Prototypen verschiedener Arten sowie Nicht-Serienwerkzeuge lassen sich schnell, flexibel und vergleichsweise kostengünstig herstellen und führen so zu einer Verkürzung der Iterationszyklen.[505] Werkzeugbaubetriebe stehen in diesem Zusammenhang vor der Herausforderung, aus der Vielzahl von AM-Technologien mit spezifischen Eigenschaften und teilweise noch nicht ausgereiztem Technologiepotenzial geeignete Technologien herauszufiltern und diese für vielversprechende Anwendungsfälle effektiv einzusetzen.[506] Die rasante Entwicklung additiver Fertigungsverfahren mit jährlichen Wachstumsraten von 25,9% in den letzten 28 Jahren (vor 2016) bzw. mit 28,0% in den letzten 4 Jahren (vor 2016) zeigt das große Momentum dieser Technologien.[507] Dieses starke Momentum wird in aktuellen Vorhersagen auch für die nächsten Jahre bis 2023 und darüber hinaus erwartet.[508] Es kann daher davon ausgegangen werden, dass sich die Einsatzgebiete additiver Fertigungsverfahren für den Werkzeugbau sowie innerhalb der Produktentwicklung ebenfalls stark weiterentwickeln werden.

2.3 Handlungsbedarf aus der Praxis

Die Produktentwicklung stellt einen der elementaren Kernprozesse produzierender Unternehmen dar. Der Prozess der Produktentwicklung ist äußerst komplex und unterliegt vielen verschiedenen Einflussfaktoren. Zudem bestehen vielfältige Herausforderungen, die in Form von Innovationsdruck, Zeitdruck, Kostendruck und Flexibilitätsdruck auf die Produktentwicklung einwirken. Unternehmen versuchen daher, geeignete Strategien und zugehörige Vorgehensmodelle zu entwickeln, um diesen Herausforderungen gezielt zu begegnen. Besonders vielversprechend ist vor dem Hintergrund der aufgeführten Herausforderungen die Strategie der iterativen Produktentwicklung. Innerhalb iterativer Produktentwicklungsprozesse wird eine kurzzyklische Validierung von Entwicklungsergebnissen anhand digitaler, physischer und hybrider Prototypen angestrebt. Durch einen auf diese Weise gesteigerten Entwicklungsaufwand in den frühen Phasen der Entwicklung sollen später in Bezug auf Zusatzkosten und Zeitverlust gravierende Änderungen vermieden werden. Bei der Erstellung und Validierung der verschiedenen Prototypen ist die Produktentwicklung auf die Unterstützung verschiedener, an der Produktentstehung beteiligter Partner angewiesen. Typische Schnittstellenprobleme entstehen insbesondere bei der Abstimmung bzgl. des späteren Serienfertigungsverfahrens, da hierzu spezialisiertes Prozesswissen notwendig ist.

Der Werkzeugbau ist wichtiger Partner der Produktentwicklung und nimmt als Bindeglied zwischen Produktentwicklung und Serienproduktion eine Schlüsselfunktion im Produktentstehungsprozess ein. Dadurch hat der Werkzeugbau großen Einfluss auf die Dauer sowie Kosten und somit auf den Erfolg von Produktentwicklungsprojekten. Im Zuge der Veränderung von konventionellen Produktentwicklungsprozessen hin zu iterativen Produktentwicklungsprozessen muss sich der Werkzeugbau ebenfalls einem Wandel unterziehen. Der Werkzeugbau

505 Vgl. VDI Verein Deutscher Ingenieure e.V. (Handlungsfelder AM), 2016, S. 19

506 Vgl. Schuh et al. (Integration of Tool Making into Agile Product Development), 2018, S. 1ff.

507 Vgl. Wohlers et al. (Wohlers Report 2017), 2017, S. 148

508 Vgl. Wohlers et al. (Wohlers Report 2018), 2018, S. 317

muss sich gezielt in den iterativen Produktentwicklungsprozess integrieren und dadurch als Schlüsselbaustein zur erfolgreichen Realisierung dieser Produktentwicklungsstrategie beitragen. Die Notwendigkeit der Integration des Werkzeugbaus in den iterativen Produktentwicklungsprozess wird einerseits durch die aktuell bestehenden Herausforderungen des Werkzeugbaus motiviert. Andererseits stellen verschiedene, für den Werkzeugbau relevante Trends geeignete Konzepte und Technologien bereit, die eine entsprechende Integration befähigen. Als aktuelle Herausforderungen für den Werkzeugbau übertragen sich die Herausforderungen Innovationsdruck, Zeitdruck, Kostendruck und Flexibilitätsdruck aus der Produktentwicklung. Darüber hinaus muss der Werkzeugbau die im Zuge des demografischen Wandels auftretenden Veränderungen berücksichtigen. Relevante Trends, die eine gezielte Integration des Werkzeugbaus unterstützen, sind hingegen die fortschreitende Industrialisierung und die digitale Vernetzung des Werkzeugbaus sowie neue Möglichkeiten durch den verstärkten Einsatz additiver Fertigungsverfahren. Aus den hergeleiteten Herausforderungen und den diesen gegenüberstehenden Chancen ergibt sich ein **Handlungsbedarf aus der Praxis** (vgl. Abbildung 52).

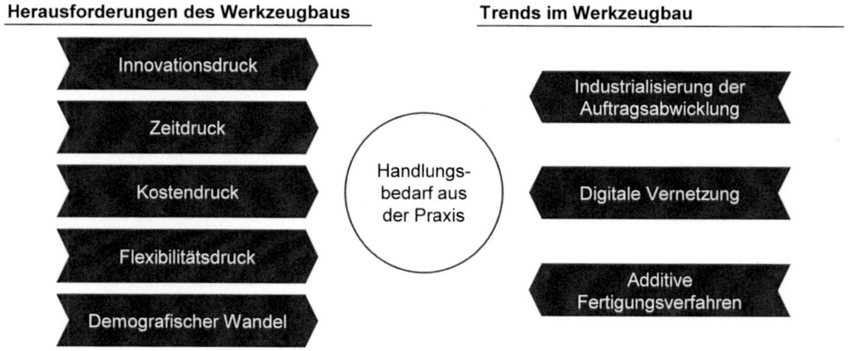

Abbildung 52: Herleitung des Handlungsbedarfs aus der Praxis[509]

Zur Umsetzung einer erfolgreichen Integration des Werkzeugbaus in den iterativen Produktentwicklungsprozess wird ein systematischer Ansatz benötigt, der ein organisatorisches Rahmenwerk mit auf diese Situation abgestimmten Handlungsfeldern und -empfehlungen liefert. Ein solches Rahmenwerk muss Handlungsfelder und -empfehlungen zur Gestaltung des iterativen Produktentwicklungsprozesses aus Sicht des Werkzeugbaus abbilden und somit als ein Gestaltungsmodell in Form eines Prozessmodells ausgeführt sein. Die Notwendigkeit eines solchen systematischen Rahmenwerks in Form eines Prozessmodells ergibt sich aus der hohen Komplexität der Problemstellung und der Vielzahl an beteiligten Unternehmensfunktionen und Stakeholdern. Dieses Prozessmodell dient als Zielbild für die Gestaltung geeigneter Strukturen für den Werkzeugbau zur Adressierung der vorgestellten Herausforderungen.

[509] Eigene Darstellung mit Struktur i. A. a. Salmen (Digital vernetzter Shopfloor), 2016, S. 82

3 Bewertung bestehender theoretischer Ansätze

In Kapitel 2.3 wurde aus der Praxis ein Handlungsbedarf zur Entwicklung eines Prozessmodells für den Werkzeugbau im iterativen Produktentwicklungsprozess hergeleitet. In diesem Kapitel 3 wird geprüft, ob in der Wissenschaft bereits theoretische Ansätze existieren, die den aufgezeigten Handlungsbedarf erfüllen. Hierzu werden relevante bestehende Ansätze aus dem Themenfeld Produktentwicklung und Werkzeugbau hinsichtlich verschiedener Anforderungen untersucht. Dabei wird einerseits bewertet, welcher der Ansätze im Kontext der vorgestellten Problemstellung am besten geeignet ist, und andererseits erarbeitet, ob sich einzelne Elemente der Ansätze für die Neuentwicklung eines Prozessmodells übertragen lassen.

Zunächst werden in Kapitel 3.1 die Grundlagen der Bewertung erläutert, bevor in Kapitel 3.2 relevante Ansätze vorgestellt und bewertet werden. Anschließend erfolgt in Kapitel 3.3 die Herleitung eines Handlungsbedarfs aus der Theorie. Von diesem Handlungsbedarf ausgehend wird schließlich in Kapitel 3.4 die Forschungsfrage präzisiert.

3.1 Grundlagen der Bewertung

Für eine systematische Analyse und Bewertung relevanter theoretischer Ansätze erfolgt in diesem Kapitel zunächst eine Erläuterung der Grundlagen der Bewertung. Hierzu wird zuerst die Bewertungssystematik eingeführt, bevor mit den Anforderungen die Bewertungskriterien festgelegt werden. Die Struktur der Bewertungssystematik und der Anforderungen orientiert sich an der von SALMEN[510].

3.1.1 Bewertungssystematik

Zur Ermöglichung einer einheitlichen und strukturierten Analyse der im Rahmen dieser Arbeit relevanten Ansätze wird eine klare Bewertungssystematik definiert, welche nachfolgend in Kapitel 3.2 für die gesamte Bewertung angewandt wird. Die Bewertung erfolgt anhand von mehreren Bewertungskriterien, die mithilfe einer einheitlichen Skala beurteilt werden. Hierzu wird eine eindimensionale, diskrete Bewertungsskala mit fünf verbal umschriebenen Ausprägungen, angelehnt an das Skalierungsverfahren nach LIKERT, verwendet.[511] Eine diskrete **Bewertungsskala mit fünf Ausprägungen** ermöglicht eine aussagekräftige Differenzierung bei gleichzeitig einfacher Anwendbarkeit.[512]

Die fünf Ausprägungen der Bewertungsskala sind nach Erfüllungsgrad aufsteigend sortiert: Anforderung nicht erfüllt, Anforderung in sehr geringem Umfang erfüllt, Anforderung in geringem Umfang erfüllt, Anforderung in hohem Umfang erfüllt sowie Anforderung in sehr hohem Umfang erfüllt. Zur übersichtlichen und intuitiven grafischen Darstellung der Bewertung werden sog. Harvey Balls verwendet. Abbildung 53 zeigt die fünf Ausprägungen mit ihren entsprechenden Darstellungen.

[510] Vgl. Salmen (Digital vernetzter Shopfloor), 2016, S. 83ff.

[511] Vgl. Stier (Empirische Forschungsmethoden), 1999, S. 79ff.

[512] Vgl. Stier (Empirische Forschungsmethoden), 1999, S. 66ff.

Abbildung 53: Grafische Darstellung des Erfüllungsgrads der Anforderungen[513]

3.1.2 Anforderungen

Ausgehend von dem in Kapitel 2.3 beschriebenen Handlungsbedarf aus der Praxis können differenzierte Anforderungen abgeleitet werden, welche durch einen theoretischen Ansatz für ein Prozessmodell für den integrierten Werkzeugbau im iterativen Produktentwicklungsprozess erfüllt werden müssen. Diese Anforderungen lassen sich in die zwei Kategorien allgemeine Anforderungen und produktentwicklungsbezogene Anforderungen unterteilen. Während die **allgemeinen Anforderungen** die grundsätzliche Anwendbarkeit eines Ansatzes prüfen, gehen die **produktentwicklungsbezogenen Anforderungen** genauer auf den in Kapitel 2.1 und 2.2 vorgestellten Kontext der Produktentwicklung und der Schnittstelle zum Werkzeugbau ein und greifen die ausgeführten Herausforderungen aus der Praxis auf. Abbildung 54 stellt sie in einer Übersicht dar.

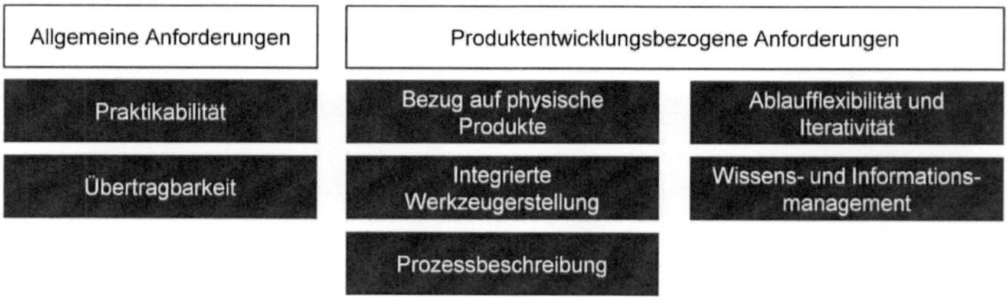

Abbildung 54: Anforderungen an ein Prozessmodell für den Werkzeugbau im iterativen Produktentwicklungsprozess

Nachfolgend werden die Anforderungen detailliert vorgestellt. Ferner erfolgt eine Einordnung der fünf Ausprägungen hinsichtlich des Erfüllungsgrads der jeweiligen Anforderung.

3.1.2.1 Allgemeine Anforderungen

Erste allgemeine Anforderung ist die **Praktikabilität** eines Ansatzes. Zur Gewährleistung einer Praktikabilität muss ein Ansatz einen hohen Anwendungsbezug aufweisen. Hierzu ist zunächst eine eindeutige und eingängige Struktur notwendig.[514] Darüber hinaus ist ein hoher Realitätsbezug erforderlich, welcher durch den Einbezug von realistischen Annahmen und relevanten Rahmenbedingungen aus der Praxis erreicht wird.[515] Schließlich muss ein Ansatz konkrete Handlungsempfehlungen für den Anwender enthalten, die dieser dann eigenständig in der

[513] I. A. a. Komorek (Kollaborative Wertschöpfung im industriellen Werkzeugbau), 2014, S. 64
[514] Vgl. Pitsch (Kompetenzfeldbasierte Vernetzung von Werkzeugbaustandorten), 2014, S. 59
[515] Vgl. Salmen (Digital vernetzter Shopfloor), 2016, S. 85

Praxis umsetzen kann. Diese Handlungsempfehlungen werden idealerweise durch leicht verständliche und übertragbare Anwendungs- und Umsetzungsbeispiele erläutert. Die fünf abgestuften Ausprägungen der Anforderung Praktikabilität werden wie folgt abgegrenzt:

- **Anforderung nicht erfüllt:** Ein Ansatz weist weder eine stringente Struktur noch einen Realitätsbezug auf und liefert keine konkreten Handlungsempfehlungen.
- **Anforderung in sehr geringem Umfang erfüllt:** Ein Ansatz weist eine in Grundzügen erkennbare Struktur auf. Ein vager Bezug zur Realität wird hergestellt, jedoch werden keine konkreten Handlungsempfehlungen ausgeführt.
- **Anforderung in geringem Umfang erfüllt:** Ein Ansatz ist klar strukturiert und weist einen hohen Realitätsbezug auf. Handlungsempfehlungen werden lediglich oberflächlich und unspezifisch dargelegt.
- **Anforderung in hohem Umfang erfüllt:** Ein Ansatz weist eine klare Struktur auf und basiert auf realistischen Annahmen. Dem Anwender werden konkrete Handlungsempfehlungen angegeben. Es werden jedoch keine Anwendungs- und Umsetzungsbeispiele erläutert.
- **Anforderung in sehr hohem Umfang erfüllt:** Ein Ansatz weist eine stringente Struktur auf und basiert auf realistischen Annahmen. Dem Anwender werden umfangreiche konkrete Handlungsempfehlungen geliefert. Darüber hinaus werden konkrete Anwendungs- und Umsetzungsbeispiele ausgeführt.

Als weitere allgemeine Anforderung muss ein Ansatz **Übertragbarkeit** gewährleisten. Hiermit ist eine Übertragbarkeit des Ansatzes auf verschiedene Branchen und Unternehmen des produzierenden Gewerbes gemeint. Ein Ansatz muss innerhalb des definierten Betrachtungsbereichs eine allgemeine Gültigkeit besitzen. Insbesondere muss er auf verschiedene Typen von Produkten und Produktionsprozessen sowie von Rahmenbedingungen der Produktentwicklung übertragbar sein (vgl. in diesem Zusammenhang insbesondere die in Kapitel 2.2.2.2 aufgeführten werkzeugbasierten Fertigungsverfahren). Dazu müssen Elemente des Ansatzes definiert sein, welche fallspezifisch angepasst werden können. Hierzu sind entsprechende Erklärungen und Anleitungen auszuführen. Nachfolgend sind die fünf Ausprägungen der Anforderung Übertragbarkeit differenziert dargestellt:

- **Anforderung nicht erfüllt:** Ein Ansatz ist nur für einen speziellen Anwendungsfall ausgelegt und ist nicht übertragbar.
- **Anforderung in sehr geringem Umfang erfüllt:** Ein Ansatz ist für einen speziellen Anwendungsfall ausgelegt, aber grundsätzlich in geringen Maßen übertragbar.
- **Anforderung in geringem Umfang erfüllt:** Ein Ansatz ist für eine begrenzte Gruppe von Anwendungsfällen ausgelegt und darüber hinaus grundsätzlich übertragbar.
- **Anforderung in hohem Umfang erfüllt:** Ein Ansatz ist allgemeingültig für verschiedenste Anwendungsfälle ausgelegt. Es werden jedoch keine Elemente des Ansatzes spezifiziert, die für eine Übertragung des Ansatzes angepasst werden müssen.
- **Anforderung in sehr hohem Umfang erfüllt:** Ein Ansatz ist allgemeingültig für verschiedenste Anwendungsfälle ausgelegt. Es sind Elemente definiert, die für eine Übertragung des Ansatzes auf spezifische Anwendungsfälle angepasst werden müssen. Hierzu werden konkrete Erklärungen und Anleitungen angegeben.

3.1.2.2 Produktentwicklungsbezogene Anforderungen

Im Kontext dieser Arbeit wird die Entwicklung und Herstellung von physischen Produkten betrachtet. Ein Ansatz muss somit als erste produktentwicklungsbezogene Anforderung einen **Bezug auf physische Produkte** erfüllen. Diese Anforderung dient der Abgrenzung zu Ansätzen, die auf die Entwicklung von Software ausgerichtet sind. Folgende fünf Abstufungen der Erfüllung der Anforderung Bezug auf physische Produkte werden definiert:

- **Anforderung nicht erfüllt:** Ein Ansatz ist nicht auf die Entwicklung von physischen Produkten ausgerichtet. Eine mögliche Entwicklung von physischen Produkten mithilfe des Ansatzes wird weder erwähnt noch ausgeführt.
- **Anforderung in sehr geringem Umfang erfüllt:** Ein Ansatz ist nicht auf die Entwicklung von physischen Produkten ausgerichtet. Es werden jedoch in Ansätzen Parallelen und allgemeine Hinweise zur Entwicklung von physischen Produkten aufgezeigt.
- **Anforderung in geringem Umfang erfüllt:** Ein Ansatz ist nicht auf die Entwicklung von physischen Produkten ausgerichtet. Es werden jedoch deutliche Parallelen und konkrete Hinweise zur Entwicklung von physischen Produkten aufgezeigt.
- **Anforderung in hohem Umfang erfüllt:** Ein Ansatz ist u. a. auch auf die Entwicklung von physischen Produkten ausgerichtet.
- **Anforderung in sehr hohem Umfang erfüllt:** Ein Ansatz ist speziell auf die Entwicklung von physischen Produkten ausgerichtet.

Eine **integrierte Werkzeugerstellung** stellt eine weitere wichtige Anforderung an zu bewertende Ansätze dar. Ein Ansatz muss nicht nur den Prozess der Produktentwicklung aus Sicht der Unternehmensfunktion der Produktentwicklung beschreiben, sondern auch die Rolle und die Aufgaben des Werkzeugbaus während des Produktentwicklungsprozesses detailliert ausführen. Hierzu muss die Werkzeugerstellung als integrierter Bestandteil des Produktentwicklungsprozesses verstanden und umgesetzt werden (vgl. Kapitel 2.2.4.3). Die Anforderung integrierte Werkzeugerstellung wird in folgenden fünf abgestuften Ausprägungen bewertet:

- **Anforderung nicht erfüllt:** Ein Ansatz betrachtet die Werkzeugerstellung nicht. Es werden keine Schnittstellen und Anknüpfungspunkte mit der Werkzeugerstellung erwähnt.
- **Anforderung in sehr geringem Umfang erfüllt:** Ein Ansatz bezieht die Werkzeugerstellung nur dadurch ein, dass die grundsätzliche Schnittstelle mit der Werkzeugerstellung aufgezeigt wird.
- **Anforderung in geringem Umfang erfüllt:** Ein Ansatz bezieht die Werkzeugerstellung in Grundzügen ein. Die notwendige Zusammenarbeit zwischen Produktentwicklung und Werkzeugbau wird aufgezeigt.
- **Anforderung in hohem Umfang erfüllt:** Ein Ansatz bezieht die Werkzeugerstellung in hohem Maße ein. Die notwendige Zusammenarbeit zwischen Produktentwicklung und Werkzeugbau wird detailliert aufgezeigt und erläutert.
- **Anforderung in sehr hohem Umfang erfüllt:** Ein Ansatz bezieht die Werkzeugerstellung in vollem Umfang ein. Die Werkzeugerstellung wird als integrierter Bestandteil des Produktentwicklungsprozesses verstanden und detailliert erläutert.

Gegenstand der Analyse und Gestaltung dieser Arbeit ist der Produktentwicklungsprozess. Daher müssen die zu betrachtenden Ansätze als weitere Anforderung Gestaltungsempfehlungen zur **Prozessbeschreibung** enthalten. Hierzu muss ein Ansatz durch einen Aufbau und Ablauf mit Phasen und Prozesselementen gekennzeichnet sein. Somit muss er ein Vorgehensmodell mit einer Detaillierung mindestens auf Makroebene darstellen (vgl. Kapitel 2.1.3.3). Die fünf Abstufungen der Anforderung Prozessbeschreibung sind die folgenden:

- **Anforderung nicht erfüllt:** Ein Ansatz ist nicht in Form eines Prozesses aufgebaut. Es werden keine Gestaltungsempfehlungen zur unternehmensspezifischen Ausgestaltung des Prozessablaufs gegeben.
- **Anforderung in sehr geringem Umfang erfüllt:** Ein Ansatz ist in Grundzügen in Form eines Prozesses aufgebaut. Eine klare Abfolge von Phasen oder Prozesselementen ist allerdings nicht gegeben. Es werden keine Gestaltungsempfehlungen zur unternehmensspezifischen Ausgestaltung des Prozessablaufs gegeben.
- **Anforderung in geringem Umfang erfüllt:** Ein Ansatz ist in Grundzügen in Form eines Prozesses aufgebaut. Eine Abfolge von Phasen oder Prozesselementen wird in geringem Maße erläutert. Es werden lediglich rudimentäre Gestaltungsempfehlungen zur unternehmensspezifischen Ausgestaltung des Prozessablaufs gegeben.
- **Anforderung in hohem Umfang erfüllt:** Ein Ansatz ist in Form eines Prozesses aufgebaut. Eine Abfolge von Phasen oder Prozesselementen wird erläutert. Es werden konkrete Gestaltungsempfehlungen zur unternehmensspezifischen Ausgestaltung des Prozessablaufs gegeben.
- **Anforderung in sehr hohem Umfang erfüllt:** Ein Ansatz ist in Form eines Prozesses aufgebaut und weist eine klare Prozessstruktur auf. Es werden konkrete und umfangreiche Gestaltungsempfehlungen zur unternehmensspezifischen Ausgestaltung des Prozessablaufs gegeben.

Über die Anforderung Prozessbeschreibung hinaus muss ein geeigneter Ansatz zudem die Besonderheiten eines iterativen Produktentwicklungsprozesses abbilden. Hierzu muss er das Kriterium **Ablaufflexibilität und Iterativität** erfüllen, welches das wesentliche Charakteristikum iterativer Produktentwicklungsprozesse darstellt (vgl. Kapitel 2.1.4). Ablaufflexibilität bezeichnet die Möglichkeit der kontinuierlichen flexiblen Anpassung eines Vorgehensmodells auf unvorhergesehene Gegebenheiten. Iterativität wird durch das Vorsehen und Unterstützen von möglichst kurzzyklischen Iterationen ermöglicht. Hierzu müssen Iterationen mittels der verschiedenen digitalen, physischen und hybriden Möglichkeiten (vgl. Kapitel 2.1.4.2 und 2.1.4.3) systematisch und strukturiert in einen Ansatz eingebunden werden. Folgende fünf Abstufungen können für das Kriterium der Ablaufflexibilität und Iterativität unterschieden werden:

- **Anforderung nicht erfüllt:** Ein Ansatz ist in seinem Ablauf vollkommen starr aufgebaut und weist keine Möglichkeit zur Durchführung von Iterationen auf.
- **Anforderung in sehr geringem Umfang erfüllt:** Ein Ansatz ist in seinem Ablauf vollkommen starr aufgebaut, aber weist Möglichkeiten zur Durchführung von Iterationen auf. Iterationen werden jedoch nicht strukturiert unterstützt.

- **Anforderung in geringem Umfang erfüllt:** Ein Ansatz kann in seinem Ablauf in Grundzügen flexibel durchlaufen werden und weist Möglichkeiten zur Durchführung von Iterationen auf. Iterationen werden jedoch nicht strukturiert unterstützt.
- **Anforderung in hohem Umfang erfüllt:** Ein Ansatz kann in seinem Ablauf in Grundzügen flexibel durchlaufen werden. Möglichkeiten zur Durchführung von Iterationen werden strukturiert in den Ansatz einbezogen und gefördert.
- **Anforderung in sehr hohem Umfang erfüllt:** Ein Ansatz kann in seinem Ablauf mit hoher Flexibilität durchlaufen werden. Möglichkeiten zur Durchführung von Iterationen werden strukturiert in den Ansatz einbezogen und gefördert. Iterationsmöglichkeiten werden umfangreich beschrieben.

Die Anforderung **Informations- und Wissensmanagement** wird aus dem Bedarf der Abstimmung der Schnittstelle zwischen Werkzeugbau und Produktentwicklungsprozess (vgl. Kapitel 2.2.4.3) abgeleitet. Für eine erfolgreiche Zusammenarbeit des Werkzeugbaus mit der Produktentwicklung in einem parallelisierten und durch Iterationen geprägten Prozess muss zum einen ein eindeutiger Informationsstand sichergestellt werden. Die gezielte Weitergabe von Informationen und Wissen im laufenden Projekt ist hierzu entscheidend. Zum anderen muss eine Rückführung von Informationen und Wissen aus vergangenen Projekten ermöglicht werden. Die Erfüllung dieser Anforderung muss insbesondere auf die bestehenden Softwaresysteme des Werkzeugbaus (vgl. Kapitel 2.2.4.2) sowie der Produktentwicklung (vgl. Kapitel 2.1.4.3) abgestimmt sein. Die Abstufungen der Anforderung Informations- und Wissensmanagement lassen sich wie folgt unterscheiden:

- **Anforderung nicht erfüllt:** Ein Ansatz berücksichtigt keine Aspekte des Informations- und Wissensmanagements.
- **Anforderung in sehr geringem Umfang erfüllt:** Ein Ansatz berücksichtigt lediglich oberflächlich die Notwendigkeit eines systematischen Informations- und Wissensmanagements. Eine Einbindung in die Softwaresystemstruktur der beteiligten Unternehmensbereiche wird nicht erläutert.
- **Anforderung in geringem Umfang erfüllt:** Ein Ansatz berücksichtigt in größerem Umfang die Umsetzung eines systematischen Informations- und Wissensmanagements. Eine Einbindung in die Softwaresystemstruktur der beteiligten Unternehmensbereiche wird nicht erläutert.
- **Anforderung in hohem Umfang erfüllt:** Ein Ansatz fokussiert eine strukturierte und systematische Umsetzung von Informations- und Wissensmanagement im Produktentwicklungsprozess. Eine Einbindung in die Softwaresystemstruktur der beteiligten Unternehmensbereiche wird thematisiert, aber nicht detailliert.
- **Anforderung in sehr hohem Umfang erfüllt:** Ein Ansatz fokussiert eine strukturierte und systematische Umsetzung von Informations- und Wissensmanagement im Produktentwicklungsprozess. Eine Einbindung in die Softwaresystemstruktur der beteiligten Unternehmensbereiche wird detailliert beschrieben.

3.2 Vorstellung und Bewertung ausgewählter Ansätze

In diesem Kapitel erfolgt die Vorstellung und Bewertung von im Kontext dieser Arbeit relevanten Ansätzen. Hierzu werden die Ansätze in drei Gruppen strukturiert. Zunächst erfolgt die Analyse deterministisch-normativer und anschließend empirisch-adaptiver Produktentwicklungsansätze (vgl. Kapitel 2.1.3.3). Die Einordnung der verschiedenen Ansätze in diese beiden Gruppen erfolgt entsprechend der Einteilung von KLEIN.[516] Hierbei werden sowohl Ansätze berücksichtigt, die ihren Ursprung in der Software- als auch in der Hardwareentwicklung haben. In einer dritten Gruppe werden Ansätze mit Werkzeugbaubezug vorgestellt und bewertet. Innerhalb der drei Gruppen werden die Ansätze nach dem Entstehungsalter von alt nach jung sortiert vorgestellt.

Die nachfolgende Untersuchung beschränkt sich auf für die jeweiligen Gruppen wesentliche Ansätze. Hierzu wurde eine Auswahl aus den in Kapitel 2.1.3 erwähnten und zitierten Auflistungen von Produktentwicklungsansätzen getroffen. Wie in Kapitel 2.1.3 eingeführt, bestehen in der Literatur verschiedene Strategien sowie Vorgehensmodelle zur Produktentwicklung. Aufgrund des stark unterschiedlichen Detaillierungsgrads von Strategien sowie von Vorgehensmodellen ist der Übergang zwischen diesen Kategorien teilweise nicht trennscharf. Bei der Auswahl relevanter Ansätze wurden daher beide Kategorien berücksichtigt und werden unter dem allgemeinen Begriff eines Ansatzes geführt.

Die nachfolgende Vorstellung der verschiedenen Ansätze erfolgt in einer aggregierten Kurzform. Dabei werden die grundlegenden und für den Kontext dieser Arbeit relevanten Aspekte eines Ansatzes vorgestellt. Weitere Details können den zitierten Originalquellen entnommen werden. Die Bewertung der einzelnen Ansätze bzgl. der definierten Anforderungen basiert auf einer intensiven Analyse eines jeden Ansatzes. In diesem Kapitel erfolgt die Wiedergabe der Bewertungsergebnisse dieser Analyse. Dies erfolgt für jeden Ansatz in kurzer textlicher Form in dem jeweiligen Kapitel. In Abbildung 66 in Kapitel 3.2.4 werden die Bewertungsergebnisse der einzelnen Ansätze abschließend grafisch mithilfe der vorgestellten Bewertungssystematik festgehalten und dargestellt.

3.2.1 Deterministisch-normative Produktentwicklungsansätze

3.2.1.1 Wasserfallmodell nach ROYCE

Das Wasserfallmodell nach ROYCE stellt das historisch erste wichtige Vorgehensmodell zur Softwareentwicklung dar. Grundstruktur des Modells ist die phasenweise Entwicklung, bei der der Output einer Phase jeweils als Input für die nächste Phase genutzt wird.[517] Das Modell besteht aus sieben zentralen Phasen von der Definition von Systemanforderungen bis zum Betrieb der zu entwickelnden Software (vgl. Abbildung 55).[518] Das Wasserfallmodell kann in

---

516 Vgl. Klein (Agiles Engineering im Maschinen- und Anlagenbau), 2016, S. 35 sowie S. 45

517 Vgl. Goll, Hommel (Mit Scrum zum gewünschten System), 2015, S. 57

518 Vgl. Royce (Managing the Development of Large Software Systems), 1987, S. 328ff. Bei der zitierten Quelle handelt es sich um einen Nachdruck des 1970 erschienenen Originalartikels von Royce. Auch wenn das Wasserfallmodell durch eine Veröffentlichung von BOEHM aus 1976 bekannt wurde, kann es auf ROYCE zurückgeführt werden, welcher daher an dieser Stelle als Urheber genannt

zwei Variationen ausgeführt werden. So beinhaltet das erweiterte Wasserfallmodell im Gegensatz zum einfachen Wasserfallmodell Rückführungsschleifen.[519] Durch den Einbezug von Iterationen und durch das Testen von einer prototypischen Lösung beinhaltet das erweiterte Wasserfallmodell somit zwei wesentliche Verbesserungen gegenüber streng sequenziellen Ablaufmodellen.[520]

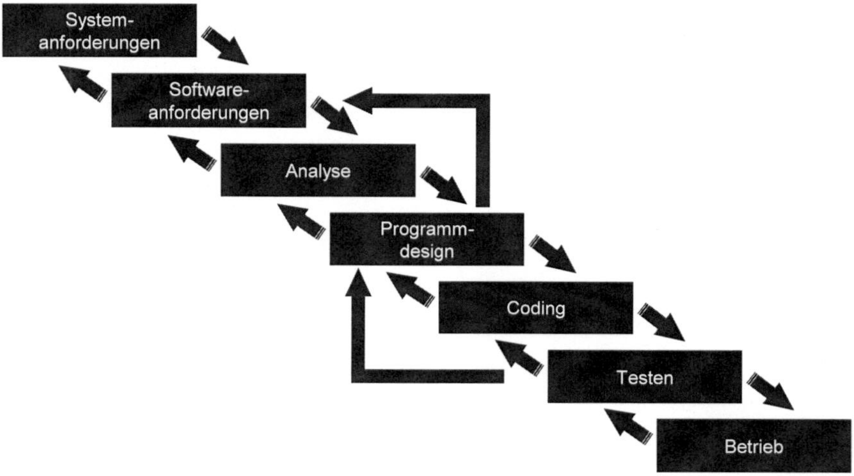

Abbildung 55: Wasserfallmodell nach ROYCE[521]

Insgesamt kann dem Wasserfallmodell nach ROYCE eine in Teilen positive Bewertung bzgl. der Anforderungen Praktikabilität, Übertragbarkeit, Prozessbeschreibung, Ablaufflexibilität und Iterativität sowie Informations- und Wissensmanagement erteilt werden. Aufgrund des Ursprungs dieses Ansatzes in der Softwareentwicklung wird kein Zusammenhang und keine Übertragungsmöglichkeit zur Entwicklung von physischen Produkten erläutert. Daher werden die Anforderungen zum Bezug auf physische Produkte und zur Integration der Werkzeugerstellung nicht erfüllt.

3.2.1.2 Stage-Gate-Prozess nach COOPER

Bei dem durch COOPER entwickelten Stage-Gate-Prozess handelt es sich um ein „normatives Modell zur Standardisierung der Vorgehensweise bei Entwicklungsprojekten"[522], welches zuerst 1979 veröffentlicht und in den Folgejahren weiterentwickelt wurde.[523] Der Entwicklungsprozess wird nach diesem Modell in verschiedene Abschnitte (Stages) eingeteilt, die jeweils

wird. Vgl. Goll, Hommel (Mit Scrum zum gewünschten System), 2015, S. 57; Boehm (Software Engineering), 1976, S. 1226ff.

519 Vgl. Goll, Hommel (Mit Scrum zum gewünschten System), 2015, S. 57ff.

520 Vgl. Boehm (A Spiral Model of Software Development and Enhancement), 1988, S. 63

521 I. A. a. Royce (Managing the Development of Large Software Systems), 1987, S. 330

522 Klein (Agiles Engineering im Maschinen- und Anlagenbau), 2016, S. 35

523 Vgl. Klein (Agiles Engineering im Maschinen- und Anlagenbau), 2016, S. 35

durch ein Tor (Gate) abgegrenzt werden. In den einzelnen Abschnitten erfolgt die eigentliche Entwicklungsarbeit. Jeder Abschnitt besteht dazu aus Aktivitäten, Analysen und Ergebnissen. In den Aktivitäten werden Informationen gesammelt und erarbeitet. Diese werden mittels Analysen gefiltert und in Form von Ergebnissen als Eingangsinformationen für das folgende Tor bereitgestellt.[524] Die Tore dienen als Entscheidungspunkte, mit denen festgelegt wird, ob ein Produktentwicklungsprojekt in die nächste Phase übergehen soll.[525] Als Eingangsinformationen für jedes Tor dienen die Ergebnisse der vorhergehenden Phase. Mithilfe festgelegter Entscheidungskriterien wird dann die Entscheidung über den weiteren Verlauf des Projekts getroffen. Entscheidungsmöglichkeiten können die Weiterbearbeitung des Projekts in der nächsten Phase, der Abbruch des Projekts, das Anhalten des Projekts sowie das erneute Durchführen der vorangegangenen Phase sein.[526] Mithilfe der beiden Grundelemente Abschnitte und Phasen lassen sich je nach Typ eines Entwicklungsprojekts unterschiedlich komplexe Stage-Gate-Prozesse zusammenstellen.[527] Abbildung 56 zeigt einen aus fünf Abschnitten bestehenden Stage-Gate-Prozess für große und komplexe Produktentwicklungsprojekte.[528]

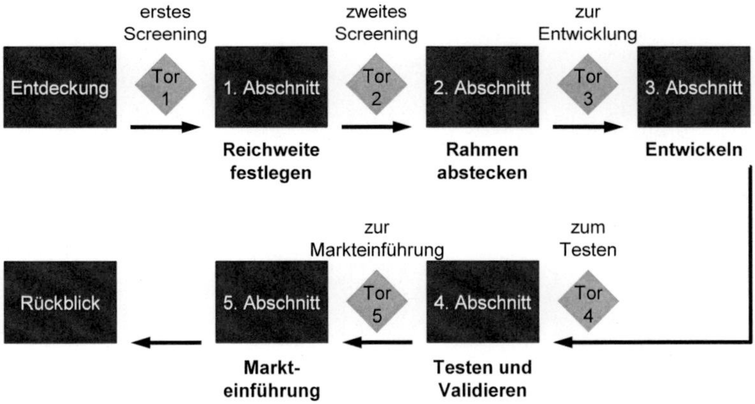

Abbildung 56: Stage-Gate-Prozess nach COOPER[529]

Trotz der klar sequenziell ausgelegten Strukturierung des Ansatzes betont COOPER, dass es sich um kein starres und funktional unterteiltes System handelt. Innerhalb der einzelnen Abschnitte sollen Aktivitäten durch interdisziplinäre Teams parallel durchgeführt werden. Auch Änderungen des Prozessablaufs sind zulässig.[530]

524 Vgl. Cooper (Winning at New Products), 2011, S. 148

525 Vgl. Neutschel, Vajna (Organisations- und Prozessintegration), 2014, S. 356f.

526 Vgl. Cooper (Winning at New Products), 2011, S. 151

527 Vgl. Cooper (Top oder Flop in der Produktentwicklung), 2002, S. 168

528 Vgl. Cooper (Winning at New Products), 2011, S. 152

529 I. A. a. Cooper (Top oder Flop in der Produktentwicklung), 2002, S. 146

530 Vgl. Cooper (Top oder Flop in der Produktentwicklung), 2002, S. 162ff.; Cooper (Winning at New Products), 2011, S. 167ff.

Es kann festgestellt werden, dass der Ansatz des Stage-Gate-Prozesses nach COOPER die allgemeinen Anforderungen hinsichtlich Praktikabilität und Übertragbarkeit vollständig erfüllt. Auch ein Bezug auf physische Produkte ist vollständig gegeben. Ebenfalls beinhaltet der Ansatz klar strukturierte Prozessbeschreibungen, welche lediglich bzgl. des Grads der Detaillierung leichte Defizite aufweisen. Jedoch berücksichtigt der Ansatz die gezielte Integration der Werkzeugerstellung nicht. Auch die Anforderungen bzgl. Ablaufflexibilität und Iterativität sowie Informations- und Wissensmanagement werden lediglich in Grundzügen erfüllt.

3.2.1.3 Spiralmodell nach BOEHM

Das Spiralmodell zur Softwareentwicklung und -verbesserung nach BOEHM stellt einen Ansatz zur Entwicklung von Software dar, dessen Grundstruktur auf einem iterativen, spiralförmigen Vorgehen basiert. Der Ansatz wurde 1988 publiziert und zeichnet sich durch eine risikogetriebene Charakteristik aus. Bis dahin gängige Softwareentwicklungsprozesse wie bspw. das Wasserfallmodell nach ROYCE weisen einen starken Fokus auf Dokumente oder Programmcode auf. Im Gegensatz dazu wird mit dem Spiralmodell das jeweils bestehende Entwicklungsrisiko fokussiert und darauf abgezielt, dieses Risiko in iterativen Zyklen zu reduzieren. Abbildung 57 zeigt das zyklische Vorgehen.

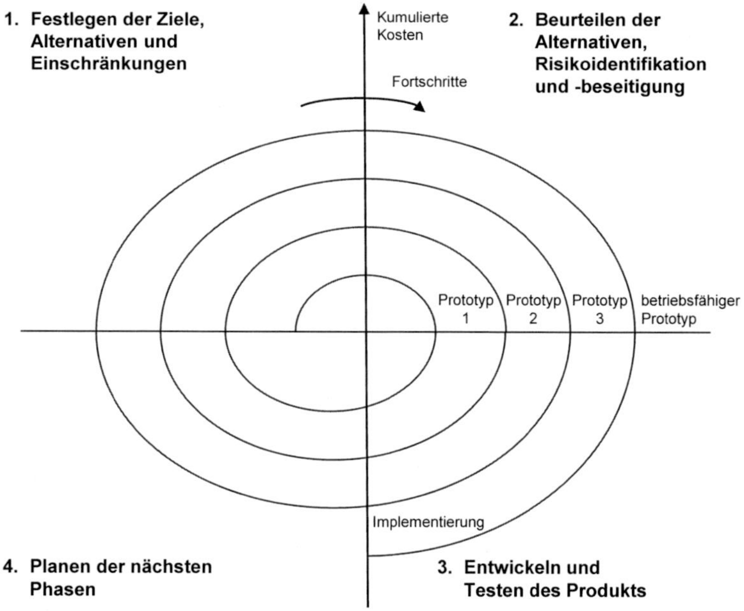

Abbildung 57: Spiralmodell nach BOEHM[531]

Jeder Zyklus besteht aus vier Phasen. Diese Phasen sind Zieldefinition, Risikobeseitigung, Entwicklung und Planung des nächsten Zyklus. In jedem Zyklus wird ein konkreter Prototyp

[531] I. A. a. Boehm (A Spiral Model of Software Development and Enhancement), 1988, S. 64

der zu entwickelnden Software erstellt.[532] Mit diesem zyklischen Ablauf weist das Spiralmodell bereits Grundzüge empirisch-adaptiver Vorgehensmodelle auf. Der wesentliche Vorteil des Spiralmodells ist seine hohe Flexibilität. Je nach angewandten Bedingungen können mit dem Spiralmodell verschiedenartige Entwicklungsvorgehen umgesetzt werden. Für jeden Zyklus lässt sich ein jeweils geeignetes Vorgehen festlegen.[533]

Der Ansatz nach BOEHM weist aufgrund fehlender konkreter Handlungsempfehlungen eine lediglich in geringem Umfang erfüllte Praktikabilität auf. Stärken des Ansatzes liegen in dessen Übertragbarkeit, in der Prozessbeschreibung sowie in der hohen Ablaufflexibilität und Iterativität. Die Anforderungen Bezug auf physische Produkte, Integration der Werkzeugerstellung sowie Informations- und Wissensmanagement werden hingegen nicht erfüllt.

3.2.1.4 VDI Richtlinie 2221

Die VDI Richtlinie 2221 „Methodik zum Entwickeln und Konstruieren technischer Systeme und Produkte“[534] stellt die bekannteste deutsche nicht branchenspezifische Standardrichtlinie für das Vorgehen im Rahmen der Produktentwicklung dar. Für die erste Fassung aus dem Jahr 1986 wurden diverse Vorarbeiten verschiedener Autoren zusammengefasst. Insbesondere auf das von PAHL UND BEITZ[535] entwickelte Vorgehen wurde aufgebaut. 1993 erfolgte eine Überarbeitung und Neuauflage der Richtlinie, welche in dieser Form bis heute Gültigkeit besitzt.[536]

Umfang und wesentliche Schritte des Vorgehens wurden bereits in Kapitel 2.1.3.3 vorgestellt, auf welches an dieser Stelle verwiesen wird. Die in diesem Kapitel vorgestellte Abbildung 22 zeigt die grafische Darstellung des Vorgehensmodells.

Die Bewertung des Ansatzes zeigt, dass dieser sehr hohe Praktikabilität und Übertragbarkeit sowie einen sehr hohen Bezug auf physische Produkte aufweist. Das Kriterium Prozessbeschreibung wird ebenfalls vollständig erfüllt. Der Ansatz bezieht jedoch die Werkzeugerstellung nicht explizit mit ein und erfüllt die Anforderungen bzgl. Ablaufflexibilität und Iterativität sowie Informations- und Wissensmanagement lediglich in Grundzügen.

3.2.1.5 V-Modell nach VDI Richtlinie 2206

Die als V-Modell bekannte Entwicklungsmethodik für mechatronische Systeme nach VDI Richtlinie 2206 ist als Leitfaden zur Entwicklung komplexer Produkte mit Zusammenspiel von Maschinenbau, Elektrotechnik und Informationstechnik konzipiert. Spezieller Fokus liegt auf der Zusammenarbeit interdisziplinärer Projektteams und der Förderung einer zielgerichteten

[532] Vgl. Boehm (A Spiral Model of Software Development and Enhancement), 1988, S. 61ff.

[533] Vgl. Goll, Hommel (Mit Scrum zum gewünschten System), 2015, S. 71; Boehm (A Spiral Model of Software Development and Enhancement), 1988, S. 69

[534] Vgl. VDI Verein Deutscher Ingenieure e.V., (VDI 2221), 1993

[535] Vgl. Pahl, Beitz (Konstruktionslehre), 1977

[536] Vgl. Feldhusen, Grote (Pahl/Beitz Konstruktionslehre), 2013, S. 16; Bender, Gericke (Entwicklungsprozesse), 2016, S. 402f.

Kommunikation und Kooperation. Die VDI Richtlinie 2206 soll die VDI Richtlinie 2221 nicht ersetzen, sondern als Ergänzung dieser zur Entwicklung mechatronischer Systeme dienen.[537]

Die Grundstruktur des Vorgehensmodells nach VDI 2206 bilden die drei Elemente allgemeiner Problemlösungszyklus auf Mikroebene, V-Modell auf Makroebene sowie vordefinierte Prozessbausteine für wiederholende Arbeitsschritte. Der Problemlösungszyklus dient zur Strukturierung innerhalb einzelner Entwicklungsaufgaben. Diese werden mithilfe des V-Modells in ein Gesamtvorgehen eingeordnet, welches die Entwicklung eines Produkts von den Anforderungen über den Systementwurf, domänenspezifische Entwürfe, Systemintegration bis hin zum finalen Produkt beschreibt.[538] Abbildung 58 stellt das V-Modell als Makrozyklus dar.

Zentrales Kernelement des V-Modells ist die Eigenschaftsabsicherung, welche in Form kurzer Regelkreise aufgebaut ist und als Kontrollfunktion der Entwicklung dient.[539] Für jeden der genannten Entwicklungsschritte vom Systementwurf bis hin zur Systemintegration sowie zur Eigenschaftsabsicherung liefert die VDI 2206 über die grundsätzliche Strukturierung hinaus auch eine detaillierte Beschreibung in Form von Prozessbausteinen.[540] Ähnlich wie im Spiralmodell nach BOEHM sind auch im V-Modell iterative Durchläufe des Makrozyklus mithilfe gezielt eingesetzter Prototypen vorgesehen.[541] Damit löst sich das V-Modell vom streng deterministisch-normativen Ablauf und bezieht Grundzüge empirisch-adaptiver Vorgehensmodelle ein.

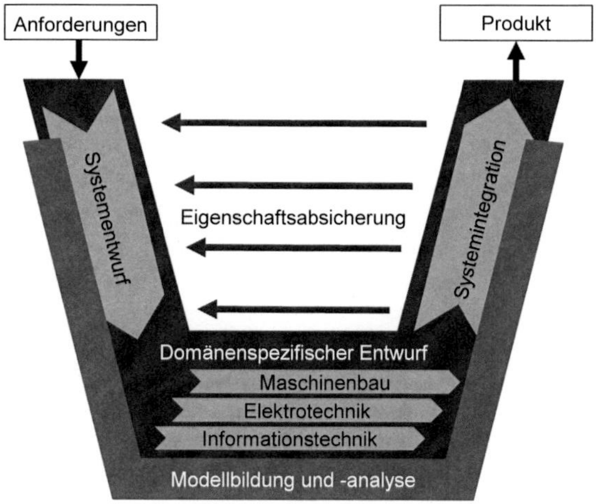

Abbildung 58: V-Modell nach VDI Richtlinie 2206[542]

[537] Vgl. VDI Verein Deutscher Ingenieure e.V., (VDI 2206), 2004, S. 1ff.
[538] Vgl. VDI Verein Deutscher Ingenieure e.V., (VDI 2206), 2004, S. 26f.
[539] Vgl. Feldhusen, Grote (Der Produktentstehungsprozess (PEP)), 2013, S. 18
[540] Vgl. VDI Verein Deutscher Ingenieure e.V., (VDI 2206), 2004, S. 26f.
[541] Vgl. VDI Verein Deutscher Ingenieure e.V., (VDI 2206), 2004, S. 30ff.
[542] I. A. a. VDI Verein Deutscher Ingenieure e.V., (VDI 2206), 2004, S. 29

Das V-Modell weist einen hohen Erfüllungsgrad der Anforderungen auf. So werden die Anforderungen Praktikabilität, Übertragbarkeit, Bezug auf physische Produkte, Prozessbeschreibung, Ablaufflexibilität und Iterativität voll erfüllt. Die Anforderung zur Integration der Werkzeugerstellung wird lediglich in sehr geringem Umfang erfüllt, da der Ansatz nur oberflächlich auf die Notwendigkeit der Produktionssystementwicklung eingeht. Die Anforderung Informations- und Wissensmanagement wird ebenso nur in sehr geringem Umfang erfüllt.

3.2.2 Empirisch-adaptive Produktentwicklungsansätze

3.2.2.1 Simultaneous Engineering

Simultaneous Engineering stellt eine Strategie zur Produktentwicklung dar, deren Kerngedanke die Parallelisierung von Produktentwicklung und Produktionsprozessentwicklung ist.[543] Die Strategie wurde in den späten 1970er und frühen 1980er Jahren erstellt und nachfolgend durch verschiedene Autoren weiterentwickelt.[544] Abbildung 59 verdeutlicht das Grundkonzept der Parallelisierung von Aktivitäten.

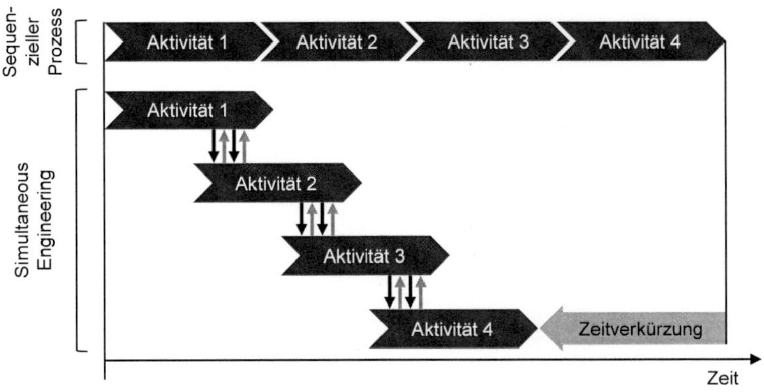

Abbildung 59: Simultaneous Engineering[545]

Nach BULLINGER müssen im Rahmen des Simultaneous Engineering mit Parallelisierung, Standardisierung und Integration drei Handlungsmaßnahmen umgesetzt werden. Durch Parallelisierung soll eine Zeitverkürzung erreicht werden, indem aufeinander folgende Prozessschritte ohne Abhängigkeit zeitgleich durchgeführt werden. Prozessschritte mit Abhängigkeit werden ebenfalls bereits vor Abschluss des vorangehenden Schritts begonnen. Standardisie-

543 Vgl. Klein (Agiles Engineering im Maschinen- und Anlagenbau), 2016, S. 92; Eversheim et al. (Simultaneous Engineering), 1995, S. 2ff.

544 Vgl. Ullman (The Mechanical Design Process), 2010, S. 9

545 I. A. a. Neutschel, Vajna (Organisations- und Prozessintegration), 2014, S. 351

rung dient der Reduktion von Wiederholtätigkeiten, um den Entwicklungsaufwand zu minimieren. Integration bedeutet die gezielte Einbeziehung aller an der Entwicklungsaufgabe beteiligter Funktionsbereiche.[546]

Im Zusammenhang mit Simultaneous Engineering wird oftmals auch der Begriff Concurrent Engineering gebraucht, welcher je nach Autor entweder als synonym oder auch als leichte Abwandlung zu Simultaneous Engineering verstanden wird.[547] Im Verständnis nach NEUTSCHEL UND VAJNA werden beim Simultaneous Engineering ganze Aufgaben überlappend und parallel durchgeführt. Beim Concurrent Engineering werden darüber hinaus einzelne Aufgaben aufgeteilt und durch verschiedene Personen parallel durchgeführt.[548]

Simultaneous Engineering erfüllt die Anforderungen Übertragbarkeit und Bezug auf physische Produkte vollständig. Die Anforderung Praktikabilität wird aufgrund mangelnder konkreter Umsetzungsempfehlungen ebenso wie Ablaufflexibilität und Iterativität nur teilweise erfüllt. Prozessbeschreibung, Integration der Werkzeugerstellung sowie Informations- und Wissensmanagement werden nicht erfüllt.

3.2.2.2 Integrierte Produktentwicklung nach EHRLENSPIEL

Bei der integrierten Produktentwicklung nach EHRLENSPIEL handelt es sich um eine Strategie zur Produktentwicklung.[549] Grundideen zur integrierten Entwicklung wurden bereits in den 1960er Jahren durch OLSSON entwickelt und erfuhren schließlich 1987 mit Veröffentlichung durch ANDREASEN UND HEIN internationale Aufmerksamkeit.[550] Ab 1990 wurde die Strategie insbesondere durch EHRLENSPIEL weiterentwickelt und ausdetailliert.[551]

Integrierte Produktentwicklung kann als Weiterentwicklung und Detaillierung der Ansätze des Simultaneous Engineering und Concurrent Engineering verstanden werden.[552] Der Ansatz beschreibt die Auflösung einer arbeitsteiligen Produktentwicklung, indem eine enge Zusammenarbeit aller Beteiligten von der Produktidee bis zur Erstellung des Produkts systematisch unterstützt wird. Hierzu werden vier Bereiche in den Fokus gestellt, welche eine ganzheitliche

546 Vgl. Bullinger, Warschat (Forschungs- und Entwicklungsmanagement), 1997, S. 15ff.

547 Vgl. Ullman (The Mechanical Design Process), 2010, S. 9; Burchardt (Erweitertes Konzept für die integrierte Produktentwicklung), 2001, S. 25f.; Neutschel, Vajna (Organisations- und Prozessintegration), 2014, S. 351; Lincke (Simultaneous Engineering), 1995, S. 33ff.

548 Vgl. Neutschel, Vajna (Organisations- und Prozessintegration), 2014, S. 351; Vajna et al. (CAx für Ingenieure), 2009, S. 4

549 Vgl. Klein (Agiles Engineering im Maschinen- und Anlagenbau), 2016, S. 91f.

550 Vgl. Vajna, Burchardt (Vorgehensweisen der Integrierten Produktentwicklung), 2014, S. 15f.; Andreasen, Hein (Integrated Product Development), 1987

551 Vgl. Vajna, Burchardt (Vorgehensweisen der Integrierten Produktentwicklung), 2014, S. 15ff.; Kantelberg (Gestaltung agiler Entwicklungsprozesse technischer Produkte), 2018, S. 35

552 Vgl. Vajna, Burchardt (Vorgehensweisen der Integrierten Produktentwicklung), 2014, S. 17; Vajna et al. (CAx für Ingenieure), 2009, S. 411

Integration ermöglichen sollen. Diese vier Gestaltungsbereiche sind Mensch, Organisation, Technik und Methodik (vgl. Abbildung 60).[553]

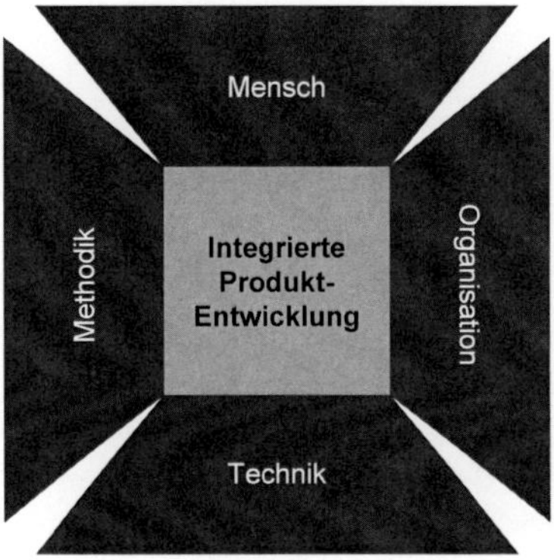

Abbildung 60: Integrierte Produktentwicklung nach EHRLENSPIEL[554]

Darüber hinaus werden drei wesentliche Integrationsarten unterschieden, denen verschiedene Elemente und Methoden zugeordnet werden können. Diese sind die persönliche, die informatorische sowie die organisatorische Integration.[555] Wesentliche Elemente und Methoden sind das Test-Operate-Test-Exit-Schema (TOTE-Schema), der Vorgehenszyklus, der Methodenbaukasten, der Vorgehensplan sowie die Organisation der Zusammenarbeit. Durch gezielte Anwendung des TOTE-Schemas innerhalb des Vorgehenszyklus werden kurzzyklische Iterationen umgesetzt.[556]

Der Ansatz zur integrierten Produktentwicklung nach EHRLENSPIEL erreicht den vollen Erfüllungsgrad hinsichtlich der Anforderungen Praktikabilität, Übertragbarkeit, Bezug auf physische Produkte sowie Ablaufflexibilität und Iterativität. Die Anforderungen Integration der Werkzeugerstellung, Prozessbeschreibung sowie Informations- und Wissensmanagement werden jedoch lediglich in Teilen erfüllt.

553 Vgl. Ehrlenspiel, Meerkamm (Integrierte Produktentwicklung), 2013, S. 194ff.; Vajna, Burchardt (Vorgehensweisen der Integrierten Produktentwicklung), 2014, S. 25f.

554 I. A. a. Ehrlenspiel, Meerkamm (Integrierte Produktentwicklung), 2013, S. 195

555 Vgl. Burchardt (Erweitertes Konzept für die integrierte Produktentwicklung), 2001, S. 48f.; Vajna, Burchardt (Vorgehensweisen der Integrierten Produktentwicklung), 2014, S. 26

556 Vgl. Burchardt (Erweitertes Konzept für die integrierte Produktentwicklung), 2001, S. 50ff.; Vajna, Burchardt (Vorgehensweisen der Integrierten Produktentwicklung), 2014, S. 26ff.; Ehrlenspiel, Meerkamm (Integrierte Produktentwicklung), 2013, S. 329ff.

3.2.2.3 Scrum nach SCHWABER

Die Scrum Methode nach SCHWABER stellt einen weit verbreiteten Ansatz zur agilen Softwareentwicklung dar. Scrum geht über eher technisch fokussierte Ansätze zur agilen Softwareentwicklungsansätze wie bspw. Extreme Programming (XP)[557] hinaus. Es werden wesentliche organisatorische Aspekte detailliert. Durch die deutlich praktikablere Ausrichtung konnte sich dieser Ansatz in vielen Unternehmen als Entwicklungsvorgehen durchsetzen.[558] Vor diesem Hintergrund kann Scrum auch als agile Projektmanagementmethode bezeichnet werden.[559]

Der Name Scrum leitet sich aus einer Spielsituation im Rugbysport ab, bei der eine Gruppe Spieler eine enge Formation in Form einer Umklammerung durchführt. Entsprechend dieser Analogie zielt der Scrum Ansatz darauf ab, eine möglichst enge und fokussierte Zusammenarbeit von Entwicklungsteams zu erzielen.[560] Um dies vor dem Hintergrund der typischerweise hohen Unsicherheit bei Entwicklungsaufgaben zu erreichen, wird den Projektteams eine möglichst hohe Flexibilität ermöglicht. Die Grundstruktur des Vorgehens nach Scrum ist daher mit den drei Phasen Planung und Vorbereitung, Entwicklung sowie Projektabschluss sehr einfach gehalten.[561] Innerhalb der Phase Entwicklung wird lediglich ein generisches Vorgehen vorgegeben, ohne konkrete Entwicklungstätigkeiten zu spezifizieren. Dieses generische Vorgehen fokussiert darauf, in zeitlich begrenzten, kurzen Entwicklungsphasen, sog. Sprints, jeweils einzelne funktionsfähige Produktinkremente zu entwickeln.

Ausgehend von einer Produktvision wird ein Produkt-Backlog mit Anforderungen an das zu entwickelnde Produkt erstellt. Ausgehend davon wird in einer Sprint-Planungsbesprechung ein Sprint-Backlog definiert, der während des folgenden Sprints umzusetzende Anforderungen zusammenfasst. Anschließend folgt ein Entwicklungssprint von wenigen Wochen, bei dem mittels einer täglichen Besprechung (Daily Scrum) der Fortschritt kontrolliert und gesteuert wird. Nach Abschluss des Sprints wird in einer Sprint-Review-Besprechung der Sprinterfolg präsentiert und diskutiert. In einer Sprint-Retrospective-Besprechung werden zudem die Vorgehensweisen und Methoden des Sprints kritisch reflektiert und ggf. angepasst. Anschließend startet der nächste Sprint-Zyklus mit der nächsten Sprint-Planungsbesprechung.[562] Abbildung 61 veranschaulicht dieses Vorgehen. Eine effiziente Realisierung dieser Vorgehensstruktur

557 Extreme Programming ist ein agiles Vorgehensmodell zur Softwareentwicklung, bei dem ein Fokus auf das frühzeitige, fortlaufende und kleinschrittige Testen gelegt wird. Mit der Entwicklung dieses Ansatzes wurde die Grundlage agiler Softwareentwicklung gelegt, die mit der Scrum Methode weiterentwickelt wurde. Vgl. Beck (Embracing Change With Extreme Programming), 1999, S. 70ff.; Goll, Hommel (Mit Scrum zum gewünschten System), 2015, S. 73f. sowie S. 83

558 Vgl. Goll, Hommel (Mit Scrum zum gewünschten System), 2015, S. 83f.

559 Vgl. Schwaber (Agile Project Management With Scrum), 2004, S. xvii; Kantelberg (Gestaltung agiler Entwicklungsprozesse technischer Produkte), 2018, S. 87

560 Vgl. Schwaber (SCRUM Development Process), 1997, S. 118

561 Vgl. Schwaber (SCRUM Development Process), 1997, S. 124ff.

562 Vgl. Schwaber (Agile Project Management With Scrum), 2004, S. 7ff.

wird durch die spezifische Definition von Rollen mit jeweils klar definierten Aufgaben, zu erstellenden Artefakten sowie durchzuführenden Events erreicht.[563]

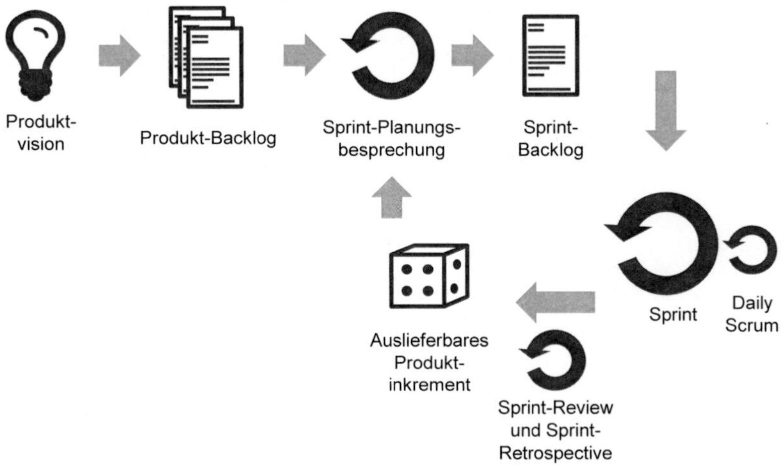

Abbildung 61: Scrum nach SCHWABER[564]

Der Ansatz zeichnet sich durch eine vollständig erfüllte Praktikabilität sowie Ablaufflexibilität und Iterativität aus. Übertragbarkeit, Prozessbeschreibung sowie Informations- und Wissensmanagement sind nur in Teilen gegeben. Da der Ansatz für die Anwendung im Rahmen der Softwareentwicklung konzipiert ist, findet kein Bezug auf physische Produkte und keine Integration der Werkzeugerstellung statt.

3.2.2.4 Agile Entwicklungsprozesse technischer Produkte nach KANTELBERG

Die Methodik zur Gestaltung agiler Entwicklungsprozesse technischer Produkte nach KANTELBERG überträgt Methoden der agilen Softwareentwicklung auf die Entwicklung technischer Produkte. Hierdurch sollen Unternehmen befähigt werden, agile Methoden systematisch in ihren Entwicklungsprozessen einzusetzen und dadurch agile Entwicklungsprozesse umzusetzen.[565]

Die Methodik basiert auf vier Teilmodellen.[566] Im ersten Teilmodell erfolgt eine systematische Beschreibung der Entwicklung technischer Produkte, welche mithilfe einer Kombination aus Design Structure Matrices sowie Multidomain Matrices unter Einbeziehung von Zielen, Aktivitäten und Artefakten erreicht wird. Im zweiten Teilmodell werden Wirkungsweisen der agilen Softwareentwicklung identifiziert. Diese Wirkungsweisen werden im dritten Teilmodell mittels einer Analyse der Einflüsse auf Entwicklungsprozesse technischer Produkte betrachtet.

563 Vgl. Schwaber, Sutherland (The Scrum Guide), 2017, S. 4ff.; Schwaber, Sutherland (Software in 30 Days), 2012; S. 57ff.

564 Vgl. Schwaber (Agile Project Management With Scrum), 2004, S. 7

565 Vgl. Kantelberg (Gestaltung agiler Entwicklungsprozesse technischer Produkte), 2018, S. 3f.

566 Vgl. Kantelberg (Gestaltung agiler Entwicklungsprozesse technischer Produkte), 2018, S. 104

Dadurch wird identifiziert, welche Elemente der agilen Softwareentwicklung sich auf die Entwicklung technischer Produkte übertragen lassen. Im vierten Teilmodell erfolgt schließlich die Gestaltung agiler Entwicklungsprozesse technischer Produkte. Hierzu werden standardisierte Prozesselemente sowie charakteristische Prozessvarianten definiert, mithilfe derer Unternehmen ihren spezifischen agilen Produktentwicklungsprozess erarbeiten können. Zur Komposition der Entwicklungsprozesse wird dabei in Strategieebene und Iterationsebene unterschieden.[567] Abbildung 62 zeigt die ablauforganisatorische Struktur der Strategieebene und die Interaktion mit der anknüpfenden Iterationsebene. Auf Iterationsebene orientiert sich die ablauforganisatorische Struktur eng am bereits vorgestellten Scrum Ansatz.[568]

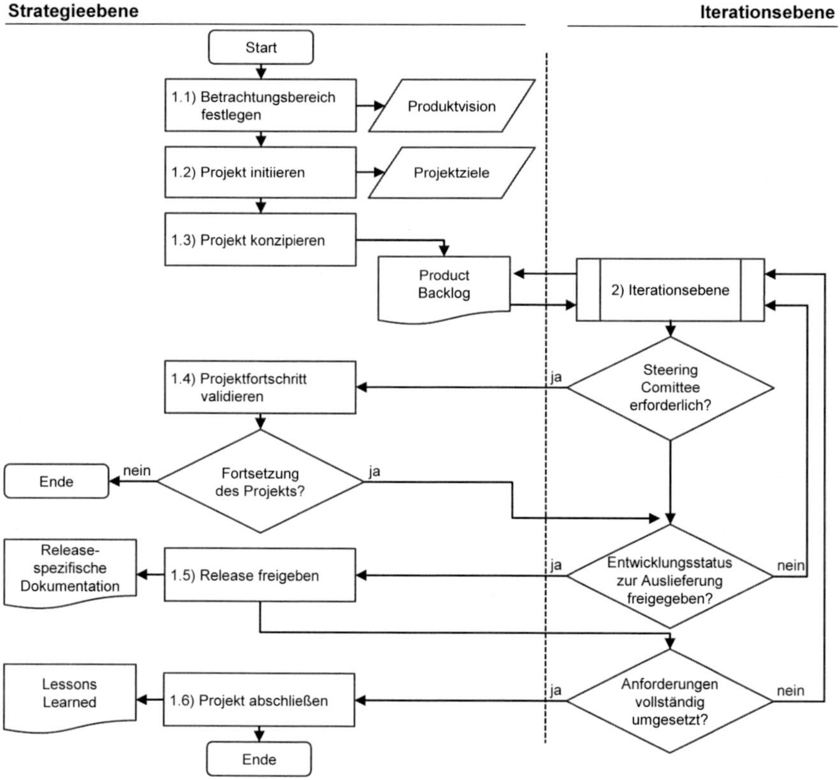

Abbildung 62: Agile Entwicklungsprozesse technischer Produkte nach KANTELBERG[569]

Der Ansatz nach KANTELBERG basiert im Kern auf zentralen Elementen von Scrum. Daher gelten Vorteile der Scrum Methodik ebenfalls für den Ansatz nach KANTELBERG. So weist der

[567] Vgl. Kantelberg (Gestaltung agiler Entwicklungsprozesse technischer Produkte), 2018, S. 119ff.
[568] Vgl. Kantelberg (Gestaltung agiler Entwicklungsprozesse technischer Produkte), 2018, S. 199ff.
[569] I. A. a. Kantelberg (Gestaltung agiler Entwicklungsprozesse technischer Produkte), 2018, S. 186

Ansatz eine vollständig erfüllte Praktikabilität sowie Ablaufflexibilität und Iterativität auf. Prozessbeschreibung sowie Informations- und Wissensmanagement sind nur in Teilen erfüllt. Die Methodik zur Gestaltung agiler Entwicklungsprozesse technischer Produkte nach KANTELBERG erreicht im Gegensatz zu Scrum eine verbesserte Erfüllung der Anforderungen Übertragbarkeit und Bezug auf physische Produkte. Eine gezielte Integration der Werkzeugerstellung wird nicht beschrieben.

3.2.3 Ansätze mit Werkzeugbaubezug

3.2.3.1 Gestaltung und Bewertung von modularen Werkzeugen nach BOOS

Die Methodik zur Gestaltung und Bewertung von modularen Werkzeugen nach BOOS stellt einen Ansatz im Kontext der Werkzeugkonstruktion dar. Zielsetzung des Ansatzes ist es, Werkzeugbaubetrieben einen praxisorientierten Leitfaden zur Realisierung der Potenziale einer Modularisierung von Werkzeugen zu bieten.[570] Die Methodik nach BOOS stellt damit keinen eigenständigen, vollumfänglichen Konstruktionsprozess für Werkzeuge dar, sondern lässt sich in den Konstruktionsprozess eines Werkzeugs wie bspw. in den Konstruktionsprozess nach PAHL UND BEITZ[571] integrieren.[572]

Die Methodik nach BOOS ist in die zwei übergeordneten Phasen Initiierung und Anwendung unterteilt. In jeder der beiden Phasen werden verschiedene Schritte durchlaufen (vgl. Abbildung 63). In der Initiierungsphase werden zunächst die notwendigen Vorrausetzungen für eine Modularisierung geschaffen. Hierzu werden in einem ersten Schritt die unternehmensspezifischen Randbedingungen mit insb. strategischer Positionierung und Wettbewerbssituation ermittelt. Im zweiten Schritt erfolgt die Strukturierung und Typisierung des Werkzeugspektrums. Im dritten Schritt wird mithilfe der Konstruktionsprozessanalyse der aktuelle Status quo der Prozesse dokumentiert und analysiert. In der daran anschließenden Anwendungsphase erfolgt die eigentliche Umsetzung der Modularisierung. Zunächst werden hierzu Anforderungen erfasst, klassifiziert und dokumentiert. Darauf aufbauend folgt die Definition einer Funktionsstruktur. Anschließend werden den Funktionen zunächst Wirkprinzipien und dann Komponenten zugeordnet. Mit dem nächsten Schritt Modulgestaltung folgt der zentrale Methodikschritt. Danach wird eine Bewertung der definierten Module durchgeführt, bevor mit der Modulentscheidung der letzte Schritt der Methodik erfolgt.[573]

[570] Vgl. Boos (Gestaltung und Bewertung von modularen Werkzeugen), 2008, S. 2f.

[571] Vgl. Feldhusen, Grote (Pahl/Beitz Konstruktionslehre), 2013, S. 16f.

[572] Vgl. Boos (Gestaltung und Bewertung von modularen Werkzeugen), 2008, S. 82

[573] Vgl. Boos (Gestaltung und Bewertung von modularen Werkzeugen), 2008, S. 82ff.

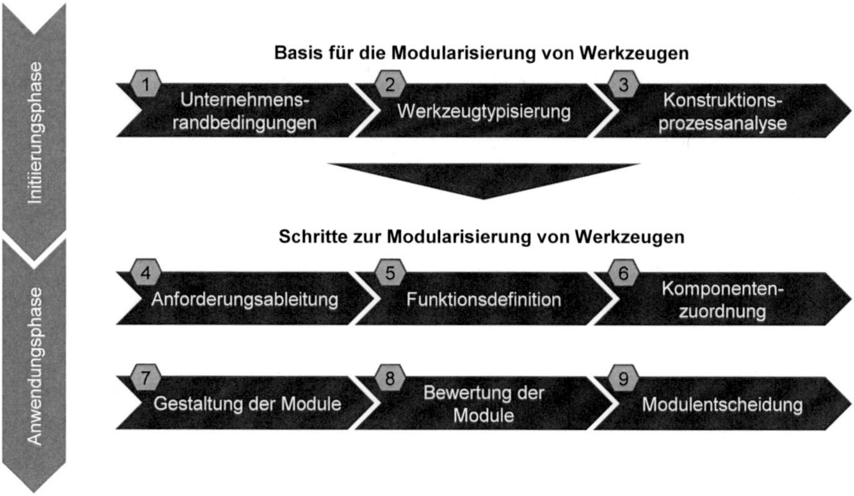

Abbildung 63: Gestaltung und Bewertung von modularen Werkzeugen nach Boos[574]

Der Ansatz nach Boos weist eine sehr hohe Praktikabilität und Übertragbarkeit auf und nimmt zudem konkreten Bezug auf physische Produkte. Der Ansatz wurde für den konkreten Kontext der Werkzeugkonstruktion entwickelt und beschreibt die Integration der Werkzeugerstellung in den Produktentwicklungsprozess in hohem Umfang. Die Methodik ist grundsätzlich als Prozess aufgebaut, erreicht dabei jedoch nur einen begrenzten Detaillierungsgrad. Die Anforderungen Ablaufflexibilität und Iterativität sowie Informations- und Wissensmanagement werden lediglich rudimentär berücksichtigt.

3.2.3.2 Gestaltung von Geschäftsprozessen im industriellen Werkzeugbau nach Kuhlmann

Die Methodik zur Gestaltung von Geschäftsprozessen im industriellen Werkzeugbau nach Kuhlmann stellt einen Ansatz zur Optimierung der Auftragsabwicklungsprozesse von Werkzeugbaubetrieben dar. Hierbei werden insbesondere die Zielgrößen Schnelligkeit, Zuverlässigkeit und Effizienz fokussiert. [575]

Die Methodik nach Kuhlmann liefert in fünf übergeordneten Schritten eine Herangehensweise zur Entwicklung von Geschäftsprozessen. Die ersten zwei Schritte zur Analyse der Rahmenbedingungen des Werkzeugbaus sowie zur Prozesstypisierung des Werkzeugbaus lassen sich einer Basisphase zuordnen. Die nachfolgenden drei Schritte kennzahlengestützte Prozessbewertung, gestaltungsunterstützende Prozessmodellierung sowie referenzprozessbasierte Prozessgestaltung bilden die Gestaltungsphase (vgl. Abbildung 64).[576] Mithilfe dieser generischen Methodik lassen sich Geschäftsprozesse über die gesamte Prozesskette eines

574 I. A. a. Boos (Gestaltung und Bewertung von modularen Werkzeugen), 2008, S. 89
575 Vgl. Kuhlmann (Gestaltung von Geschäftsprozessen), 2011, S. 3f.
576 Vgl. Kuhlmann (Gestaltung von Geschäftsprozessen), 2011, S. 75ff.

Werkzeugbaubetriebs betrachten und optimieren. Die Werkzeugentwicklung wird dabei durch KUHLMANN als ein relevanter Hauptprozess identifiziert, auf den sich die Methodik anwenden lässt.[577] Konkrete Handlungsempfehlungen oder ein Referenzvorgehen zur Gestaltung von speziell der Produkt- und Werkzeugentwicklung werden jedoch nicht dargelegt.

Die Methodik nach KUHLMANN erfüllt in vollem Umfang die Anforderungen hinsichtlich Übertragbarkeit und Bezug auf physische Produkte. Die Anforderungen Praktikabilität sowie Integration der Werkzeugerstellung werden hingegen aufgrund der fehlenden Konkretisierung der eigentlichen Entwicklungsprozesse nur teilweise erfüllt. Die Anforderungen Prozessbeschreibung sowie Ablaufflexibilität und Iterativität werden nicht erfüllt. Informations- und Wissensmanagement findet lediglich in sehr geringem Umfang Berücksichtigung.

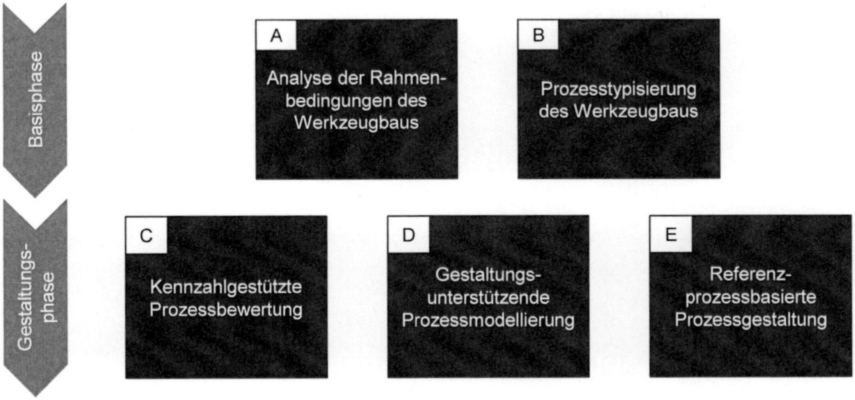

Abbildung 64: Gestaltung von Geschäftsprozessen im industriellen Werkzeugbau nach KUHLMANN[578]

3.2.3.3 Integrierte Produkt- und Werkzeugentwicklung nach ARYOBSEI

Der Ansatz zur integrierten Produkt- und Werkzeugentwicklung durch Gestaltung von Freiheitsgraden nach ARYOBSEI liefert ein methodisches Vorgehen zur Produkt- und Werkzeugentwicklung mit dem Ziel, die Werkzeugkosten sowie die Time to Market zu minimieren.[579]

Die Methodik wird auf Makroebene in einer Grundstruktur mit drei aufeinanderfolgenden Schritten gebildet (vgl. Abbildung 65). In einem ersten Schritt erfolgt eine Analyse und Bewertung möglicher Produktvarianten hinsichtlich der zwei übergeordneten Zielgrößen der Werk-

[577] Vgl. Kuhlmann (Gestaltung von Geschäftsprozessen), 2011, S. 104

[578] I. A. a. Kuhlmann (Gestaltung von Geschäftsprozessen), 2011, S. 83

[579] Vgl. Aryobsei (Gestaltung von Freiheitsgraden), 2015, S. 3f.

zeugkosten und Time to Market. Im nächsten Schritt werden Freiheitsgrade zur werkzeuggerechten Optimierung des zu entwickelnden Produkts erarbeitet. Im dritten Schritt erfolgt eine hinsichtlich der genannten Zielgrößen optimierte Einschränkung der Freiheitsgrade.[580]

Abbildung 65: Integrierte Produkt- und Werkzeugentwicklung nach ARYOBSEI[581]

Wie auch die Methodik nach BOOS stellt auch die Methodik nach ARYOBSEI keinen eigenständigen, ganzheitlichen Ansatz zur Produkt- und Werkzeugentwicklung dar. Die Methodik nach ARYOBSEI ordnet sich explizit in das Vorgehensmodell nach VDI 2221 ein und wird hier während der Entwurfsphase beim Gestalten der maßgebenden Module sowie des gesamten Produkts eingesetzt.[582]

Da die Methodik nach ARYOBSEI eine Erweiterung des Ansatzes nach VDI 2221 darstellt, haben die Vorteile dieses Ansatzes auch Gültigkeit für die Methodik nach ARYOBSEI. Die Anforderungen hinsichtlich Praktikabilität, Übertragbarkeit, Bezug auf physische Produkte sowie Prozessbeschreibung werden daher ebenfalls in vollem Umfang erfüllt. Die Erweiterung durch ARYOBSEI fokussiert in besonderem Maße den Einbezug von spezifischen Aspekten der Werkzeugentwicklung und -erstellung. Daher wird die Anforderung der Integration der Werkzeugerstellung ebenfalls in vollem Umfang erfüllt. Jedoch erreicht die Methodik nach ARYOBSEI bzgl. der Anforderungen Ablaufflexibilität und Iterativität sowie Informations- und Wissensmanagement keine signifikante Verbesserung gegenüber der VDI 2221.

3.2.4 Zusammenfassende Bewertung

In den vorangegangenen Kapiteln wurden zwölf Ansätze aus dem Kontext der Produkt- und Werkzeugentwicklung vorgestellt und anhand der in Kapitel 3.1.2 festgelegten Anforderungen bewertet. Aufbauend darauf erfolgen nun Zusammenfassung und Gegenüberstellung dieser einzelnen Bewertungen. Abbildung 66 zeigt die einzelnen Bewertungen der vorgestellten Ansätze dazu in einer Gesamtübersicht.

[580] Vgl. Aryobsei (Gestaltung von Freiheitsgraden), 2015, S. 83ff.; Kantelberg et al. (Integrated Product and Tool Development), 2015, S. 526ff.

[581] I. A. a. Aryobsei (Gestaltung von Freiheitsgraden), 2015, S. 97

[582] Vgl. Aryobsei (Gestaltung von Freiheitsgraden), 2015, S. 88ff.

		Allgemeine Anforderungen		Produktentwicklungsbezogene Anforderungen				
		Praktikabilität	Übertragbarkeit	Bezug auf physische Produkte	Integrierte Werkzeugerstellung	Prozessbeschreibung	Ablaufflexibilität und Iterativität	Wissens- und Informationsmanagement
Deterministisch-normative Produktentwicklungsansätze	Wasserfallmodell (ROYCE, 1970)	◑	◕	◯	◯	◑	◑	◔
	Stage-Gate-Prozess (COOPER, 1979)	●	●	●	◯	◕	◑	◔
	Spiralmodell (BOEHM, 1988)	◑	●	◯	◯	◕	●	◯
	VDI 2221 (VDI, 1993)	●	●	●	◯	●	◔	◔
	V-Modell, VDI 2206 (VDI, 2004)	●	●	●	◔	●	●	◔
Empirisch-adaptive Produktentw.ansätze	Simultaneous Engineering (Diverse)	◑	●	●	◯	◯	◑	◯
	Integrierte Produktentwicklung (Ehrlenspiel, 1991)	●	●	●	◔	◑	●	◔
	Scrum (SCHWABER, 1997)	●	◑	◯	◯	◑	●	◑
	Agile Entwicklungsprozesse (KANTELBERG, 2018)	●	●	●	◯	◑	●	◑
Ansätze mit Werkzeugbaubezug	Werkzeugmodularisierung (BOOS, 2008)	●	●	●	◕	◑	◔	◔
	Geschäftsprozessgestaltung (KUHLMANN, 2011)	◕	●	●	◑	◯	◯	◔
	Geschäftsprozessgestaltung (ARYOBSEI, 2015)	●	●	●	●	●	◔	◔

Abbildung 66: Bewertungsübersicht der analysierten Ansätze

Die allgemeinen Anforderungen **Praktikabilität** und **Übertragbarkeit** werden durch die meisten Ansätze vollständig erfüllt. Lediglich einzelne Ansätze erreichen einen geringen Erfüllungsgrad bzgl. dieser beiden Anforderungen. Die hohe Praktikabilität der ausgewählten Ansätze wird durch die jeweilige erfolgreiche praktische Anwendung in Industrieunternehmen belegt. Der Großteil der betrachteten Ansätze ist darauf ausgerichtet, auf verschiedene Branchen und Unternehmen angewandt werden zu können. Lediglich die Ansätze nach ROYCE und SCHWABER weisen in Bezug auf diese Anforderung Einschränkungen auf.

Hinsichtlich der definierten produktentwicklungsbezogenen Anforderungen weisen die betrachteten Ansätze deutlich größere Unterschiede auf. Hier lassen sich pro Anforderung jeweils nur eine Auswahl von Ansätzen identifizieren, die ebendiese Anforderung zufriedenstellend erfüllen.

Einen **Bezug auf physische Produkte** weisen alle Ansätze bis auf die Ansätze nach ROYCE, BOEHM und SCHWABER auf, welche speziell für die Softwareentwicklung erarbeitet wurden. Insbesondere für den Ansatz nach SCHWABER stellt dies in Kombination mit der lediglich geringen Übertragbarkeit ein gravierendes Defizit dar. Dieses Defizit konnte jedoch in dem auf dem Ansatz nach SCHWABER aufbauenden Ansatz nach KANTELBERG behoben werden.

Die Anforderung **Integration der Werkzeugerstellung** wird nur durch wenige Ansätze erfüllt. Lediglich der Ansatz nach ARYOBSEI kann diese Anforderung in vollem Umfang erfüllen. Einzelne weitere Ansätze weisen einen abgestuften Erfüllungsgrad auf. Dies sind die Ansätze nach BOOS, KUHLMANN, EHRLENSPIEL und VDI 2206. Über die Hälfte der Ansätze erfüllt die Anforderung gar nicht. Es kann festgestellt werden, dass trotz der hohen Bedeutung der Werkzeugerstellung für die Produktentwicklung diese in klassischen Ansätzen zur Produktentwicklung nicht in erforderlichem Umfang berücksichtigt wird.

Bezüglich der Anforderung **Prozessbeschreibung** erreichen die Ansätze der VDI 2221 und VDI 2206 sowie der auf der VDI 2221 aufbauende Ansatz nach ARYOBSEI einen Erfüllungsgrad in vollem Umfang. Die meisten weiteren Ansätze weisen eine Prozessbeschreibung in geringerer Detaillierung auf. Die Ansätze zum Simultaneous Engineering sowie nach KUHLMANN erfüllen diese Anforderung nicht.

Die Anforderung **Ablaufflexibilität und Iterativität** wird durch fast alle Ansätze zumindest in Teilen erfüllt. Der volle Erfüllungsgrad dieser Anforderung wird durch die Ansätze nach BOEHM, VDI 2206, EHRLENSPIEL, SCHWABER und KANTELBERG erreicht. Bei den übrigen Ansätzen werden zumeist zwar Iterationen vorgesehen, diese werden jedoch nicht strukturell ablaufflexibel eingebracht, was in Abstufungen in der Bewertung resultiert.

Die Anforderung **Informations- und Wissensmanagement** stellt die einzige Anforderung dar, die durch keinen Ansatz in vollem Umfang erfüllt wird. Auch eine Erfüllung in hohem Umfang wird durch keinen Ansatz erreicht. In den meisten Ansätzen wird dieses Thema zwar als bedeutend identifiziert. Konkrete und ausführliche Lösungsansätze weist jedoch keiner der betrachteten Ansätze auf. Die Ansätze nach SCHWABER und KANTELBERG weisen für diese Anforderung den höchsten Erfüllungsgrad auf.

Insgesamt lassen sich folgende zusammenfassende Kernaussagen aus der systematischen Bewertung bestehender Ansätze feststellen. Keiner der analysierten Ansätze erfüllt alle Kriterien in vollem und damit zufriedenstellenden Umfang. Es gibt für jede Anforderung einzeln betrachtet – mit Ausnahme einer Anforderung – jeweils mindestens einen Ansatz, der einen Erfüllungsgrad in vollem Umfang aufweist. Die Anforderung Informations- und Wissensmanagement wird durch keinen Ansatz in hohem oder vollem Umfang erfüllt.

3.3 Handlungsbedarf aus der Theorie und Detaillierung der Forschungsfrage

In Kapitel 2.3 wurde der Handlungsbedarf aus der Praxis zur Gestaltung einer systematischen Integration des Werkzeugbaus in iterative Produktentwicklungsprozesse hergeleitet. Dieser praxisbezogene Handlungsbedarf wurde einerseits durch die vielfältigen Herausforderungen für den Werkzeugbau und andererseits durch die bestehenden Trends begründet. Zur Erfüllung des identifizierten Handlungsbedarfs aus der Praxis wurde die Forderung eines Prozessmodells für den Werkzeugbau im iterativen Produktentwicklungsprozess abgeleitet.

In Kapitel 3 wurde detailliert geprüft, ob ein geeignetes Prozessmodell bereits in der Literatur besteht. Aufbauend auf den zur Herleitung des praxisbezogenen Handlungsbedarfs analysierten Aspekten (vgl. Kapitel 2) wurden daher in Kapitel 3.1.2 Anforderungen definiert. Mithilfe dieser Anforderungen wurden anschließend bestehende, relevante Ansätze analysiert und bewertet. In einem Fazit der Bewertung konnte festgestellt werden, dass keiner der Ansätze alle Anforderungen zufriedenstellend erfüllt. Daher liegt auch **Handlungsbedarf aus der Theorie** vor. Der Handlungsbedarf lässt sich in zwei Aspekte unterteilen. Erstens gilt es, die positiv bewerteten Aspekte einzelner bestehender Ansätze zusammenzuführen, auf den spezifischen Problembereich dieser Arbeit zu übertragen und anwendergerecht zu strukturieren. Zweitens müssen insbesondere für die herausgearbeitete Anforderung Informations- und Wissensmanagement neue Lösungselemente entwickelt und in die Gesamtlösung integriert werden. Der hergeleitete Handlungsbedarf aus der Praxis und der Theorie bestätigt die Relevanz der in Kapitel 1.2 vorangestellten Forschungsfrage.

> Wie muss ein Prozessmodell für den Werkzeugbau im iterativen Produktentwicklungsprozess gestaltet werden?

Mithilfe der in Kapitel 2 ausgearbeiteten praktischen Herausforderungen sowie der in Kapitel 3 identifizierten Defizite bestehender Ansätze lässt sich die definierte Forschungsfrage weiter konkretisieren. Es lassen sich weitere **Detailforschungsfragen** ableiten:

- Mithilfe welcher **Phasen** lässt sich die Integration des Werkzeugbaus in den iterativen Produktentwicklungsprozess in eine zeitliche Grundstruktur einteilen?
- In welchem Umfang und mit welchen konkreten **Leistungen** kann die Integration des Werkzeugbaus in den iterativen Produktentwicklungsprozess durchgeführt werden?
- Wie können diese Leistungen entsprechend den jeweiligen **projektspezifischen Zielen** für einzelne Produktentwicklungsprojekte ausgewählt und eingesetzt werden?
- Wie können die Prozesse zur Integration des Werkzeugbaus **ablaufflexibel und iterativ** gestaltet werden?
- Wie kann ein **Informations- und Wissensmanagement** im Rahmen der Integration des Werkzeugbaus in den iterativen Produktentwicklungsprozess ausgestaltet werden?

In den folgenden Kapiteln wird das Ziel verfolgt, ein Prozessmodell für den Werkzeugbau im iterativen Produktentwicklungsprozess zu entwickeln, welches die aufgeführten Detailforschungsfragen beantwortet.

4 Konzeptionierung des Prozessmodells

In diesem vierten Kapitel erfolgt die Konzeptionierung eines Lösungsansatzes zur Erfüllung des aus der Praxis und aus der Theorie hergeleiteten Handlungsbedarfs (vgl. Kapitel 2.3 und Kapitel 3.3). Entsprechend der übergeordneten Forschungsfrage sowie der in Kapitel 3.3 definierten Detailforschungsfragen wird ein neues Prozessmodell entwickelt, welches eine systematische und zielgerichtete Integration des Werkzeugbaus in den iterativen Produktentwicklungsprozess ermöglicht.

In Kapitel 4.1 erfolgt zunächst eine Einführung zu Grundlagen der wissenschaftstheoretischen Konzeptionierung. Darauf folgend werden in Kapitel 4.2 grundlegende, modellierungsspezifische Anforderungen und Merkmale des zu entwickelnden Prozessmodells festgelegt. In Kapitel 4.3 werden die einzelnen Gestaltungselemente des Prozessmodells hergeleitet und erläutert. Darauf aufbauend wird in Kapitel 4.4 eine Synthese der einzelnen zuvor definierten Gestaltungselemente zu einem Gesamtmodell vorgenommen, bevor in Kapitel 4.5 ein Zwischenfazit festgehalten wird.[583]

4.1 Grundlagen wissenschaftstheoretischer Konzeptionierung

Wie in Kapitel 1.3 eingeführt ordnet sich die Arbeit in die Kategorie der angewandten Handlungswissenschaften ein. Nach KUHN wird wissenschaftlicher Fortschritt insbesondere durch die Existenz eines Forschungsparadigmas bestimmt.[584] Ein Paradigma kann als „allgemein anerkanntes, zentrales Grundmodell (...), das fruchtbare Begriffe, Fragestellungen und Lösungsverfahren liefert“[585], bzw. als „ein System von Normen, welche ein bestimmtes Wissenschaftsbild prägen“[586], verstanden werden.

Nach ULRICH UND HILL muss ein Paradigma folgenden Qualitätskriterien entsprechen:[587]

- Problemlösungskraft (heuristische Funktion)
- Allgemeinheit (Relevanz für eine große Objektmenge)
- Präzision (eindeutige Ergebnisse)
- Integrationskraft (pädagogische Systematisierungsfunktion)

583 Der Aufbau dieses Kapitels orientiert sich in seiner Struktur in Teilen an der Arbeit von SALMEN, welche ebenfalls ein Gestaltungsmodell für den Werkzeugbau herleitet. Vgl. Salmen (Digital vernetzter Shopfloor), 2016, S. 119ff.

584 Vgl. Ulrich, Hill (Wissenschaftstheoretische Grundlagen II), 1976, S. 307; Kuhn (Die Struktur wissenschaftlicher Revolutionen), 1988, S. 57ff.

585 Ulrich, Hill (Wissenschaftstheoretische Grundlagen II), 1976, S. 307

586 Vgl. Ulrich (Management), 1984, S. 155

587 Vgl. Ulrich, Hill (Wissenschaftstheoretische Grundlagen II), 1976, S. 307

Diese Anforderungen erfüllt u. a. der systemtheoretische Ansatz der **systemorientierten Managementlehre** nach ULRICH.[588] Vorteile dieses Ansatzes sind insbesondere die starke Orientierung hinsichtlich praktischer Relevanz sowie die hohe Problemlösungskraft.[589] Aufgrund dieser Vorteile sowie der Ausrichtung auf „Gestaltungs- und Führungsprobleme von produktiven sozialen Systemen“[590] wird dieser Ansatz nach ULRICH als grundlegendes Forschungsparadigma für diese Arbeit gewählt.

4.1.1 Allgemeine Systemtheorie und Kybernetik

Grundlage der systemorientierten Managementlehre nach ULRICH bilden die allgemeine Systemtheorie sowie die Kybernetik.[591] Grundzüge dieser beiden Theorien werden daher im Folgenden erläutert.

Die Entwicklung der **allgemeinen Systemtheorie** begann im frühen 20. Jahrhundert durch den Biologen VON BERTALANFFY. Im weiteren Zeitverlauf wurde die Theorie auf verschiedene Wissenschaftsgebiete wie bspw. die Physik, die Philosophie und die Soziologie übertragen.[592] Ziel der allgemeinen Systemtheorie ist die Untersuchung komplexer Systeme und anschließende Bildung von Modellen zur Beschreibung ebendieser. Als Systeme werden dabei offene, dynamische und zielorientierte Artefakte bezeichnet, die mit ihrer Umwelt interagieren und sich kontinuierlich weiterentwickeln. Weiteres zentrales Merkmal von Systemen ist deren Zusammensetzung aus Elementen. Die Elemente weisen definierte Eigenschaften auf, stehen untereinander in Beziehung und bilden so die Struktur des Systems.[593]

Nach ROPOHL lassen sich Systeme mithilfe von drei Konzepten beschreiben (vgl. Abbildung 67). Das **strukturale Systemkonzept** analysiert den Aufbau eines Systems. Dabei werden die beinhalteten Elemente sowie deren Verknüpfungen in den Mittelpunkt der Betrachtung gestellt. Wesentlicher Grundsatz hierbei ist, dass Elemente nicht eigenständig, sondern immer nur im Kontext ihrer Relationen gesehen werden können. Das **funktionale Systemkonzept** analysiert ein System in Form einer Black Box. Hierbei wird ein System von außerhalb seiner Systemgrenzen betrachtet. Wesentlicher Fokus liegt auf der Verhaltensweise des Systems, welche durch Eingangs- und Ausgangsströme sowie Zustände des Systems beschrieben werden kann. Im Sinne des **hierarchischen Systemkonzepts** kann ein System in Teilsysteme untergliedert werden. Mit dieser Betrachtungsweise lassen sich hierarchische Strukturen von

588 Vgl. Ulrich (Management), 1984

589 Vgl. Ulrich, Hill (Wissenschaftstheoretische Grundlagen I), 1976, S. 308f.

590 Ulrich, Hill (Wissenschaftstheoretische Grundlagen I), 1976, S. 308

591 Vgl. Ulrich (Management), 1984, S. 9 sowie S. 23

592 Vgl. Gassmann et al. (Exploring the Field of Business Model Innovation), 2016, S. 58; von Bertalanffy (General System Theory), 1969, S. vii

593 Vgl. Gassmann et al. (Exploring the Field of Business Model Innovation), 2016, S. 58; Patzak (Systemtechnik – Planung komplexer innovativer Systeme), 1982, S. 18ff.; Bruns (Systemtechnik), 1991, S. 31

Systemen ermitteln und analysieren. Die drei Systemkonzepte betonen jeweils unterschiedliche Merkmale von Systemen. Dabei sind sie jedoch nicht konkurrierend, sondern können kombiniert werden.[594]

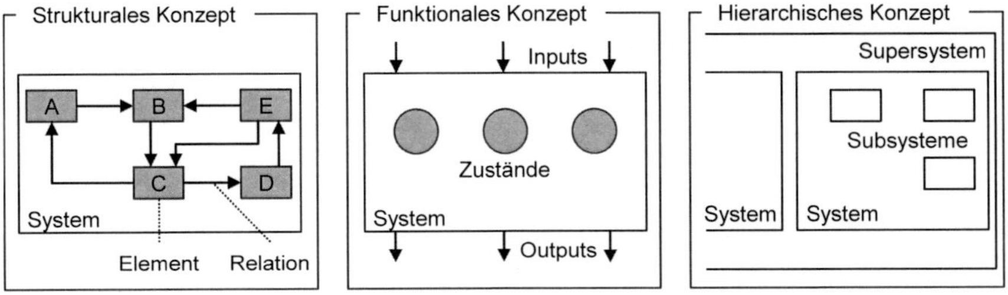

Abbildung 67: Konzepte der Systemtheorie[595]

Der Begriff Kybernetik wurde durch WIENER Mitte des 20. Jahrhunderts definiert und prägte im Folgenden verschiedene Wissenschaftsdisziplinen. **Kybernetik** kann vom griechischen Wort „kybernetes“ mit der Bedeutung Steuermann abgeleitet werden und bezeichnet die Analyse und Nachbildung von informationsverarbeitenden und sich selbst regelnden Systemen.[596] Wesentliche Grundelemente der Kybernetik stellen Regelung (Feedback), Information (Kommunikation) und Wirkungszusammenhang (Komplexität) dar. **Regelung** beschreibt Vorgänge, die sich selbst beeinflussen, indem das Ausgangssignal auf das Eingangssignal eines Prozesses einwirkt. Unter einer **Information** wird eine Nachricht mit spezifischem Inhalt verstanden. Diese kann mittels Kommunikation übertragen werden. Das Element **Wirkungszusammenhänge** beschreibt die formale Struktur von Verknüpfungen einzelner Objekte.[597]

Neben der allgemeinen Systemtheorie bildet Kybernetik einen weiteren Grundpfeiler modernen Systemdenkens.[598] Systemtheorie und Kybernetik sind dabei eng miteinander verwandt und werden in der Praxis nicht immer klar voneinander abgegrenzt.[599] Sowohl Systemtheorie als auch Kybernetik befassen sich mit Systemen. Zur Unterscheidung kann jedoch festgestellt werden, dass sich Systemtheorie stärker auf die Struktur von Systemen und Kybernetik stärker auf die Funktionen von Systemen fokussiert.[600]

[594] Vgl. Ropohl (Allgemeine Technologie), 2009, S. 75ff.

[595] I. A. a. Ropohl (Allgemeine Technologie), 2009, S. 76 sowie vgl. Hienzsch (Leistungsfähigkeit von Werkzeugbaubetrieben), 2016, S. 78

[596] Vgl. Aumann (Die Kybernetik in der Mitte des 20. Jahrhunderts), 2015, S. 21f.; Kaufmann (Der Baum der Kybernetik), 2007, S. 6

[597] Vgl. Kaufmann (Der Baum der Kybernetik), 2007, S. 9ff.

[598] Vgl. Ropohl (Allgemeine Technologie), 2009, S. 72

[599] Vgl. Kaufmann (Der Baum der Kybernetik), 2007, S. 7f.

[600] Vgl. Kaufmann (Der Baum der Kybernetik), 2007, S. 17

4.1.2 Systemorientierte Managementlehre

Die systemorientierte Managementlehre nach ULRICH versteht Management als „Gestalten, Lenken und Entwickeln von zweckorientierten sozialen Systemen“[601]. Mit dieser Definition werden verschiedene zentrale Aspekte betont. Zum einen bezieht sich die systemorientierte Managementlehre in ihrem Objektbereich auf **zweckorientierte soziale Systeme**, zu denen im Wesentlichen aber nicht ausschließlich Unternehmen zählen. Zum anderen wird im Problembereich die Führung von Systemen mit den Aspekten **Gestaltung, Lenkung und Entwicklung** fokussiert. Unter Gestaltung wird die Konzeptionierung und Modellierung eines sozialen Systems verstanden. Lenkung bezeichnet die Forcierung bestimmter Verhaltensweisen innerhalb des bei der Gestaltung festgelegten Rahmens. Der Aspekt Entwicklung beschreibt die Aufgabe, soziale Systeme von einem aktuellen Zustand zu dem im Rahmen der Gestaltung definierten Ziel-Zustand zu verändern.[602] Der Zusammenhang zu den Ansätzen der Systemtheorie und Kybernetik wird insbesondere für die Teilaspekte Gestaltung und Lenkung deutlich.

Entsprechend den erläuterten Kernaspekten wird die systemorientierte Managementlehre auf den Kontext der Arbeit übertragen und angewandt. Sowohl die Produktentwicklung als auch der Werkzeugbau können als zweckorientierte soziale Systeme verstanden werden. Im Sinne des funktionalen Systemkonzepts (vgl. Kapitel 4.1.1) wandelt die Produktentwicklung Input in Form von Anforderungen in Output in Form eines Produktkonzepts um. Der Werkzeugbau wandelt Input ebenfalls in Form von Anforderungen und des Produktkonzepts in Output in Form eines Werkzeugs um. Hiermit ist jeweils auch der Zweck der beiden Systeme beschrieben. In beiden Systemen interagieren Menschen, sodass festgestellt werden kann, dass es sich um zweckorientierte soziale Systeme handelt.

Ziel der Arbeit ist die Entwicklung eines Prozessmodells für den Werkzeugbau im iterativen Produktentwicklungsprozess. Durch die Beschreibung eines Ziel-Zustands soll im Wesentlichen eine **Gestaltung des zweckorientierten sozialen Systems Werkzeugbau** erfolgen. Aufgrund des angestrebten integrierten Prozessverständnisses des Werkzeugbaus im iterativen Produktentwicklungsprozess bezieht sich die Gestaltung jedoch indirekt auch in Teilaspekten auf das soziale System der Produktentwicklung.

4.1.3 Modelle

In Kapitel 4.1.1 wurde die Bildung von Modellen als ein zentrales Ziel der Systemtheorie definiert. Auch für die Zielstellung der Gestaltung im Rahmen der systemorientierten Managementlehre ist die Bildung von Modellen zur Abbildung eines angestrebten Ziel-Zustands zentral (vgl. Kapitel 4.1.2). Daher werden nachfolgend relevante Grundlagen der Modellierung erläutert.

[601] Ulrich (Management), 1984, S. 11

[602] Vgl. Ulrich (Management), 1984, S. 11

Ein Modell stellt die Abbildung eines Teilbereichs der realen Wirklichkeit dar.[603] STACHOWIAK fasst Charakteristika von Modellen in folgenden Hauptmerkmalen zusammen:[604]

- **Abbildungsmerkmal:** Modelle bilden natürliche oder künstliche Originale ab. Diese Originale können wiederum auch Modelle sein. Attribute des Originals werden durch Modellattribute abgebildet.
- **Verkürzungsmerkmal:** Ein Modell bildet lediglich eine Auswahl der Attribute des Originals ab. Die Auswahl der durch ein Modell abgebildeten Attribute wird entsprechend ihrer Relevanz für die Ersteller und Nutzer festgelegt.
- **Pragmatisches Merkmal:** Modelle erfüllen einen definierten Zweck und sind dabei auf bestimmte Nutzer und für ein bestimmtes Zeitintervall ausgerichtet.

Durch Abstraktion und Vereinfachung können Modelle dazu dienen, komplexe Sachverhalte verständlich darzustellen. Damit liefern Modelle eine wichtige Grundlage menschlichen Denkens und Kommunikation und finden Anwendung in verschiedensten Anwendungsbereichen. Probleme können mithilfe von Modellen auf eine abstrakte Ebene übertragen werden, auf der die Problemlösung einfacher erfolgen kann.[605] Abbildung 68 veranschaulicht, wie Problemlösungsprozesse mittels Modellierung erfolgen können.

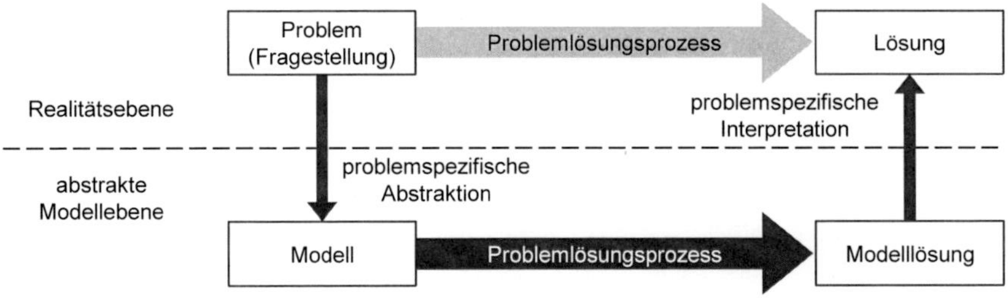

Abbildung 68: Problemlösungsprozess mittels Modellierung[606]

Aufgrund der höchst vielfältigen Einsatzgebiete von Modellen lassen sich verschiedene Modelltypen unterscheiden. Eine Klassifikation von Modellen kann zum einen nach der Kategorie des Abbildungsmediums erfolgen. So lassen sich die vier Typen materielle Modelle (physische Gegenstände), verbale Modelle (Aussagesätze), formale Modelle (tabellarisch-grafisch) sowie mathematische Modelle (quantitativ-analytisch) unterscheiden.[607] Zum anderen können nach den jeweiligen Beziehungen zwischen Original und Modell die drei Typen maßstäbliche Modelle (Replika), Analogmodelle (Verwandtschaftsmodelle) und symbolische Modelle (ikonische Modelle) unterschieden werden.[608]

[603] Vgl. Patzak (Systemtechnik – Planung komplexer innovativer Systeme), 1982, S. 306
[604] Vgl. Stachowiak (Allgemeine Modelltheorie), 1973, S. 131ff.
[605] Vgl. Vajna et al. (CAx für Ingenieure), 2009, S. 98f.
[606] I. A. a. Vajna et al. (CAx für Ingenieure), 2009, S. 100
[607] Vgl. Patzak (Systemtechnik – Planung komplexer innovativer Systeme), 1982, S. 311
[608] Vgl. Patzak (Systemtechnik – Planung komplexer innovativer Systeme), 1982, S. 311f.

Darüber hinaus kann eine wichtige grundlegende Unterscheidung verschiedener Modelltypen nach ihrem Zweck vorgenommen werden. Einteilungen verschiedener Modellarten nach dem Verwendungszweck lassen sich in der Literatur bei PATZAK, LEHNER ET AL. sowie GREGOR[609] finden.[610] Zusammenfassend können fünf verschiedene Modellarten mit jeweils spezifischem Verwendungszweck definiert werden (vgl. Abbildung 69).

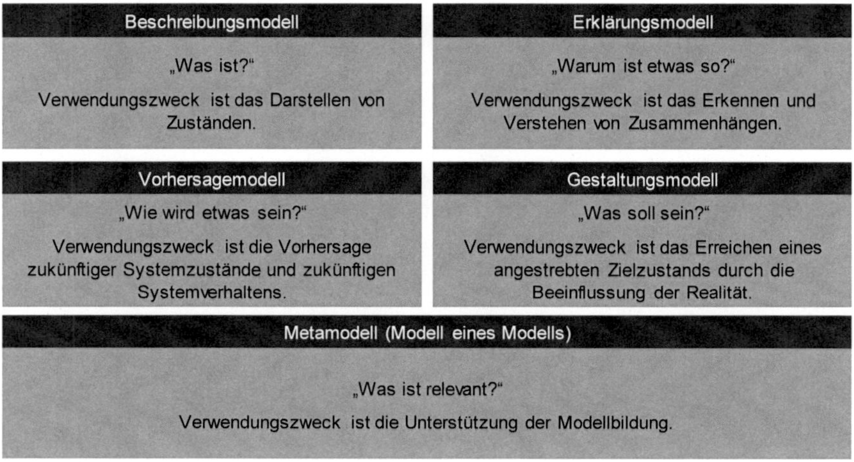

Abbildung 69: Gliederung verschiedener Modellarten nach Verwendungszweck[611]

Beschreibungsmodelle werden genutzt, um bestimmte Zustände, Sachverhalte oder Phänomene möglichst verständlich zu veranschaulichen. Vor diesem Hintergrund werden diese Modelle ebenfalls deskriptive Modelle, Monitormodelle, Erfassungsmodelle, Lehrmodelle oder Darstellungsmodelle genannt.[612]

Erklärungsmodelle stellen Begründungen für bestimmte Phänomene bereit. Sie bauen dabei auf Beschreibungsmodellen und allgemeingültigen Wirkzusammenhängen auf. Erklärungsmodelle werden auch als explikative Modelle bezeichnet.[613]

---

[609] Nach WINTER UND AIER lässt sich die durch GREGOR ursprünglich zur Theorieklassifikation im Zusammenhang mit Informationssystemen aufgestellte Einteilung auch auf Innovationen im Unternehmerischen Kontext wie u. a. die Innovation von Geschäftsprozessen beziehen. Vgl. Winter, Aier (Design Science Research in Business Innovation), 2016, S. 475

[610] Vgl. Patzak (Systemtechnik – Planung komplexer innovativer Systeme), 1982, S. 312ff.; Lehner et al. (Wirtschaftsinformatik), 2008, S. 30ff.; Gregor (The Nature of Theory in Information Systems), 2006, S. 622

[611] Eigene, erweiterte Darstellung i. A. a. Begovic (Datenbasiertes Wissensmanagement für Smart Services), 2018, S. 116

[612] Vgl. Patzak (Systemtechnik – Planung komplexer innovativer Systeme), 1982, S. 313; Lehner et al. (Wirtschaftsinformatik), 2008, S. 30f.; Salmen (Digital vernetzter Shopfloor), 2016, S. 123

[613] Vgl. Patzak (Systemtechnik – Planung komplexer innovativer Systeme), 1982, S. 313f.; Lehner et al. (Wirtschaftsinformatik), 2008, S. 31; Salmen (Digital vernetzter Shopfloor), 2016, S. 123

Vorhersagemodelle[614], auch prognostische Modelle genannt, liefern Prognosen bzgl. zukünftiger Zustände und zukünftigen Verhaltens. In der Regel bauen Vorhersagemodelle auf Erklärungsmodellen auf.[615] Es existieren ebenfalls Vorhersagemodelle, die ohne ein zugrunde liegendes Erklärungsmodell auskommen wie bspw. das Mooresche Gesetz zum Wachstum der Komplexität von Schaltkreisen.[616]

Gestaltungsmodelle, auch Entscheidungsmodelle oder präskriptive-normative Modelle genannt, beschreiben einen Ziel-Zustand, der sich bewusst von der Realität unterscheidet. Dabei umfassen sie Aspekte zur Gestaltung und zum Steuern eines Realitätsausschnitts. Handlungsalternativen werden definiert und eine hinsichtlich einer bestimmten Zielausrichtung optimale Konfiguration des Modells wird vorgegeben. Auf diese Weise wird ein normativer Vorschreibungscharakter erreicht.[617] Damit unterscheiden sich Gestaltungsmodelle grundlegend von den zuvor genannten Modelltypen, welche lediglich eine passive Betrachtungsweise auf den aktuellen bzw. zukünftigen Zustand des modellierten Objekts zulassen. Gestaltungsmodelle weisen hingegen einen aktiven Charakter auf, indem sie eine Verbesserungs- und Problemlösungsperspektive einnehmen.[618]

Metamodelle dienen zur Bildung von Modellen. Mit ihrer Hilfe können Modelle geordnet, systematisch beschrieben und generiert werden. Metamodelle können auch als generische Modelle oder Referenzmodelle bezeichnet werden.[619]

Die vorliegende Arbeit folgt dem Ansatz der systemorientierten Managementlehre, indem die Gestaltung des zweckorientierten sozialen Systems Werkzeugbau angestrebt wird (vgl. Kapitel 4.1.2). Hierzu muss ein entsprechendes Modell konzipiert werden.[620] Ein solches Modell muss entsprechend der vorgestellten Einteilung verschiedener Modellarten nach dem Verwendungszweck als Gestaltungsmodell definiert werden. Da mit dem im Rahmen dieser Arbeit zu entwickelnden Modell Prozesse des Werkzeugbaus im iterativen Produktentwicklungsprozess gestaltet werden sollen, wird das avisierte Gestaltungsmodell als Prozessmodell bezeichnet (siehe auch Kapitel 4.2.1).

---

614 Nach LEHNER ET AL. werden Prognosemodelle zu den Erklärungsmodellen gezählt. PATZAK definiert sie jedoch als eigenständigen Modelltyp.

615 Vgl. Patzak (Systemtechnik – Planung komplexer innovativer Systeme), 1982, S. 314; Lehner et al. (Wirtschaftsinformatik), 2008, S. 31; Salmen (Digital vernetzter Shopfloor), 2016, S. 123

616 Vgl. Gregor (The Nature of Theory in Information Systems), 2006; S. 625ff.; Winter, Aier (Design Science Research in Business Innovation), 2016, S. 475f.

617 Vgl. Patzak (Systemtechnik – Planung komplexer innovativer Systeme), 1982, S. 314f.; Lehner et al. (Wirtschaftsinformatik), 2008, S. 31f.; Salmen (Digital vernetzter Shopfloor), 2016, S. 123

618 Vgl. Winter, Aier (Design Science Research in Business Innovation), 2016

619 Vgl. Lehner et al. (Wirtschaftsinformatik), 2008, S. 32; Salmen (Digital vernetzter Shopfloor), 2016, S. 123

620 Vgl. Ulrich (Management), 1984, S. 11

4.1.4 Modellbildung

Der Prozess der Schaffung eines Modells wird als Modellbildung oder auch Modellierung bezeichnet.[621] Je nach Art des zu entwickelnden Modells können unterschiedliche Verfahren der Modellbildung unterschieden werden. So können bspw. im Kontext technischer Probleme rechnerische, experimentelle bzw. messtechnische sowie hybride Verfahren eingesetzt werden.[622] HIENZSCH zeigt in einer Gegenüberstellung verschiedener Ansätze zur Modellbildung, dass sich je nach Perspektive einer Problemstellung unterschiedliche Ansätze eignen.[623] Im Rahmen dieser Arbeit wird der Prozess zur Modellbildung an das Vorgehen nach BÖHM ET AL. angelehnt. Dieses generalistische Vorgehen unterteilt die Modellbildung in zwei wesentliche Schritte. Im ersten Abstraktionsschritt erfolgt die Abstraktion eines betrachteten realen oder irrealen Systems. Dadurch wird ein Gedankenmodell erstellt. Dieses Gedankenmodell wird im zweiten Abstraktionsschritt mittels Sprache, Grafiken, Zahlen, Gleichungen u. a. in eine Darstellung überführt und so dem Nutzer zugänglich gemacht. (vgl. Abbildung 70).[624]

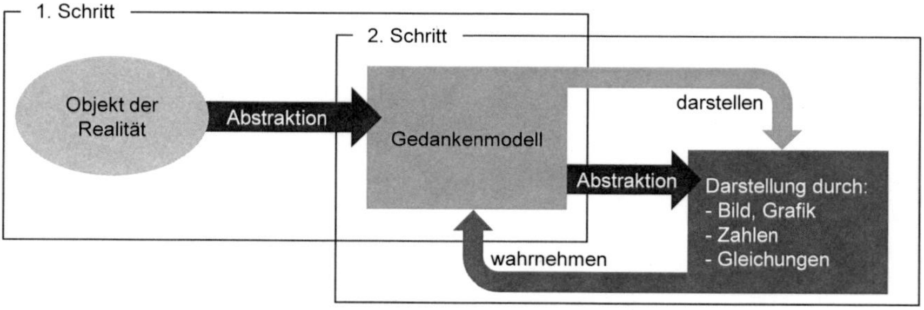

Abbildung 70: Prozess der Modellbildung nach BÖHM ET AL.[625]

Der erste Abstraktionsschritt entsprechend dem Vorgehen nach BÖHM ET AL. erfolgt in Kapitel 4.3 und Kapitel 4.4, indem die Herleitung der Gestaltungselemente des zu entwickelnden Prozessmodells und eine Synthese zu einem zusammenhängenden Gedankenmodell erfolgt. In Kapitel 5 wird anschließend der zweite Abstraktionsschritt vorgenommen, indem das hergeleitete Gedankenmodell detailliert beschrieben wird.

4.2 Anforderungen und Merkmale des zu entwickelnden Prozessmodells

Im vorangegangenen Kapitel wurde hergeleitet, dass entsprechend der definierten Zielstellung der Arbeit und entsprechend dem gewählten Forschungsparadigma der systemorientierten Managementlehre ein Gestaltungsmodell in Form eines Prozessmodells für den Werkzeugbau

[621] Vgl. Vajna et al. (CAx für Ingenieure), 2009, S. 131

[622] Vgl. Vajna et al. (CAx für Ingenieure), 2009, S. 134f.

[623] Vgl. Hienzsch (Leistungsfähigkeit von Werkzeugbaubetrieben), 2016, S. 82ff.

[624] Vgl. Böhm et al. (System-Entwicklung in der Wirtschaftsinformatik), 2002, S. 25f.

[625] I. A. a. Böhm et al. (System-Entwicklung in der Wirtschaftsinformatik), 2002, S. 25f.; Hienzsch (Leistungsfähigkeit von Werkzeugbaubetrieben), 2016, S. 89

im iterativen Produktentwicklungsprozess entwickelt werden muss. Nachfolgend werden Anforderungen sowie charakteristische Merkmale des zu entwickelnden Modells festgelegt. Die Definition von Anforderungen dient dazu, die notwendige Beschaffenheit des zu entwickelnden Modells festzulegen. Die Anforderungen können in inhaltliche und formale Anforderungen unterschieden werden.[626] Mit der Definition von Merkmalen des zu entwickelnden Modells werden darauf aufbauend grundlegende Charakteristika festgelegt, um die definierten Anforderungen bestmöglich zu erfüllen.

4.2.1 Inhaltliche Anforderungen

Die inhaltlichen Anforderungen dienen als Grundlage für die Entwicklung des Prozessmodells. Zum einen ermöglichen die inhaltlichen Anforderungen eine strukturierte und zweckdienliche Konzeptionierung des Prozessmodells. Zum anderen ist die explizite Definition von Anforderungen notwendig, um in Kapitel 4.3, Kapitel 5.3 und Kapitel 6.3 eine systematische Prüfung des Prozessmodells vornehmen zu können.[627]

Die inhaltlichen Anforderungen an das zu entwickelnde Prozessmodell beruhen auf der Zielsetzung der Arbeit (vgl. Kapitel 1.2), dem identifizierten Praxisbedarf (vgl. Kapitel 2.3) sowie den davon abgeleiteten Anforderungen (vgl. Kapitel 3.1.2). Darüber hinaus gilt es, insbesondere den definierten Handlungsbedarf aus der Theorie entsprechend der detaillierten Forschungsfrage zu erfüllen (vgl. Kapitel 3.3).

4.2.2 Formale Anforderungen

Zur Erzielung einer hohen Modellqualität muss das zu entwickelnde Modell bestimmte formale Anforderungen erfüllen. BECKER ET AL. formulieren mit den Grundsätzen ordnungsmäßiger Modellierung (GoM) allgemeingültige formale Anforderungen an Modelle. Diese sechs formalen Anforderungen können insbesondere auch auf die Prozessmodellierung übertragen werden:[628]

- **Richtigkeit:** Ein Modell muss den abgebildeten Realitätsausschnitt möglichst realitätsgetreu darstellen. Darüber hinaus darf ein Modell keine Widersprüche enthalten und muss wiederholbare Aussagen ermöglichen.[629]

[626] Vgl. Kantelberg (Gestaltung agiler Entwicklungsprozesse technischer Produkte), 2018, S. 105ff.

[627] Vgl. Riesener (Ähnlichkeitsbasierte Produktkonfiguration im Maschinenbau), 2015, S. 99f.

[628] Vgl. Rosemann et al. (Vorbereitung der Prozessmodellierung), 2012, S. 49f.; Schwarz et al. (Geschäftsprozesse praxisorientiert modellieren), 2018, S. 48ff.; Rosemann (Komplexitätsmanagement in Prozeßmodellen), 1996; S. 89ff.; Koch (Einführung in das Management von Geschäftsprozessen), 2015, S. 49ff.

[629] Siehe hierzu auch PATZAK, der die Anforderung der Richtigkeit in empirische und formelle Richtigkeit unterscheidet. Vgl. Patzak (Systemtechnik – Planung komplexer innovativer Systeme), 1982, S. 309f.

- **Relevanz:** Ein Modell muss die für den Sachverhalt wichtigen Elemente beinhalten und irrelevante Elemente ausschließen.[630]
- **Wirtschaftlichkeit:** Modellbildung und -nutzung müssen mit möglichst geringem Aufwand erfolgen können.
- **Klarheit:** Ein Modell muss in seiner Nutzung möglichst einfach handhabbar sein und dazu vor allem verständlich sein.
- **Vergleichbarkeit:** Ein Modell muss auch zu anderen Modellen, die mit verschiedenen Modellierungsansätzen erstellt wurden, vergleichbar sein.
- **Systematischer Aufbau:** Ein Modell muss in sich konsistent aufgebaut sein. Darüber hinaus muss ein Modell klar definierte Schnittstellen zu anderen Modellen aufweisen.

Diese sechs Anforderungen werden als formale Anforderungen an das zu entwickelnde Modell gestellt. Jedoch sind die Anforderungen Richtigkeit, Relevanz und Wirtschaftlichkeit als notwendige Anforderungen und die Anforderungen Klarheit, Vergleichbarkeit und systematischer Aufbau als ergänzende Grundsätze zu betrachten. Dabei ist zudem zu beachten, dass die Anforderungen teilweise in Widerspruch zueinander stehen. Beispielsweise kann die Anforderung Klarheit der Anforderung Wirtschaftlichkeit entgegenstehen. Es gilt daher eine möglichst optimale Balancierung der aufgestellten formalen Anforderungen zu erzielen.[631]

4.2.3 Merkmale

In Kapitel 4.1.3 wurden mit Abbildung, Verkürzung und Pragmatik die wesentlichen Merkmale von Modellen definiert. Die Erfüllung des Merkmals **Abbildung** ergibt sich bei dem zu entwickelnden Prozessmodell, da ein zukünftiger Zustand beschrieben wird. Wie in Kapitel 4.1.2 beschrieben wird durch das zu entwickelnde Prozessmodell eine Abbildung des zweckorientierten sozialen Systems Werkzeugbau sowie indirekt von Teilaspekten des mit diesem System in Interaktion stehenden sozialen Systems Produktentwicklung vorgenommen.

Dabei wird notwendigerweise eine **Verkürzung** vorgenommen, indem lediglich die für die Problemstellung relevanten Aspekte berücksichtigt werden. Auf diese Weise wird die Komplexität des Prozessmodells eingegrenzt, um es für den Anwender begreifbar zu halten. Das Prozessmodell soll daher ein Vorgehensmodell mit einem Auflösungsgrad einer Makrologik darstellen (vgl. Kapitel 2.1.3). Durch den Auflösungsgrad einer Makrologik soll eine ganzheitliche Betrachtung der Problemstellung ermöglicht werden. Alle relevanten Handlungsfelder sollen integriert und eine grundsätzliche Strukturierung soll vorgenommen werden. Eine detaillierte Prozessmodellierung mit einzelnen Aktivitäten wird nicht verfolgt.[632] Im Sinne der Beherrschbarkeit des Modells wird hier eine Verkürzung durchgeführt. Der MIT Process Compass ist ein

---

[630] Siehe hierzu auch WHETTEN, der bzgl. der Relevanz einer Theorie bzw. eines Modells sowohl Umfang als auch Geiz empfiehlt. Vgl. Whetten (What Constitutes a Theoretical Contribution?), 1989, S. 490

[631] Vgl. Kantelberg (Gestaltung agiler Entwicklungsprozesse technischer Produkte), 2018, S. 108

[632] Für eine Auflistung von Ansätzen zur detaillierten Prozessmodellierung von Entwicklungsprozessen vgl. Bender, Gericke (Entwicklungsprozesse), 2016, S. 406 sowie Arnold et al. (Product Lifecycle Management), 2011, S. 40ff. und Schwarz et al. (Geschäftsprozesse praxisorientiert modellieren), 2018, S. 50ff.

Hilfsmittel zur Beschreibung des Abstraktionsniveaus von Prozessmodellen. Hierbei werden Prozessmodelle anhand der zwei Achsen Aggregation und Generalisierung angeordnet.[633] Mit der Festlegung des Auflösungsgrads des Prozessmodells ist die erste der beiden Navigationsachsen des MIT Process Compass Aggregation beschrieben. Die zweite Navigationsachse wird im folgenden Abschnitt zum pragmatischen Merkmal beschrieben.

Das **pragmatische Merkmal** des zu entwickelnden Prozessmodells kann durch die Definition der Nutzer, durch das zur Nutzung festgelegte Zeitintervall sowie durch den Zweck bestimmt werden.[634] Das Prozessmodell wird für Nutzer aus der unternehmerischen Praxis ausgelegt. Zum einen soll es Werkzeugbaubetrieben ermöglichen, ihre Werkzeugentwicklungsprozesse zu gestalten. Zum anderen soll es produzierende Unternehmen mit eigener Produktentwicklung dabei unterstützen, die Integration der Werkzeugentwicklungsprozesse zu gestalten. In beiden Fällen kann zudem zwischen Anwendern und Verwendern unterschieden werden.[635] Die Nutzergruppe der Anwender bezieht sich auf Personen, die eine aktive Prozessgestaltung durchführen. Hierzu zählen u. a. leitende Funktionen eines Werkzeugbaubetriebs sowie aus der Produktentwicklung. Die Nutzergruppe der Verwender umfasst Personen, die nicht aktiv an der Prozessgestaltung beteiligt sind. Ihnen dient das Prozessmodell zur Schaffung einer einfach verständlichen Orientierung der Prozessabläufe. Hierzu zählen bspw. alle Personen, die die innerhalb des Prozessmodells umfassten Prozesse durchführen oder Input und Output dieser Prozesse liefern bzw. empfangen. Im Kontext der avisierten Nutzergruppe für das zu entwickelnde Prozessmodell kann auch die zweite Navigationsachse des MIT Process Compass zur Klassifizierung von Prozessmodellen definiert werden. Diese zweite Navigationsachse beschreibt den Grad der Spezialisierung bzw. Generalisierung. Beispielsweise kann ein Prozessmodell generalistisch für verschiedene Industrien, für speziell eine Industrie oder auch nur speziell für ein Unternehmen ausgelegt sein.[636] Das zu entwickelnde Prozessmodell soll als generalistisches Modell für alle Typen von Werkzeugbaubetrieben dienen. Hierbei sollen insbesondere Werkzeugbaubetriebe mit Fokus auf unterschiedliche Werkzeugtechnologien (vgl. Kapitel 2.2.2.2) berücksichtigt werden.

Das Zeitintervall, in dem das zu entwickelnde Prozessmodell Gültigkeit haben soll, ist nicht begrenzt. Aufgrund der in Kapitel 2 beschriebenen aktuellen praktischen Relevanz kann das Prozessmodell ab sofort eingesetzt werden. Hinsichtlich des Endzeitpunkts der Nutzung besteht lediglich die Einschränkung, dass zukünftige gesellschaftliche, organisatorische oder

[633] Vgl. Winter, Aier (Design Science Research in Business Innovation), 2016, S. 481; Winter (A Framework for Evidence-Based and Inductive Design), 2014; S. 107ff.; Malone et al. (Tools for Inventing Organizations), 1999, S. 427f.

[634] Vgl. Stachowiak (Allgemeine Modelltheorie), 1973, S. 132f.

[635] Vgl. Salmen (Digital vernetzter Shopfloor), 2016, S. 125

[636] Vgl. Winter, Aier (Design Science Research in Business Innovation), 2016, S. 481; Winter (A Framework for Evidence-Based and Inductive Design), 2014, S. 107ff.; Malone et al. (Tools for Inventing Organizations), 1999, S. 427f.

technologische Entwicklungen ggf. eine Überprüfung und Anpassung des Modells in der Zukunft erfordern. Der Zweck des Prozessmodells wurde in Kapitel 4.2.1 mit der Gestaltung der Prozesse des Werkzeugbaus im iterativen Produktentwicklungsprozess definiert.

4.3 Herleitung der Gestaltungselemente des Prozessmodells

In den Kapiteln 2 und 3 wurden einzelne Anforderungen an ein Prozessmodell für den Werkzeugbau im iterativen Produktentwicklungsprozess definiert. Diese Anforderungen werden in diesem Kapitel in Gestaltungselemente des Prozessmodells überführt.[637] Einzelne Gestaltungselemente dienen zur Strukturierung des Prozessmodells und beinhalten zusammenhängende Gestaltungsempfehlungen zu einem Teilaspekt für den Werkzeugbau im iterativen Produktentwicklungsprozess.

Zur Sicherstellung sowohl der Vollständigkeit als auch der Relevanz der Gestaltungselemente des Prozessmodells wird zunächst eine theoretische Grundlage für die Herleitung der Gestaltungselemente eingeführt, anhand derer dann nachfolgend die Herleitung durchgeführt wird.

4.3.1 Theoretische Grundlage der Herleitung

Als Basis für die Herleitung und die Strukturierung einzelner Gestaltungselemente des Prozessmodells wird das Konzept **Architektur integrierter Informationssysteme (ARIS)** nach SCHEER genutzt. Dieses Konzept wurde von SCHEER in den 1990er Jahren als Metamodell (vgl. Kapitel 4.1.3) zur Entwicklung und EDV-technischen Umsetzung von integrierten Anwendungssystemen entwickelt.[638] ARIS stellt ein in der Praxis etabliertes Modellierungswerkzeug dar.[639] Wesentliche Vorteile von ARIS liegen in der einfachen, aber ganzheitlichen Strukturierung zur Geschäftsprozessbeschreibung. Darüber hinaus liefert ARIS auch Werkzeuge zur Umsetzung von Geschäftsprozessen in Informationssystemen.[640]

Die Strukturierung von Prozessmodellen erfolgt entsprechend dem ARIS-Konzept in fünf verschiedenen Sichten:[641]

- **Organisationssicht:** Die Organisationssicht bildet die Aufbauorganisation von an einem Prozess beteiligten Organisationseinheiten ab. Hierunter können sowohl menschliche als auch maschinelle Organisationseinheiten gefasst werden.
- **Funktionssicht:** Die Funktionssicht beschreibt einzelne Funktionen, welche auch Vorgänge oder Tätigkeiten genannt werden und die Input-Leistungen zu Output-Leistungen

[637] Vgl. Friedli (Technologiemanagement), 2006, S. 202

[638] Vgl. Scheer (Architektur integrierter Informationssysteme), 1991, S. 1ff.; Scheer (Prozeßorientierte Unternehmensmodellierung), 1994, S. 77ff.; Scheer (Referenzmodelle für industrielle Geschäftsprozesse), 1994, S. 1ff.; Scheer (ARIS – Modellierungsmethoden, Metamodelle, Anwendungen), 1998, S. 1ff; Scheer (ARIS – Vom Geschäftsprozeß zum Anwendungssystem), 1998, S. 1ff.

[639] Vgl. Gadatsch (Geschäftsprozess-Management), 2017, S. v und S. 4; Seidlmeier (Prozessmodellierung mit ARIS), 2015, S. 9ff.

[640] Vgl. Scheer (ARIS – Modellierungsmethoden, Metamodelle, Anwendungen), 1998, S. 1ff.

[641] Vgl. Scheer (ARIS – Vom Geschäftsprozeß zum Anwendungssystem), 1998, S. 33ff.

verarbeiten. Hierbei werden jeweils bestimmte Ziele verfolgt, welche ebenfalls Bestandteil der Funktionssicht sind.

- **Leistungssicht:** Die Leistungssicht umfasst die in der Funktionssicht verarbeiteten Input- und Output-Leistungen.
- **Datensicht:** In der Datensicht werden alle relevanten Umfelddaten sowie Input- und Output-Informationen abgebildet, die durch Funktionen verarbeitet und erzeugt werden.
- **Steuerungssicht:** Die Steuerungssicht bzw. Prozesssicht definiert die Beziehungen zwischen den anderen Sichten und ermöglicht die ganzheitliche Prozessdarstellung.

Mithilfe dieser fünf Sichten kann nachfolgend das Grobkonzept des Prozessmodells wissenschaftlich fundiert strukturiert werden. Durch die Nutzung dieses Metamodells wird sichergestellt, dass die Herleitung der einzelnen Gestaltungselemente des Prozessmodells ganzheitlich erfolgt. Somit bleiben zum einen keine relevanten Gestaltungselemente unberücksichtigt und zum anderen werden keine irrelevanten Gestaltungselemente betrachtet. Abbildung 71 zeigt schematisch, wie das ARIS-Modell in den folgenden Kapiteln als Metamodell Anwendung findet. Aus dem in den Kapiteln 1 und 2 eingeführten, bis dahin diffusen, nicht lösungsorientiert strukturierten Gestaltungsbereich werden zunächst einzelne Gestaltungselemente abgeleitet. Diese einzelnen Gestaltungselemente werden dann schließlich zu einem zusammenhängenden Gestaltungsmodell zusammengefügt.

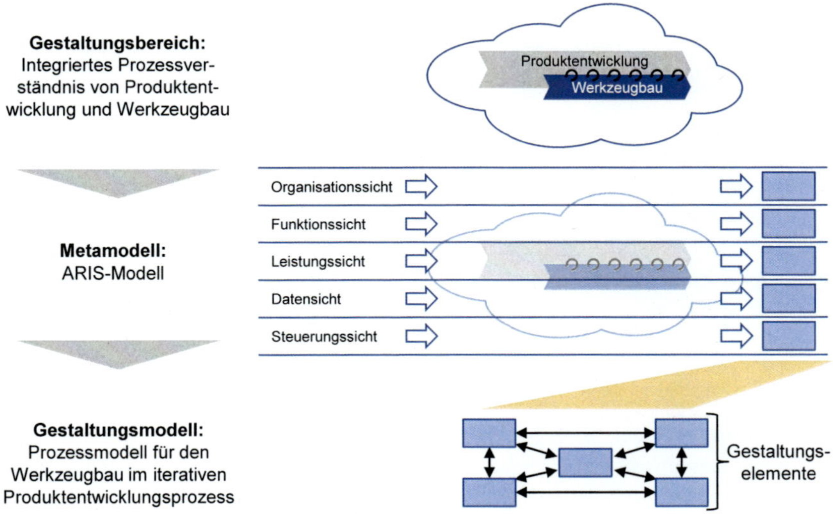

Abbildung 71: Schema zur Herleitung des Prozessmodells mittels des ARIS-Modells

Im Folgenden wird daher eine Betrachtung des zu entwickelnden Prozessmodells aus jeder der fünf ARIS-Sichten durchgeführt. Dabei werden für jede der Sichten relevante Inhalte in Bezug auf die Problemstellung ermittelt. Aufbauend darauf erfolgt dann jeweils die Ableitung von Gestaltungselementen für das Prozessmodell für den Werkzeugbau im iterativen Produktentwicklungsprozess.

4.3.2 Betrachtung des Prozessmodells aus Organisationssicht

Auf oberster Ebene muss das Prozessmodell die beiden Organisationseinheiten Produktentwicklung und Werkzeugbau verbinden (vgl. Abbildung 72). Diese Forderung ergibt sich aus der Organisationssicht nach ARIS. Innerhalb dieser beiden übergeordneten Organisationseinheiten kann es auf tieferliegenden Ebenen dann noch weitere untergeordnete Organisationseinheiten geben. Diese können entsprechend ihrer Aufbauorganisation bspw. mithilfe von Organigrammen beschrieben werden.[642] Relevante Organisationseinheit der Produktentwicklung ist insbesondere das Projektmanagement von Entwicklungsprojekten. Das Projektmanagement stellt die Schnittstelle zum Werkzeugbau dar und bündelt Informationen aus anderen Organisationseinheiten wie bspw. der Konstruktion, dem Vertrieb oder der Produktion. Im Werkzeugbau stellt das Projektmanagement der Werkzeugentwicklung und -herstellung die wichtigste Organisationseinheit dar, welche weitere relevante Organisationseinheiten des Werkzeugbaus entlang der gesamten Prozesskette zur Auftragsabwicklung im Werkzeugbau (vgl. Kapitel 2.2.3.3) koordiniert. Dies umfasst die Akquise, die Entwicklung, die Arbeitsvorbereitung, die mechanische Fertigung, die Montage und den Try-out.

Abbildung 72: Organisationseinheiten aus Organisationssicht des Prozessmodells

Die Organisationssicht des Prozessmodells stellt mit ihren zwei übergeordneten Organisationseinheiten Produktentwicklung und Werkzeugbau lediglich eine erste Strukturierung dar. Hinsichtlich der Organisationsstruktur wird aufgrund dieses sehr einfach strukturierten Zusammenspiels für das Prozessmodell kein Gestaltungselement definiert. Sowohl Produktentwicklung als auch Werkzeugbau können das Prozessmodell mit ihren üblichen Organisationsstrukturen umsetzen. Voraussetzung dazu ist lediglich ein sowohl für Produktentwicklung als auch Werkzeugbau vorhandenes Projektmanagement, welches jeweils einen direkten projektbezogenen Entscheidungszugriff auf die im Prozess beteiligten weiteren Organisationseinheiten hat.

4.3.3 Betrachtung des Prozessmodells aus Funktions- und Leistungssicht

Aus Funktionssicht muss das Prozessmodell für den Werkzeugbau im iterativen Produktentwicklungsprozess Funktionen enthalten. Dies genau sind die einzelnen Entwicklungsschritte des Werkzeugbaus. Nach den in Kapitel 4.3.1 eingeführten Erläuterungen zu Funktionen des ARIS-Modells unterstützen Funktionen jeweils bestimmte Ziele, welche ebenfalls der Funktionssicht zuzuordnen sind. Entsprechend müssen **Entwicklungsziele** den einzelnen Entwicklungsschritten des Prozessmodells zugeordnet werden.

[642] Vgl. Seidlmeier (Prozessmodellierung mit ARIS), 2015, S. 25

Die Leistungssicht umfasst Input- und Output-Leistungen und ist grundsätzlich sehr eng mit der Funktionssicht verbunden. Funktionen transformieren Input-Leistungen in Output-Leistungen und müssen daher im Zusammenhang mit ebendiesen betrachtet werden. Input-Leistungen eines Entwicklungsschritts sind die notwendigen Eingangsinformationen, um den Entwicklungsschritt durchführen zu können. Output-Leistung stellt die jeweilige **Entwicklungsleistung des Werkzeugbaus** dar. Da die notwendigen Eingangsinformationen für einen Entwicklungsschritt immer von der jeweiligen Entwicklungsleistung des Werkzeugbaus abhängen, werden diese im Folgenden als untergeordneter Aspekt mit zu dem Themenbereich der Entwicklungsleistungen des Werkzeugbaus gefasst. Abbildung 73 zeigt die Funktions- und die Leistungssicht des Prozessmodells bezogen auf einen einzelnen Entwicklungsschritt des Werkzeugbaus.

Abbildung 73: Funktionen und Leistungen aus Funktions- und Leistungssicht des Prozessmodells

Für das Prozessmodell wird ein Auflösungsgrad einer Makrologik gewählt (vgl. Kapitel 4.3.2). Daher werden einzelne Entwicklungsschritte des Werkzeugbaus in übergeordnete Entwicklungsphasen zusammengefasst. **Entwicklungsphasen mit Entwicklungsschritten** können somit als ein zentrales Element aus der Funktionssicht zusammengefasst werden. Die Einteilung der Phasen des Prozessmodells baut auf der in Kapitel 2.1.4.3 vorgestellten Strukturierung des iterativen Produktentwicklungsprozesses Frontloading, Prototypen, Primotypen und Serienprodukte auf. Diesen vier Phasen des iterativen Produktentwicklungsprozesses wird im Prozessmodell jeweils eine entsprechende Phase des iterativen Werkzeugentwicklungsprozesses gegenübergestellt. Auf diese Weise erfolgt eine Synchronisation des iterativen Werkzeugentwicklungsprozesses mit dem iterativen Produktentwicklungsprozess. Die vier Entwicklungsphasen aus Perspektive des Werkzeugbaus werden definiert als Engineering Support, Prototypen, Nicht-Serienwerkzeuge und Serienwerkzeuge (vgl. Kapitel 2.2.4.3[643]).

Innerhalb jeder dieser Entwicklungsphasen können durch den Werkzeugbau iterative Entwicklungsschritte durchgeführt werden. Charakteristika der Entwicklungsschritte wie bspw. Typ, Umfang und Anzahl müssen unternehmens- und projektspezifisch festgelegt werden. Darüber hinaus werden die einzelnen Phasen insbesondere durch die eingeführten Merkmale der Funktions- und der Leistungssicht zu Entwicklungszielen und Entwicklungsleistungen definiert. Abbildung 74 zeigt die Phasenstruktur des Prozessmodells mit Bezug auf die Funktions- und die Leistungssicht.

[643] Abweichend zu der hier in Kapitel 2.2.4.3 zitierten Benennung der dritten Phase als Prototypen-Werkzeuge nach SCHUH ET AL. wird die dritte Phase des Prozessmodells als Nicht-Serienwerkzeuge definiert, um zu verdeutlichen, dass in dieser Phase sowohl Prototypenwerkzeuge, Versuchswerkzeuge als auch Kleinserienwerkzeuge eingeschlossen werden (vgl. Kapitel 2.2.2.2).

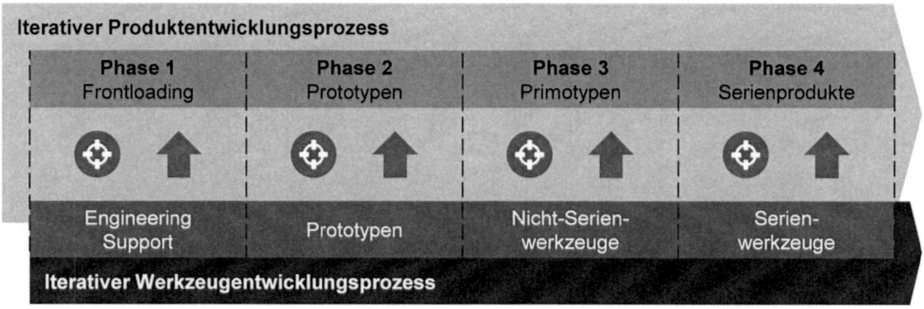

Abbildung 74: Phasenstruktur des Prozessmodells

Mit der Konzeptionierung des Prozessmodells aus der Funktions- und der Leistungssicht ergeben sich insgesamt drei relevante Gestaltungselemente:

- **Entwicklungsziele**
- **Entwicklungsleistungen des Werkzeugbaus**
- **Entwicklungsphasen mit Entwicklungsschritten**

Hierbei ist jedoch zu beachten, dass diese Gestaltungselemente nicht isoliert voneinander betrachtet werden können, sondern in engem Zusammenhang stehen. Das Gestaltungselement Entwicklungsphasen mit Entwicklungsschritten bildet die Phasenstruktur des Prozessmodells. Die zwei Gestaltungselemente Entwicklungsziele und Entwicklungsleistungen des Werkzeugbaus beziehen sich immer jeweils auf eine Entwicklungsphase sowie dazugehörige, einzelne Entwicklungsschritte. Die Inhalte dieser Gestaltungsphasen werden in Kapitel 5.1 weiter ausdetailliert. Abbildung 75 stellt die aus der Funktions- und der Leistungssicht hergeleiteten Gestaltungselemente des Prozessmodells in einer Übersicht dar.

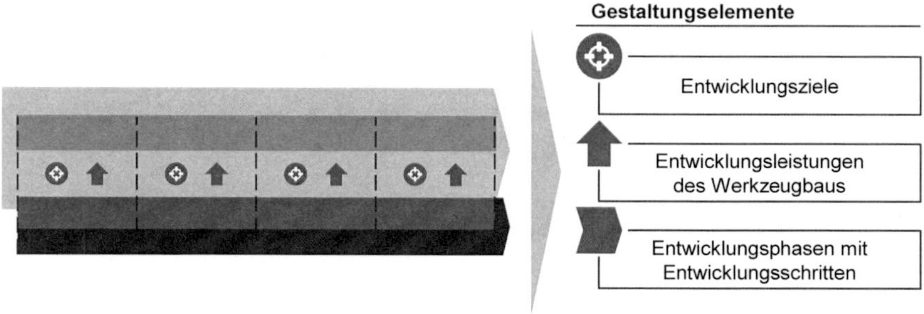

Abbildung 75: Hergeleitete Gestaltungselemente aus Funktions- und Leistungssicht

4.3.4 Betrachtung des Prozessmodells aus Daten- und Steuerungssicht

Daten stellen einen wichtigen Baustein in der Umwandlung von Zeichen bis hin zu Wissen dar. Daten können als das Zusammensetzen von einzelnen Zeichen in einem regelbasierten Zusammenhang definiert werden. Dieser regelbasierte Zusammenhang wird Syntax genannt.

Durch Verknüpfung von Daten in einem spezifischen Kontext entstehen Informationen. Informationen können wiederum durch Vernetzung mit weiteren Informationen Wissen bilden (vgl. Abbildung 76).[644]

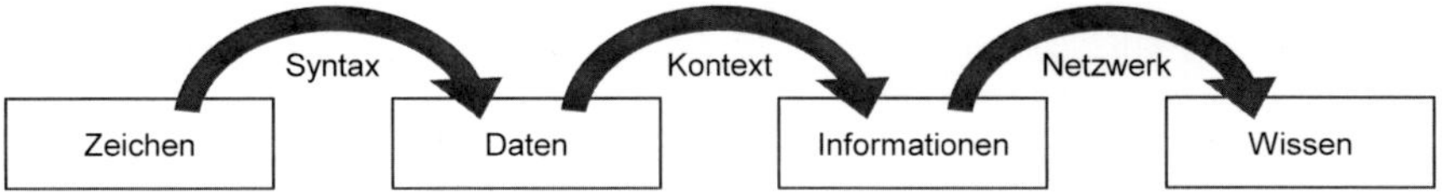

Abbildung 76: Begriffshierarchie zu Zeichen, Daten, Informationen und Wissen[645]

Vor dem Hintergrund der Anforderung zum Wissens- und Informationsmanagement (vgl. Kapitel 3.1.2.2) stellen Daten daher eine wichtige Grundlage für das Prozessmodell dar. Zunächst muss durch das Prozessmodell sichergestellt werden, dass alle für den Prozess relevanten Daten vorliegen und gespeichert werden. Darüber hinaus muss gewährleistet werden, dass vorliegende Daten in den richtigen, relevanten Kontext gesetzt werden, um dadurch nützliche Informationen zu generieren. Zusätzlich müssen vorhandene und während der Anwendung des Prozessmodells in einem Entwicklungsprojekt entstehende Informationen sinnvoll vernetzt werden, um spezifisches Wissen zu erzeugen. Damit geht das Prozessmodell deutlich über die reine Betrachtung von Daten hinaus und fokussiert Wissen als zentrales Medium.

Die Vernetzung von Wissen muss in dem Prozessmodell zum einen dadurch umgesetzt werden, dass in einem laufenden Entwicklungsprojekt relevantes Wissen von einem Entwicklungsschritt zum nächsten weitergegeben wird. Zum anderen muss relevantes Wissen aus allen Entwicklungsschritten von abgeschlossenen Entwicklungsprojekten für neue Entwicklungsprojekte zurückgeführt werden. Im Hinblick auf die Datensicht des Prozessmodells gilt es daher, eine gezielte **Wissensweitergabe und -rückführung** zu gestalten (vgl. Abbildung 77).

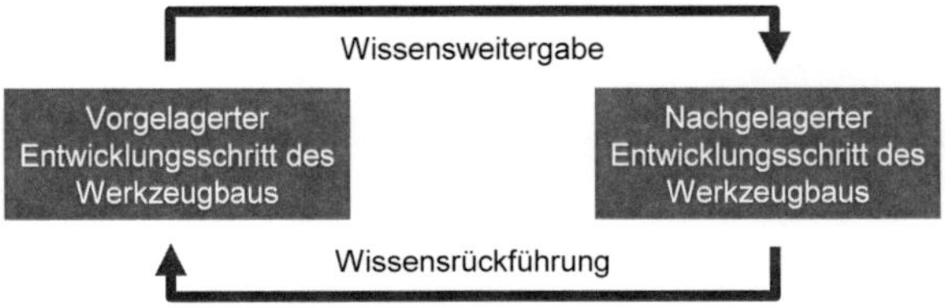

Abbildung 77: Datenelemente aus Datensicht des Prozessmodells

Zur Sicherstellung der Umsetzung dieser Anforderung zur Wissensweitergabe und -rückführung muss die Datensicht des Prozessmodells verschiedenartige Wissensdokumente umfassen. Dazu gehören sowohl klassische Datenformate als auch verschiedene Text-, Sprach-, Bild- oder Videodokumente.[646] Grundlage zur Verwaltung von Daten liefern Datenmodelle. Datenmodelle umfassen eine ganzheitliche Abbildung aller unternehmensweiten Datenobjekte

[644] Vgl. Krcmar (Informationsmanagement), 2015, S. 11f.

[645] I. A. a. Krcmar (Informationsmanagement), 2015, S. 12

[646] Vgl. Scheer (ARIS – Vom Geschäftsprozeß zum Anwendungssystem), 1998, S. 64

und ermöglichen so die Modellierung der Datensicht von Informationssystemen. Die Modellierung der Datensicht im ARIS-Metamodell kann mittels einer Makrobeschreibung und einer Mikrobeschreibung erfolgen. Die Makrobeschreibung umfasst Datenobjekte übergeordneter Ebene. Durch die Mikrobeschreibung werden die Datenobjekte der Makrobeschreibung zerteilt und es wird eine detaillierte Darstellung der Datenstruktur mit allen Objekten, Beziehungen und Attributen geliefert. Für die Mikrobeschreibung der Datensicht kann bspw. das Entity-Relationship Model (ERM) eingesetzt werden, welches mit einheitlichen Modellierungselementen eine strukturierte und detaillierte Modellierung ermöglicht.[647] Da das Prozessmodell selbst einen Auflösungsgrad einer Makrologik aufweist, ist auch für die Datensicht eine Betrachtung der Makrobeschreibung ausreichend.

In der Makrobeschreibung der Datensicht des Prozessmodells werden relevante Datenobjekte dargestellt.[648] Diese Datenobjekte können auf oberster Ebene in die beiden Kategorien Umfelddaten und Bearbeitungsdaten unterschieden werden.[649] Zu den Umfelddatenobjekten des Prozessmodells gehören insbesondere die Unternehmensstammdaten des Werkzeugbaubetriebs. Zu den Bearbeitungsdatenobjekten des Prozessmodells zählen alle relevanten auftragsspezifischen Daten des laufenden Produktentwicklungsprojekts. Dies umfasst u. a. die Projektstammdaten, die gestellten Anforderungen, die erfüllten Spezifikationen sowie weitere Auftragsdokumente (vgl. Abbildung 78). Besondere Bedeutung haben die Anforderungen bzw. die Spezifikationen. Diese können jeweils in Bezug auf die Kategorien Produkt, Prozess und Werkzeug erfasst werden.

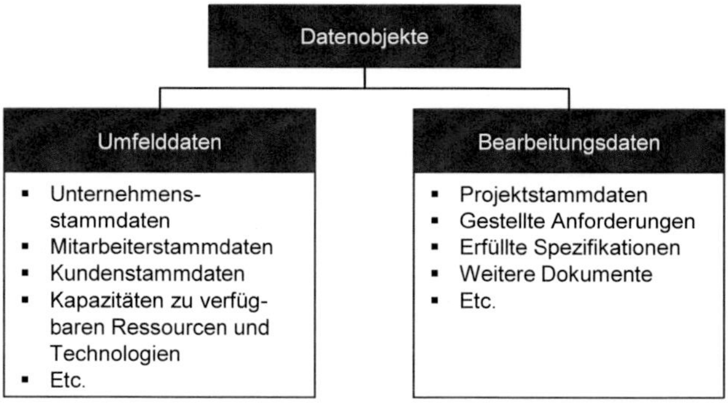

Abbildung 78: Datenobjekte des Prozessmodells

Die zuvor aus der Datensicht abgeleitete Forderung einer Wissensweitergabe und -rückführung steht in engem Zusammenhang mit der Steuerungssicht des Prozessmodells.[650] Schließ-

[647] Vgl. Krcmar (Informationsmanagement), 2015, S. 70ff.; Scheer (ARIS – Modellierungsmethoden, Metamodelle, Anwendungen), 1998, S. 67ff.

[648] Vgl. Scheer (ARIS – Vom Geschäftsprozeß zum Anwendungssystem), 1998, S. 69f.

[649] Vgl. Scheer (ARIS – Modellierungsmethoden, Metamodelle, Anwendungen), 1998, S. 29

[650] Vgl. Scheer (ARIS – Vom Geschäftsprozeß zum Anwendungssystem), 1998, S. 64

lich wird in der Steuerungssicht der Ablauf einzelner Prozessschritte beschrieben. Die Wissensweitergabe und -rückführung muss dem hier beschriebenen Prozessablauf folgen bzw. diesen unterstützen.

Die Steuerungssicht des Prozessmodells dient dazu, die zuvor beschriebenen Sichten zu vereinen und zusammenzuführen.[651] Zunächst müssen dazu die einzelnen Entwicklungsphasen mit ihren Entwicklungsschritten in eine prozessuale Ordnung überführt werden. Diese prozessuale Ordnung muss durch **Ablauf- und Iterationsbedingungen** definiert werden (vgl. Abbildung 79). Durch Ablaufbedingungen werden die grundsätzlich möglichen Ablaufreihenfolgen sowie Entscheidungsregeln für die Auswahl alternativer Ablaufreihenfolgen festgeschrieben. Die Iterationsbedingungen ermöglichen ein iteratives Entwicklungsvorgehen (vgl. Kapitel 2.1.4 sowie Kapitel 2.2.4.3). Zusätzlich zur jeweiligen Ablaufreihenfolge werden so Entscheidungsregeln zur iterativen Wiederholung von Entwicklungsschritten definiert.

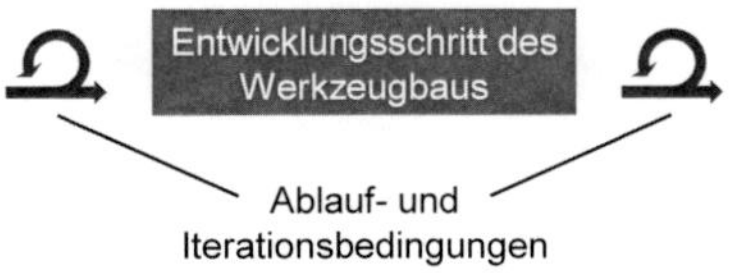

Abbildung 79: Steuerungselemente aus Steuerungssicht des Prozessmodells

Durch die vielfältigen möglichen Kombinationen einzelner Entwicklungsschritte ergibt sich eine hohe Komplexität eines entsprechend dem definierten Prozessmodell durchgeführten Entwicklungsprozesses. Diese Komplexität wird durch den flexiblen und dynamischen Prozessdurchlauf sowie durch die möglichen Iterationen noch weiter erhöht. Diese Komplexität aus Steuerungssicht überträgt sich auch auf die weiteren Sichten Organisations-, Funktions-, Leistungs- und Datensicht, da jeweils eine Verknüpfung mit der Steuerungssicht erfolgen muss. Zur Beherrschung dieser Komplexität kann die Steuerungssicht mit den verknüpften weiteren Sichten detailliert modelliert werden. Hierzu eignet sich bspw. die Methode der ereignisgesteuerten Prozessketten (EPK).[652] Jedoch erreicht ein solchermaßen detailliert ausgeführtes Modell einen in der Praxis nicht überblickbaren Umfang und kann daher nicht praktikabel angewandt werden. Eine Lösung dieses Problems kann durch die Potenziale des in Kapitel 2.2.5.3 beschriebenen Trends der digitalen Vernetzung erreicht werden. So können moderne Informationssysteme dazu eingesetzt werden, die Steuerung von Prozessen zu unterstützen.[653] Aus Steuerungssicht muss das Prozessmodell daher die Potenziale einer **digital vernetzten Prozesssteuerung** einbeziehen, um dadurch die zuvor beschriebenen Herausforderungen in Bezug auf die Komplexität der Prozessabläufe zu adressieren. Zudem ermöglicht eine digital vernetzte Prozesssteuerung eine Optimierung verschiedener weiterer Elemente des Prozessmodells mittels der Potenziale der digitalen Vernetzung. Dadurch erfüllt die digital vernetzte Prozesssteuerung eine vereinende Funktion bzgl. aller zuvor hergeleiteten Elemente des Prozessmodells. So kann insbesondere die Wissensweitergabe und -rückführung automatisiert

[651] Vgl. Scheer (ARIS – Modellierungsmethoden, Metamodelle, Anwendungen), 1998, S. 102
[652] Vgl. Scheer (ARIS – Modellierungsmethoden, Metamodelle, Anwendungen), 1998, S. 124ff.
[653] Vgl. Krcmar (Informationsmanagement), 2015, S. 22

und zielgerichtet erfolgen. Durch die Integration einer digital vernetzten Prozesssteuerung wird das Prozessmodell zudem so ausgerichtet, dass eine unternehmensspezifische Umsetzung des Prozessmodells in Form eines funktionsfähigen Informationssystems ermöglicht wird. Abbildung 80 stellt Daten- und Steuerungssicht des Prozessmodells im Zusammenhang dar.

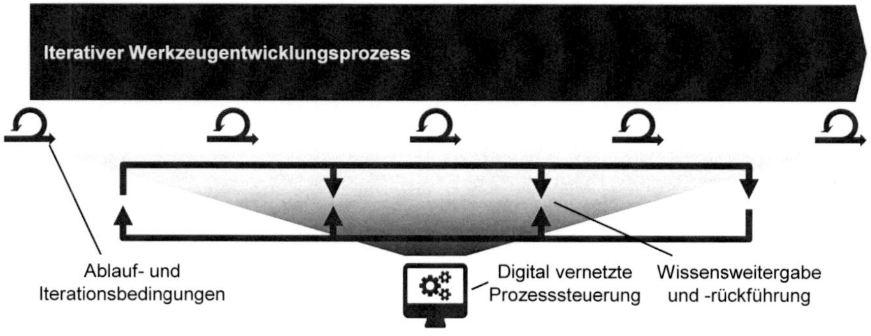

Abbildung 80: Daten- und Steuerungselemente aus Daten- und Steuerungssicht des Prozessmodells

Entsprechend der ausgeführten Betrachtung aus der Daten- und der Steuerungssicht können drei weitere Gestaltungselemente für das Prozessmodell für den Werkzeugbau im iterativen Produktentwicklungsprozess abgeleitet werden:

- **Ablauf- und Iterationsbedingungen**
- **Wissensweitergabe und -rückführung**
- **Digital vernetzte Prozesssteuerung**

Diese Gestaltungselemente sind im Gegensatz zu den in Kapitel 4.3.3 hergeleiteten Gestaltungselementen nicht phasenbezogen, sondern phasenübergreifend zu verstehen. Eine besondere Rolle nimmt zudem das Gestaltungselement digital vernetzte Prozesssteuerung ein, da in diesem alle anderen Gestaltungselemente verbunden werden. Die Inhalte dieser Gestaltungselemente werden in Kapitel 5.2 weiter ausdetailliert. Abbildung 81 stellt die aus der Daten- und der Steuerungssicht hergeleiteten Gestaltungselemente des Prozessmodells in einer Übersicht dar.

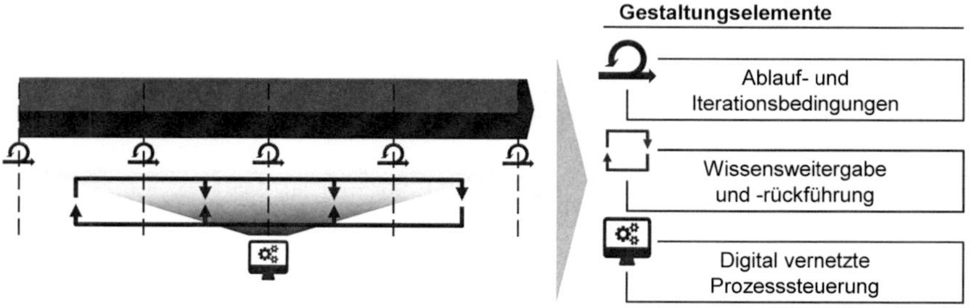

Abbildung 81: Hergeleitete Gestaltungselemente aus Daten- und Steuerungssicht

4.4 Synthese der Gestaltungselemente zu einem Prozessmodell

Durch die Betrachtung des Prozessmodells aus den fünf verschiedenen Sichten der Architektur integrierter Informationssysteme (ARIS) konnten einzelne Gestaltungselemente strukturiert und ganzheitlich hergeleitet werden. Insgesamt wurden sechs Gestaltungselemente definiert. Diese Gestaltungselemente stellen jeweils einzeln für sich Handlungsfelder für die Gestaltung des Prozessmodells für den Werkzeugbau im iterativen Produktentwicklungsprozess dar. Sie stehen dabei in einem direkten Zusammenhang zueinander. Auf Basis der Zusammenhänge aller sechs Gestaltungselemente können diese in einer Synthese zu einem zusammenhängenden Prozessmodell verbunden werden. Abbildung 82 stellt die Gesamtstruktur des Prozessmodells mit allen sechs Gestaltungselementen zusammenfassend dar.

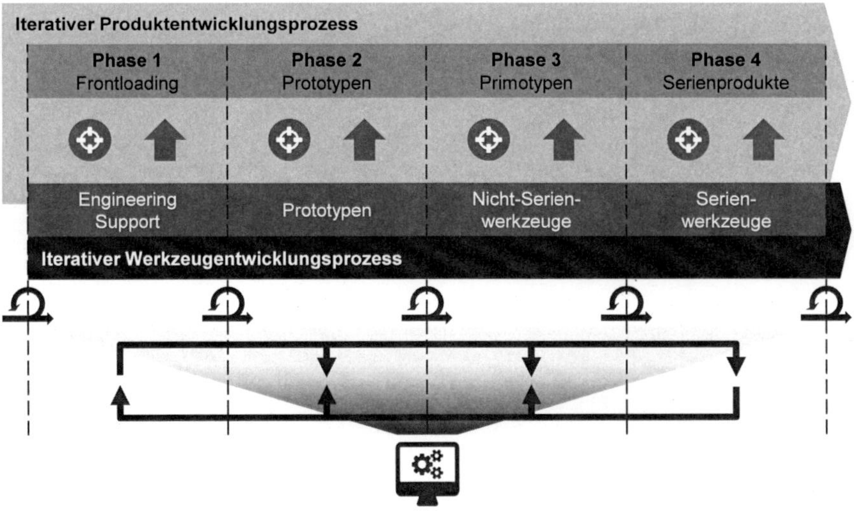

Abbildung 82: Gesamtstruktur des Prozessmodells

Basis des Prozessmodells stellen drei phasenbezogene Gestaltungselemente dar. Die vier **Entwicklungsphasen mit Entwicklungsschritten** liefern die übergeordnete Strukturierung des Prozessmodells. In diesen grundsätzlichen Phasen kann sich der Werkzeugbau in den iterativen Produktentwicklungsprozess integrieren. Hierzu muss er für jede einzelne Phase bestimmte **Entwicklungsziele** aufgreifen und dazu bedarfsgerechte **Entwicklungsleistungen des Werkzeugbaus** bereitstellen. Die drei phasenbezogenen Gestaltungselemente werden durch drei weitere, phasenübergreifende Gestaltungselemente verbunden. Die **Ablauf- und Iterationsbedingungen** liefern grundsätzliche Vorgaben für den Prozessablauf. Hierbei werden kurzzyklische Iterationen bewusst gefördert. Eine **Wissensweitergabe und -rückführung** sichert die zielgerichtete Nutzung von einerseits während des laufenden Entwicklungsprozesses entstehendem Wissen und andererseits die Berücksichtigung von bereits in der Vergangenheit bei abgeschlossenen Projekten erlangtem Wissen. Die **digital vernetzte Prozesssteuerung** dient dazu, die hohe Komplexität der Prozessabläufe beherrschbar zu machen. Hierzu werden die Potenziale der digitalen Vernetzung genutzt, um dem Anwender eine möglichst intuitive Durchführung des Entwicklungsprozesses unter Einbezug aller vorliegenden Informationen zu ermöglichen. Abbildung 83 stellt alle sechs hergeleiteten Gestaltungselemente des Prozessmodells in einer Gesamtübersicht dar.

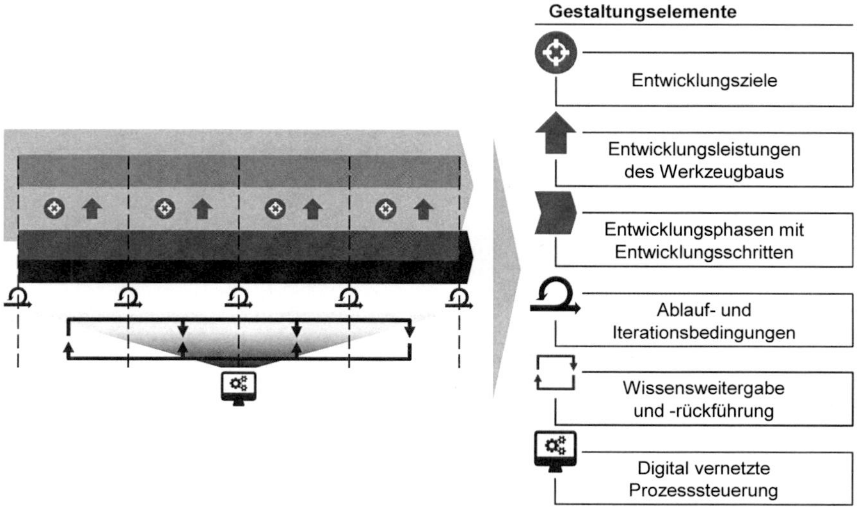

Abbildung 83: Hergeleitete Gestaltungselemente des Prozessmodells

Die sechs hergeleiteten Gestaltungselemente müssen Werkzeugbaubetriebe spezifisch auf ihre jeweilige Situation anpassen und zur Verwirklichung einer effektiven Integration in iterative Produktentwicklungsprozesse ihrer Kunden ausgestalten. Das Prozessmodell ist dabei als ein Gestaltungsmodell zu verstehen, welches übergeordnete Gestaltungselemente und darin jeweils Gestaltungsmöglichkeiten aufzeigt. Es ist durch den Anwender für seine individuelle Situation zu adaptieren und zu einem spezifischen Modell auszuformulieren.[654]

4.5 Zwischenfazit

Bevor im nachfolgenden Kapitel 5 das hergeleitete Prozessmodell weiter inhaltlich ausdetailliert wird, erfolgt in diesem Zwischenfazit eine kritische Bewertung des Prozessmodells. Hierzu wird geprüft, ob die in Kapitel 3.1.2 definierten Anforderungen durch das Prozessmodell erfüllt werden. Darüber hinaus erfolgt eine Überprüfung der Beantwortung der in Kapitel 3.3 definierten Forschungsfrage.

In Kapitel 3.1.2 wurden sieben Anforderungen definiert, welche auch an das konzeptionierte Prozessmodell gestellt werden (vgl. Kapitel 4.2.1). Im Folgenden wird illustriert, dass das konzeptionierte Prozessmodell geeignet ist, alle sieben Anforderungen in sehr hohem Umfang zu erfüllen. Durch die stringente Struktur und realistische Annahmen werden die Grundvoraus-

654 Vgl. Friedli (Technologiemanagement), 2006, S. 21

setzungen zur **Praktikabilität** erfüllt. Umfangreiche Gestaltungsempfehlungen sowie Anwendungs- und Umsetzungsbeispiele müssen darüber hinaus in Kapitel 5 und 6 weiter ausgeführt werden. Eine **Übertragbarkeit** wird durch die Auslegung für verschiedene Prozess- und Werkzeugtechnologien sowie durch den modularen Aufbau mit verschiedenen Gestaltungselementen erreicht. Das Prozessmodell ist speziell auf die Entwicklung von physischen Produkten ausgerichtet und weist daher einen **Bezug auf physische Produkte** auf. Ziel des Prozessmodells ist die Integration des Werkzeugbaus in den Produktentwicklungsprozess und es existieren werkzeugbauspezifische Entwicklungsleistungen. Daher ist die Anforderung **integrierte Werkzeugerstellung** erfüllt. Durch den Aufbau in Form eines Prozesses und die klare und detaillierte Untergliederung in einzelne Prozessschritte und -elemente erfüllt das Prozessmodell die Anforderung **Prozessbeschreibung**. Die Anforderung **Ablaufflexibilität und Iterativität** wird durch die hohe Flexibilität und den strukturierten Einbezug von Iterationen berücksichtigt. Durch die gezielte Wissensweitergabe und -rückführung sowie durch die Vernetzung aller Informationen für eine digitale Prozesssteuerung wird auch die Anforderung **Informations- und Wissensmanagement** erfüllt.

Die übergeordnete Forschungsfrage der Arbeit wurde in Kapitel 3.3 in Detailforschungsfragen aufgegliedert. Im Folgenden wird dargelegt, dass das konzeptionierte Prozessmodell geeignet ist, die einzelnen Detailforschungsfragen zu beantworten:

Mithilfe welcher Phasen lässt sich die Integration des Werkzeugbaus in den iterativen Produktentwicklungsprozess in eine zeitliche Grundstruktur einteilen?

Das Gestaltungselement der Entwicklungsphasen mit Entwicklungsschritten liefert durch die Phaseneinteilung eine Grundstruktur für mögliche Integrationspunkte des Werkzeugbaus in den iterativen Produktentwicklungsprozess.

In welchem Umfang und mit welchen konkreten Leistungen kann die Integration des Werkzeugbaus in den iterativen Produktentwicklungsprozess durchgeführt werden?

Das Gestaltungselement der Entwicklungsleistungen des Werkzeugbaus dient der Identifikation und Strukturierung möglicher Leistungen, die der Werkzeugbau im iterativen Produktentwicklungsprozess erbringen kann.

Wie können diese Leistungen entsprechend den jeweiligen projektspezifischen Zielen für einzelne Produktentwicklungsprojekte ausgewählt und eingesetzt werden?

Das Gestaltungselement der Entwicklungsziele liefert in Verbindung mit dem Gestaltungselement der Entwicklungsleistungen eine Struktur zur Zuordnung und Auswahl einzelner Entwicklungsleistungen mit Bezug auf spezifische Entwicklungsziele.

Wie können die Prozesse zur Integration des Werkzeugbaus ablaufflexibel und iterativ gestaltet werden?

Ein ablaufflexibler und iterativer Prozessdurchlauf wird durch das Gestaltungselement der Ablauf- und Iterationsbedingungen gezielt gefördert und in strukturierter Art und Weise ermöglicht. Darüber hinaus dient das Gestaltungselement der digital vernetzten Prozesssteuerung dazu, dass sich dies auch in der Praxis durch den Anwender des Prozessmodells beherrschbar umsetzen lässt.

Wie kann ein Informations- und Wissensmanagement im Rahmen der Integration des Werkzeugbaus in den iterativen Produktentwicklungsprozess ausgestaltet werden?

Mit den Gestaltungselementen der Wissensweitergabe und -rückführung sowie der digital vernetzten Prozesssteuerung wird Wissen zielgerichtet in den Entwicklungsprozess eingebracht.

Zusammenfassend kann festgestellt werden, dass das konzeptionierte Prozessmodell für den Werkzeugbau im iterativen Produktentwicklungsprozess dazu geeignet ist, sowohl die in Kapitel 3.1.2 definierten Anforderungen zu erfüllen als auch die in Kapitel 3.3 definierten Detailforschungsfragen zu beantworten. Im nachfolgenden Kapitel 5 müssen die definierten Gestaltungselemente des Prozessmodells weiter ausdetailliert werden.

5 Detaillierung des Prozessmodells

In diesem Kapitel erfolgt die Detaillierung der einzelnen Gestaltungselemente des Prozessmodells für den Werkzeugbau im iterativen Produktentwicklungsprozess, indem konkrete Gestaltungsempfehlungen aufgezeigt werden. Zunächst werden in Kapitel 5.1 die phasenbezogenen Gestaltungselemente ausdetailliert. Anschließend werden in Kapitel 5.2 die phasenübergreifenden Gestaltungselemente ausführlich beschrieben. Die Detaillierung des Prozessmodells schließt mit einem Zwischenfazit in Kapitel 5.3. Die Vorstellung der Inhalte der einzelnen Gestaltungselemente erfolgt dabei dadurch, dass die einzelnen Gestaltungselemente in Gestaltungsaspekte gegliedert werden. Zur Umsetzung eines Gestaltungselements müssen alle zugeordneten Gestaltungsaspekte berücksichtigt werden.[655] Die Detaillierung der einzelnen Gestaltungselemente und Gestaltungsaspekte wird dadurch vorgenommen, dass jeweils konkrete Inhalte und Ansätze mit praktischen Gestaltungsempfehlungen vorgestellt werden. Hierbei wird zum einen auf bestehende, praxiserprobte Lösungen zurückgegriffen, welche durch den Autor aus empirischer Praxiserfahrung zusammengestellt werden. Zum anderen erfolgen ein Übertrag und eine Weiterentwicklung relevanter Ideen und Konzepte aus anderen Forschungs- und Anwendungsdisziplinen auf die vorliegende Problemstellung. Schlussendlich wird für jedes Gestaltungselement eine ganzheitliche Zusammenführung und kombinierte Weiterentwicklung aller sinnvollen Konzepte vorgenommen.

5.1 Phasenbezogene Gestaltungselemente

Die phasenbezogenen Gestaltungselemente beschreiben Inhalte, welche jeweils für die einzelnen Phasen des Prozessmodells umzusetzen sind. Zu den phasenbezogenen Gestaltungselementen gehören die Entwicklungsziele (Kapitel 5.1.1), Entwicklungsleistungen des Werkzeugbaus (Kapitel 5.1.2) sowie die Entwicklungsphasen mit Entwicklungsschritten (Kapitel 5.1.3).

5.1.1 Entwicklungsziele

Für das Gestaltungselement Entwicklungsziele können zwei wesentliche Gestaltungsaspekte definiert werden. Zum einen gilt es für den Werkzeugbau im iterativen Produktentwicklungsprozess, eine Merkmalsübersicht des unternehmensspezifischen Gesamtsystems der Entwicklung zu erstellen. Zum anderen müssen allgemeingültige Entwicklungsziele für das jeweilige Unternehmen spezifiziert und priorisiert werden (vgl. Abbildung 84).

[655] Die Gliederung einzelner Gestaltungselemente in Gestaltungsaspekte ist angelehnt an SALMEN. Vgl. Salmen (Digital vernetzter Shopfloor), 2016, S. 143.

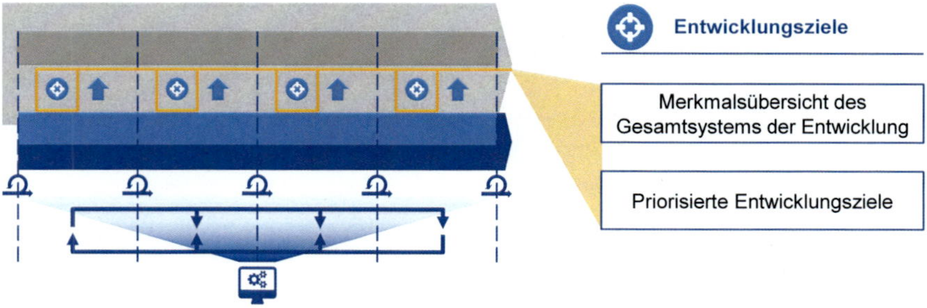

Abbildung 84: Gestaltungsaspekte des Gestaltungselements Entwicklungsziele[656]

Aufgrund der zentralen Bedeutung von Merkmalen und damit zusammenhängenden Anforderungen im Kontext der Ziele eines Produktentwicklungsprozesses wird im nachfolgenden Kapitel 5.1.1.1 zunächst eine Einführung zu diesen Themen vorgenommen. Darüber hinaus sind Anforderungen und Merkmale auch für die weiteren Gestaltungselemente elementar, weshalb die Einführung zu Beginn von Kapitel 5 erfolgt. Anschließend wird in Kapitel 5.1.1.2 der Gestaltungsaspekt Merkmalsübersicht des Gesamtsystems der Entwicklung beschrieben. Darauf aufbauend wird in Kapitel 5.1.1.3 eine Differenzierung relevanter Entwicklungsziele als Grundlage für die Erarbeitung priorisierter Entwicklungsziele vorgenommen.

5.1.1.1 Grundlagen zu Anforderungen und Merkmalen

Übergeordnetes unternehmerisches Ziel der Produktentwicklung ist es, Bedürfnisse von Kunden zu erfüllen und dadurch die Erzielung von Gewinn für das jeweilige Unternehmen zu ermöglichen. Zur Erfüllung von Kundenbedürfnissen werden während der Produktentwicklung die relevanten Eigenschaften eines Produkts definiert und dokumentiert. Dieser Prozess kann als die Umwandlung von Anforderungen als Eingangsgröße in ein ausdetailliertes, spezifiziertes Produkt bzw. Produktmodell als Ausgangsgröße betrachtet werden.[657]

Anforderungen können als Forderungen bzgl. zu erfüllender Funktionen und Eigenschaften eines Produkts definiert werden. Produktanforderungen können aus verschiedenen Quellen wie z. B. einem Projektauftrag, einem Lastenheft oder einer Kickoff-Präsentation stammen sowie aus verschiedenen Perspektiven wie bspw. aus Kunden-, Fertigungs- oder After-Sales-Sicht erhoben sein. Die dokumentierte Gesamtheit der Anforderungen definiert die Aufgabenstellung eines Produktentwicklungsprojekts.[658]

[656] Eigene Darstellung. Grafische Elemente dieser und der folgenden, analog aufgebauten Darstellungen übernommen i. A. a. Salmen (Digital vernetzter Shopfloor), 2016, S. 144

[657] Vgl. Bender, Gericke (Entwicklungsprozesse), 2016, S. 401; Gilz (Requirements Engineering und Requirements Management), 2014, S. 57

[658] Vgl. Baumgart (Requirements Engineering), 2016, S. 425f.; Ebert (Systematisches Requirements Engineering), 2012, S. 23

Als **Merkmale** werden besonders relevante Eigenschaften eines Produkts bzw. Systems bezeichnet.[659] Als Eigenschaft wird alles bezeichnet, das „durch Beobachtungen, Messergebnisse, allgemein akzeptierte Aussagen usw. von einem Gegenstand festgestellt werden kann“[660]. Da Merkmale alle relevanten Eigenschaften umfassen, wird im Sinne einer Vereinfachung im Folgenden der Begriff Merkmal dem Begriff Eigenschaft vorgezogen. Merkmale besitzen eine bestimmte Bedeutung (Semantik, Qualität) und darüber hinaus zusätzlich auch eine Ausprägung (Quantität).[661] Merkmale stellen somit die konkrete Umsetzung von Anforderungen dar. Während die Summe aller Anforderungen als Soll-Definition eines Produkts betrachtet werden kann, ist die Summe aller Merkmale als die Ist-Definition eines Produkts zu verstehen.

Anforderungen sowie entsprechende Merkmale können in verschiedene Typen geclustert werden. Eine gängige Klassifizierung unterscheidet drei verschiedene Merkmaltypen:[662]

- **Beschaffenheitsmerkmale** bezeichnen Eigenschaften bzgl. der Beschaffenheit eines Produkts.
- **Funktionale Merkmale** beschreiben Funktionalitäten und damit den Zweck eines Produkts.
- **Bedingungsmerkmale** – auch Relationsmerkmale genannt – beziehen sich auf Eigenschaften, die in Interaktion mit anderen Produkten oder Systemen sichtbar werden.

Während Beschaffenheitsmerkmale ein Produkt unmittelbar definieren, stellen Funktions- und Relationsmerkmale mittelbare Merkmale dar. Funktions- und Relationsmerkmale können daher i. d. R. auf Beschaffenheitsmerkmale zurückgeführt werden (vgl. Abbildung 85).[663]

---

[659] Vgl. Ehrlenspiel, Meerkamm (Integrierte Produktentwicklung), 2013, S. 30

[660] Ehrlenspiel, Meerkamm (Integrierte Produktentwicklung), 2013, S. 30

[661] Vgl. Ehrlenspiel, Meerkamm (Integrierte Produktentwicklung), 2013, S. 30

[662] Vgl. Gilz (Requirements Engineering und Requirements Management), 2014, S. 57; Ehrlenspiel, Meerkamm (Integrierte Produktentwicklung), 2013, S. 30f. Für eine ausführliche Betrachtung verschiedener Einteilungen von Anforderungen je nach Fachdisziplin siehe auch Mattmann (Modellintegrierte Produkt- und Prozessentwicklung), 2017, S. 47ff.

[663] Vgl. Ehrlenspiel, Meerkamm (Integrierte Produktentwicklung), 2013, S. 30

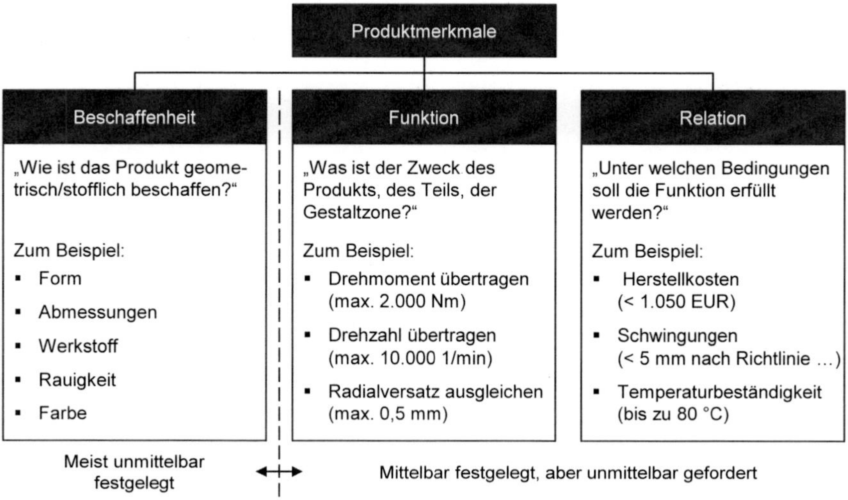

Abbildung 85: Klassifizierung von Produktmerkmalen[664]

5.1.1.2 Merkmalsübersicht des Gesamtsystems der Entwicklung

Im Kontext der integrierten Produkt- und Werkzeugentwicklung ergeben sich eine Vielzahl von unterschiedlichen Anforderungen sowie Merkmale, welche untereinander in Beziehung stehen. Um diesen komplexen Sachverhalt besser erfassen zu können, muss die Produkt- und Werkzeugentwicklung als ein aus drei Elementen bestehendes Gesamtsystem betrachtet werden. Diese drei Elemente sind:

- Das zu fertigende Produkt
- Das für diese Fertigung des Produkts notwendige Werkzeug
- Der Fertigungsprozess, mit dem das Werkzeug betrieben wird, um das Produkt herzustellen

Das zu fertigende Produkt steht im Mittelpunkt der Produkt- und Werkzeugentwicklung. Die definierten **Merkmale eines Produkts** stellen den Ausgangspunkt für die Auslegung des Werkzeugs und des Fertigungsprozesses dar. In einem klassischen, sequenziellen Prozessverständnis bzgl. der Schnittstelle zwischen Produktentwicklung und Werkzeugbau (vgl. Kapitel 2.2.4.3) wird zuerst das Produkt mit seinen Merkmalen durch die Produktentwicklung definiert. Anschließend startet die Werkzeugentwicklung, bei der sowohl Werkzeug als auch Fertigungsprozess mit ihren Merkmalen festgelegt werden. Somit besteht ein direkter Einfluss vom Produkt auf das Werkzeug und den Fertigungsprozess. Wird bspw. das Produkt mit sehr engen Toleranzen definiert, erfordert dies besonders präzise auszulegende Werkzeugbauteile sowie einen entsprechend robusten Werkzeugaufbau, sodass keine Verformungen auftreten

664 I. A. a. Ehrlenspiel, Meerkamm (Integrierte Produktentwicklung), 2013, S. 31

und die Toleranzeinhaltung gefährden. So werden bspw. durch die Auswahl des Produktmerkmals Material für ein Spritzgießbauteil relevante Merkmale des Fertigungsprozesses wie die Zykluszeit beeinflusst.

Eine Beeinflussung findet jedoch nicht nur in unidirektionaler Richtung von Produkt auf Werkzeug und Fertigungsprozess statt. So beeinflussen auch Anforderungen und entsprechend definierte **Merkmale des Werkzeugs** wiederum Produkt und Fertigungsprozess. Beispielsweise haben die Werkzeugkosten als ein Werkzeugmerkmal einen direkten Einfluss auf das Produktmerkmal Produktkosten. Darüber hinaus können die Werkstoffauswahl für das Werkzeug sowie die mechanische Auslegung des Werkzeugs die Wartungskosten des Werkzeugs als Merkmal des Fertigungsprozesses beeinflussen.

Produkt- und Werkzeugmerkmale setzen sich aus allen drei Typen der Beschaffenheits-, Funktions- und Relationsmerkmale zusammen. Im Gegensatz dazu wird der Fertigungsprozess lediglich durch Funktions- und Relationsmerkmale beschrieben, da er kein physisches Objekt darstellt. Aufgrund der Wichtigkeit der **Merkmale des Fertigungsprozesses** wird dieser in dieser Arbeit als eigenständiges Element im Gesamtsystem der Produkt- und Werkzeugentwicklung aufgefasst. Zu den Merkmalen des Fertigungsprozesses können zum einen Prozessparameter und zum anderen auch insbesondere die Fertigungsmaschine gezählt werden. Beispiele für Prozessparameter im Spritzgießprozess sind u. a. Schließkraft, Zykluszeit, Spritzdruck oder Massetemperatur. Da zum Betrieb der in dieser Arbeit betrachteten Werkzeuge (vgl. Kapitel 2.2.2.2.) i. d. R. Standardfertigungsmaschinen eingesetzt werden, werden diese Maschinen nicht als eigenständiges Entwicklungselement aufgefasst, sondern durch ein oder mehrere Merkmale des Fertigungsprozesses beschrieben. So kann die Fertigungsmaschine entweder durch einen konkreten Typ bzw. eine Maschinengruppe sehr spezifisch definiert werden. Alternativ kann die Fertigungsmaschine auch durch eine Kombination relevanter charakteristischer Merkmale und so mit einem größerem Lösungsraum definiert werden. Relevante charakteristische Merkmale für Spritzgießmaschinen (SGM) sind bspw. maximale Schließkraft, Säulenbreite, Plattenabstand, maximales Werkzeuggewicht, maximales Schussgewicht oder maximaler Spritzdruck.[665] Merkmale des Fertigungsprozesses beeinflussen wiederum Produkt- und Werkzeugmerkmale. Bestehen bspw. Gewichts- oder Größenbeschränkungen der für die spätere Fertigung ausgewählten Fertigungsmaschine, bewirkt dies zunächst Restriktionen hinsichtlich Gewicht oder Größe des zu entwickelnden Werkzeugs und dadurch auch Größenbeschränkungen für das Produkt.

Die drei Elemente Produkt, Werkzeug und Fertigungsprozess sind stark voneinander abhängig und beeinflussen sich gegenseitig. Im Rahmen der Werkzeugentwicklung gilt es daher, Anforderungen bzgl. dieser drei Elemente ganzheitlich zu betrachten und untereinander abzustimmen. Aus diesem Grund ist ein sequenzielles Prozessverständnis der Schnittstelle zwischen Produktentwicklung und Werkzeugbau nicht sinnvoll. Daher wird im Rahmen dieser Arbeit das in Kapitel 2.2.4.3 beschriebene integrierte Prozessverständnis der Schnittstelle zwischen Produktentwicklung und Werkzeugbau favorisiert, bei dem bereits parallel zur Produkt-

[665] Vgl. ARBURG GmbH + Co KG (Technische Daten ALLROUNDER 270 S)

entwicklung die Werkzeugentwicklung inkl. Definition des Fertigungsprozesses stattfindet. Abbildung 86 stellt das Gesamtsystem der Produkt- und Werkzeugentwicklung mit den beschriebenen drei Elementen dar.

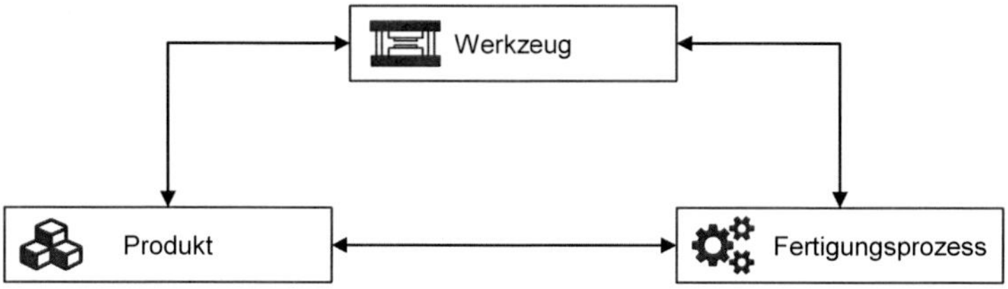

Abbildung 86: Gesamtsystem der Produkt- und Werkzeugentwicklung

Als Grundlage für die Umsetzung des beschriebenen integrierten Prozessverständnisses der Schnittstelle zwischen Produktentwicklung und Werkzeugbau ist es für Werkzeugbaubetriebe im Kontext der Entwicklungsziele zwingend notwendig, eine detaillierte **Merkmalsübersicht des Gesamtsystems der Entwicklung** zu erstellen. Eine solche Merkmalsübersicht dient als Grundlage für die Zielbestimmung für ein Entwicklungsprojekt, indem eine allgemeine Basis für die Kommunikation zu allen relevanten Merkmalen geschaffen wird.

Die Merkmalsübersicht sollte zum einen eine Gliederung entsprechend den eingeführten Elementen Produkt, Werkzeug und Fertigungsprozess enthalten. Zum anderen sollte sie auch mögliche, sinnvolle Ausprägungstypen integrieren, indem angegeben wird, ob eine Ausprägung bspw. als Zahlenwert in einer bestimmten Einheit, als Ja-Nein-Angabe oder als technische Angabe ausgeführt werden soll.

Die Merkmalsübersicht ist für alle durch den Werkzeugbau angebotenen Werkzeugtypen zu erstellen. Bei einem stark diversifizierten Portfolio an angebotenen Werkzeugtypen mit grundlegend unterschiedlichen Werkzeugtechnologien (vgl. Kapitel 2.2.2.2) können sich die relevanten Merkmale von einer zur anderen Werkzeugkategorie stark unterscheiden. In diesem Fall muss für jede der einzelnen Werkzeugkategorien eine eigene Merkmalsübersicht erstellt werden.

Abbildung 87 zeigt eine beispielhafte Merkmalsübersicht des Gesamtsystems der Entwicklung eines Spritzgießprodukts sowie des dazugehörigen Werkzeugs und Fertigungsprozesses. Je nach Unternehmenskontext können auch weitere Zusatzinformationen in die Merkmalsübersicht aufgenommen werden wie bspw. die Angabe, ob es sich um ein Beschaffenheits-, Funktions- und Relationsmerkmal handelt. Ebenfalls könnte eine Information zu der typischen Priorität eines bestimmten Merkmals sinnvoll sein. So haben für viele Unternehmen bspw. die Merkmale des Produkt- und Werkzeugpreises sowie die Werkzeugerstellungszeit eine besonders hohe Bedeutung.

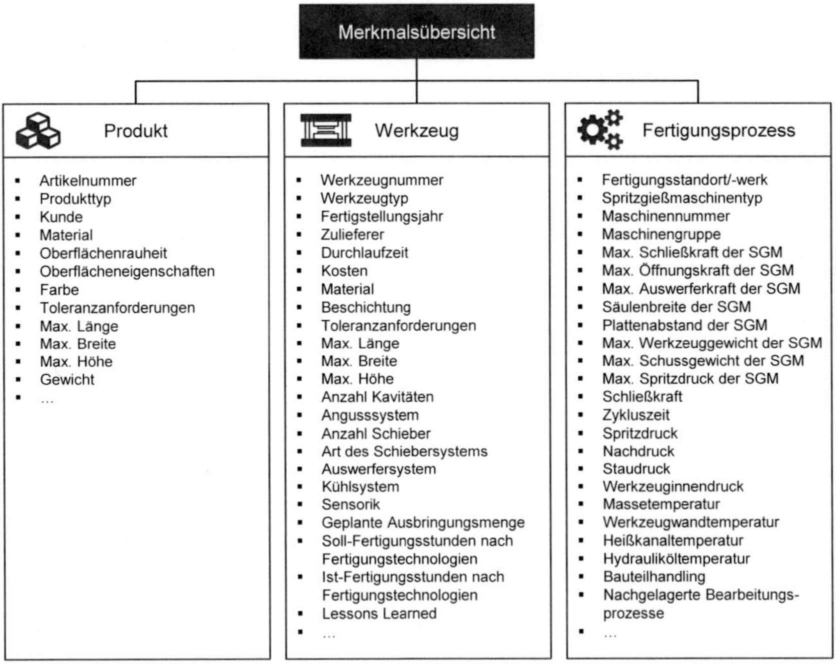

Abbildung 87: Beispielhafte Merkmalsübersicht für Spritzgießprodukt, -werkzeug und -fertigungsprozess

5.1.1.3 Priorisierte Entwicklungsziele

Übergeordnetes Entwicklungsziel des Prozessmodells für den Werkzeugbau im iterativen Produktentwicklungsprozess ist es, Anforderungen eines Produktentwicklungsprojekts als Eingangsgrößen in ganzheitlich abgestimmte Merkmale der drei vorgestellten Elemente Produkt, Werkzeug und Fertigungsprozess als Ausgangsgrößen umzuwandeln.

Aufbauend auf dieser Zielsetzung lassen sich verschiedene Fälle unterscheiden, von denen unterschiedliche untergeordnete Entwicklungsziele abgeleitet werden können. So unterscheiden sich Produktentwicklungsprojekte stark hinsichtlich der bestehenden Freiheitsgrade. Zum Beispiel besteht für eine komplett neue Entwicklung eines Produkts ohne Vorgängerprodukte oder sonstige Restriktionen ein sehr hoher Freiheitsgrad, bei dem meist lediglich funktionale und relationale Produktanforderungen existieren. Darauf aufbauend müssen in diesem Fall zunächst die Beschaffenheitsanforderungen des Produkts ermittelt und in Beschaffenheitsmerkmale übertragen werden. Zudem müssen dann die Merkmale des Werkzeugs und des Fertigungsprozesses definiert werden. In einem anderen Extrem können für ein Folgeprodukt bereits zu Beginn der Produktentwicklung sehr viele konkrete Merkmale für alle drei Elemente hinsichtlich Produkt, Werkzeug und Fertigungsprozess festgelegt sein, sodass lediglich kleinere Anpassungen durchzuführen und abzustimmen sind.

Als erstes Entwicklungsziel kann die **Merkmalsbestimmung** identifiziert werden. Die Merkmalsbestimmung ist das originäre Ziel einer Entwicklung (vgl. Kapitel 5.1.1.1.). Dieses Ziel ist vor allem für Produktentwicklungsprojekte mit großem, noch offenen Lösungsraum relevant. Hier kann der Werkzeugbau gefragt sein, nicht nur Merkmale bzgl. des Werkzeugs und des Fertigungsprozesses, sondern auch bzgl. des Produkts zu definieren. Aufgrund des integrierten Prozessverständnisses von Produktentwicklung und Werkzeugbau findet keine klare Trennung dahingehend statt, dass nur durch die Produktentwicklung Produktmerkmale bestimmt werden und durch den Werkzeugbau nur Werkzeug- und Fertigungsprozessmerkmale. Sofern dies möglich ist, soll der Werkzeugbau auch aktiv die Merkmalsbestimmung des Produkts unterstützen. Das Ergebnis einer Merkmalsbestimmung ist ein inkl. konkreter Ausprägung definiertes Merkmal.

Für Produktentwicklungsprojekte, bei denen alle relevanten Merkmale bereits sehr konkret beschrieben vorliegen, ergibt sich das zweite Entwicklungsziel **Herstellbarkeitsbewertung**. Mit einer Herstellbarkeitsbewertung soll eine Aussage aus Werkzeugbausicht dazu abgeleitet werden, ob ein Produkt mit den definierten Merkmalen gefertigt werden kann. Das Ergebnis einer solchen Herstellbarkeitsbewertung ist zunächst lediglich eine binäre Ja-Nein-Antwort. Dabei kann die Qualität der Herstellbarkeitsbewertung mit einer gewissen Unsicherheit behaftet sein, je nach Genauigkeit der zugrunde liegenden Bewertungsgrundlage wie bspw. Erfahrungen, Schätzungen, Simulationen oder konkrete Tests. Daher kann die Herstellbarkeitsbewertung auch als Wahrscheinlichkeit wie bspw. „zu x% ja“ bzw. „zu 100-x% nein“ ausgedrückt werden, um die zugrunde liegende Unsicherheit wiederzugeben. Eine Herstellbarkeitsbewertung ist jedoch nicht nur für bereits sehr stark bestimmte Produktentwicklungsprojekte relevant, sondern auch für noch relativ offene Produktentwicklungsprojekte in frühen Phasen. Hier ist eine grundsätzliche Herstellbarkeitsbewertung notwendig, welche allerdings aufgrund der Vielzahl noch nicht definierter Merkmale nur eine sehr unsichere bzw. auf Annahmen beruhende Aussage treffen kann. Im Zuge einer solchen Herstellbarkeitsbewertung bei noch relativ offenen Produktentwicklungsprojekten gehen die Entwicklungsziele der Herstellbarkeitsbewertung und Merkmaldefinition ineinander über, da für nicht bereits vordefinierte Merkmale zunächst eine Bestimmung innerhalb der vorgegebenen Rahmenbedingungen erfolgen muss, sofern sie für die Bewertung der Herstellbarkeit relevant sind.

Vor allem bei einer negativen Herstellbarkeitsbewertung ergibt sich i. d. R. unmittelbar die Fragestellung, unter welchen Bedingungen oder mit welchen Änderungen von bestimmten Merkmalen eine Herstellbarkeit erreicht werden kann. Entsprechend kann die **Merkmalsoptimierung** als drittes Entwicklungsziel definiert werden. Aber auch bei positiver Herstellbarkeitsbewertung kann sich eine Merkmalsoptimierung anbieten, um besonders relevante Merkmale zu optimieren. So kann bspw. eine Optimierung hinsichtlich der Produktkosten erfolgen, indem einerseits versucht wird, die Werkzeugkosten durch Vereinfachung des Werkzeugkonzepts zu reduzieren. Andererseits kann die Produktgeometrie dahingehend verändert werden, dass sich reduzierte Zykluszeiten und damit reduzierte Fertigungskosten ergeben. Ergebnis der Merkmalsoptimierung ist ein Vorschlag zur Veränderung bestimmter Merkmalsausprägungen. Dieser Vorschlag kann konditional formuliert werden, indem aufgezeigt wird, welche Auswirkungen eine bestimmte Merkmalsoptimierung auf relevante Zielgrößen hat. Sofern die betreffenden Merkmale durch eine externe Partei, wie bspw. den Kunden, vorgegeben sind, muss eine Abstimmung des erarbeiteten Vorschlags mit der für das bestimmte Merkmal verantwortlichen Partei erfolgen. Sofern die betreffenden Merkmale direkt im Verantwortungsbereich des Werkzeugbaus liegen, kann die Merkmalsoptimierung eigenständig durchgeführt werden.

Ein viertes Entwicklungsziel ergibt sich für den Werkzeugbau unabhängig von der Ermittlung und Optimierung bestimmter Merkmale aus einer **Lieferung von Input für angrenzende Bereiche**. Ein solcher Input kann in vielfältiger Form und für verschiedenste angrenzende Bereiche gefordert sein. Es lassen sich physischer und digitaler bzw. geistiger Input unterscheiden. Da durch Werkzeuge gefertigte Produkte i. d. R. Einzelteile darstellen, die oftmals mit weiteren Produkten kombiniert und zu einem Gesamtprodukt zusammengebaut werden, ergeben sich in der übergeordneten Produktentwicklung des Gesamtprodukts Bedarfe für bestimmten Input. So können bspw. physische Prototypen aller Einzelteile gefordert sein, um einen Prototypen des Gesamtprodukts aufzubauen und diesen optischen, physikalischen oder weiteren funktionalen Tests zu unterziehen. Je nach Anwendungszweck können hier lediglich sehr rudimentäre oder auch bereits seriennahe Prototypen benötigt werden. Ebenfalls können auch digitale Modelle einzelner Produkte gefordert werden, um eine Animation oder Simulation des Gesamtprodukts für Marketingzwecke oder digitale Validierungen zu nutzen. So können bspw. einzelne Strukturmechanikmodelle aller Teilprodukte gefragt sein, um diese zu einem Gesamtmodell des Gesamtprodukts zusammenzufügen und dynamische Simulationen durchführen zu können. Abbildung 88 stellt die vier differenzierten Entwicklungsziele für den Werkzeugbau im iterativen Produktentwicklungsprozess in einer Übersicht dar.

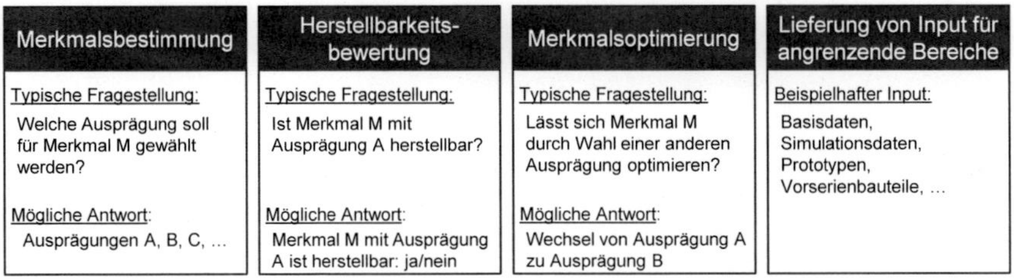

Abbildung 88: Grundsätzliche Entwicklungsziele für den Werkzeugbau im iterativen Produktentwicklungsprozess

Basierend auf diesen grundsätzlich möglichen Entwicklungszielen für den Werkzeugbau im iterativen Produktentwicklungsprozess gilt es für einzelne Werkzeugbaubetriebe, eine **unternehmensspezifische Priorisierung von Entwicklungszielen** vorzunehmen. Es gilt zu bewerten und festzulegen, in welchem Grad die ersten drei Entwicklungsziele durch den Werkzeugbau verfolgt werden sollen. So ist bspw. denkbar, lediglich eine Merkmalsbestimmung für Werkzeug und Fertigungsprozess zu übernehmen oder aber auch für bestimmte Merkmale des Produkts. Eine solche Festlegung kann basierend auf der erarbeiteten Merkmalsübersicht des Gesamtsystems der Entwicklung (vgl. Kapitel 5.1.1.1.) vorgenommen werden. Ebenso kann eine Herstellbarkeitsbewertung bereits in frühen Projektphasen oder lediglich in späten, bereits stark ausdetaillierten Projektphasen angeboten werden. Auch eine Merkmalsoptimierung kann in unterschiedlichen Intensitäten und mit unterschiedlicher Verbindlichkeit erfolgen. Bezüglich des vierten grundsätzlichen Entwicklungsziels Lieferung von Input für angrenzende Bereiche gilt es ebenfalls zu bewerten, welche Bedarfe bestehen und ob und wie diese durch den Werkzeugbau befriedigt werden können und sollen. Ergebnis der Gestaltung des Aspekts der priorisierten Entwicklungsziele ist ein unternehmensspezifisch bewertetes und festgelegtes Portfolio an möglichen Entwicklungszielen für verschiedene Produktentwicklungsprojekte. Die Zuordnung von Entwicklungszielen zu Entwicklungsphasen und konkreten Entwicklungsschritten wird in Kapitel 5.1.3.1 beschrieben.

5.1.2 Entwicklungsleistungen des Werkzeugbaus

Das Gestaltungselement Entwicklungsleistungen des Werkzeugbaus umfasst drei Gestaltungsaspekte (vgl. Abbildung 89). Um die Gestaltung ihrer Entwicklungsleistungen durchzuführen, müssen Werkzeugbaubetriebe zunächst einen Katalog möglicher Entwicklungsleistungen erstellen. In Kapitel 5.1.2.1 wird dieser erste Gestaltungsaspekt gegliedert in die vier verschiedenen Phasen des Prozessmodells beschrieben. Mit dem zweiten Gestaltungsaspekt gilt es dann, die in dem Katalog zusammengefassten Entwicklungsleistungen zu charakterisieren (Kapitel 5.1.2.2). Der dritte Gestaltungsaspekt bezieht sich schließlich auf die notwendigen Eingangsinformationen zur Erstellung der jeweiligen Entwicklungsleistungen (Kapitel 5.1.2.3).

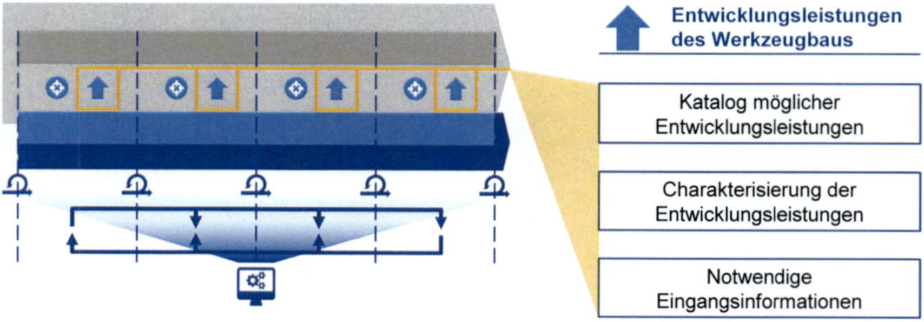

Abbildung 89: Gestaltungsaspekte des Gestaltungselements Entwicklungsleistungen des Werkzeugbaus

5.1.2.1 Katalog möglicher Entwicklungsleistungen

Der Gestaltungsaspekt Katalog möglicher Entwicklungsleistungen dient dazu, eine Übersicht grundsätzlich möglicher Entwicklungsleistungen für den das Prozessmodell anwendenden Werkzeugbaubetrieb zu schaffen. Hierbei ist eine Gliederung in die vier verschiedenen Phasen des Prozessmodells vorzunehmen. Eine weitere Strukturierung muss – wie auch bereits bei der in Kapitel 5.1.1.1 beschriebenen Merkmalsübersicht – hinsichtlich der betrachteten Werkzeugkategorien vorgenommen werden. Denn auch die möglichen Entwicklungsleistungen unterscheiden sich zwischen einzelnen Werkzeugkategorien.

Die **Phase Engineering Support** umfasst nicht-physische Entwicklungsleistungen, welche durch den Werkzeugbau digital erstellt oder zumindest digital dokumentiert werden. Hierunter fallen alle Arten digitaler Prototypen, wie sie in Kapitel 2.1.4.3 als aufeinander aufbauende Modelle vorgestellt und abgegrenzt wurden. So können erste Werkzeugskizzen als einfache 2D-CAD-Konstruktionen oder in größerer Detailbetrachtung als 3D-CAD-Konstruktionen erstellt werden. Durch lediglich grobe Konstruktionen einzelner Bauteile oder Ausschnitte des Werkzeugs lassen sich bereits wichtige Erkenntnisse für die Produkt- und Werkzeugentwicklung aufdecken und kommunizieren. Kollisionsuntersuchungen können dazu dienen, mechanische Bewegungen des Werkzeugs zu prüfen. Ebenfalls können der Auswurf bzw. die Entnahme des zu fertigenden Produkts aus dem Werkzeug und mögliche Peripherieanlagen wie Entnahme-, Handling-, Montage- oder Messsysteme simuliert werden. Strukturmechaniksimulationen, bspw. mit Finite Elemente Methoden (FEM) oder Mehrkörpersimulation (MKS), können darüber hinaus die mechanischen Eigenschaften des zu entwickelnden Werkzeugs überprüfen. Weitere wesentliche Entwicklungsleistungen der Phase Engineering Support können durch Prozesssimulationen erbracht werden. Hierbei lassen sich je nach Simulationsart sowohl Produkt- als auch Werkzeug- und Prozesseigenschaften sowie der Einklang aller drei Eigenschaften zusammen simulieren. Beispielsweise lässt sich durch Füllsimulation eines Spritzgießprozesses zum einen das Produkt mit relevanten Eigenschaften wie Schwindung und Verzug simulieren. Darüber hinaus können zum anderen auch zusätzlich das Werkzeug mit seinen relevanten Eigenschaften wie bspw. Angusssystem und Temperierung sowie die Spritzgießmaschine simuliert werden. Auf diese Weise lässt sich ein möglichst genaues Abbild des späteren Prozesses und seiner Ergebnisse nachbilden (vgl. Kapitel 2.2.4.2).

Die umfangreichste und effektivste Möglichkeit, gezielte Entwicklungsleistungen in der Phase Engineering Support einzubringen, stellt spezialisierte Simulationssoftware für spezifische Fertigungsprozesse dar. Entsprechende Software ist insbesondere für die gängigen werkzeugbasierten Fertigungsverfahren verfügbar (vgl. Abbildung 90).

	Altair HyperForm	AutoForm	ESI PAM-STAMP	EKK EKKcapcast	MAGMA Magmasoft	RWP WinCast expert	Autodesk Moldflow	simcon Cadmould	Sigmasoft Virtual Molding	SimpaTec Moldex3D	SimpaTec B-Sim
Blechumformung	●	●	●								
(Druck)Guss				●	●	●					
Spritzguss							●	●	●	●	●

Abbildung 90: Gängige Simulationssoftware zugeordnet zu Fertigungsverfahren[666]

Als relevante Entwicklungsleistungen der Phase Engineering Support kann neben den bereits genannten auch eine Vielzahl weiterer Modelle, Simulationen und Analysen gezählt werden. KOHN fasst in einer umfangreichen Sammlung eine große Anzahl von Modelltypen zusammen,

[666] Eigene Darstellung. Auszugsweise Darstellung ohne Anspruch auf Vollständigkeit.

die in diesem Kontext eingesetzt werden können. Hierunter fallen auch einfache, aber wirkungsvolle Analysen, welche nicht (notwendigerweise) mit spezialisierten Softwareprogrammen durchgeführt werden müssen. Beispielsweise können die Adjazenzmatrix, die Failure Mode and Effects Analysis (FMEA) oder die Ursache-Wirkungs-Analyse genannt werden.[667] Eine ausführliche Auflistung und Beschreibung basierend auf der Sammlung nach KOHN wird im Anhang vorgestellt. Dabei wird ebenfalls eine Bewertung über die Eignung der digitalen Prototypen für den Werkzeugbau in der Phase Engineering Support vorgenommen. Die Auflistung umfasst 100 verschiedene digitale Prototypen, von denen 72 mit einer grundsätzlich hohen Eignung für den Werkzeugbau in der Phase Engineering Support bewertet werden.

Für die unternehmensspezifische Zusammenfassung des Katalogs für Entwicklungsleistungen der Phase Engineering Support ist eine Tabelle sinnvoll. Hierbei eignen sich die Spalten Bezeichnung der Entwicklungsleistung, Benennung der für die Erstellung genutzten Softwaresysteme, Bezeichnung der jeweiligen Ausprägung bzw. des jeweiligen Umfangs der Ausführung der Entwicklungsleistung und Beschreibung. Die Unterscheidung einzelner Ausprägungen bzw. Umfänge einer Entwicklungsleistung dient dazu, um bei komplexen Simulationsbetrachtungen Abstufungen differenzieren zu können. Abbildung 91 stellt einen entsprechenden unternehmensspezifischen Katalog für Entwicklungsleistungen der Phase Engineering Support beispielhaft für Spritzgießwerkzeuge dar.

Entwicklungs-leistung	Software-system	Ausprägung/ Umfang	Beschreibung
Füllsimulation	Autodesk Moldflow	Nur Produkt	Simulation des Produkts mit Angussposition zur Ermittlung von Schwindung und Verzug
		Gesamtsystem aus Produkt, Werkzeug und Fertigungsprozess	Simulation von sowohl Produkt als auch Werkzeug inkl. Kühlung, Anguss, Entlüftung usw. mit allen prozessrelevanten Parametern
		...	...
Werkzeugkonzept	PDF (gescannte Skizze)	Handskizze	Grobe Handskizze des Werkzeugs in der frühen Phase des Entwicklungsprojekts zur ersten Dokumentation des Werkzeugkonzepts
	Siemens NX	3D-Grobkonzept	Grobes 3D-Modell des Werkzeugs in der frühen Phase des Entwicklungsprojekts zur Dokumentation des Werkzeugkonzepts
		3D-Detail-betrachtung	3D-Modell einer Detailkonstruktion für einen kritischen Werkzeugausschnitt bswp. zur Überprüfung der mechanischen Machbarkeit eines komplizierten Auswerferkonzepts
		...	...
...	...	...	...

Abbildung 91: Beispielhafte Darstellung eines unternehmensspezifischen Katalogs für Entwicklungsleistungen der Phase Engineering Support für Spritzgießwerkzeuge

[667] Vgl. Kohn (Entwicklung einer Wissensbasis für die Arbeit mit Produktmodellen), 2014, S. 231ff. Im Kontext der in dieser Phase betrachteten nicht-physischen Entwicklungsleistungen sind die in der Liste enthaltenen physischen Prototypen zu ignorieren.

In der **Phase Prototypen** werden durch den Werkzeugbau physische Prototypen des zu entwickelnden und später zu produzierenden Produkts erstellt. Hierzu bieten sich grundsätzlich alle verschiedenen in Kapitel 2.1.4.2 vorgestellten Arten physischer Prototypen von Proportionsmodell, Ergonomiemodell, Designmodell, Funktionsmodell, Prototyp im engeren Sinne sowie Muster an.

Zur unternehmensspezifischen Zusammenfassung des Katalogs für Entwicklungsleistungen der Phase Prototypen ist zu beachten, dass jeder der zuvor genannten Arten physischer Prototypen grundsätzlich eine Vielzahl verschieden detaillierter Prototypen zugeordnet werden kann. Diese werden im Wesentlichen durch die jeweils eingesetzten Fertigungsverfahren bestimmt. Daher ist der Katalog neben der Angabe von Bezeichnung und Beschreibung der jeweiligen physischen Prototypen um eine Angabe zu dem Fertigungsverfahren zu ergänzen. Abbildung 92 stellt einen entsprechenden unternehmensspezifischen Katalog für Entwicklungsleistungen der Phase Prototypen beispielhaft für Produkte dar, welche später in Serienproduktion im Spritzgießverfahren hergestellt werden sollen.

Entwicklungs-leistung	Fertigungs-verfahren	Ausprägung/ Umfang	Beschreibung
Proportionsmodell	Layer Laminate Manufacturing (LLM)	Gesamtes Produkt, nicht maßstabs-getreu	Aufbau eines einfachen Anschauungsmodells aus Papier; Maßstabsveränderung zur schnelleren Herstellbarkeit, leichterem Transport oder zum Fokus auf Details
		Gesamtes Produkt, maßstabsgetreu	Aufbau eines einfachen Anschauungsmodells aus Papier; keine Maßstabsveränderung, um möglichst realistische Betrachtung zu ermöglichen
	3D-Drucken (3DP)	Gesamtes Produkt, nicht maßstabs-getreu	Aufbau eines Anschauungsmodells aus Kunststoff; Maßstabsveränderung zur schnelleren Herstellbarkeit, leichterem Transport oder zum Fokus auf Details
		Gesamtes Produkt, maßstabsgetreu	Aufbau eines Anschauungsmodells aus Kunststoff; keine Maßstabsveränderung, um möglichst realistische Betrachtung zu ermöglichen
Funktionsmodell	Stereolithographie (SL)	Vereinfachtes Produkt, einzelne Funktionselemente	Aufbau eines vereinfachten Funktionsmodells, bei dem einzelne nicht funktionsrelevante Details nicht abgebildet werden; zudem Abbildung von lediglich einzelnen, besonders relevanten Funktionselementen
		Vereinfachtes Produkt, alle Funktionselemente	Aufbau eines vereinfachten Funktionsmodells, bei dem einzelne nicht funktionsrelevante Details nicht abgebildet werden; Abbildung von allen Funktionselementen
		Vollständiges Produkt, alle Funktionselemente	Aufbau eines vereinfachten Funktionsmodells, bei dem auch nicht funktionsrelevante Details abgebildet werden; Abbildung von allen Funktionselementen
	Selective Laser Sintering (SLS)	...	...
	...	...	...
...	...	...	...

Abbildung 92: Beispielhafte Darstellung eines unternehmensspezifischen Katalogs für Entwicklungsleistungen der Phase Prototypen für Spritzgießprodukte

Während der **Phase Nicht-Serienwerkzeuge** erstellt der Werkzeugbau Entwicklungsleistungen in Form von Prototypenwerkzeugen, Versuchswerkzeugen und Kleinserienwerkzeugen (vgl. Kapitel 2.2.2.2).

Die unternehmensspezifische Zusammenfassung des Katalogs für Entwicklungsleistungen der Phase Nicht-Serienwerkzeuge erfolgt analog zu den vorhergehenden Phasen. Hierzu kann eine Gliederung in die genannten drei Kategorien von Nicht-Serienwerkzeugen sowie eine Unterteilung in verschiedene Ausprägungen mit entsprechenden Beschreibungen vorgenommen werden. Abbildung 93 stellt einen entsprechenden unternehmensspezifischen Katalog für Entwicklungsleistungen der Phase Nicht-Serienwerkzeuge beispielhaft für Spritzgießwerkzeuge dar.

Entwicklungs-leistung	Werkzeugtyp	Ausprägung/ Umfang	Beschreibung
Prototypen-werkzeug	Vakuumgießform	-	Abformung von mittels Stereolithographie (SL) hergestellten Prototypen, um eine Silikonform herzustellen, mit welcher dann im Vakuumgießverfahren produziert werden kann
	Stammform-werkzeug	Additiv gefertigte Formeinsätze aus Kunststoff	Nutzung von mittels additiver Fertigungsverfahren hergestellter Formeinsätze aus Kunststoff in einem Stammformwerkzeug
		Additiv gefertigte Formeinsätze aus Metall	Nutzung von mittels additiver Fertigungsverfahren hergestellter Formeinsätze aus metallischen Werkstoffen in einem Stammformwerkzeug
		Formeinsätze aus Metall	Nutzung von Formeinsätzen aus metallischen Werkstoffen wie Aluminium oder Stahl in einem Stammformwerkzeug
	Aluminium-werkzeug	1-Fach-Werkzeug aus Aluminium	1-Fach-Werkzeug aus Aluminium bei Vereinfachung von Kühlung, Anguss sowie Entformung, Oberflächen-strukturen etc.
	Stahlwerkzeug	1-Fach-Werkzeug aus Stahl	1-Fach-Werkzeug aus Stahl bei Vereinfachung von Kühlung, Anguss sowie Entformung, Oberflächen-strukturen etc.
Versuchs-werkzeug	Versuchswerkzeug Thermik	1-Fach-Werkzeug aus Stahl	1-Fach-Werkzeug mit detaillierter Temperierung, Kühlung und Anguss, jedoch mit vereinfachter Entformung
		Mehr-Fach-Werk-zeug aus Stahl mit lediglich einer ausgearbeiteten Kavität	Mehr-Fach-Werkzeug mit lediglich einer ausgearbeiteten Kavität mit detaillierter Temperierung, Kühlung und Anguss, jedoch mit vereinfachter Entformung
	Versuchswerkzeug Mechanik	1-Fach-Werkzeug aus Stahl	1-Fach-Werkzeug mit detaillierter Entformung, jedoch mit vereinfachter Temperierung, Kühlung und Anguss
		Mehr-Fach-Werk-zeug aus Stahl mit lediglich einer ausgearbeiteten Kavität	Mehr-Fach-Werkzeug mit lediglich einer ausgearbeiteten Kavität mit detaillierter Entformung, jedoch mit verein-fachter Temperierung, Kühlung und Anguss
Kleinserien-werkzeuge	...	...	...

Abbildung 93: Beispielhafte Darstellung eines unternehmensspezifischen Katalogs für Entwicklungsleistungen der Phase Nicht-Serienwerkzeuge für Spritzgießwerkzeuge[668]

In der **Phase Serienwerkzeuge** werden schließlich die eigentlichen Serienwerkzeuge durch den Werkzeugbau entwickelt und erstellt. Die Entwicklungsleistungen dieser Phase sind die Kernleistungen eines Werkzeugbaubetriebs, die Serienwerkzeuge (vgl. Kapitel 2.2.2.2). Da in

[668] Eigene Darstellung. Für weitere Details zum Konzept von Stammformwerkzeugen für die Spritzgießfertigung siehe auch Karlinger, Hinken (Konstruktionsablauf), 2008, S. 336f.

dieser Phase mit dem Serienwerkzeug das eigentliche Zielobjekt der Werkzeugentwicklung im Fokus steht, gibt es zumeist – anders als in den vorherigen Phasen – keine große Vielfalt an gleichwertigen, möglichen Optionen, sondern eine geforderte, optimale Lösung. Diese Lösung ist zwar zu Beginn eines Entwicklungsprojekts meist nicht im Detail bekannt. Sie ergibt sich jedoch im Laufe des Entwicklungsprojekts aus den Anforderungen und Rahmenbedingungen. Auch werden Serienwerkzeuge i. d. R. nicht in mehreren Alternativen oder Iterationen erstellt, sondern meist nur in einer Ausführung. Daher ist in dieser Phase kein Katalog verschiedener, alternativer Entwicklungsleistungen sinnhaft. Dennoch kann ein Katalog verschiedener Optionen zur Ausführung möglicher Serienwerkzeuge zur eindeutigen Bestimmung und Bezeichnung des zu entwickelnden Serienwerkzeugs dienen. Dies vereinfacht die Kommunikation sowohl mit dem Auftraggeber als auch bei internen Abläufen des Werkzeugbaubetriebs. Ein Katalog relevanter Entwicklungsleistungen der Phase Serienwerkzeuge kann mittels charakteristischer Merkmale und Ausprägungen (vgl. Kapitel 5.1.1.1) erstellt werden. Aufgrund der Vielzahl möglicher Kombinationen relevanter, charakteristischer Merkmale ist eine Darstellung als morphologischer Kasten deutlich übersichtlicher als eine Baumstruktur, wie bspw. als Variantenbaum oder in Tabellenform.[669] Abbildung 94 zeigt eine beispielhafte Darstellung eines unternehmensspezifischen Katalogs für Entwicklungsleistungen der Phase Serienwerkzeuge für Spritzgießwerkzeuge in Form eines morphologischen Kastens.

<table>
<tr><th>Merkmal</th><th colspan="84">Ausprägung</th></tr>
<tr><td>Entformung</td><td colspan="21">Backen-werkzeug</td><td colspan="21">Schieber-werkzeug</td><td colspan="21">Abschraub-werkzeug</td><td colspan="21">Abstreif-werkzeug</td></tr>
<tr><td>Angusssystem</td><td colspan="42">Kaltkanal</td><td colspan="42">Heißkanal</td></tr>
<tr><td>Anzahl Kavitäten</td><td colspan="12">1</td><td colspan="12">2</td><td colspan="12">4</td><td colspan="12">8</td><td colspan="12">16</td><td colspan="12">32</td><td colspan="12">64</td></tr>
<tr><td>Anzahl Kunststoff-komponenten</td><td colspan="28">1 Komponente</td><td colspan="28">2 Komponenten</td><td colspan="28">3 Komponenten</td></tr>
<tr><td>Werkzeugstahl</td><td colspan="28">...</td><td colspan="28">...</td><td colspan="28">...</td></tr>
<tr><td>...</td><td colspan="42">...</td><td colspan="42">...</td></tr>
</table>

Abbildung 94: Beispielhafte Darstellung eines unternehmensspezifischen Katalogs für Entwicklungsleistungen der Phase Serienwerkzeuge für Spritzgießwerkzeuge in Form eines morphologischen Kastens[670]

669 Für eine Möglichkeit zur Einteilung von Werkzeugen siehe KÜHN, der Produktsysteme des Werkzeugbaus auf oberster Ebene in intelligente Werkzeuge, modulare Werkzeuge und emotionale Werkzeuge gliedert. Vgl. Kühn (Lebenszyklusorientierte Leistungssysteme im Werkzeugbau), 2016, S. 141f.

670 Eigene Darstellung. Zur Einteilung von Spritzgießwerkzeugen nach primären konstruktiven Gesichtspunkten vgl. Hopmann et al. (Spritzgießwerkzeuge), 2018, S. 95.

5.1.2.2 Charakterisierung der Entwicklungsleistungen

Die im vorherigen Kapitel beschriebene Zusammenstellung eines Katalogs möglicher Entwicklungsleistungen des Werkzeugbaus stellt eine wichtige Grundlage zur unternehmensspezifischen Ausgestaltung des Prozessmodells dar. Vor allem die Entwicklungsleistungen der ersten drei Phasen des Prozessmodells können als eine Art Baukasten oder Werkzeugkasten[671] zur frühzeitigen, iterativen Absicherung von Produkt- und Werkzeugentwicklungsprojekten verstanden werden. Der Werkzeugbaubetrieb kann als Nutzer seines unternehmensspezifischen Werkzeugkastens projektspezifisch geeignete Entwicklungsleistungen auswählen und in das Entwicklungsprojekt integrieren.

Um relevante Entwicklungsleistungen im Allgemeinen für den Kontext eines spezifischen Werkzeugbaubetriebs sowie im Speziellen für einzelne Produkt- und Werkzeugentwicklungsprojekte auswählen zu können, bedarf es einer detaillierten Charakterisierung der grundsätzlich möglichen Entwicklungsleistungen durch den jeweiligen Werkzeugbaubetrieb als Anwender des Prozessmodells. Diese Charakterisierung dient darüber hinaus auch dazu, unternehmensinterne Prozesse, Organisationsstrukturen und Ressourcen auf die relevanten Entwicklungsleistungen abstimmen zu können. Die Charakterisierung der einzelnen Entwicklungsleistungen aus dem Katalog möglicher Entwicklungsleistungen muss erstens hinsichtlich der Erfüllung der jeweiligen Entwicklungsziele (vgl. Kapitel 5.1.1) erfolgen. Zweitens ist eine Charakterisierung bzgl. relevanter Rahmenbedingungen bzw. Zielgrößen eines Entwicklungsprojekts durchzuführen. Diese relevanten Rahmenbedingungen sind vor allem Zeit und Kosten der Erstellung einer Entwicklungsleistung.

Die **Charakterisierung hinsichtlich der Erfüllung der jeweiligen Entwicklungsziele** kann dadurch erfolgen, dass für die Entwicklungsziele der Merkmalsbestimmung, der Herstellbarkeitsbewertung sowie der Merkmalsoptimierung jede der möglichen Entwicklungsleistungen aus dem definierten Katalog jedem relevanten Merkmal der Merkmalsübersicht gegenübergestellt wird. Zunächst ist grundsätzlich zu bewerten, ob ein spezifisches Merkmal mit der jeweiligen Entwicklungsleistung abgebildet werden kann. Darüber hinaus ist zu ermitteln, mit welcher Absicherungsqualität eine solche Abbildung erfolgen kann. Beispielsweise können mit Entwicklungsleistungen aus der Phase Prototypen typischerweise keine werkzeug- und prozessbezogenen Merkmale abgebildet und abgesichert werden. Entwicklungsleistungen aus der Phase Prototypen sind hingegen sehr gut dazu geeignet, produktbezogene Merkmale abzubilden. Je nach Herstellungsverfahren und Detaillierungsgrad ergeben sich für einzelne Prototypen unterschiedlich genaue Absicherungsqualitäten bezogen auf konkrete produktbezogene Merkmale, sodass die Angabe der Absicherungsqualität einer bestimmten Entwicklungsleistung wertvolle Zusatzinformationen liefert. Je nach Merkmal ist ggf. auch eine Gliederung

---

[671] Der Begriff Werkzeugkasten wird hier im Sinne einer Sammlung von Handwerkzeugen eines Handwerkers verwendet und soll übertragen auf den vorliegenden Kontext ein Portfolio möglicher Hilfsmittel ausdrücken.

bis auf die Ebene einzelner Ausprägungen notwendig. Beispielsweise können einzelne Entwicklungsleistungen für das Merkmal Produktwerkstoffe lediglich die Abbildung einzelner Ausprägungen ermöglichen.

Für das Entwicklungsziel Lieferung von Input für angrenzende Bereiche ist ebenfalls eine einfache Gegenüberstellung der einzelnen Entwicklungsleistungen zu gewünschten Inputs durchzuführen. Bei Bedarf kann diese Gegenüberstellung um relevante Zusatzinformationen ergänzt werden. Abbildung 95 stellt die Systematik zur Charakterisierung der einzelnen Entwicklungsleistungen hinsichtlich der Erfüllung der jeweiligen Entwicklungsziele dar.

Entwicklungs-leistung	Merkmal M1	Merkmal M2	Merkmal M3	Lieferung von Input I1	Lieferung von Input I2
Entwicklungsleistung I	-	X (20%)	X (50%)	-	X
Entwicklungsleistung II	...	...	...	...	...

Legende: X = Merkmal kann mit der jeweiligen Entwicklungsleistung abgebildet werden bzw. Lieferung von Input ist durch die jeweilige Entwicklungsleistung möglich;
(xy%) = Merkmal kann durch die Entwicklungsleistung mit einer Qualität von xy% abgesichert werden

Abbildung 95: Charakterisierung hinsichtlich der Erfüllung der jeweiligen Entwicklungsziele

Für die **Charakterisierung hinsichtlich der relevanten Rahmenbedingungen bzw. Zielgrößen Zeit und Kosten** zur Erstellung einer Entwicklungsleistung ist ebenfalls eine Tabelle zu erstellen. So kann zu jeder Entwicklungsleistung die typische Erstellungszeit – ggf. als Zeitspanne – angegeben werden. Ebenso kann mit den Erstellungskosten verfahren werden. Für die Lieferung von Input für angrenzende Bereiche können darüber hinaus noch Stückkosten angegeben werden. Diese sind insbesondere bei der Erstellung von Kleinserien vor Start der Serienproduktion relevant.

Abbildung 96 stellt die Systematik zur Charakterisierung der einzelnen Entwicklungsleistungen hinsichtlich der Erfüllung der relevanten Rahmenbedingungen bzw. Zielgrößen Zeit und Kosten dar. In der Praxis empfiehlt es sich, die aufgrund der Übersichtlichkeit getrennt vorgestellten und dargestellten Charakterisierungen aus Abbildung 95 und Abbildung 96 in eine Gesamtübersicht zu überführen und dazu idealerweise auch die spezifischen Informationen zur Beschreibung der einzelnen Entwicklungsleistungen aus Kapitel 5.1.2.1 zu integrieren.

Entwicklungs-leistung	Erstellungszeit	Erstellungskosten	Stückkosten Input I1	Stückkosten Input I2
Entwicklungsleistung I	3-5 Tage	10.000 – 20.000 €	-	10 – 20 €
Entwicklungsleistung II	...	...	...	...

Abbildung 96: Charakterisierung hinsichtlich der relevanten Rahmenbedingungen

5.1.2.3 Notwendige Eingangsinformationen

Zur Erstellung der verschiedenen Entwicklungsleistungen sind jeweils unterschiedliche Eingangsinformationen notwendig. Um die gezielte und effektive Erstellung der Entwicklungsleistungen ermöglichen zu können, muss der Werkzeugbau jeweils zu jeder Leistung klar definieren, welche Eingangsinformationen zwingend notwendig sind und welche darüber hinaus optional einbezogen werden können. Relevante Eingangsinformationen im Kontext der Erstellung der in den vorherigen Kapiteln beschriebenen Entwicklungsleistungen durch den Werkzeugbau sind bestehende Anforderungen, bereits vorliegende Entwicklungsleistungen, bestehende Risiken, mögliche Lösungsoptionen sowie bestimmende Pflichtmerkmale der Entwicklungsleistungen (vgl. Abbildung 97).

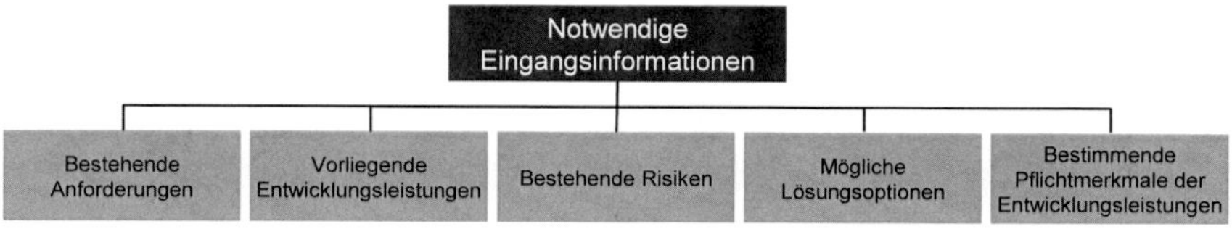

Abbildung 97: Notwendige Eingangsinformationen

Bestehende Anforderungen stellen durch den Auftraggeber der Produkt- und Werkzeugentwicklung bereits mittelbar oder unmittelbar geforderte Merkmalsausprägungen dar. Diese können sich grundsätzlich auf alle drei Elemente des Gesamtsystems der Produkt- und Werkzeugentwicklung beziehen (vgl. Kapitel 5.1.1.1). In der Literatur finden sich unterschiedliche Ansätze zur Kategorisierung von Anforderungen bzgl. ihrer Relevanz. So unterscheidet GILZ drei Gruppen von Anforderungen als Muss-, Soll- sowie Wunsch-Anforderungen.[672] NAGARAJAH hingegen nutzt eine ähnliche, jedoch vereinfachte zweiteilige Unterscheidung von Anforderungen in Forderungen und Wünsche, welche im Folgenden aufgrund der klareren Abgrenzung verwendet wird. Forderungen stellen dabei Anforderungen dar, die zwingend umgesetzt werden müssen. Wünsche sind hingegen nicht-zwingende Anforderungen, deren Erfüllung zwar angestrebt werden soll, jedoch nur zu einem begrenzten zusätzlichen Aufwand.[673] Forderungen stellen somit konkret festgelegte Merkmalsausprägungen dar. Wünsche hingegen sind als unverbindliche Vorschläge für bestimmte Merkmalsausprägungen zu verstehen. Für die Erstellung spezifischer Entwicklungsleistungen ist es wichtig, sowohl Forderungen als auch Wünsche und damit die durch den externen Auftraggeber der Produkt- und Werkzeugentwicklung bereits festgelegten bzw. gewünschten Anforderungen zu kennen und einzubeziehen.

Neben diesen externen Vorgaben ist es ebenso wichtig, die durch die bereits zuvor erstellten und damit **vorliegenden Entwicklungsleistungen** intern erlangten Erkenntnisse für die Erstellung einer nachfolgend anstehenden Entwicklungsleistung zu berücksichtigen. Denn auch

[672] Vgl. Gilz (Requirements Engineering und Requirements Management), 2014, S. 59

[673] Vgl. Nagarajah (Methodisches Klären und Präzisieren der Aufgabenstellung), 2013, S. 334

durch bereits durchgeführte Entwicklungsschritte wurden i. d. R. weitere Merkmalsausprägungen festgelegt und können somit als Eingangsgröße für die nächste Entwicklungsleistung verstanden werden.

Als weitere Kategorie notwendiger Eingangsinformationen sind **bestehende Risiken** des jeweiligen Entwicklungsprojekts zu berücksichtigen, die im weiteren Verlauf gezielt abgesichert werden müssen. Ein Risiko kann bspw. durch eine vom Kunden zwingend geforderte Werkstoffkombination für ein Produkt entstehen, welche in der Vergangenheit so noch nicht realisiert wurde. Obwohl für diesen Fall die Merkmalsausprägung Werkstoff klar definiert ist, könnte sich ein Risiko hinsichtlich anderer Anforderungen wie bspw. Toleranzen o. ä. ergeben. Die Kenntnis dieser Risiken ist deswegen entscheidend, um zum einen die jeweils geeignetste Entwicklungsleistung auswählen zu können, damit ebendiese bestehenden Risiken abgesichert werden können. Zum anderen ist die Kenntnis dieser Risiken für eine zielgerichtete Auswertung und Bewertung der erstellten Entwicklungsleistung wesentlich.

Mögliche Lösungsoptionen stellen eine weitere relevante Eingangsinformation zur Erstellung der jeweiligen Entwicklungsleistung dar. Der in Kapitel 5.1.2.1 beschriebene Katalog möglicher Entwicklungsleistungen gliedert zwar bereits verschiedene Entwicklungstätigkeiten in abgegrenzte Entwicklungsleistungen. Darüber hinaus kann es jedoch für einzelne Entwicklungsleistungen aus diesem Katalog verschiedene Lösungsoptionen geben. So kann bspw. die Entwicklungsleistung eines Versuchswerkzeugs zum Testen der Herstellung eines Zwei-Komponenten-Kunststoffartikels im Spritzgießverfahren durch verschiedene Ansätze umgesetzt werden. Es könnten als eine Option zwei Werkzeuge erstellt werden, mit denen die zwei Komponenten des Kunststoffartikels nacheinander und durch manuelles Einlegen gefertigt werden. Als zweite Option könnten die beiden notwendigen Kavitäten für die beiden Kunststoffkomponenten auch direkt in ein Werkzeug eingebracht werden. Je nach Größe und Komplexität des zu fertigenden Artikels bietet die eine oder andere Option Vorteile. Daher sind neben der grundsätzlichen Kenntnis der bestehenden Lösungsoptionen auch Erkenntnisse und Erfahrungen aus in der Vergangenheit erfolgreich oder auch nicht erfolgreich angewandten Lösungsoptionen wertvolle Eingangsinformationen.

Die ersten drei betrachteten Kategorien notwendiger Eingangsinformationen mit bestehenden Anforderungen, vorliegenden Entwicklungsleistungen und dem bestehenden Risiko dienen vor allem dazu, eine gezielte Auswahl der spezifischen, zu erstellenden Entwicklungsleistung zu treffen. Die notwendigen Eingangsinformationen der Kategorie der möglichen Lösungsoptionen hingegen dienen dazu, für eine ausgewählte zu erstellende Entwicklungsleistung die richtige Ausprägung in Form einer Lösungsoption festzulegen.

Neben den notwendigen Eingangsinformationen zur Festlegung der spezifischen, zu erstellenden Entwicklungsleistung und der Auswahl der jeweiligen Ausprägung in Form einer Lösungsoption müssen je nach Entwicklungsleistung weitere, bis hierhin nicht extern vorgegebene oder intern ermittelte Merkmalsausprägungen festgelegt werden. So muss beispielsweise zur Erstellung der Entwicklungsleistung einer Umformsimulation für ein Blechumformbauteil das Blechmaterial als Eingangsgröße festgelegt werden. Sofern das Blechmaterial nicht von Projektbeginn an als Forderung vorgegeben ist und auch noch nicht anderweitig festgelegt wurde, muss der Werkzeugbau also eine Annahme treffen, um die Entwicklungsleistung der Umformsimulation erstellen zu können. Je nach Art der zu erstellenden Entwicklungsleistung leiten sich also weitere notwendige Eingangsinformationen in Form von **bestimmenden Pflichtmerkmalen der Entwicklungsleistung** ab, die – falls noch nicht festgelegt – durch den Werkzeugbau ermittelt werden müssen. Art und Umfang der bestimmenden Pflichtmerkmale sind dabei von dem Typ der jeweiligen Entwicklungsleistung abhängig. So sind zur Erstellung von Leistungen des Engineering Supports andere Pflichtmerkmale notwendig als zur Erstellung von Prototypen.

5.1.3 Entwicklungsphasen mit Entwicklungsschritten

Das Gestaltungselement Entwicklungsphasen mit Entwicklungsschritten dient der grundsätzlichen, unternehmensspezifischen Strukturierung des integrierten Produkt- und Werkzeugentwicklungsprozesses auf oberster Ebene. Hierzu kann das Gestaltungselement Entwicklungsphasen mit Entwicklungsschritten in zwei Gestaltungsaspekte differenziert werden (vgl. Abbildung 98). Der erste Gestaltungsaspekt ist die unternehmensspezifische Phasendefinition, mit der Unternehmen für sich spezifische Entwicklungsphasen festlegen können (Kapitel 5.1.3.1). Der zweite Gestaltungsaspekt ist die Schaffung von organisations- und ressourcenbezogenen Voraussetzungen (Kapitel 5.1.3.1).

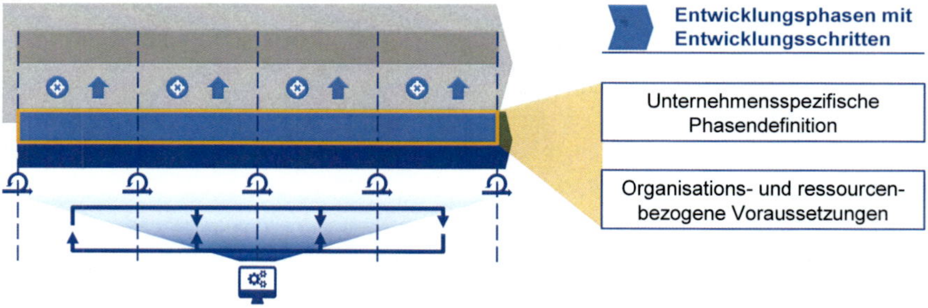

Abbildung 98: Gestaltungsaspekte des Gestaltungselements Entwicklungsphasen mit Entwicklungsschritten

5.1.3.1 Unternehmensspezifische Phasendefinition

Das im Rahmen dieser Arbeit entwickelte Prozessmodell für den Werkzeugbau im iterativen Produktentwicklungsprozess weist eine grundsätzliche, übergeordnete Phasenstruktur auf, welche in die vier Entwicklungsphasen Engineering Support, Prototypen, Nicht-Serienwerkzeuge und Serienwerkzeuge eingeteilt ist. Diese in den Kapiteln 2.1.4.3, 2.2.4.3 und 4.3.3 hergeleitete Phasenstruktur stellt eine möglichst generische Strukturierung dar, die grundsätzlich für alle Typen verschiedener Werkzeugbaubetriebe geeignet ist. Jedoch ergeben sich für einzelne Werkzeugbaubetriebe aufgrund des Werkzeugspektrums, der Kundenbedürfnisse und sonstiger Einflussgrößen spezifische Rahmenbedingungen. Daher muss i. d. R. eine Abänderung der durch das Prozessmodell bereitgestellten generischen Phasenstruktur spezifisch für einen jeweiligen Werkzeugbaubetrieb vorgenommen werden. Die unternehmensspezifische Phasendefinition basiert auf den generischen Phasen des Prozessmodells und muss einerseits hinsichtlich der Phasenabgrenzung sowie andererseits hinsichtlich der zeitlichen Einordnung der Phasen erfolgen.

Eine unternehmensspezifische **Phasenabgrenzung** kann basierend auf den definierten Entwicklungsleistungen erfolgen (vgl. Kapitel 5.1.2). Zunächst ist zu prüfen, ob für jede der vier generischen Phasen geeignete Entwicklungsleistungen vorliegen. Für diese Prüfung bieten sich der Katalog möglicher Entwicklungsleistungen sowie die Charakterisierung der Entwicklungsleistungen an. Sofern für eine der vier Phasen keine bzw. keine geeigneten Entwicklungsleistungen existieren, kann die jeweilige Phase ausgelassen werden. Beispielsweise ist bei der Entwicklung von komplexen Blechumformungsbauteilen oftmals die Erstellung von Prototypen nicht möglich bzw. nicht wirtschaftlich. Daher könnte für Werkzeugbaubetriebe, die auf die Entwicklung entsprechender Produkte und zugehöriger Werkzeuge fokussiert sind, die Phase Prototypen ausgelassen werden. Nach Festlegung der unternehmensspezifischen Phasen sind eine Bündelung geeigneter Entwicklungsleistungen zu Entwicklungsschritten und eine Zuordnung dieser Entwicklungsschritte zu den jeweiligen Entwicklungsphasen notwendig. Abbildung 99 stellt die hierarchische Zuordnung von Entwicklungsleistungen zu Entwicklungsschritten und zu Entwicklungsphasen dar.

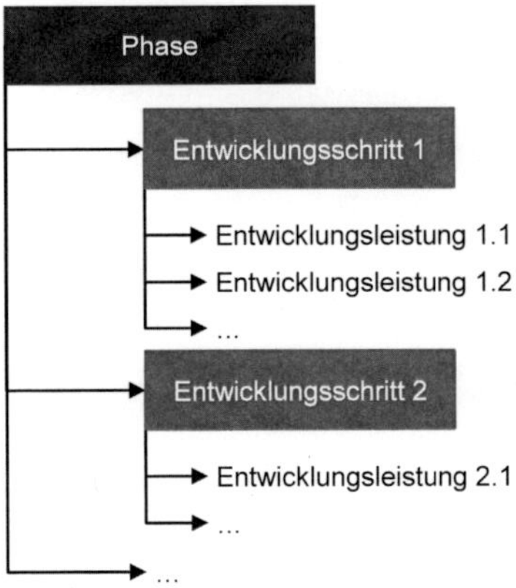

Abbildung 99: Hierarchie von Entwicklungsleistungen, -schritten und -phasen

Die Bündelung einzelner geeigneter Entwicklungsleistungen zu Entwicklungsschritten dient der einfacheren Beherrschbarkeit des Entwicklungsprozesses. Einerseits bietet sich bei der Erstellung einzelner Entwicklungsleistungen oftmals eine gleichzeitige, kombinierte Erstellung mehrerer Entwicklungsleistungen an. So kann bspw. bei der Erstellung von spezifischen Simulationen relativ einfach ein erweiterter Simulationsumfang einbezogen werden, weshalb die Durchführung des erweiterten Simulationsumfangs wirtschaftlich sinnvoll sein kann. Andererseits substituieren sich bestimmte Entwicklungsleistungen gegenseitig und haben lediglich gewisse spezifische Vor- und Nachteile. Auch hier ist eine Bündelung zu einem übergeordneten Entwicklungsschritt sinnvoll. So substituieren sich bspw. die verschiedenen technischen Möglichkeiten zur Erstellung von Prototypen-Werkzeugen für die Spritzgießproduktion.

Hintergrund für die Zusammenfassung möglicher Entwicklungsleistungen zu gebündelten Entwicklungsschritten ist eine Vereinfachung der hohen Vielfalt von Entwicklungsleistungen. Durch die so erzielte erhöhte Beherrschbarkeit lassen sich die im nachfolgenden Kapitel 5.2.1 beschriebenen Ablauf- und Iterationsbedingungen gezielter bereits im ersten Schritt auf der Ebene der Entwicklungsschritte festlegen. Dies reduziert die Komplexität der Prozesssteuerung erheblich. Erst im zweiten Schritt erfolgt dann innerhalb eines jeweiligen Entwicklungsschritts die Entscheidung zur Auswahl der jeweiligen Entwicklungsleistung.

Eine **zeitliche Einordnung der Phasen** des Prozessmodells muss ebenfalls unternehmensspezifisch angepasst erfolgen. Grundsätzlich stellt die Reihenfolge der vier Phasen des Prozessmodells eine sinnvolle zeitliche Reihenfolge dar, da sie dem Grundsatz folgt, möglichst früh mit kostengünstigen Absicherungsmethoden Entwicklungserkenntnisse zu generieren und erst später kostenintensivere Entwicklungsleistungen einzusetzen. Da gerade in der frühen Phase eines Entwicklungsprojekts häufig Änderungen auftreten und dadurch Iterationen einzelner Entwicklungsschritte notwendig sind, werden auf diese Weise möglichst geringe Kosten generiert. Nicht immer ist eine streng sequenzielle Abfolge der vier Phasen sinnvoll, wie in dem generischen Phasenmodell vereinfacht dargestellt ist. So schließt es sich bspw. nicht grundsätzlich aus, auch nach Start der Phase Prototypen auch noch Engineering Support mittels digitaler Prototypen durchzuführen. Folglich können sich auch parallel ablaufende Phasen oder zeitliche Lücken ergeben (vgl. Abbildung 100).

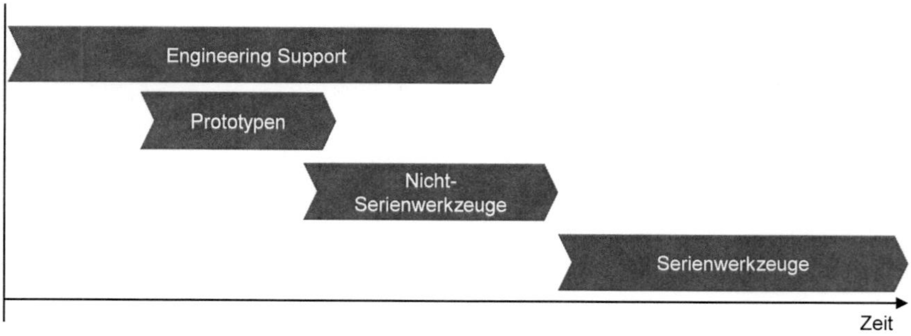

Abbildung 100: Beispielhafte unternehmensspezifische zeitliche Einordnung der Entwicklungsphasen

Neben der grundsätzlichen relativen Anordnung der einzelnen Phasen im Produktentwicklungsprozess ist der absolute Startpunkt einer jeweiligen Phase wichtig. Dieser Startpunkt definiert auf oberster Ebene den jeweiligen frühestmöglichen Integrationspunkt einer Phase in den in den Produktentwicklungsprozess. Auf detaillierterer Ebene wird der jeweilige tatsächliche Integrationspunkt durch die in Kapitel 5.2.1 definierten Ablauf- und Iterationsbedingungen definiert. Der Startpunkt der jeweiligen Phasen sollte sich nach dem Vorhandensein der notwendigen Eingangsinformationen (vgl. Kapitel 5.1.2.3) richten, die zur Erstellung der in der jeweiligen Phase zugeordneten Entwicklungsleistungen benötigt werden. Beispielsweise könnte die Phase Engineering Support nach Vorhandensein einer ersten Stückliste des zu entwickelnden Produkts gestartet werden, da ab diesem Zeitpunkt einzelne Bauteile abgegrenzt sind und für die weitere Entwicklung definiert sind. Als Startpunkt für die typischerweise deutlich kostenintensivere Phase Nicht-Serienwerkzeuge könnte ein späterer, etwas verbindlicher Konzeptentscheid definiert werden, bei dem die definierten Bauteile einen bestimmten Entwicklungsstand aufweisen.

Schlussendlich muss die vorgenommene Abgrenzung und zeitliche Einordnung der Phasen um eine **Zuordnung von Entwicklungszielen** ergänzt werden. So muss für jede der definierten Phasen definiert werden, welche der in Kapitel 5.1.1 definierten Entwicklungsziele verfolgt werden sollen. Diese grundsätzliche Zuordnung kann anschließend um eine phasenspezifische Priorisierung ergänzt werden.

5.1.3.2 Organisations- und ressourcenbezogene Voraussetzungen

Neben der unternehmensspezifischen Phasendefinition ist die Schaffung organisations- und ressourcenbezogener Voraussetzungen ein Gestaltungsaspekt des Gestaltungselements Entwicklungsphasen mit Entwicklungsschritten. Schließlich liegen in Werkzeugbaubetrieben nicht zwangsläufig die notwendigen Voraussetzungen vor, die zur Umsetzung einer entsprechend des vorliegenden Prozessmodells definierten und ggf. adaptierten Phasenstruktur essenziell sind.

Die Notwendigkeit der Schaffung relevanter Voraussetzungen kann aus Überlegungen zur Auslegung von Werkzeugbaubetrieben abgeleitet werden. HENSEN leitet in seiner Arbeit zur strategischen Auslegung industrieller Werkzeugbaubetriebe aus verschiedenen Literaturquellen vier generische Bausteine zur strategischen Unternehmensauslegung her, welche er auf die strategische Auslegung von Werkzeugbaubetrieben überträgt (vgl. Abbildung 101)[674].

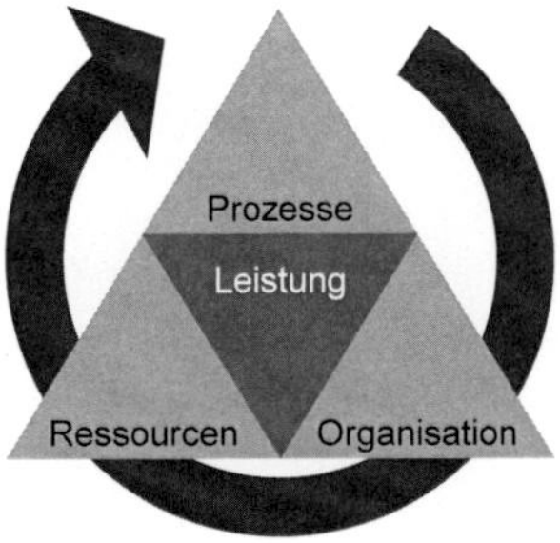

Abbildung 101: Strategische Auslegung von Werkzeugbaubetrieben nach HENSEN[675]

Dabei bildet die Leistungsdefinition die Grundlage zur Auslegung der weiteren drei Bausteine Prozesse, Organisation und Ressourcen. Durch die in Kapitel 5.1.2 definierten und in Kapitel 5.1.3.1 den spezifischen Phasen zugeordneten Entwicklungsleistungen wird für den Werkzeugbau im iterativen Produktentwicklungsprozess ein verändertes Leistungsangebot ange-

674 Vgl. Hensen (Auslegung industrieller Werkzeugbaubetriebe), 2017, S. 104ff.

675 I. A. a. Hensen (Auslegung industrieller Werkzeugbaubetriebe), 2017, S. 108.

strebt. Daher ergibt sich die Notwendigkeit, auch die Prozesse, die Organisation und die Ressourcen eines Werkzeugbaubetriebs entsprechend auszulegen. Die Auslegung der Prozessstruktur auf oberster Ebene wurde in Kapitel 5.1.3.1 beschrieben. Eine weitergehende Definition der Prozesse erfolgt in Kapitel 5.2.1. Folglich müssen als zusätzliche Voraussetzungen, damit die zielgerichtete Erbringung der definierten Entwicklungsleistungen gelingen kann, sowohl eine organisatorische als auch eine ressourcenbezogene Anpassung der Auslegung des jeweiligen Werkzeugbaubetriebs erfolgen.

Grundlage für die Schaffung organisations- und ressourcenbezogener Voraussetzungen ist zunächst eine Entscheidung darüber, ob die jeweiligen Entwicklungsleistungen **intern** durch den Werkzeugbau selber oder **extern** über Partner erbracht werden sollen. Grundsätzlich ist vor dem Hintergrund der Wissensgenerierung und schnellen Unterstützung eine interne Erstellung der Leistungen durch den Werkzeugbau zu favorisieren. Gegebenenfalls können jedoch einzelne Leistungen aus Kompetenz- oder Kapazitätsgründen auch extern über Partner erstellt werden. Hierbei ist jedoch eine enge Kontrolle und Begleitung durch den Werkzeugbau empfehlenswert.

Basierend auf den definierten Entwicklungsleistungen sowie der Entscheidung zur internen oder externen Erstellung der jeweiligen Leistungen kann dann die Auslegung einer entsprechenden Organisation erfolgen. Grundsätzlich kann hierbei dem durch HENSEN beschriebenen Vorgehen zur Definition organisatorischer Einheiten gefolgt werden. So können basierend auf Kernprozessen notwendige organisatorische Einheiten ermittelt werden.[676] Entsprechend diesem Vorgehen kann die Schaffung organisatorischer Voraussetzungen für das Prozessmodell anhand der vier Phasen des Prozessmodells strukturiert werden. Darüber hinaus kann die Definition notwendiger Ressourcen ebenfalls nach dem Vorgehen nach HENSEN erfolgen. Zu den relevanten Ressourcen zählen insbesondere die physischen Ressourcen, Humanressourcen und IT-basierte Ressourcen.[677] Die Schaffung notwendiger ressourcenbezogener Voraussetzungen wird im Folgenden ebenfalls mittels der vier Phasen des Prozessmodells strukturiert.

Für die **Phase Engineering Support** bieten sich zwei Möglichkeiten zur organisatorischen Umsetzung an. Zum einen kann eine Abwicklung der notwendigen Aufgaben durch die Organisationseinheit Werkzeugkonstruktion erfolgen. Zum anderen kann auch eine eigenständige Abteilung für diese Aufgaben geschaffen werden. Vorteile der Abwicklung durch die Konstruktionsabteilung sind, dass keine zusätzliche Organisationseinheit geschaffen werden muss und dass das generierte Wissen direkt bei den Konstrukteuren entsteht, die auch später die Serienwerkzeuge konstruieren. Nachteile der Abwicklung durch die Konstruktionsabteilung sind, dass die Konstrukteure zusätzlich in teilweise komplexer Simulationssoftware geschult werden müssen und dass die Koordination und Abwicklung der Engineering Support Aufgaben im Konflikt mit den Aufgaben zur Werkzeugkonstruktion stehen. Zudem ergeben sich bei lediglich sporadischer Durchführung von Engineering Support Aufgaben ggf. software- oder projektbedingte Wartezeiten, in denen die Konstrukteure dann keine anderen Aufgaben durchführen

[676] Vgl. Hensen (Auslegung industrieller Werkzeugbaubetriebe), 2017, S. 161ff.

[677] Vgl. Hensen (Auslegung industrieller Werkzeugbaubetriebe), 2017, S. 165ff.

können, da die Übernahme von Werkzeugkonstruktionen üblicherweise wiederum einen langen Zeitraum von mehreren Wochen intensiver Arbeit am Stück beansprucht. Vor- und Nachteile der Schaffung einer eigenständigen Organisationseinheit für den Engineering Support sind komplementär zu den genannten Vor- und Nachteilen der Abwicklung durch die Konstruktionsabteilung.

In der Phase Engineering Support werden insbesondere Humanressourcen und IT-basierte Ressourcen benötigt. Bezüglich der Humanressourcen gilt es, entsprechend der gewählten organisatorischen Ausgestaltung der Phase Engineering Support notwendige Mitarbeiterkompetenzen und -kapazitäten bereitzustellen. Die notwendigen Kompetenzen richten sich nach den zu der Phase zugeordneten Entwicklungsleistungen. Im Wesentlichen fällt hierunter die Kompetenz, sowohl über grundsätzliches Wissen zur Produkt- und Werkzeugentwicklung als auch über die Kenntnis spezialisierter Simulationssoftwareprogramme zu verfügen. IT-basierte Ressourcen beziehen sich auf ebendiese Simulationssoftware.

Für die **Phase Prototypen** ergeben sich analog zur vorherigen Phase ebenfalls zwei organisatorische Möglichkeiten. Die Erbringung der Leistungen der Phase Prototypen kann entweder in die Organisationsstruktur der mechanischen Fertigung des Werkzeugbaus eingegliedert oder als eigenständige Organisationseinheit aufgestellt werden. Vorteile einer Eingliederung in die Organisationsstruktur der mechanischen Fertigung sind wiederum, dass keine zusätzliche Organisationseinheit geschaffen werden muss und dass vorhandene Kompetenzen zur Betreuung und Wartung der notwendigen Maschinen bereits vorhanden sind. Nachteile sind jedoch, dass aufgrund der i. d. R. deutlich unterschiedlichen Prozesskette sowie unterschiedlicher notwendiger Maschinen und Kompetenzen keine weiteren Synergiepotenziale genutzt werden können. Im Gegenteil behindert die Erstellung von Prototypen ggf. sogar die sonstigen Abläufe zur Erstellung von Werkzeugen. Aufgrund der meist überwiegenden Nachteile werden zur Erstellung von Prototypen oftmals daher eigenständige Organisationseinheiten wie ein Muster- und Prototypenbau präferiert.

In der Phase Prototypen werden sowohl physische Ressourcen als auch Humanressourcen und IT-basierte Ressourcen benötigt. Zur Herstellung von Prototypen werden i. d. R. Spezialtechnologien eingesetzt, welche sich von den typischen Technologien im Werkzeugbau unterscheiden. So haben bspw. additive Fertigungstechnologien eine hohe Bedeutung für die Prototypenerstellung. Die Auswahl von Typen und Kapazitäten notwendiger Maschinen zur Prototypenherstellung muss anhand der definierten Entwicklungsleistungen sowie vorhandener Bedarfe erfolgen. Entsprechend sind auch die notwendigen Humanressourcen auszulegen. Die notwendigen Kompetenzen und Kapazitäten zur Bedienung dieser Technologien leiten sich von den definierten Maschinen ab. Dabei ist zu beachten, dass bestimmte Technologien wie additive Fertigungsverfahren auch zusätzliche Kompetenzen in der fertigungsgerechten Konstruktion und der spezifischen Arbeitsvorbereitung benötigen. IT-basierte Ressourcen werden ebenfalls durch die eingesetzten Technologien definiert.

Die Leistungen der **Phase Nicht-Serienwerkzeuge** weisen eine deutlich höhere Ähnlichkeit zu den Leistungen der Phase Serienwerkzeuge auf, als dies bei den vorhergehenden Phasen der Fall ist. Daher können diese Leistungen typischerweise auch grundsätzlich über die übliche Organisationsstruktur eines Werkzeugbaubetriebs abgewickelt werden. Ebenfalls ist auch die Abwicklung über eine eigenständige Organisationseinheit möglich. Vorteile der Abwicklung in der bestehenden Organisationsstruktur sind auch hier, dass keine neue Organisationseinheit geschaffen werden muss und dass bestehende Kompetenzen genutzt werden können. Nachteile sind, dass ggf. notwendige zusätzliche Technologien wie bspw. additive Fertigungsverfahren in die bestehende Organisationsstruktur integriert werden müssen und dass sich auch Nicht-Serienwerkzeuge teilweise in der Abwicklung zu Serienwerkzeugen unterscheiden und daher Störungen verursachen. Eine Entscheidung über die gemeinsame oder getrennte Abwicklung von Nicht-Serienwerkzeugen und Serienwerkzeugen kann entsprechend dem Leitfaden nach Boos et al. zur Segmentierung von Werkzeugbaubetrieben analysiert und getroffen werden.[678] Hierbei können Nicht-Serienwerkzeuge und Serienwerkzeuge als unterschiedliche Auftragsarten betrachtet werden, für die getestet wird, ob eine organisatorische Aufteilung in verschiedene Segmente sinnvoll ist. Eine besondere Betrachtung muss für die Phase der Nicht-Serienwerkzeuge dabei bzgl. eines Technikums zur Erprobung der Nicht-Serienwerkzeuge getrennt von der Serienproduktion erfolgen. Falls ein solches Technikum nicht bereits für die Erprobung von Serienwerkzeugen existiert und mitgenutzt werden kann, ist zu überprüfen, ob die Schaffung eines Technikums für die Erprobung der Serienwerkzeuge benötigt wird.

In der Phase Nicht-Serienwerkzeuge werden insbesondere zusätzliche physische Ressourcen und Humanressourcen sowie ggf. auch IT-basierte Ressourcen benötigt. Aufgrund der teilweise unterschiedlichen Werkzeugtechnologie von Nicht-Serienwerkzeugen werden ggf. andere Fertigungstechnologien benötigt als für die Herstellung von Serienwerkzeugen. So kommen zur Herstellung von Nicht-Serienwerkzeugen bspw. auch additive Fertigungsverfahren zum Einsatz. Auch werden teilweise andere Werkstoffe wie bspw. Aluminium zerspant, wofür ebenfalls andere Maschinen als zur späteren Zerspanung der Serienwerkzeugwerkstoffe benötigt werden. Ebenfalls können aus kapazitiven Gründen und aufgrund einer Segmentierung zusätzliche Maschinen notwendig sein. Darüber hinaus bedingt die Einrichtung eines Technikums ebenfalls zusätzliche physische Ressourcen wie insbesondere Fertigungsmaschinen. Die notwendigen Humanressourcen leiten sich wie auch in der Phase Prototypen von den eingesetzten Technologien ab. Notwendige Humanressourcen fallen in der Phase Nicht-Serienwerkzeuge jedoch entlang der gesamten konventionellen Prozesskette der Werkzeugerstellung sowie für evtl. eingesetzte Spezialtechnologien an. Für den Fall der Schaffung eines zusätzlichen Technikums sind auch Kompetenzen zur Werkzeugerprobung notwendig. IT-basierte Ressourcen beziehen sich in dieser Phase lediglich auf die Bedienung der eingesetzten Technologien sowie ggf. auf notwendige Messsoftware für die Werkzeugerprobung.

Für die **Phase Serienwerkzeuge** ergibt sich durch das Prozessmodell für den Werkzeugbau im iterativen Produktentwicklungsprozess keine grundlegende Notwendigkeit zur Änderung der organisatorischen Auslegung, da Serienwerkzeuge typischerweise zu den Kernleistungen

---

[678] Vgl. Boos et al. (Erfolgreich Fokussieren und Segmentieren im Werkzeugbau), 2019, S. 17ff.

von Werkzeugbaubetrieben gehören und daher stets entsprechende organisatorische Strukturen vorliegen müssen. Dies gilt ebenfalls für die ressourcenbezogene Auslegung. Für die grundsätzliche Auslegung von Werkzeugbaubetrieben zur Erstellung von Serienwerkzeugen wird daher an dieser Stelle auf die Arbeit von HENSEN verwiesen.[679] Im Kontext dieser Arbeit ist lediglich zu bewerten, ob durch die frühzeitige Absicherung der Werkzeugentwicklung sich ggf. Änderungsaufträge während der Erstellung von Serienwerkzeugen verringern. Auch könnten generell weniger Serienwerkzeuge benötigt werden, falls Vorserienwerkzeuge teilweise die Aufgabe von Serienwerkzeugen übernehmen und bspw. Schwesterwerkzeuge überflüssig werden. Durch die so geänderte Qualität und Quantität von Serienwerkzeugaufträgen könnte sich insbesondere ein reduzierter Ressourcenbedarf ergeben. Derartige Veränderungen werden jedoch über das Vorgehen nach HENSEN eingeschlossen und lassen sich in der resultierenden Auslegung entsprechend abbilden.

Im Falle einer umfangreichen Erstellung von Leistungen durch externe Partner ist die Schaffung einer eigenen **organisatorischen Einheit zur Betreuung dieser Fremdvergaben** notwendig.[680] Je nach Umfang der Fremdvergabe in den einzelnen Phasen ist auch die Schaffung phasenbezogener einzelner Organisationseinheiten zur Koordination der phasenbezogenen Fremdvergabe denkbar.

5.2 Phasenübergreifende Gestaltungselemente

Die phasenbezogenen Gestaltungselemente beschreiben Inhalte, welche jeweils übergeordnet für alle Phasen des Prozessmodells umzusetzen sind. Zu den phasenübergreifenden Gestaltungselementen gehören die Ablauf- und Iterationsbedingungen (Kapitel 5.2.1), die Wissensweitergabe und -rückführung (Kapitel 5.2.2) sowie die digital vernetzte Prozesssteuerung (Kapitel 5.2.3).

5.2.1 Ablauf- und Iterationsbedingungen

Das Gestaltungselement der Ablauf- und Iterationsbedingungen dient der Schaffung der Grundlagen zur Steuerung innerhalb eines Produktentwicklungsprojekts im Rahmen der im vorherigen Kapitel festgelegten Phasen. Ziel des Gestaltungselements ist die Festlegung der Ablauf- und Iterationsbedingungen für die einzelnen Phasen zur Sicherstellung eines flexiblen und projektspezifischen Ablaufs der Produkt- und Werkzeugentwicklung. Das Gestaltungselement besteht dazu aus zwei Gestaltungsaspekten (vgl. Abbildung 102). Die Entscheidungsfindung bildet die Grundlage für die flexible Prozessdurchführung, indem an bestimmten Entscheidungspunkten strukturiert über den Prozessablauf und über mögliche Iterationen entschieden wird (Kapitel 5.2.1.1). Die Prozessdefinition bettet diese Entscheidungspunkte in ein Prozessgerüst ein (Kapitel 5.2.1.2).

[679] Vgl. Hensen (Auslegung industrieller Werkzeugbaubetriebe), 2017

[680] Vgl. Hensen (Auslegung industrieller Werkzeugbaubetriebe), 2017, S. 165

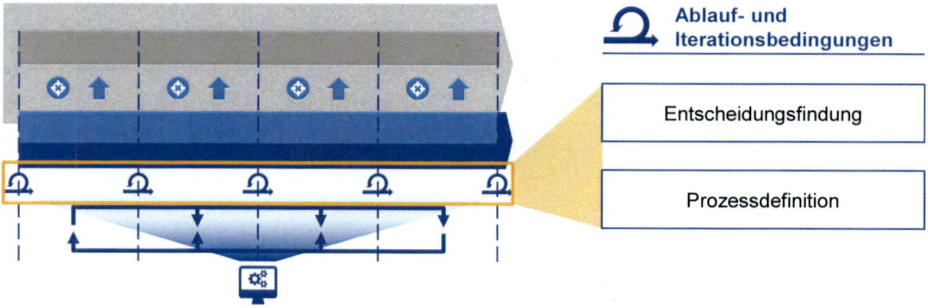

Abbildung 102: Gestaltungsaspekte der Ablauf- und Iterationsbedingungen

5.2.1.1 Entscheidungsfindung

Zur Steuerung des Ablaufs und der Iterationen in einem Entwicklungsprojekt gibt es grundlegende Entscheidungsoptionen. Im Wesentlichen lassen sich vier Entscheidungsoptionen unterscheiden:[681]

- Durchführung
- Überspringen bzw. Nicht-Durchführung
- Zurückspringen bzw. Wiederholung
- Abbruch

Diese Entscheidungsoptionen können sich auf oberster Ebene auf ganze Phasen beziehen. So kann es für einzelne Entwicklungsprojekte Sinn ergeben, abweichend zur grundsätzlichen, unternehmensspezifisch festgelegten Phasenstruktur (vgl. Kapitel 5.1.3.1) vorzugehen bzw. innerhalb der festgelegten Phasenstruktur mithilfe der Entscheidungsoptionen zu navigieren. Innerhalb einzelner Phasen können die Entscheidungsoptionen dann auf einzelne Entwicklungsschritte und innerhalb der Entwicklungsschritte auf einzelne Entwicklungsleistungen angewandt werden. Die vier grundsätzlichen Entscheidungsoptionen sind dabei gleichermaßen gültig. Die Entscheidungen können als Kaskade verstanden werden (vgl. Abbildung 99). Zur Vereinfachung der folgenden Ausführungen werden die Entscheidungsoptionen im weiteren Verlauf jeweils auf Entwicklungsleistungen bezogen.

Die Entscheidungsfindung zu den vier vorgestellten Entscheidungsoptionen lässt sich in **zwei Zeitpunkte** unterteilen. Zum Start eines Entwicklungsprojekts bzw. vor einer möglichen Durchführung einer Entwicklungsleistung muss über die Durchführung oder Nicht-Durchführung einer Entwicklungsleistung entschieden werden. Nach der Durchführung einer Entwicklungsleistung ergeben sich dann neue Erkenntnisse, mit denen zunächst über Wiederholen oder Ab-

[681] Diese grundlegenden Entscheidungsoptionen lassen sich in ähnlicher Form sowohl in Standardliteratur der Informatik als auch zu Geschäftsprozessen finden. Vgl. Eigner et al. (Informationstechnologie für Ingenieure), 2012, S. 199ff.; Weske (Business Process Management), 2012, S. 368

bruch entschieden werden muss. Falls diese Optionen nicht gewählt werden, steht dann wiederum die Entscheidung zur Durchführung oder Nicht-Durchführung der nächsten Entwicklungsleistung an.

Die Entscheidungsfindung für die Entscheidungsoptionen zur **Durchführung** oder **Nicht-Durchführung** wird vor allem durch die jeweiligen Entwicklungsziele beeinflusst (vgl. Kapitel 5.1.1.3). So steht bspw. bei einem ergebnisoffenen Entwicklungsprojekt das Ziel der Merkmalsbestimmung zunächst im Vordergrund, was die Durchführung umfangreicher Entwicklungsleistungen notwendig macht. Bei einem weniger ergebnisoffenen Entwicklungsprojekt mit bereits weitestgehend konkret bestimmten Merkmalen, in dem vor allem eine Herstellbarkeitsbewertung und Merkmalsoptimierung gefordert ist – bspw. bei der Entwicklung von einem Standardprodukt –, sind tendenziell weniger umfangreiche Entwicklungsleistungen ausreichend. Ebenfalls bestimmt das Vorhandensein bzw. Nicht-Vorhandensein einer Forderung zur Lieferung von Input für angrenzende Bereiche auch direkt die Notwendigkeit zur Durchführung oder Nicht-Durchführung entsprechender Entwicklungsleistungen. Die jeweilige Kombination aus Entwicklungsziel und Entwicklungsleistung kann dabei der in Kapitel 5.1.2.2 beschriebenen Charakterisierung entnommen werden. Neben der Betrachtung der jeweiligen Entwicklungsziele sind darüber hinaus die Informationen aus der Charakterisierung hinsichtlich der relevanten Rahmenbedingungen zu Erstellungszeit und Kosten einer Entwicklungsleistung zu berücksichtigen (vgl. 5.1.2.2). Denn trotz der zielbezogenen Sinnhaftigkeit der Durchführung einer Entwicklungsleistung können Restriktionen hinsichtlich Zeitplan sowie Budget eines Entwicklungsprojekts eine Durchführung unmöglich machen.

Die Entscheidungsfindung für die Entscheidungsoptionen zum **Zurückspringen** bzw. zur Wiederholung sowie zum **Abbruch** einer Entwicklungsleistung wird durch das Ergebnis der vorherigen Entwicklungsleistung sowie ggf. sonstiger externer Einflüsse geprägt. Ein Zurückspringen zu einer mehrere Schritte zurückliegenden Entwicklungsleistungen muss immer dann erfolgen, wenn grundlegende Rahmenbedingungen oder Merkmaldefinitionen geändert werden. Hierdurch werden ggf. bestimmte durchgeführte Herstellbarkeitsbewertungen oder Merkmalsbestimmungen hinfällig und müssen wiederholt werden. Ein Wiederholen der direkt vorangegangenen Entwicklungsleistung kann dadurch notwendig werden, wenn nicht das gewünschte Ergebnis erzielt worden ist und eine Wiederholung mit leicht geänderten Parametern oder technischen Spezifikationen ein verbessertes Ergebnis verspricht. Der Abbruch einer Entwicklungsleistung oder gar eines ganzen Entwicklungsprojekts kann dann notwendig werden, wenn bspw. erlangte Erkenntnisse eine Herstellbarkeit widerlegen und durch den Abbruch etwaige Zusatzkosten vermieden werden können. Der Übergang zum nächsten Schritt im Entwicklungsprojekt und damit zur folgenden Entscheidung über Durchführung oder Nicht-Durchführung einer nächsten Entwicklungsleistung wird hingegen dann vollzogen, wenn die Entwicklungsergebnisse des jeweiligen Entwicklungsschritts zufriedenstellend sind und die definierten Ziele erreicht werden konnten.

Während die Entscheidungen zum Zurückspringen bzw. zur Wiederholung sowie zum Abbruch vergleichsweise einfach getroffen werden können, sind die **Entscheidungen zur Durchführung oder Nicht-Durchführung von Entwicklungsleistungen** aufgrund der hohen Vielfalt von möglichen Entwicklungsleistungen und der damit verbundenen Implikationen deutlich komplexer. Daher werden im Folgenden drei Vorgehensweisen für die Entscheidungsfindung zur Durchführung oder Nicht-Durchführung von Entwicklungsleistungen präsentiert. Diese drei Vorgehensweisen sind unterschiedlich detailliert und können alternativ oder einander ergänzend eingesetzt werden:

- Entscheidungsfindung mittels definierter Standardprojektformen
- Entscheidungsfindung mittels einfacher Risikoklassifizierung
- Entscheidungsfindung mittels detaillierter Risikoanalyse

Die Definition von **Standardprojektformen** bietet die einfachste und aufwandsärmste Vorgehensweise zur Entscheidungsfindung. Hierbei müssen durch den Werkzeugbau grundsätzlich unterschiedliche idealtypische Standardprojektformen definiert werden, denen dann ein Standardablauf mit Standardentwicklungsleistungen hinterlegt werden kann. Dabei ist zum einen entscheidend, möglichst aussagekräftige Kriterien zu definieren, mit denen ein anstehendes Entwicklungsprojekt valide einer dieser Standardprojektformen zugeordnet werden kann. Zum anderen müssen die Standardprojektformen so gewählt werden, dass innerhalb dieser Kategorien ein vergleichbarer Ablauf mit vergleichbaren Entwicklungsleistungen möglich ist. Werden diese beiden Anforderungen berücksichtigt, bietet dieses Vorgehen den Vorteil, dass ein anstehendes Entwicklungsprojekt sehr schnell und einfach einer Standardprojektform zugeordnet werden kann und anschließend dem hinterlegten Standardablauf folgen kann. Es müssen dann innerhalb des Produktentwicklungsablaufs nach der Erstellung einer Entwicklungsleistung nur die zuvor beschriebenen Prüfungen zur Wiederholung der Durchführung von Entwicklungsleistungen für gezielte Iterationen sowie zum Abbruch durchgeführt werden. Mögliche Kriterien zur Unterscheidung von Standardprojektformen können bspw. sein:

- Unterscheidung nach Grad der Entwicklungsunsicherheit
- Unterscheidung nach Produktkategorien
- Unterscheidung nach Werkzeugkategorien
- Unterscheidung nach Höhe des Zeitdrucks
- Unterscheidung nach Form des Produktionshochlaufs (moderat, schnell, schlagartig)

Die Definition der Kriterien soll die Entwicklungsziele (vgl. Kapitel 5.1.1.3) sowie die Charakterisierung der Entwicklungsleistungen (vgl. Kapitel 5.1.2.2) reflektieren. Mehrere Kriterien können auch in einem ggf. mehrdimensionalen Entscheidungsportfolio abgebildet werden, das eine schnelle Einordnung der Entwicklungsprojekte ermöglicht (vgl. Abbildung 103).

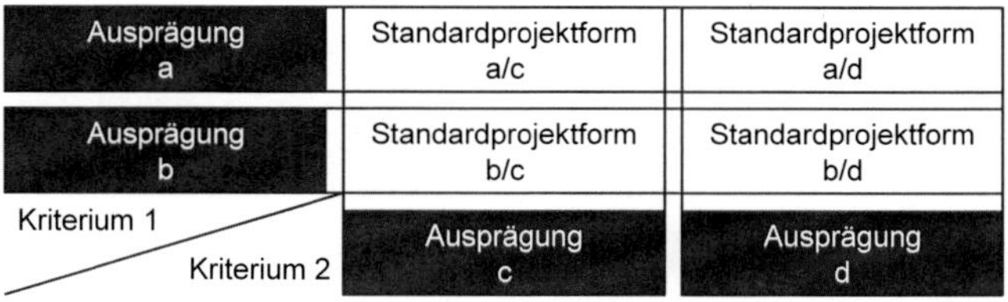

Abbildung 103: Zweidimensionales Entscheidungsportfolio zu Standardprojektformen

Für jede der auf diese Weise definierten Standardprojektformen muss dann ein Standardablauf mit zugehörigen Entwicklungsleistungen definiert werden. Dies kann an typischen Entwicklungsprojekten aus der Vergangenheit validiert werden.

Die zweite Vorgehensweise mittels **einfacher Risikoklassifizierung** weist einen erhöhten Detaillierungsgrad der Entscheidungsfindung auf. Hierbei wird die bei der Unterscheidung von Standardprojektformen getroffene Differenzierung in Projekte mit hoher Unsicherheit oder mit geringer Unsicherheit weiter unterteilt und mit einer konkreten Berechnungslogik hinterlegt. Hierzu wird eine konkrete Risikoberechnung jeweils für jede der ersten drei Phasen Engineering Support, Prototypen und Nicht-Serienwerkzeuge vorgenommen. Zunächst sind Risikotreiber zu definieren. Beispielsweise könnten für die Phase Engineering Support unbekannte geforderte Werkstoffe des Produkts oder enge Toleranzen als Risikotreiber definiert werden. Für die Phase Nicht-Serienwerkzeuge für das Spritzgießen könnten bspw. eine komplizierte Entformung oder Temperierung als Risikotreiber identifiziert werden. Diesen Risikotreibern sind konkrete Bewertungsabstufungen zu hinterlegen. Dies können einfache Ja/Nein-Fragen sein, qualitative Einschätzungen von niedrig bis hoch oder auch konkrete Zahlenwerte wie Maße oder Toleranzangaben sein. Jeder Bewertungsabstufung ist darüber hinaus eine Risikokennzahl zuzuordnen, welche die Gewichtung des Risikos der Bewertungsabstufung eines jeweiligen Risikotreibers widerspiegelt. Ist durch die Bewertung kein Risiko gegeben, muss eine Risikokennzahl Null vergeben werden. Für Bewertungsabstufungen, bei denen ein Risiko vorhanden ist, wird eine Risikokennzahl größer Null angesetzt. Hierbei ist darauf zu achten, dass die Risikokennzahlen für die einzelnen Bewertungsabstufungen der unterschiedlichen Risikotreiber zueinander in einem ausgewogenen Verhältnis stehen. Sobald diese Definition durch den Werkzeugbau – ggf. in Absprache mit den Kunden – erfolgt ist, können anstehende Entwicklungsprojekte analysiert und bewertet werden, indem eine summierte Gesamtrisikokennzahl ermittelt wird. Als letzter Schritt müssen Risikoklassen definiert werden, in die Entwicklungsprojekte mit ihren Gesamtrisikokennzahlen eingeordnet werden können. Hierzu sind jeweils ein unterer und oberer Schwellenwert für eine jede Risikoklasse zu definieren.

Für jede der phasenspezifisch definierten Risikoklassen kann dann analog zu den Standardprojektformen im nächsten Schritt ein jeweils spezifischer Ablauf sowie Umfang der Entwicklungsleistungen definiert werden. Durch das beschriebene Vorgehen zur Entscheidungsfindung mittels einfacher Risikoklassifizierung wird zum einen die Objektivität der Risikoklassifizierung erhöht. Zum anderen ermöglicht dieses Vorgehen auch eine deutlich detailliertere Unterscheidung für unterschiedliche Projekte, da eine phasenbezogene Klassifizierung angewandt wird. Abbildung 104 zeigt die beschriebene einfache Risikoklassifizierung von Entwicklungsprojekten exemplarisch für eine Risikoklassifizierung in drei Risikoklassen.

Risikotreiber	Bewertung	Risikokennzahl
Risikotreiber 1	Ja/Nein	r_1 = {ja = 0; nein = 10}
Risikotreiber 2	Hoch/Mittel//Niedrig	r_2 ={…}
…	…	…
Risikotreiber i	…	…
		$\sum_{j=1}^{i} r_j = R$

$R < a$ → geringes Risiko (Risikoklasse 1)

$a \leq R < b$ → mittleres Risiko (Risikoklasse 2)

$b \leq R$ → hohes Risiko (Risikoklasse 3)

Mit a, b = Schwellenwerte der Risikoklassen, r_j = Risikokennzahl eines Risikotreibers j und R = Gesamtrisikokennzahl

Abbildung 104: Einfache Risikoklassifizierung von Entwicklungsprojekten

Das Vorgehen zur Entscheidungsfindung **mittels detaillierter Risikoanalyse** ist im Vergleich zu den beiden vorherig vorgestellten Vorgehensweisen nochmals detaillierter. Hierbei werden alle relevanten Merkmale und vor allem die Wechselwirkungen zwischen einzelnen Merkmalen berücksichtigt. Zunächst ist eine **Merkmalsmatrix** zur Abbildung der Wechselwirkungen zwischen einzelnen Merkmalen zu erstellen. Eine solche Merkmalsmatrix kann angelehnt an eine Design Structure Matrix (DSM)[682] erstellt werden, indem alle Merkmale aus der Merkmalsübersicht des Gesamtsystems (vgl. Kapitel 5.1.1.2) auf zwei Achsen gegenübergestellt werden. Eine DSM bildet durch eine symmetrische Matrix in Zeilen und Spalten jeweils in gleicher Reihenfolge die gleichen Elemente ab. Markierungen (Kreuze) in der Tabelle stellen gerichtete Beeinflussungen der Elemente dar.[683] Typischerweise wird die Richtung der Beeinflussung so definiert, dass das Element in der Zeile das Element in der Spalte beeinflusst.[684] Für eine darüber hinaus erhöhte Genauigkeit kann sogar nicht nur für jedes Merkmal, sondern auch für jede Merkmalsausprägung ein Element erstellt werden. Abbildung 105 stellt eine Merkmalsmatrix exemplarisch dar. Die einzelnen Elemente in den Spalten und Zeilen stellen Merkmalsausprägungen dar, indem die erste Ziffer für das Merkmal und die zweite Ziffer für die jeweilige Merkmalsausprägung steht.

[682] Synonym dazu wird ebenfalls der Begriff Dependency Structure Matrix verwendet. Vgl. Wynn (Model-Based Approaches in Complex Product Development), 2007, S. 49

[683] Vgl. Wynn (Model-Based Approaches in Complex Product Development), 2007, S. 49

[684] Vgl. Lindemann et al. (Structural Complexity Management), 2009, S. 201ff.

	1.1	1.2	1.3	1.4	2.1	2.2	2.3	3.1	3.2	Aktiv-summe	Aktivität	Kritikalität
1.1		x	x						x	3	1,5	6
1.2	x		x				x			3	1,5	[illegible]
1.3	x							x		2	0,67	6
1.4					x					1	1	1
2.1				x		x			x	2	0,67	6
2.2										0	0	0
2.3			x					x		2	1	4
3.1					x					1	0,5	2
3.2		x					x			2	1	4
Passiv-summe	2	[illegible]	3	1	3	1	2	2	2			

2 Kreuze in Zeile 1.3

2 / 3 = 0,67

2 x 3 = 6

Kreuz für Beeinflussung von Element 2.3 auf Element 1.3

3 Kreuze in Spalte 1.3

Abbildung 105: Merkmalsmatrix

Durch das Aufstellen einer solchen Merkmalsmatrix können diejenigen Merkmale ermittelt werden, die einen hohen Einfluss auf andere Merkmale haben. Dieser Einfluss kann mittels der **Kenngrößen** Aktiv- und Passivsumme, Aktivität sowie Kritikalität rechnerisch ermittelt werden. Die Aktivsumme stellt die Summe aller ausgehenden Beeinflussungen und die Passivsumme die Summe aller eingehenden Beeinflussungen einer Merkmalsausprägung dar. Die Aktivität einer Merkmalsausprägung wird durch den Quotienten Aktivsumme geteilt durch die Passivsumme gebildet und repräsentiert, ob ein Merkmal eher beeinflussenden oder beeinflussten Charakter aufweist. Die Kritikalität wird durch das Produkt aus Aktiv- und Passivsumme gebildet und stellt eine Messgröße der gesamten Verknüpfung bzw. Isolation eines Elements dar.[685]

Durch die Betrachtung der beiden Kenngrößen Aktivität und Kritikalität können diejenigen Merkmale und Merkmalsausprägungen identifiziert werden, die am stärksten mit anderen Merkmalen in Abhängigkeit stehen und diese beeinflussen. Beim Start eines Entwicklungsprojekts können nun für die Ziele Ermittlung, Herstellbarkeitsbewertung und Optimierung von Merkmalen (vgl. Kapitel 5.1.1.3) quantifizierte Priorisierungen festgelegt werden. Sollen isolierte Merkmale betrachtet werden, ist dies für das Gesamtprojekt weniger relevant, als wenn

[685] Vgl. Lindemann et al. (Structural Complexity Management), 2009, S. 201ff.

stark abhängige Merkmale betrachtet werden. So kann gesteuert werden, dass nur für relevante Merkmale entsprechende Entwicklungsleistungen eingesetzt werden. Die konkrete Definition von Entwicklungsleistungen zur Absicherung von als relevant ermittelten Merkmalen kann dann anhand des bewerteten Katalogs der Entwicklungsleistungen (vgl. Kapitel 5.1.2.2) erfolgen.

Da eine vollständig mit allen Merkmalen und Merkmalsausprägungen erstellte Merkmalsmatrix sehr groß werden kann, ist der Umgang mit einer solchen Matrix in der Praxis aufwendig und komplex. Zur Vereinfachung des Umgangs mit der komplexen Datenstruktur einer Merkmalsmatrix bieten sich verschiedene statistische Verfahren an, wie bspw. die Faktorenanalyse[686].

5.2.1.2 Prozessdefinition

Neben der Festlegung der konkreten Vorgehensweise zur Entscheidungsfindung gilt es, die Entscheidungen zum Ablauf und zu Iterationen in den Entwicklungsprozess einzubinden. Hierzu muss eine **Prozesssynchronisierung zwischen Produktentwicklungsprozess und Werkzeugentwicklungsprozess** erfolgen. Der Werkzeugbau muss seinen Werkzeugentwicklungsprozess definieren und mit dem Produktentwicklungsprozess seiner Kunden gezielt synchronisieren.

Da jedoch im Sinne eines möglichst ablaufflexiblen Werkzeugentwicklungsprozesses eine starre und detaillierte Festschreibung des Werkzeugentwicklungsprozesses nicht zielführend ist, muss die Prozessdefinition als Schaffung von grundlegenden Leitplanken verstanden werden. Die **Detaillierung der Prozessdefinition** muss derart gewählt werden, dass sie einerseits allen Beteiligten Orientierung und Handlungsanweisung liefert und andererseits die Flexibilität nicht einschränkt. Die Prozessdefinition dient in diesem Sinne insbesondere der Kommunikation und Abstimmung anstehender Tätigkeiten zwischen Produktentwicklung und Werkzeugbau. Um die Orientierung für diese beiden zentralen beteiligten Organisationseinheiten (vgl. Kapitel 4.3.2) zu maximieren, muss der Werkzeugentwicklungsprozess immer in Abhängigkeit zu dem Produktentwicklungsprozess betrachtet werden. Abbildung 106 zeigt schematisch eine entsprechende exemplarische Darstellung eines Werkzeugentwicklungsprozesses, der dem parallel ablaufenden Produktentwicklungsprozess gegenübergestellt und gezielt mit diesem synchronisiert wird.

[686] Ziel der Faktorenanalyse ist das Vereinfachen und Reduzieren der Daten, um eine Strukturierungsfunktion wahrzunehmen und die zielgerichtete Generierung von Hypothesen zu ermöglichen. Durch die Analyse der Korrelation von Variablen können Gruppen von Ausgangsvariablen identifiziert werden, die aggregiert die sog. Faktoren ergeben, welche den kombinierten Einfluss der Ausgangsvariablen wiedergeben. Mithilfe der Faktoren kann dann eine neue, deutlich vereinfachte Merkmalsmatrix erstellt werden, welche die Zusammenhänge der ursprünglichen Merkmalsmatrix abbildet. Vgl. Backhaus et al. (Multivariate Analysemethoden), 2018, S. 366ff.; de Lange, Nipper (Quantitative Methodik), 2018, S. 300ff.

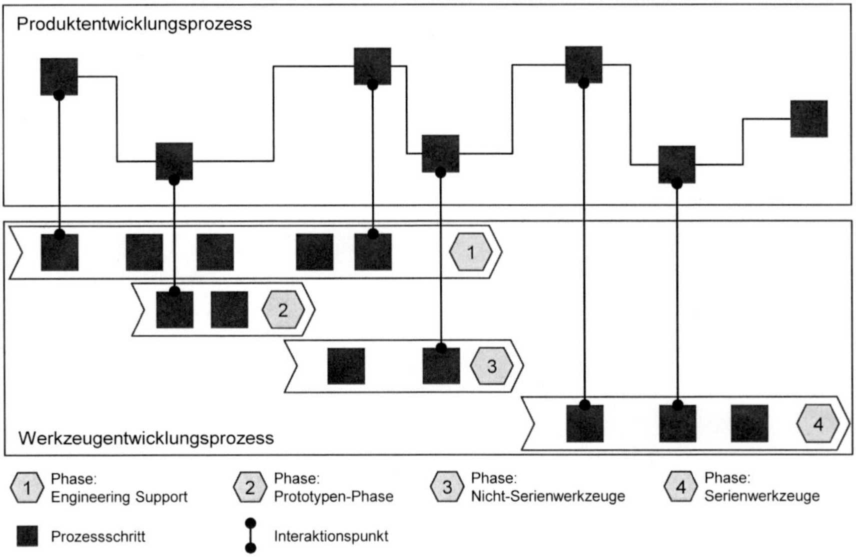

Abbildung 106: Synchronisierung des Prozesses zur Werkzeugentwicklung im Produktentwicklungsprozess

Zur Definition eines entsprechend synchronisierten Werkzeugentwicklungsprozesses müssen zunächst **Interaktionspunkte** zwischen Produktentwicklung und Werkzeugbau identifiziert bzw. festgelegt werden. Interaktionspunkte können einerseits gemeinsame durch Produktentwicklung und Werkzeugbau durchgeführte Prozessschritte oder Entscheidungspunkte für Ablauf- und Iterationsbedingungen sein (vgl. Kapitel 5.2.1.1). Diese Interaktionspunkte können dann in die unternehmensspezifisch definierte Phasenstruktur (vgl. Kapitel 5.1.3.1) eingeordnet werden. Beispiele für Interaktionspunkte sind eine Make-or-Buy-Entscheidung zu Prototypenwerkzeugen, eine gemeinsam durch Produktentwicklung und Werkzeugbau durchgeführte Bewertung von Musterbauteilen oder eine Entscheidung zur Durchführung einer Simulation. Im nächsten Schritt sind diese Entscheidungspunkte mit dem Produktentwicklungsprozess der Kunden zu synchronisieren. Dies kann idealerweise durch eine zeitliche Beschreibung erfolgen.

Die Methode der **Prozessmodellierung** kann zur grafischen Abbildung des Werkzeugentwicklungsprozesses sowie des relevanten Ausschnitts des parallel ablaufenden Produktentwicklungsprozesses eingesetzt werden. KUHLMANN stellt in seiner Arbeit zur Gestaltung von Geschäftsprozessen im industriellen Werkzeugbau verschiedene Prozessmodellierungssprachen gegenüber und empfiehlt die Modellierungssprache aixperanto.[687] Auch für die Modellierung von Werkzeugentwicklungsprozessen eignet sich besonders die **Modellierungssprache aixperanto**. Diese Eignung konnte der Autor im praktischen Einsatz in Unternehmen empirisch validieren. Details zur Modellierungssprache aixperanto sowie zu deren Anwendung für

[687] Vgl. Kuhlmann (Gestaltung von Geschäftsprozessen), 2011, S. 115ff.

die Modellierung von Geschäftsprozessen im Werkzeugbau kann der Arbeit von KUHLMANN entnommen werden. Jedoch sind nicht alle möglichen Elemente dieser Modellierungssprache für den Kontext der Prozessdefinition des Werkzeugentwicklungsprozesses relevant. So sind bspw. eine Bewertung des Standardisierungs- und Wertschöpfungsgrads sowie die Detaillierung jedes einzelnen Prozessschritts und starrer Ablaufbeziehungen im Sinne der zuvor beschriebenen Detaillierung nicht notwendig. Entscheidend ist jedoch, auch in den Werkzeugentwicklungsprozess alle werkzeugrelevanten Synchronisierungspunkte aus dem Produktentwicklungsprozess mit zu übernehmen, sodass der Werkzeugentwicklungsprozess auch ohne den zugehörigen Produktentwicklungsprozess verständlich und schlüssig ist.

5.2.2 Wissensweitergabe und -rückführung

Wissensmanagement stellt eine in der Literatur umfangreich behandelte Disziplin dar. Die Strukturierung des Gestaltungselements der Wissensweitergabe und -rückführung baut daher auf einer gängigen Strukturierung der Kernprozesse des Wissensmanagements nach PROBST ET AL. auf (vgl. Abbildung 107).

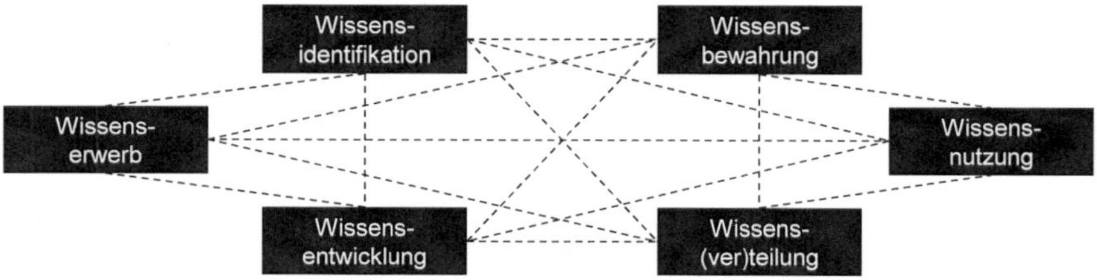

Abbildung 107: Kernprozesse des Wissensmanagements[688]

Das Gestaltungselement der Wissensweitergabe und -rückführung zielt darauf ab, den Nutzern des Prozessmodells relevantes bestehendes Wissen zielgerichtet und anwendungsspezifisch bereitzustellen. Um dieses Ziel zu erfüllen, müssen drei Gestaltungsaspekte berücksichtigt werden, die zusammenfassend die Bausteine des Wissensmanagements nach PROBST ET AL. abbilden (vgl. Abbildung 108). Durch Wissensidentifikation gilt es, relevantes bestehendes Wissen zu ermitteln (Kapitel 5.2.2.1). Dieses Wissen muss dann gezielt und effizient aufgenommen und gespeichert werden (Kapitel 5.2.2.2), bevor es schließlich den Nutzern passend zum jeweiligen Kontext bereitgestellt wird (Kapitel 5.2.2.3).

[688] Vgl. Probst et al. (Wissen managen), 2012, S. 30

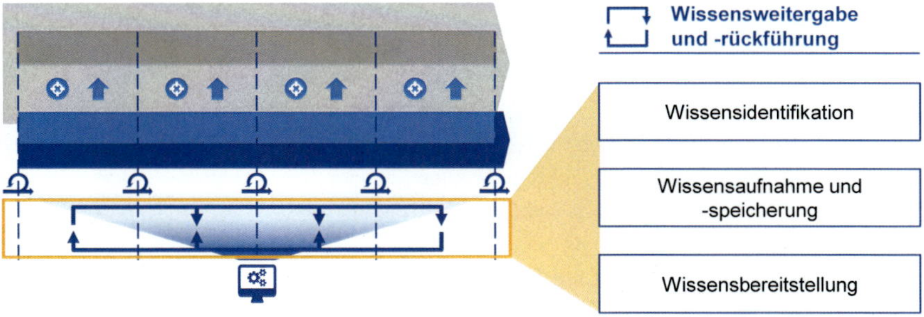

Abbildung 108: Gestaltungsaspekte der Wissensweitergabe und -rückführung

5.2.2.1 Wissensidentifikation

Mittels Wissensidentifikation gilt es, relevantes Wissen im Kontext des Prozessmodells zu ermitteln. Grundsätzlich lässt sich festhalten, dass Werkzeugbaubetriebe die Relevanz von Wissen insbesondere für die Produkt- und Werkzeugentwicklung erkannt haben. Jedoch handelt es sich bei dem vorhandenen Wissen zum einen meist um implizites Wissen, welches nur schwer identifiziert und objektiv festgehalten und übertragen werden kann. Zum anderen handelt es sich bei dem vorhandenen Wissen um individuelles Know-how, welches oft an einzelne Personen gebunden ist und nicht kollektiv verfügbar ist. Dadurch ergeben sich für die Wissensidentifikation zwei Herausforderungen. Erstens muss unbewusstes, **implizites Wissen** als solches erkannt werden und in Form **expliziten Wissens** ausgedrückt werden. Zweitens muss relevantes **individuelles Wissen** bei allen Beteiligten ermittelt werden, um es später in **kollektives Wissen** umwandeln zu können. Aufgrund dieser kritischen Herausforderungen bereits bei der Wissensidentifikation wird in Werkzeugbaubetrieben meist keine zufriedenstellende Wissensnutzung umgesetzt.[689]

Relevantes Wissen der Produktentwicklung kann grundsätzlich in Fachwissen und Handlungswissen unterschieden werden. Fachwissen bezieht sich auf das gesamte produktbezogene Wissen über den ganzen Lebenszyklus. Es schließt insbesondere technologische Aspekte des Produkts und seines Herstellungsprozesses ein. Handlungswissen beschreibt Wissen bzgl. der Durchführung des Produktentwicklungsprozesses.[690]

Entsprechend dieser Unterteilung kann eine Strukturierung der Wissensidentifikation erfolgen. Als **Fachwissen** kann im Kontext der Produkt- und Werkzeugentwicklung das Wissen über das Ergebnis von in der Vergangenheit durchgeführten Entwicklungen sowie zum aktuellen Entwicklungsstand des laufenden Entwicklungsprojekts betrachtet werden. Insbesondere das umfassende Wissen zu in der Vergangenheit durchgeführten Entwicklungen stellt i. d. R. einen äußerst umfangreichen Wissensschatz dar. So verfügt ein Werkzeugkonstrukteur bspw. über spezifisches Fachwissen zur konstruktiven Ausgestaltung eines Werkzeugaufbaus oder zur

[689] Vgl. Schuh et al. (Systematic Knowledge Management), 2019, S. 190f.

[690] Vgl. Kohn (Entwicklung einer Wissensbasis für die Arbeit mit Produktmodellen), 2014, S. 53 sowie die dort zitierte Literatur.

sinnvollen Kombination verschiedener Merkmalsausprägungen bei der Werkzeugauslegung wie bspw., für welchen Kunststoff welche Anguss- und Temperiersysteme sinnvoll eingesetzt werden können. Das Ergebnis vergangener Entwicklungsprojekte kann im Kern durch eine projektspezifische Beschreibung des Gesamtsystems der Entwicklung (vgl. Kapitel 5.1.1.2) bestehend aus dem Produkt, dem Werkzeug und dem Fertigungsprozess definiert werden. Eine umfassende Dokumentation der finalen Ausprägungen aller Merkmale dieses Gesamtsystems der Entwicklung jeweils für alle abgeschlossenen Entwicklungsprojekte liefert wertvolle Informationen über den jeweils final umgesetzten Entwicklungsstand. Ergänzend dazu müssen insbesondere die CAD-Dateien sowie Dokumentationen zu weiteren Modellen (vgl. Anhang) sowohl von Produkt als auch Werkzeug berücksichtigt werden. Oftmals hilft die bildliche Darstellung von Produkt und Werkzeug für eine schnelle Orientierung zu einem vergangenen Projekt. Neben der Betrachtung von Wissen bzgl. bereits abgeschlossener Entwicklungsprojekte zählt auch der Entwicklungsstand des aktuell in der Bearbeitung befindlichen Entwicklungsprojekts zum Fachwissen. Denn auch in einem laufenden Entwicklungsprojekt ist bereits ein gewisser Entwicklungsstand vorhanden, welchen es im weiteren Verlauf zu berücksichtigen gilt. Dieser Entwicklungsstand kann ebenfalls durch eine Beschreibung der Ausprägungen von bereits definierten Merkmalen sowie durch weitere der zuvor genannten Dokumente ausgedrückt werden.

Als **Handlungswissen** kann im Kontext der Produkt- und Werkzeugentwicklung das Wissen über den Ablauf vergangener Entwicklungsprojekte verstanden werden. Hierzu gehören insbesondere Zeitpunkt und Ergebnis aller getroffenen Entscheidungen sowie alle durchgeführten Entwicklungsleistungen. Der Zeitpunkt getroffener Entscheidungen bezieht sich auf die in Kapitel 5.2.1 vorgestellten Iterationsbedingungen. Die Betrachtung des Ergebnisses dieser Entscheidungen ist dabei entscheidend, um zu bewerten, ob eine sinnvolle oder nicht sinnvolle Entscheidung getroffen wurde. Musste bspw. eine Entwicklungsleistung wiederholt werden, da sie zunächst mit falschen Parametern oder Prämissen durchgeführt wurde, stellt dies relevantes Wissen für ein nächstes Entwicklungsprojekt dar, bei dem eine Wiederholung vermieden werden kann. Ebenso wie bei dem zuvor beschriebenen Fachwissen ist auch für das Handlungswissen sowohl eine finale Betrachtung vergangener Entwicklungsprojekte als auch eine mitlaufende Betrachtung von Entscheidungen im laufenden Prozess relevant.

Konkrete Beispiele zu Fach- und Handlungswissen entsprechend dem in diesem Kapitel definierten Fokus werden im nächsten Kapitel vorgestellt.

5.2.2.2 Wissensaufnahme und -speicherung

Die Wissensaufnahme und -speicherung dient der Dokumentation von Wissen. Dieser Gestaltungsaspekt greift zwei Kernprozesse des Wissensmanagements, Wissenserwerb und Wissensentwicklung, auf. Hierbei ist vor allem zu beachten, dass alles als relevant identifizierte Wissen in vollem Umfang sowie mit nachvollziehbarer Systematik aufgenommen und gespeichert wird. Ebenfalls ist die Effizienz der Wissensaufnahme und -speicherung entscheidend, um die zeitlichen und finanziellen Aufwände möglichst gering zu halten. Dabei ist eine einwandfreie Konsistenz aller Daten sicherzustellen.

Die Wissensaufnahme und -speicherung muss sich **in vollem Umfang** auf die in Kapitel 5.2.2.1 als relevant identifizierten Wissenselemente beziehen. Hierzu ist entscheidend, dass die Wissensaufnahme und -speicherung konsequent für jedes Entwicklungsprojekt umgesetzt wird. Hier bietet sich insbesondere die Etablierung einer automatisierten, IT-unterstützten Datenaufnahme an, sodass keine Projekte ausgelassen werden. Zur Erhöhung der Wissensbasis können darüber hinaus auch bereits weit in der Vergangenheit liegende Entwicklungsprojekte aufgenommen werden. Ebenfalls ist es hinsichtlich der Ganzheitlichkeit des Wissens wichtig, den gesamten Lebenszyklus eines Werkzeugs zu betrachten. Das heißt, dass auch Informationen aus der Produktionsphase des Werkzeugs wie bspw. die Produktivität, Ausbringungsmenge, Wartungsanfälligkeit o. ä. erfasst werden müssen.

Die Einhaltung einer stringenten **Systematik** bei der Wissensaufnahme und -speicherung ist notwendig, um einerseits den hierzu nötigen laufenden Aufwand gering zu halten und andererseits vor allem den späteren, gezielten Zugriff auf das Wissen im Rahmen der Wissensbereitstellung zu ermöglichen. Das in Kapitel 5.2.2.1 beschriebene Fachwissen der finalen Ausprägungen aller Merkmale dieses Gesamtsystems der Entwicklung kann dazu in einer einfachen **relationalen Datenbank**[691] erfolgen, da dieses Wissen relativ einfach durch Text und Zahlenwerte ausgedrückt werden kann. Das zusätzliche Fachwissen in Form von weiteren Dokumenten wie bspw. CAD-Dateien kann zusätzlich mithilfe von einer eindeutigen Werkzeugnummer zugeordnet werden. Diese Dateien können entweder in derselben Datenbank oder in einer einfachen durch die Werkzeugnummer eindeutig identifizierbaren Ordnerstruktur auf einem Fileserver gespeichert werden. Ebenfalls ist eine Speicherung dieser Daten unter Referenzierung mittels der Werkzeugnummer in einem PLM System möglich. Die zweite Alternative bietet den Vorteil, dass die Speichergröße der Datenbank sehr gering gehalten werden kann. Abbildung 109 zeigt eine beispielhafte Systematik zur Speicherung von Fachwissen für Spritzgießwerkzeugprojekte dargestellt in einer Datenbank der Software classmate FINDER der simus systems GmbH. Hierbei sind neben Text und Zahlenwerten zu den Merkmalen auch CAD-Dateien zu dem jeweiligen Spritzgießartikel direkt in der Datenbank hinterlegt.

Die Aufnahme und Speicherung des beschriebenen Handlungswissens ist deutlich komplizierter und wird daher durch Werkzeugbaubetriebe meist nicht durchgeführt. Wenn überhaupt erfolgt dies nur in Form von Prosatext. Hierbei ist jedoch genau die geforderte Systematik nicht gegeben. Eine systematische Aufnahme und -speicherung von Handlungswissen kann jedoch mithilfe von Metadaten[692] erfolgen. Relevante Metadaten sind in diesem Zusammenhang vor

[691] Eine relationale Datenbank ist ein auf Tabellen aufgebauter Datenbanktyp.

[692] Metadaten bezeichnen Daten über Daten und liefern damit referenzierende Informationen. Vgl. Sicilia (Metadata Research), 2014, S. 2ff.; Gartner (Metadata), 2016, S. 2. Es existieren diverse allgemeingültige Standards für Metadaten wie bspw. der Dublin Core Standard, welcher in der Norm ISO 15836-1 festgehalten wurde, sowie branchen- bzw. anwendungsspezifische Standards wie bspw. die DIN EN ISO 19115-1/A1 für Metadaten in der Geoinformation. Vgl. Gartner (Metadata), 2016, S. 54; ISO (DIN EN ISO 19115-1), 2017; DIN Deutsches Institut für Normung e.V. (DIN EN ISO 19115-1), 2014. Da für den Anwendungskontext des Prozessmodells kein spezifischer Standard existiert, ist ein solcher Standard durch das Anwenderunternehmen zu definieren. Hierbei kann sich an allgemeingültigen Richtlinien für Metadaten orientiert werden.

allem die **Versionierung und Zeitstempelung aller relevanten Entscheidungen und Entwicklungsleistungen**. So müssen die Festlegung und ggf. Änderung von Merkmalen jeweils durch eine hochlaufende Versionierung und mit einem konkreten Zeitstempel markiert werden. Auf diese Weise lässt sich auch nach Abschluss eines Projekts klar nachvollziehen, wann Merkmalsänderungen vorgenommen worden sind. Es ergibt sich für jedes Merkmal eine lückenlose Änderungshistorie. Eine weiterführende Detaillierung zur Versionierung und Zeitstempelung von merkmalsbezogenen Informationen wird in Kapitel 5.2.3.1 vorgenommen.

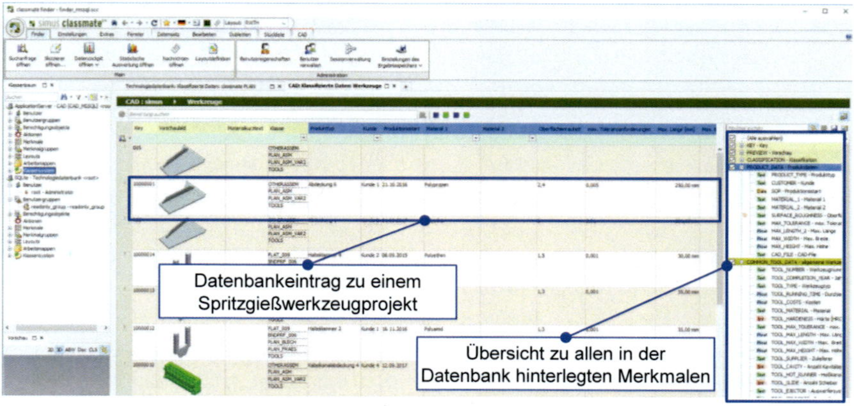

Abbildung 109: Beispielhafte Systematik zur Speicherung von Fachwissen[693]

Auch durchgeführte Entwicklungsleistungen sind ebenfalls mit einem Zeitstempel und ggf. bei wiederholter Durchführung durch eine Versionierung zu markieren. Zusätzlich zu den beschriebenen systematischen Speicherungen kann darüber hinaus auch eine qualitative Beschreibung des Projekts bzw. des Projektergebnisses in Form eines Prosatexts erfolgen. Dies ist jedoch nur als Ergänzung und nicht als Kern der Wissensaufnahme und -speicherung zu sehen.

Die Wissensaufnahme und -speicherung ist hinsichtlich **Effizienz** zu optimieren. Dies bezieht sich auf den zeitlichen Mitarbeiteraufwand sowie darüber hinaus auf sonstige anfallende, finanzielle Aufwände. Ein geringer zeitlicher Mitarbeiteraufwand ist anzustreben, damit zum einen dadurch möglichst geringe Kosten anfallen und zum anderen vor allem auch die Motivation der Mitarbeiter zur Durchführung der Wissensaufnahme und -speicherung möglichst hoch ist und überhaupt eine Dokumentation erfolgt. Dies ist für den Umfang und die Datenqualität der Wissensbasis entscheidend. Der zeitliche Mitarbeiteraufwand lässt sich dadurch minimieren, dass die Wissensaufnahme und -speicherung möglichst automatisiert erfolgt. Hierzu ist eine entsprechende digitale Infrastruktur zu etablieren (vgl. Abbildung 110).

[693] Screenshot der Software classmate FINDER der simus systems GmbH mit einer durch den Autor angepassten Konfiguration für die Speicherung von Fachwissen zu Spritzgießwerkzeugen. Vgl. simus systems GmbH (classmate FINDER)

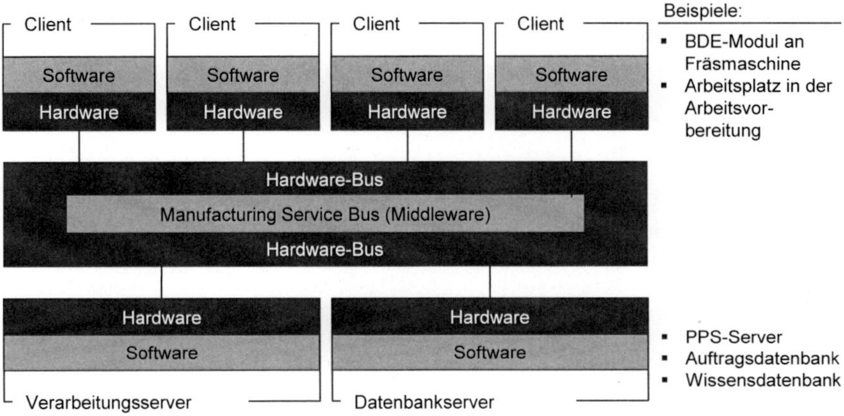

Abbildung 110: Digitale Infrastrukturelemente[694]

Die digitale Infrastruktur muss sich mit allen relevanten, vorliegenden Datensystemen mithilfe von Clients verbinden können, um relevante Daten zu extrahieren. Diese müssen dann über eine Middleware gebündelt und automatisiert auf einem Datenbankserver gespeichert werden. Im Zuge der späteren Verarbeitung und Nutzung der Daten greift ein Verarbeitungsserver auf diese Daten zu. Relevante Daten können bspw. aus ERP-, PPS-, Werkzeugmanagement-, BDE-, MDE- und Kalkulationssystemen abgegriffen werden. Weitere, nicht in Systemen vorhandene Daten müssen darüber hinaus einzeln und per Hand erfasst werden. Handlungswissen liegt typischerweise in keinem System vor. Ein Ansatz zur IT-gestützten, systematischen Erfassung von Handlungswissen wird jedoch in Kapitel 5.2.3 vorgestellt. Die vorgestellten qualitativen Beschreibungen müssen ebenfalls manuell erfasst werden. Zur Steigerung der Effizienz bieten sich hier vordefinierte und ggf. durch Stichworte auszufüllende Eingabemasken an. Die Eingabe kann je nach Mitarbeiterpräferenz auch durch Video- oder Sprachaufzeichnungen ergänzt werden. Durch eine möglichst automatisierte Erfassung kann die Effizienz bzgl. der zeitlichen Mitarbeiteraufwände erhöht werden. Demgegenüber sind die anfallenden Kosten für eine entsprechende IT-Infrastruktur zu stellen. Die Effizienz hinsichtlich finanzieller Gesichtspunkte ist somit ebenfalls zu berücksichtigen.

Zur Sicherung einer hohen Qualität des aufgenommenen und gespeicherten Wissens ist die **Konsistenz der Daten** im Sinne einer sog. „Single Source of Truth" entscheidend. Bei einer Kombination von automatisierter und manueller Erfassung entsprechend der vorherigen Beschreibung besteht das Risiko, unvollständige, falsche oder redundante Datensätze zu speichern. Der notwendige Zugriff auf verschiedene Datenquellen erhöht dieses Risiko zusätzlich. Daher sind für die Wissensaufnahme automatisierte Konsistenzchecks zu implementieren, die Dateninkonsistenzen aufzeigen und idealerweise direkt beseitigen. Kann eine automatisierte Beseitigung nicht erfolgen, müssen die erkannten Auffälligkeiten mittels standardisierter Work-

694 I. A. a. Salmen (Digital vernetzter Shopfloor), 2016, S. 219

flows zur manuellen Prüfung und Bereinigung an Mitarbeiter weitergeleitet werden. Insbesondere bei Abschluss eines Projekts kann zusätzlich auch noch einmal ein ausführlicher, manueller Konsistenzcheck aller Daten durch die Mitarbeiter des Projektteams erfolgen.

5.2.2.3 Wissensbereitstellung

Die Wissensbereitstellung zielt schließlich auf die Anwendung des identifizierten sowie aufgenommenen und gespeicherten Wissens ab. Ziel der Wissensbereitstellung ist es, Wissen zielgerichtet für Anwender zur Verfügung zu stellen. Dadurch sollen schlussendlich Entscheidungen vereinfacht sowie Fehler, unnötige Aufwände und Schleifen vermieden werden. Dieser Gestaltungsaspekt greift dadurch drei eng miteinander verknüpfte Kernprozesse des Wissensmanagements, Wissensverteilung, Wissensnutzung und Wissensbewahrung, auf.

Die Form der Wissensbereitstellung kann in passive und aktive Wissensbereitstellung unterschieden werden. Unter einer passiven Wissensbereitstellung kann die grundsätzliche Schaffung von Möglichkeiten und Strukturen zur Wissensbereitstellung verstanden werden. Hierbei liegt es in der Verantwortung des Anwenders, die Wissensquellen eigenständig entsprechend dem eigenen Bedarf aufzusuchen und zu nutzen. Die aktive Wissensbereitstellung baut auf der passiven Wissensbereitstellung auf, geht aber darüber hinaus. So wird bei einer aktiven Wissensbereitstellung relevantes Wissen dem jeweiligen Anwender aktiv zur Verfügung gestellt, ohne dass der Anwender diesen Vorgang initiieren oder steuern muss.

Für die Umsetzung einer **passiven Wissensbereitstellung** müssen Zugriffspunkte für das im Rahmen der Wissensspeicherung festgehaltene Wissen geschaffen werden. Ein solcher Zugriffspunkt kann i. d. R. nicht über das bei der Wissensspeicherung verwendete Backend erfolgen, da dieses meist keine anwendergerechte Bedienbarkeit aufweist sowie die Gefahr der Veränderung oder Löschung des hinterlegten Wissens besteht. Daher sind spezifische Frontends zu gestalten, die dem Anwender einen einfachen und zielgerichteten Zugriff ermöglichen. Ebendieser möglichst einfache und zielgerichtete Zugriff auf Wissen stellt in den meisten Unternehmen eine große Herausforderung dar. Selbst bzw. gerade dann, wenn umfangreiches, langjähriges Wissen dokumentiert vorliegt, ist ein einfaches Wiederfinden von spezifischem Wissen schwierig. Oftmals sind Mitarbeiter hier auf eigene Erinnerungen und Erfahrungen zu relevanten vergangenen Projekten angewiesen, um für den jeweiligen Anwendungskontext relevantes Wissen wiederzufinden. In diesem Fall muss sich an ein passendes Projekt und idealerweise auch an eine Referenznummer wie bspw. die Werkzeugnummer erinnert werden. Um jedoch allen Mitarbeitern unabhängig von personenspezifischen Erinnerungen und Erfahrungen einen zielgerichteten Zugriff auf relevantes Wissen zu erlauben, muss eine strukturierte Suche ermöglicht werden. Ziel einer solchen strukturierten Suche ist es, vergangene Projekte zu finden, die zu dem aktuellen Projekt möglichst vergleichbar sind. Diese Vergleichbarkeit kann sich sowohl auf das betreffende Fach- als auch Handlungswissen beziehen.

Eine zielgerichtete Suche vergleichbarer vergangener Projekte kann mittels Ähnlichkeitsanalyse erfolgen. Die Ähnlichkeitsanalyse lässt sich sowohl merkmalsbasiert als auch geometrisch umsetzen. Da die in Kapitel 5.1.1 beschriebenen Merkmale das Gesamtsystem der Entwicklung umfassend beschreiben, bietet sich eine **merkmalsbasierte Ähnlichkeitsanalyse** an, um möglichst detaillierte Vergleiche durchführen zu können. So können mit einigen vorliegenden, charakteristischen Merkmalen für eine anstehende Entwicklung bereits vergangene Projekte identifiziert werden. Stehen bspw. für ein Spritzgießprodukt bereits in einer frühen Entwicklungsphase der Werkstoff des Artikels, eine Toleranzangabe und eine Forderung zur späteren Produktionsmaschine fest, kann mit diesen Merkmalsausprägungen eine Identifikation vergangener Projekte mit gleichen oder ähnlichen Ausprägungen erfolgen. Die merkmalsbasierte Ähnlichkeitsanalyse kann in ihrer einfachsten Form über eine Filterfunktion umgesetzt werden. Darüber hinaus sind jedoch auch durch Künstliche Intelligenz (KI)[695] unterstützte Analysefunktionen denkbar, welche eine deutlich verbesserte Mustererkennung möglich machen. Abbildung 111 zeigt eine beispielhafte merkmalsbasierte Ähnlichkeitsanalyse.

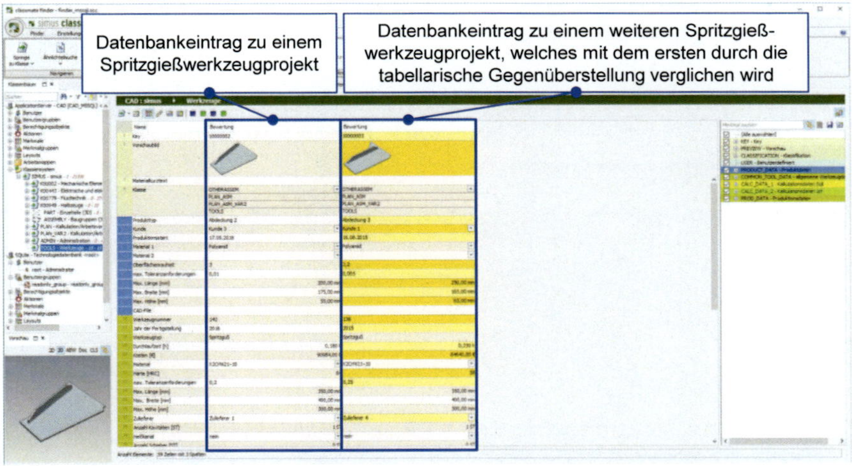

Abbildung 111: Beispielhafte Anwendung einer merkmalsbasierten Ähnlichkeitssuche von Fachwissen[696]

[695] Künstliche Intelligenz bezeichnet den Einsatz lernfähiger, informationsverarbeitender Verfahren zur Analyse und insbesondere Mustererkennung. Durch die eigenständige Lernfähigkeit geht KI über konventionelle Methoden zur Klassifikation und Kontextanalyse der Statistik hinaus. Hierzu ist die Vorgabe lediglich rudimentärer Muster oder Klassifikationen bereits ausreichend, da die KI eigenständig Ähnlichkeitsmuster erkennen kann. Die Erstellung eines Datenspeichers und der Vergleichskriterien kann bspw. durch gefaltete neuronale Netze erzeugt werden, die mithilfe von großen Datenmengen auf bestimmte Aufgaben trainiert werden. Durch die Lernfähigkeit verbessert sich die Leistungsfähigkeit des Systems kontinuierlich auch in Bezug auf noch unbekannte Daten. Vgl. Ertel (Künstliche Intelligenz), 2013, S. 177ff.; Kruse et al. (Computational Intelligence), 2015, S. 7ff.; Krizhevsky et al. (Deep Convolutional Neural Networks), 2017, S. 84ff.

[696] Screenshot der Software classmate FINDER der simus systems GmbH mit einer durch den Autor angepassten Konfiguration für die Ähnlichkeitssuche von Fachwissen zu Spritzgießwerkzeugen. Vgl. simus systems GmbH (classmate FINDER)

Alternativ oder ergänzend dazu bieten **geometrische Ähnlichkeitsanalyseprogramme** auch die Möglichkeit, ausgehend von der Geometrie des im Mittelpunkt der Entwicklung stehenden Produkts eine Ähnlichkeitsanalyse durchzuführen. Dieses Vorgehen bietet sich an, wenn bereits CAD-Daten zu einem Produkt, jedoch noch keine weiteren spezifizierten Merkmalsausprägungen vorliegen. Alternativ kann auch die Geometrie des in der Entwicklung befindlichen Werkzeugs mit vergangenen Werkzeugen verglichen werden. Jedoch muss hierzu zumindest eine grobe, erste Werkzeugentwicklung bereits abgeschlossen sein. Zudem spiegelt die Geometrie eines Werkzeugs weniger gut die Ähnlichkeit der dazugehörigen Entwicklungsprojekte mit ihren Herausforderungen und Lösungen wider. Dies resultiert in einer geringeren Relevanz von über eine werkzeuggeometriebasierte Ähnlichkeitsanalyse aufgefundenem Wissen. Daher ist die produktgeometriebasierte Ähnlichkeitsanalyse vorzuziehen. Abbildung 112 zeigt eine beispielhafte produktgeometriebasierte Ähnlichkeitsanalyse.

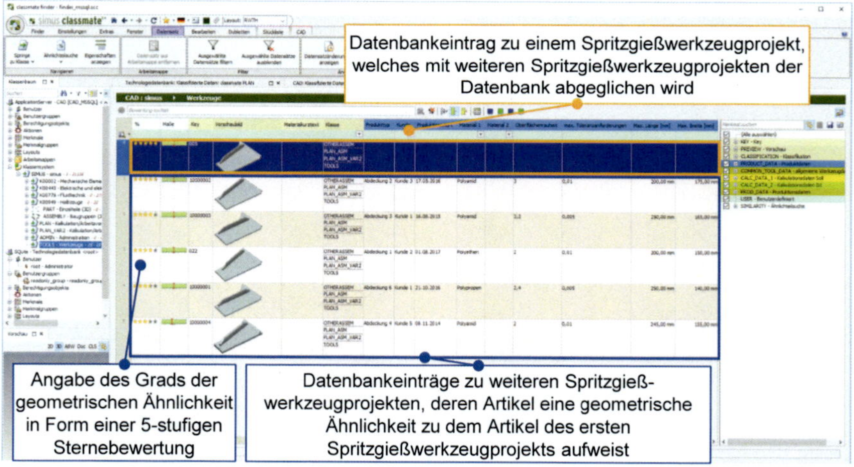

Abbildung 112: Beispielhafte Anwendung einer geometrischen Ähnlichkeitssuche von Fachwissen[697]

Neben der optimierten Funktionalität der Suchfunktionen für relevantes Wissen ist eine möglichst optimierte **Anwendungsfreundlichkeit** für die erfolgreiche Umsetzung der passiven Wissensbereitstellung entscheidend. Denn nur, wenn Mitarbeiter das Auffinden von Wissen schnell, ohne langwierige Trainings und ohne die Gefahr umsetzen können, das Vorgehen zur Bedienung des Frontends wieder zu vergessen, dann wird das bereitgestellte System auch genutzt. Darüber hinaus kann die Anwenderfreundlichkeit durch verschiedene Bedienungshilfen wie bspw. eine Sprachsteuerung, leicht handhabbare Filterfunktionen und eine Optimierung für den mobilen Zugriff während Meetings oder auf dem Shopfloor gesteigert werden.

697 Screenshot der Software classmate FINDER der simus systems GmbH mit einer durch den Autor angepassten Konfiguration für die Ähnlichkeitssuche von Fachwissen zu Spritzgießwerkzeugen. Vgl. simus systems GmbH (classmate FINDER)

Über das reine Fachwissen hinaus kann auch Handlungswissen ebenfalls über die beschriebenen Ähnlichkeitsanalysemethoden gefunden werden. Dazu ist analog vorzugehen und letztendlich auf das Handlungswissen zuzugreifen, das mittels Ähnlichkeitsanalyse gefundenen Projekten hinterlegt wurde. Jedoch gibt es ebenso Handlungswissen, welches sich auch von einem Projekt zu einem anderen sowohl merkmal- als auch geometriebezogen nicht direkt ähnlichen Projekt übertragen lässt. Dies ist der Fall, wenn sich lediglich der Prozessablauf grundsätzlich ähnelt. Entsprechende Projekte lassen sich dadurch finden, dass vergangene Projekte bzgl. der Art und der zeitlichen Einordnung durchgeführter Entwicklungsleistungen analysiert werden.

Zur passiven Wissensbereitstellung kann auch die Durchführung von **Schulungen** gezählt werden. Hierunter fallen zum einen Schulungen zu Fachwissen wie bspw. zu Werkzeugkonzepten, üblichen Fehlerbildern beim Try-out, Richtlinien zum werkzeuggerechten Konstruieren o. ä. Zum anderen kann auch Handlungswissen wie zu Standardvorgehensweisen, erfolgreichen Absicherungsmaßnahmen, Entscheidungskriterien usw. durch Schulungen abgedeckt werden. Auch in Bezug auf die didaktische Umsetzung der Schulungen bieten sich vielfältige Möglichkeiten, welche hinsichtlich Aufwand und Nutzen zu bewerten sind. So können Schulungen bspw. in reiner Textform als PDF-Schulungsunterlage, Website oder Wiki-System ausgelegt werden. Darüber hinaus bieten sich Videokurse, Augmented-Reality- und Virtual-Reality-Anwendungen, Online-Schulungen oder auch Praxisworkshops mit Lernspielen und Anwendungsaufgaben an. Auch interaktive Schulungsansätze wie ein Buddy-Programm, Senior-Junior-Partner, Lessons-Learned-Workshops oder sog. „FuckUp Nights“ sind in diesem Zusammenhang sinnvolle Mittel.

Zur Weiterentwicklung der passiven hin zur **aktiven Wissensbereitstellung** muss ein System geschaffen werden, welches dem Anwender proaktiv Wissen liefert, ohne dass dies durch den Anwender explizit angefordert oder aufgerufen wird. Eine entsprechende aktive, kontextbezogene Wissensbereitstellung basiert auf den beschriebenen Elementen der passiven Wissensbereitstellung und wird darüber hinaus dadurch aufgewertet, dass bei kritischen Situationen und Entscheidungen selbstständig ähnliche, vergangene Projekte erkannt und dem Anwender zielgerichtet aufbereitet bereitgestellt werden. Zur Komponente der zuvor beschriebenen Ähnlichkeitsanalyse muss daher eine Kontextanalyse hinzukommen, um die passende Erkennung der jeweils spezifischen Situation zu ermöglichen. Aufgrund der nochmals gesteigerten Komplexität der geforderten Analyse bietet sich auch hier der Einsatz von Algorithmen aus dem Bereich der Künstlichen Intelligenz an. Eine entsprechende Umsetzung folgt dem in Kapitel 2.2.5.3 vorgestellten Entwicklungspfad von Industrie 4.0. Hierbei werden vor allem die Stufen der Prognosefähigkeit und Adaptierbarkeit angestrebt. Konkrete, realistische Anwendungsfälle und Umsetzungsmöglichkeiten ergeben sich insbesondere im Zusammenhang mit der digital vernetzten Prozesssteuerung, welche im nachfolgenden Kapitel 5.2.3 beschrieben wird. Hierbei wird auch auf sinnvolle Anwendungsfälle der aktiven Wissensbereitstellung eingegangen.

Zu dem Gestaltungsaspekt der Wissensbereitstellung kann der Bereich der **Wissenspflege** gezählt werden. Die Wissenspflege bezieht sich auf die Prüfung des vorhandenen Wissens auf Aktualität. Veraltetes Wissen muss aktualisiert oder deaktiviert werden, damit keine falschen, vermeintlich gesicherten Erkenntnisse übertragen und angewandt werden. Eine **Aktualisierung** von altem Wissen kann dadurch erfolgen, dass gewisse zeitlich veränderliche Rahmenbedingungen aktualisiert werden. Hierzu zählen bspw. Stundensätze oder sonstige Kosten, welche sich durch Inflation oder sonstige betriebliche Effekte mit der Zeit verändern. Eine **Deaktivierung** von Wissen ist einer Löschung von Wissen vorzuziehen. Die Deaktivierung von Wissen bedeutet, dieses Wissen sowohl aus der passiven als auch aktiven Wissensbereitstellung entweder komplett auszuschließen oder hierbei zumindest als veraltet und deaktiviert kenntlich zu machen. Eine Deaktivierung hat im Gegensatz zu einer Löschung jedoch den Vorteil, dass das Wissen nicht verloren ist, sondern im Spezialfall noch einmal aktiviert werden kann. Ein Beispiel für eine sinnvolle Deaktivierung von Wissen liegt dann vor, wenn neue technologische Möglichkeiten gewisse technische Umsetzungen oder Vorgehensweisen der Vergangenheit ersetzen und in diesem Fall ein Rückblick auf alte Projekte unter Einsatz der veralteten Technologie irreführend wäre.

Ein weiterer kritischer Punkt für die Wissensbereitstellung in dem Prozessmodell ist die **Zugänglichkeit** des Wissens für die gesamte Organisation. Hierzu ist wichtig, dass für wirklich alle beteiligten Personen eine Bereitstellung – ob passiv oder aktiv – möglich ist. Oftmals scheitert dieser Aspekt an der Freischaltung von Nutzern für bestimmte Softwaresysteme. Dies führt in der Projektbearbeitung zur Schaffung von doppelten oder gespiegelten Ablagesystemen, was schlussendlich die Datenkonsistenz gefährdet und Mehraufwände verursacht. Die Schaffung eines eigenständigen Systems mit einem unternehmensindividuellen Frontend zur Wissensbereitstellung ist daher empfehlenswert. Auf notwendige Datenbanken und Softwaresysteme sollte lediglich über das Backend zugegriffen werden. Hierdurch werden keine Lizenzen und Schulungen für eine Vielzahl von Softwaresystemen notwendig.

Im Zusammenhang mit der Aufnahme, Speicherung und schließlich Bereitstellung von Wissen ist ein effektiver **Datenschutz** sicherzustellen. Unternehmensintern ist dafür zu gewährleisten, dass keine mitarbeiterbezogenen Informationen festgehalten oder an unbefugte Personen weitergegeben werden. Daher muss über Berechtigungen festgelegt werden, welche Personen bzw. Personengruppen auf welche Daten zugreifen dürfen. Dies muss ebenfalls für die aktive Wissensbereitstellung berücksichtigt werden. Mit Blick auf die Datensicherheit gegenüber externen Unternehmen ist sicherzustellen, dass das Wissen vor ungewollten fremden Zugriffen und Attacken geschützt ist. In der Zusammenarbeit des Werkzeugbaus mit seinen Kunden ist oftmals ein gezielter Wissensaustausch und -zugriff erforderlich und gewünscht. Daher ist hierbei zu berücksichtigen, dass ein entsprechender Wissensaustausch und -zugriff lediglich auf spezifisches, den jeweiligen Kunden betreffendes Wissen gewährt wird.

5.2.3 Digital vernetzte Prozesssteuerung

Das Gestaltungselement digital vernetzte Prozesssteuerung hat zum Ziel, die Potenziale der digitalen Vernetzung (vgl. Kapitel 2.2.5.3) gezielt auf die Prozesssteuerung zu übertragen und hierdurch eine Effizienz- und Effektivitätssteigerung des Entwicklungsprozesses zu erreichen. Dieses Ziel wird dadurch erreicht, dass Unternehmen die Prozesssteuerung in Form eines

Informationssystems umsetzen. Ein Informationssystem kann als ein soziotechnisches System verstanden werden, welches den Umgang mit Daten, Informationen und Wissen unterstützt. Hierbei wird insbesondere die Sammlung, Strukturierung, Verarbeitung, Bereitstellung, Kommunikation, Nutzung sowie Transformation ebendieser Elemente abgebildet. Zudem werden Prozesse zur Entscheidungsfindung, Koordination, Steuerung und Kontrolle unterstützt.[698] Die Aufgaben Sammlung, Strukturierung, Verarbeitung sowie Bereitstellung von Wissen wurden bereits im vorherigen Kapitel 5.2.2 behandelt. Das vorliegende Kapitel bezieht sich daher darauf aufbauend auf die weitergehenden Funktionalitäten eines Informationssystems und beschreibt, wie das Informationssystem für den im Fokus des Prozessmodells stehenden Anwendungsfall ausgestaltet werden muss.

Ein solches Informationssystem existiert nicht in einer vollständigen Form am Markt und muss durch Unternehmen eigenständig entwickelt und implementiert werden. Daher liefert das Gestaltungselement digital vernetzte Prozesssteuerung einen Überblick, mit welchem Betrachtungsfokus dies geschehen muss. Hierzu wird das Gestaltungselement in drei Gestaltungsaspekte untergliedert, welche die wesentlichen nutzenstiftenden Funktionen des Informationssystems bündeln (vgl. Abbildung 113). Zunächst muss durch die digital vernetzte Prozesssteuerung eine Prozesstransparenz erreicht werden (Kapitel 5.2.3.1). Darüber hinaus können eine digitale Informationserfassung und -weiterleitung (Kapitel 5.2.3.2) sowie die Bewertung und Optimierung von Prozessschritten (Kapitel 5.2.3.3) umgesetzt werden.

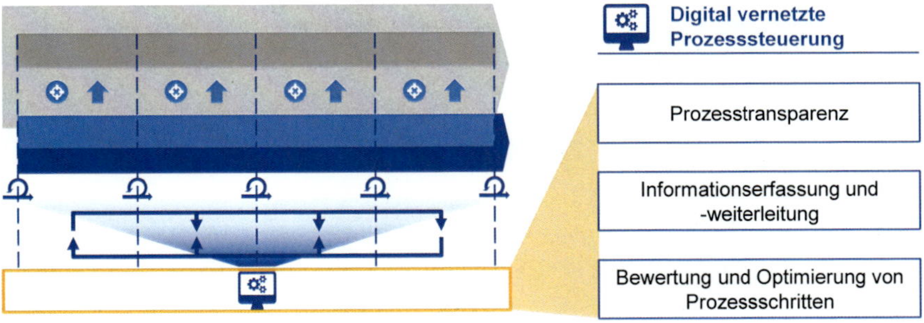

Abbildung 113: Gestaltungsaspekte der digital vernetzten Prozesssteuerung

Nutzer des Informationssystems sind sowohl der Werkzeugbau als auch sein Kunde, die Produktentwicklung (vgl. Kapitel 4.2.3). Das Informationssystem soll ganzheitlich sowohl die rein intern im Werkzeugbau ablaufenden Prozesse als auch insbesondere die in Interaktion zwischen Werkzeugbau und Produktentwicklung ablaufenden Prozesse steuern.

698 Vgl. Krcmar (Informationsmanagement), 2015, S. 22; Thomas, Scheer (Informationsmodellierung), 2017, S. 429ff.

5.2.3.1 Prozesstransparenz

Zur Umsetzung einer Prozesstransparenz gilt es, zum einen eine detaillierte Informationsübersicht über den aktuellen Status aller laufenden Entwicklungsprojekte umzusetzen und zum anderen, eine präzise Rückverfolgbarkeit von Entscheidungen zu erreichen.

Der **Status aller laufenden Entwicklungsprojekte** lässt sich auf drei Detaillierungsstufen abbilden. Hierbei ist es wichtig, alle drei Detaillierungsstufen abzubilden, da diese ineinandergreifen. Die drei Detaillierungsstufen substituieren sich nicht, sondern präsentieren auf jeder Stufe anwendergerechte Informationen. Diese Informationen werden auf den tiefer liegenden Stufen immer weiter im Fokus eingegrenzt und in der Detailtiefe erweitert. Die erste Stufe bildet eine **Projektstatusübersicht** aller in der Entwicklung befindlichen Projekte ab. Abbildung 114 stellt eine beispielhafte Projektstatusübersicht dar.

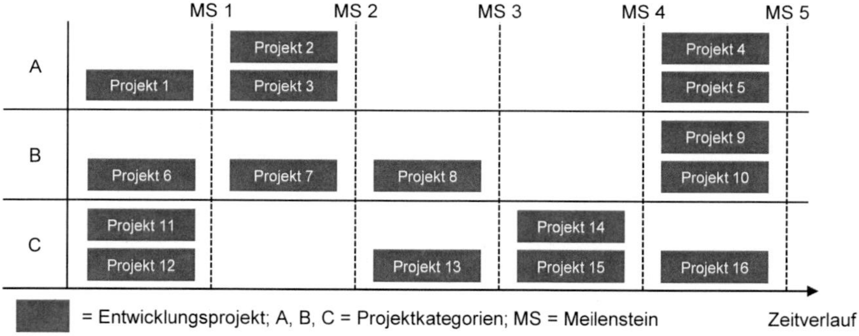

Abbildung 114: Beispielhafte Projektstatusübersicht

Einzelne Entwicklungsprojekte werden als eigenständige Elemente angezeigt. Diese Elemente werden im Zeitverlauf entsprechend ihrem Projektfortschritt dargestellt. Die Elemente können als Karten verstanden werden, auf denen zur Identifizierung des jeweiligen Projekts entweder Projektname oder -nummer notiert sind. Um die zeitliche Einordnung möglichst vergleichbar und unabhängig von konkreten Datumsangaben zu halten, kann eine Strukturierung des Zeitverlaufs durch allgemeingültige Meilensteine erreicht werden. Eine solche Einteilung hat den Vorteil, dass sowohl Projektmanager, aber vor allem auch Manager auf höheren Verantwortungsstufen den Projektstatus einzelner Projekte sehr schnell erfassen können. Meilensteine können je nach gewünschtem Detaillevel entsprechend der unternehmensspezifischen Phasendefinition (vgl. Kapitel 5.1.3.1) oder durch wichtige Prozessschritte der Prozessdefinition (vgl. Kapitel 5.2.1.2) definiert werden. Auf der zweiten Achse des Diagramms kann darüber hinaus eine Kategorisierung von Projekten erfolgen. So können hier bspw. Projekte einzelnen Projektmanagern zugeordnet, nach Produkt- oder Werkzeugkategorien eingeteilt oder entsprechend ihrem Entwicklungsrisiko, ihrer Entwicklungskomplexität oder ihrer Priorität strukturiert werden. Sobald ein Projekt Fortschritte macht und einen nächsten Meilenstein erreicht, wird dieses in den nächsten Abschnitt weiter rechts verschoben. Diese Logik ist angelehnt an sog. Projekt-Kanban-Karten. Grundsätzlich ist die Umsetzung einer solchen Übersicht auch in analoger Form denkbar. Jedoch bietet eine digitale Umsetzung verschiedene Vorteile.

So können weiterführende Informationen systematisch und in Echtzeit hinterlegt werden. Bei Erreichen eines Meilensteins können digitale Checklisten aufgerufen und entweder manuell oder sogar automatisiert abgefragt werden. Zudem kann eine digitale Übersicht dezentral an verschiedenen Arbeitsplätzen und Standorten sowie in verschiedenen Sprachen bereitgestellt werden, sodass alle Nutzer immer aktuelle und einheitliche Informationen vorliegen haben. Darüber hinaus kann eine nutzerspezifische Darstellung der Übersicht umgesetzt werden, indem einzelne Nutzer die Informationsdarstellung filtern. Beispielsweise kann eine Filterung der Projekte nach Zuordnung für den Nutzer oder dessen Arbeitsgruppe erfolgen. Ebenfalls kann die Darstellung nur für die Meilensteine im Verantwortungsbereich des Nutzers fokussiert werden. Aufgrund der einfachen und übersichtlichen Darstellung eignet sich die Projektstatusübersicht als Hilfsmittel für Regelabstimmungen im Führungskreis mit allen Projektmanagern oder auch im Projektteam. Werden hierbei Entscheidungen getroffen oder Maßnahmen definiert, ist es sinnvoll, diese Informationen direkt in dem Informationssystem einzutragen.

Die zweite Detaillierungsstufe von Informationen stellen **Basisinformationen** zu den einzelnen Projekten dar, welche auf den Karten übergeordnet und schnell ersichtlich abgebildet werden. Über die bereits genannte Identifizierungsinformation in Form des Projektnamens oder der Projektnummer können auf den Karten Statusinformationen hinterlegt werden. Zur Erhaltung der hohen Übersichtlichkeit der Projektstatusübersicht muss sich auf lediglich einige wenige Informationen beschränkt werden. So bietet sich bspw. eine einfache, dreistufige Ampellogik an, mit der eine Bewertung des Projektstatus visuell leicht verständlich angezeigt werden kann. Hier kann bspw. eine Einschätzung erfolgen, ob das Projekt sich noch im Zeitplan befindet, ob es sich noch innerhalb des vorgegebenen Budgets befindet und ob aktuelle Entwicklungsschwierigkeiten bestehen. Alternativ oder ergänzend zu einer Darstellung per Ampellogik können auch konkrete Werte angezeigt werden. Eine exemplarische Visualisierung wird durch Abbildung 115 wiedergegeben. Die Informationen dieser zweiten Detaillierungsstufe können direkt auf oberster Ebene der Projektstatusübersicht angezeigt werden.

Projekt XY – WZ-ABC-1234	
Zeitplan	5 Tage bis zum nächsten geplanten Meilenstein
Budget	200.000€ von 400.000€ Projektbudget aufgebraucht
Entwicklungsstand	70%

Abbildung 115: Beispielhafte Basisinformationen

Auf der dritten Detaillierungsstufe werden den einzelnen Projekten dann schließlich alle verfügbaren **Detailinformationen** hinterlegt. Diese Informationen können über einen Doppelklick auf eine Projektkarte oder durch eine Mouseover-Funktion aufgerufen werden. Zu den relevanten Detailinformationen zählen:

- Plan- und Ist-Kosten
- Plan- und Ist-Zeitverlauf
- Verlauf an durchgeführten Entwicklungsleistungen

- Verlauf an getroffenen Entscheidungen
- Aktueller Entwicklungsstand mit detaillierter Merkmalsübersicht

Die Plan- und Ist-Kosten umfassen aus Sicht des Werkzeugbaus die Kosten aller geplanten und durchgeführten Entwicklungsleistungen. Hierzu gehören vor allem der schlussendliche Werkzeugpreis, aber auch alle Simulationsleistungen, Prototypen und Prototypen-Werkzeuge. Ebenfalls bietet es sich an, Änderungskosten separat nachzuverfolgen. Kosten der Produktentwicklung können analog aufgeführt werden. Die Betrachtung des Plan- und Ist-Zeitverlaufs kann auf oberster Ebene anhand der bereits zuvor beschriebenen Meilensteine erfolgen. Bei Bedarf können jedoch auch weitere wichtige Zeitpunkte aufgeführt werden. Im Rahmen des Ist-Zeitverlaufs können auch ggf. definierte Meilensteinchecklisten dokumentiert werden. Der Verlauf an durchgeführten Entwicklungsleistungen erfasst, wann welche Entwicklungsleistung erbracht wurde und welches Ergebnis sie geliefert hat. Der Verlauf an getroffenen Entscheidungen führt auf, wann welche Entscheidung mit welchem Ergebnis getroffen wurde. Hierzu zählen insbesondere die Entscheidungen im Rahmen der Ablauf- und Iterationsbedingungen sowie die Entscheidungen zu festgelegten oder geänderten Merkmalsausprägungen. Vorliegende Begründungen zu den getroffenen Entscheidungen können ebenfalls hinterlegt werden. Die Informationen zu den letzten vier Typen von Detailinformationen der vorherigen Aufzählung ergeben sich aus der Interaktion mit dem Informationssystem selber und werden daher hier nativ erzeugt und verwaltet. Die Informationen zu Plan-Kosten können ebenfalls direkt in dem Informationssystem gepflegt werden, da es sich hierbei um einmalig zu Projektbeginn aufzunehmende Informationen handelt. Die Ist-Kosten eines Projekts ändern sich jedoch sehr hochfrequent im Projektverlauf. Daher ist es sinnvoll, eine automatisierte Abfrage und Übermittlung dieser Informationen aus den datenführenden Systemen mittels geeigneter Schnittstellen einzurichten. Typischerweise werden hierfür Informationen zu externen Bestellungen aus dem ERP-System wie bspw. SAP sowie interne Aufwände in Form von Stundenbuchungen aus einem BDE- und MDE-System benötigt.

Grundlage für eine **präzise Rückverfolgbarkeit** ist der zuvor beschriebene Verlauf an getroffenen Entscheidungen sowie an durchgeführten Entwicklungsleistungen. Um die präzise Rückverfolgbarkeit zu gewährleisten, ist darüber hinaus ein umfangreiches **Versionsmanagement** umzusetzen, welches alle Merkmale aus der Merkmalsübersicht des Gesamtsystems der Entwicklung umfasst. Zur Umsetzung einer durchgängigen Versionierungslogik muss zu jedem Zeitpunkt, an dem ein oder mehrere Merkmalsausprägungen festgelegt oder geändert werden, eine projektbezogene Versionierungsnummer hochgezählt werden. Zu jeder projektbezogenen Versionierungsnummer kann dann für jedes Merkmal die zu diesem Zeitpunkt ausgewählte Ausprägung zugeordnet werden. Zum Beispiel kann bei einer ersten Versionierung 0.1 für das Merkmal Werkzeugstahl noch keine Ausprägung hinterlegt sein, erst mit der projektbezogenen Versionierungsnummer 0.5 wird die Ausprägung 1.2379 entschieden und zu einem späteren Zeitpunkt mit der Versionierungsnummer 0.9 auf die Ausprägung 1.2343 gewechselt. Dann ist für das Merkmal Werkzeugstahl von Versionsnummer 0.1-0.4 keine Ausprägung hinterlegt, von 0.5 bis 0.8 die Ausprägung 1.2379 und für Version 0.9 die Ausprägung 1.2343. Darüber hinaus muss für jede Versionierung festgehalten werden, durch wen diese Versionierung und damit die hinterlegten Änderungen durchgeführt wurde. Hier muss auf oberster Ebene zumindest zwischen Werkzeugbau und Produktentwicklung unterschieden werden. Darüber hinaus können auch einzelne Personen hinterlegt werden. Abbildung 116 zeigt eine übergeordnete Darstellung des gesamten Verlaufs an Entscheidungen und Entwicklungsleistungen eines beispielhaften Projekts. In diesem Verlauf sind die hochlaufenden projektbezogenen Versionsstände der Merkmalsausprägungen mit der Information des Erstellers der jeweiligen Version eingeordnet.

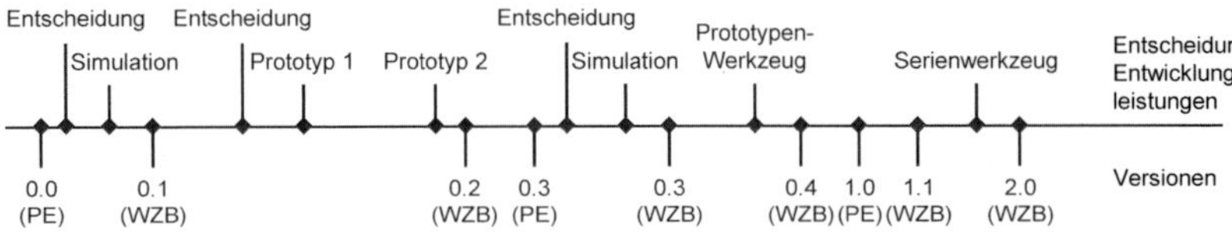

Abbildung 116: Beispielhafte Visualisierung des Entscheidungs- und Versionierungsverlaufs

Mit einem Klick auf einen Versionsstand wie bspw. 0.2 (WZB) kann dann eine detaillierte Ansicht mit allen Merkmalsausprägungen zu dem Versionsstand 0.2 angezeigt werden (vgl. Abbildung 117).

VERSION 0.2 (Werkzeugbau) – 01.07.2019 – 15:10:30 Uhr

Merkmal	Ausprägung	Urheber	Validierungsstatus
Merkmal M1	Ausprägung A3	Produktentwicklung	(Forderung durch den Kunden)
Merkmal M2	Ausprägung A1	Werkzeugbau	(Vorläufige Festlegung)
Merkmal M3	Ausprägung A8	Werkzeugbau	(Festlegung basierend auf Erkenntnissen einer konkreten Entwicklungsleistung (Prototyp1))
...	...	...	...

Abbildung 117: Beispielhafte Ansicht mit Merkmalsausprägungen und Validierungsstatus

Eine weitere wichtige, zusätzlich zu dokumentierende Information ist der jeweilige Validierungsstatus einer Merkmalsausprägung. Dieser kann ebenfalls auf der detaillierten Ansicht mit allen Merkmalsausprägungen zu einem Versionsstand hinterlegt werden. Der Validierungsstatus kann mithilfe verschiedener vordefinierter Status einheitlich festgehalten werden:

- Forderung durch den Kunden
- Wunsch durch den Kunden
- Vorläufige Festlegung
- Festlegung basierend auf Erfahrungswissen
- Festlegung basierend auf Erkenntnissen aus vergangenem Projekt
- Festlegung basierend auf Erkenntnissen einer konkreten Entwicklungsleistung
- Freigabe zur Serienwerkzeugerstellung
- Freigabe zur Produktion

Die ersten zwei Status werden durch den Kunden vorgegeben (vgl. Kapitel 5.1.2.3), während die folgenden vier Status vor allem durch den Werkzeugbau festgelegt werden. Der vorletzte Status „Freigabe zur Serienwerkzeugerstellung" markiert den zwischen Produktentwicklung und Werkzeugbau abgestimmten Status einer Merkmalsausprägung, mit dem die Serienwerkzeugerstellung beauftragt wird. Dieser kann auch durch eine sprechende Versionierung kenntlich gemacht werden, indem bspw. für diesen Status eine festgelegte Versionierung 1.0 definiert wird. Oftmals ergeben sich nach der Erstellung des Serienwerkzeuges im Try-out eines Werkzeugs noch Änderungen verschiedener Merkmale. Sobald diese Änderungen durchgeführt sind, kann der Status Freigabe zur Produktion erteilt werden. Dieser Status markiert die finale Festlegung einer Merkmalsausprägung. Alle Merkmale des Gesamtsystems der Entwicklung sind jetzt final definiert. Dieser Status kann einheitlich für alle Projekte ebenfalls durch eine sprechende Versionierung wie bspw. 2.0 ausgedrückt werden. Zur Unterscheidung, welche Versionierung durch den Urheber Produktentwicklung und welche durch den Urheber Werkzeugbau definiert wurde, kann diese Information ebenfalls als zusätzliches Attribut mitgeführt werden. Dieses Attribut zum Urheber muss dabei nicht notwendigerweise für einen Versionsstand über alle Merkmale hinweg den gleichen Eintrag enthalten. Auch wenn ein Versionsstand jeweils durch eine Entität – bspw. Werkzeugbau für die Version 0.2 – gespeichert wird, können dabei einzelne Merkmale nicht verändert worden sein und daher noch den gleichen Status und Urheber aus dem letzten Versionsstand übernommen haben.

Ein weiterer relevanter Informationsbedarf ergibt sich dahingehend, auch merkmalsbezogen den Versionsverlauf nachvollziehen zu können. Dies kann durch eine Ansicht zu dem Versionsverlauf eines Merkmals erfüllt werden (vgl. Abbildung 118). Durch einen Klick auf ein Merkmal kann diese Ansicht erzeugt werden, in der chronologisch zu einem Merkmal alle Versionen mit den jeweiligen Ausprägungen, Urhebern und Validierungsstatus angezeigt werden. Hier lassen sich ebenfalls Informationen zur zeitlichen Historie des Versionsverlaufs hinterlegen.

MERKMAL M1

Version	Ausprägung	Urheber	Validierungsstatus
0.0 (01.03.2019 – 08:00:00)	-	Produktentwicklung	(keine Angabe)
0.1 (01.05.2019 – 11:11:34)	Ausprägung A1	Werkzeugbau	(Festlegung basierend auf Erfahrungswissen)
0.2 (01.07.2019 – 15:10:30)	Ausprägung A2	Werkzeugbau	(Festlegung basierend auf Erkenntnissen einer konkreten Entwicklungsleistung (Prototyp1))
...	...	...	...

Abbildung 118: Beispielhafte Ansicht mit dem Versionsverlauf eines Merkmals

Mit den aufgezeigten digitalen Informationsdarstellungen können alle Beteiligten entscheidungsrelevante Informationen direkt aus dem Informationssystem entnehmen. Dadurch wird die Prozesstransparenz in komplexen Entwicklungsprojekten erheblich erhöht und der Aufwand für aufkommende Rückfragen deutlich verringert.

5.2.3.2 Informationserfassung und -weiterleitung

Das Informationssystem zur digital vernetzten Prozesssteuerung im Rahmen des Prozessmodells muss eine Interaktion mit den verschiedenen Nutzern ermöglichen. Diese Interaktion wird durch die Informationserfassung und -weiterleitung umgesetzt. Dieser Gestaltungsaspekt beschreibt die aktive Interaktion der Nutzer mit dem Informationssystem, während die zuvor beschriebene Prozesstransparenz die Grundlage dafür bildet, jedoch lediglich eine passive Informationsdarstellung ermöglicht.

Wie in Kapitel 5.2.2.2 beschrieben, ist anzustreben, möglichst alle relevanten Informationen, die in Softwaresystemen des jeweiligen Unternehmens vorliegen, automatisiert zu erfassen und mit den Entwicklungsprojekten zu verknüpfen. Jedoch wird darüber hinaus eine Vielzahl von wichtigen Informationen erst durch die am Entwicklungsprojekt beteiligten Mitarbeiter bspw. durch Analysen oder Entscheidungen festgelegt. Diese beteiligten Mitarbeiter stellen die Nutzer des zu implementierenden Informationssystems dar. Von ihnen erzeugte Informationen müssen daher manuell mittels **Informationserfassung** aufgenommen werden. Hierzu muss das Informationssystem spezifische Eingabemasken bereithalten.

Wichtige zu implementierende **Eingabemasken** müssen zur Erfassung von Entscheidungen, zur Auslösung von Entwicklungsleistungen sowie zur Festlegung von Merkmalsausprägungen eingerichtet werden. Die Erfassung von Entscheidungen bezieht sich dabei auf die in Kapitel 5.2.1 beschriebenen Ablauf- und Iterationsbedingungen. Hierfür muss zunächst eine Durchführung, Nicht-Durchführung, Wiederholung oder Abbruch einer Phase und dann einzelner Entwicklungsschritte entschieden werden. Im nächsten Schritt erfolgt dann eine analog aufgebaute Entscheidung bzgl. einer konkreten Entwicklungsleistung, welche aus dem Katalog möglicher Entwicklungsleistungen (vgl. Kapitel 5.1.2.1) ausgewählt wird.

Wird die Durchführung oder Wiederholung einer konkreten Entwicklungsleistung entschieden, muss diese in der nächsten Eingabemaske ausgelöst werden. Hierzu müssen notwendige Spezifikationen für die Umsetzung der Entwicklungsleistung eingegeben werden. Beispielsweise müssen für Prototypen das genaue Material, Farbe, Toleranzvorgaben sowie die gewünschte Stückzahl definiert werden. Die notwendigen Spezifikationen können dabei grundsätzlich standardmäßig aus dem jeweils gültigen Versionsstand der Merkmalsausprägungen übernommen werden. Dies deckt aber ggf. nicht alle notwendigen Spezifikationen ab wie bspw. die Stückzahl in dem zuvor genannten Beispiel. Auch können die Spezifikationen für eine Entwicklungsleistung bewusst abweichend zu dem gültigen Versionsstand der Merkmalsausprägungen gewählt werden. Zum Beispiel kann es für die schnelle und günstige Erstellung eines Designmusters nicht nötig sein, den exakt gleichen Werkstoff des späteren Bauteils zu verwenden. Die Eingabemaske ist durch eine standardisierte Abfrage notwendiger Spezifikationen umzusetzen. Auswahlmöglichkeiten können mittels vordefinierter Optionen in Form von Drop-Down-Menüs ausgeführt werden.

Werden während eines Entwicklungsprozesses neue Erkenntnisse gewonnen, muss eine Änderung der Merkmalsausprägungen vorgenommen werden. Hierzu müssen in einer spezifischen Eingabemaske alle Merkmale des Gesamtsystems der Entwicklung (vgl. Kapitel 5.1.1.2) mitsamt den jeweils möglichen Ausprägungen hinterlegt werden. Die einzelnen Merkmalsausprägungen können ebenfalls in Form von Drop-Down-Menüs ausgeführt werden, welche dann durch den Nutzer angewählt werden können.

Die mittels der beschriebenen Eingabemasken erfassten Informationen müssen gezielt an weitere Nutzer des Informationssystems weitergegeben werden. Mit dieser **Informationsweiterleitung** kann sowohl eine bloße Informationsaktualisierung für weitere Nutzer als auch die gezielte Initiierung eines mehrschrittigen Workflows erfolgen. Die **Informationsaktualisierung** kann mittels Push-Nachrichten an beteiligte Mitarbeiter erfolgen und ist sowohl bei getroffenen Entscheidungen, beauftragten Entwicklungsleistungen oder geänderten Merkmalsausprägungen relevant.

Die Abbildung mehrschrittiger Workflows ist hingegen komplexer und kann durch **Workflowmanagement** unterstützt werden. Durch Workflowmanagement[699] können Geschäftsprozesse in Informationssystemen umgesetzt werden.[700] Zunächst müssen relevante Prozesse identifiziert werden, welche mithilfe von digitalen Workflows umgesetzt werden sollen. Hierzu zählen insbesondere Abstimmungsprozesse zwischen Nutzern des Informationssystems, welche schnell und nachvollziehbar dokumentiert abgewickelt werden sollen. Neben diesen zwei genannten Hauptvorteilen bieten sich zusätzlich Vorteile in Form von Standardisierung sowie Aktualität der Prozesse.[701] Durch Workflows umzusetzende Prozesse können einerseits unternehmensinterne Abstimmungen sein, wie bspw. die intern in einem Werkzeugbau ablaufende Freigabe zu einem Angebot für ein Werkzeug oder zu einer Aktualisierung von Merkmalsausprägungen. Einen deutlich höheren Mehrwert bietet darüber hinaus die Abbildung unternehmensübergreifender Workflows, da hier die zwei genannten Hauptvorteile Schnelligkeit und sichere Dokumentation von großer Relevanz sind. So können rechtsverbindliche Beauftragungen abgebildet werden. Dies ist insbesondere dann relevant, wenn es sich bei Produktentwicklung und Werkzeugbau um zwei getrennte Unternehmen handelt, welche eine Entwicklungspartnerschaft bzw. Kunden-Lieferanten-Beziehung bilden. In diesem Fall muss klar geregelt werden, wer welche Entscheidungen treffen, wer Entwicklungsleistungen beauftragen und wer Merkmalsausprägungen festlegen darf. So ist bspw. denkbar, dass jede Entwicklungsleistung durch die Produktentwicklung gesondert zu einem festgelegten Preis beauftragt werden muss. Alternativ könnte auch zu Beginn eines Projekts ein Entwicklungsbudget festgelegt werden, in dessen Rahmen der Werkzeugbau eigenständig über die Durchführung aus seiner Sicht relevanter Entwicklungsleistungen entscheiden darf. Entsprechend der ge-

[699] Im internationalen Sprachgebrauch hat sich der Begriff Business Process Management durchgesetzt, welcher neben dem Workflowmanagement auch das Geschäftsprozessmanagement umfasst. Vgl. Gadatsch (Geschäftsprozess-Management), 2017, S. 2ff.

[700] Vgl. Scheer (ARIS – Vom Geschäftsprozeß zum Anwendungssystem), 1998, S. 87

[701] Vgl. Salmen (Digital vernetzter Shopfloor), 2016, S. 157

wünschten Ausprägung dieser Beispiele wären unterschiedliche Workflows zu implementieren. Nach dem Treffen von Entscheidungen zur Durchführung von bestimmten Entwicklungsphasen oder -schritten könnte ein Workflow zur Abfrage bzw. Festlegung eines bestimmten Entwicklungsbudgets folgen. Anschließend an die Spezifizierung einer Entwicklungsleistung könnte ein Angebotserstellungs-, -abklärungs- und -beauftragungsprozess per Workflow abgebildet werden. Auf die Festlegung von Merkmalsausprägungen durch den Werkzeugbau könnte ein Workflow zur Bestätigung durch die Produktentwicklung folgen.

Die Umsetzung eines Workflowmanagements kann nach GADATSCH mittels der drei Phasen Workflowmodellierung, Workflowausführung sowie Workflowmonitoring erfolgen. Die Workflowmodellierung basiert auf einer Geschäftsprozessmodellierung, welche um weitere Spezifikationen für eine digitale Umsetzung ergänzt wird. Die Workflowausführung bezeichnet den Aktivbetrieb der Workflows. Das Workflowmonitoring dient der Kontrolle des Prozessverhaltens und ggf. der Anpassung der hinterlegten Workflows.[702]

Abbildung 119 zeigt eine beispielhafte Workflowmodellierung zur Angebotsabstimmung für eine Entwicklungsleistung wie bspw. ein Serienwerkzeug zwischen Werkzeugbau und Produktentwicklung. Die Workflowmodellierung wurde mittels der Modellierungsnotation der ereignisgesteuerten Prozessketten (EPK)[703] erstellt. Der dargestellte Prozess wird durch die beiden Organisationseinheiten Produktentwicklung und Werkzeugbau ausgeführt. Alle Prozessschritte sind mit der jeweiligen ausführenden Organisationseinheit gekennzeichnet. Ausgangspunkt des dargestellten Prozesses ist ein initialisiertes Entwicklungsprojekt. Als erster Prozessschritt wird durch die Produktentwicklung eine Eintragung bzw. eine Änderung zu Spezifikationen im System erfasst. Anschließend erfolgt eine Bewertung bzw. Validierung durch den Werkzeugbau. Je nach Ergebnis dieses Prozessschritts folgt ein unterschiedlicher Projektstatus. Diese Prozessabzweigung ist durch einen Entweder-Oder-Konnektor dargestellt. An dieser Stelle kann der Werkzeugbau den Prozess im Fall einer final nicht möglichen Realisierbarkeit abbrechen. Alternativ kann er – sofern möglich und notwendig – Anpassungsvorschläge abschicken und somit eine Prozessschleife initiieren. Sofern die Spezifikationen der Produktentwicklung durch den Werkzeugbau als realisierbar bewertet werden und ein Angebot über die Entwicklung und Herstellung eines entsprechenden Werkzeugs vorliegt, erfolgt eine Prüfung des Angebots durch die Produktentwicklung. Anschließend folgt entweder eine Änderungsschleife, bei der die Produktentwicklung Spezifikationen abändert, oder der Prozess wird mit der finalen Annahme bzw. Ablehnung des Angebots beendet. Die Darstellung dieses beispielhaften Prozesses zeigt, dass die Notation mittels EPK einen großen Vorteil hinsichtlich Übersichtlichkeit gegenüber einer Beschreibung des Prozesses in Textform aufweist. Auch komplizierte Schleifen lassen sich einfach verständlich darstellen. Zudem lassen sich mittels EPK modellierte Prozesse digital abbilden und verarbeiten. So können anschließend an die Workflowmodellierung sowohl die Workflowausführung als auch das Workflowmonitoring digital unterstützt erfolgen. Für das Workflowmonitoring bieten sich Methoden des Process Mining

702 Vgl. Gadatsch (Geschäftsprozess-Management), 2017, S. 20

703 Für eine Einführung zur EPK Notation vgl. Becker et al. (Grundsätze ordnungsmäßiger Modellierung), 2012, S. 15ff.

an. Hierzu erfolgt im nachfolgenden Kapitel ein kurzer Exkurs mit Fokus auf die Optimierung von Entscheidungen. Diese Inhalte lassen sich auch auf das Workflowmonitoring übertragen.

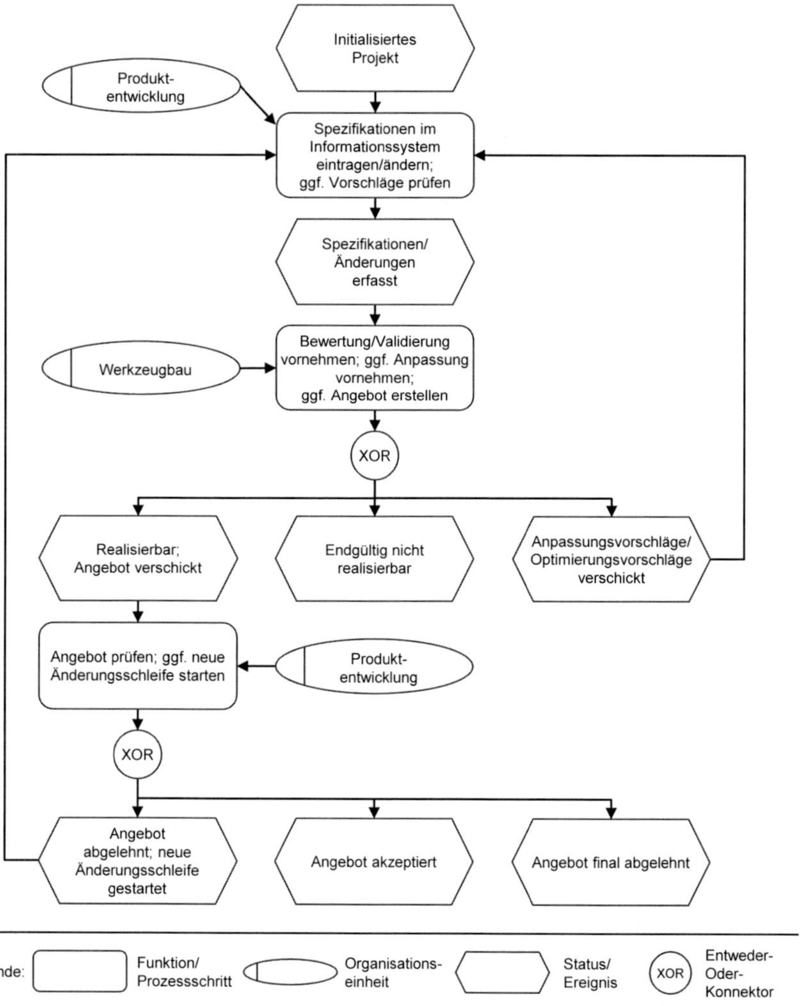

Abbildung 119: Beispielhafter Workflow zur Angebotsabstimmung[704]

[704] Eigene Darstellung basierend auf einer Vorarbeit durch eine vom Autor am Werkzeugmaschinenlabor WZL der RWTH Aachen betreute Abschlussarbeit von Bernd Haase.

5.2.3.3 Bewertung und Optimierung von Prozessschritten

Über die reine Erfassung, Weiterleitung und Visualisierung von Informationen und Prozessen hinaus kann auch eine Bewertung und Optimierung von Prozessschritten durch ein Informationssystem der digital vernetzten Prozesssteuerung unterstützt werden. Während des laufenden Entwicklungsprozesses ist an verschiedenen Stellen eine Bewertung von einerseits Entwicklungsleistungen und andererseits von definierten Merkmalsausprägungen notwendig. Eine entsprechende Bewertung kann sowohl manuell durch den Nutzer des Informationssystems als auch automatisiert durch das Informationssystem selber erfolgen.

Die **manuelle Bewertung** ist die einfacher umzusetzende Form der Bewertung, da hierbei lediglich eine weitere Informationserfassung durch den Nutzer erfolgen muss (vgl. Kapitel 5.2.3.2). Die Bewertung von definierten und spezifizierten Entwicklungsleistungen ist wichtig, um die jeweilige Entscheidung vor dem Hintergrund relevanter Rahmenbedingungen zu validieren. In Kapitel 5.1.2.3 wurde bereits eine grundsätzliche **Charakterisierung von Entwicklungsleistungen hinsichtlich der relevanten Rahmenbedingungen** Erstellungszeit und Erstellungskosten sowie ggf. Stückkosten vorgestellt. Aufgrund der vielfältigen Spezifikationsmöglichkeiten einzelner Ausprägungen von Entwicklungsleistungen kann im Rahmen dieser mit dem Katalog möglicher Entwicklungsleistungen verknüpften Bewertung lediglich eine Bewertung in Form einer Spanne erfolgen. Ist jedoch in einem konkreten Entwicklungsprojekt eine detaillierte Spezifikation einer Entwicklungsleistung durchgeführt worden, kann eine spezifische Bewertung erfolgen. Hierzu muss der Werkzeugbau eine Kosten- und Durchlaufzeitenabschätzung für die jeweilige Entwicklungsleistung erstellen und dann im Informationssystem erfassen. Anschließend kann diese Bewertung mittels definierter Workflows weitergegeben werden.

Darüber hinaus ist eine **Bewertung gewählter Merkmalsausprägungen hinsichtlich ihrer Herstellbarkeit** zu empfehlen. Beispielsweise kann so eine durch die Produktentwicklung explizit geforderte Merkmalsausprägung durch den Werkzeugbau bewertet werden. Hierbei bietet sich eine Unterscheidung in die Bewertung einzelner Merkmalsausprägungen als möglich, gegebenenfalls möglich und definitiv nicht möglich an. Diese Bewertungen können in dem Informationssystem grafisch hinterlegt werden und ergänzen die in Kapitel 5.2.3.1 beschriebenen Daten zum Versionsstand einzelner Merkmalsausprägungen. Je nach gewünschtem Informationsgehalt können die Bewertungen auch mit weiteren Metadaten, wie bspw. Zeitpunkt, Urheber sowie Validierungsmethode der Bewertung, ergänzt werden. Die Bewertung einer einzelnen Merkmalsausprägung ist dabei immer abhängig von den Ausprägungen der anderen Merkmale des Gesamtsystems der Entwicklung und muss daher immer mit einer spezifischen Versionsnummer eines Merkmals verknüpft werden. Sobald sich ein anderes Merkmal mit einer Abhängigkeit zu dem bewerteten Merkmal ändert, ist die Bewertung nicht mehr gültig und muss aktualisiert werden. Zur Abbildung von Abhängigkeiten zwischen Merkmalen kann die in Abbildung 105 vorgestellte Merkmalmatrix genutzt werden. Mithilfe auf dieser Weise dokumentierter Abhängigkeiten kann ein Workflow zur Abfrage einer erneuten Bewertung automatisiert initiiert werden.

Eine Bewertung einer einzelnen Merkmalsausprägung als ggf. nicht möglich oder definitiv nicht möglich führt jeweils dazu, dass der gesamte Entwicklungsstand mit allen zu dieser Version gewählten Merkmalsausprägungen als ggf. nicht möglich oder definitiv nicht möglich einzustufen ist. Eine entsprechende Bewertungsabstufung für den gesamten Entwicklungsstand kann im Sinne der zuvor beschriebenen Prozesstransparenz auf oberster Ebene des Informationssystems für alle Nutzer angezeigt werden. Hierzu kann bspw. direkt in der Projektstatusübersicht ein entsprechendes grafisches Symbol für das betreffende Projekt angezeigt werden (vgl. Kapitel 5.2.3.1 und Abbildung 114).

Aufgrund der hohen Komplexität sowohl aller möglichen Entwicklungsleistungen mit ihren Ausprägungsformen und Spezifizierungsmöglichkeiten als auch der Abhängigkeiten einzelner Merkmale des Gesamtsystems der Entwicklung ist eine manuelle Bewertung äußerst aufwendig. Daher ist anzustreben, eine möglichst **automatisierte Bewertung** der zuvor beschriebenen Fragestellungen durchzuführen. Dies kann für die Bewertung hinsichtlich Zeit und Kosten der Entwicklungsleistungen sowie hinsichtlich der Herstellbarkeit entweder mittels klar definierter Berechnungslogiken und Abhängigkeitsbeziehungen umgesetzt oder basierend auf Vergangenheitsdaten ermittelt werden. Die Definition von validen Berechnungslogiken und Abhängigkeitsbeziehungen ist jedoch so komplex, dass eine Umsetzung auf diesem Weg nicht realistisch ist. Daher ist der zweite Weg zur durch Vergangenheitsdaten unterstützten Bewertung zu bevorzugen. Dies setzt jedoch die Verfügbarkeit einer sehr großen Datenmenge mit möglichst vielen verschiedenen Kombinationen der relevanten Variablen voraus. In diesem Zusammenhang verspricht der Einsatz von Methoden der Künstlichen Intelligenz einen hohen Nutzen. So könnten bspw. mittels gefalteter neuronaler Netze Abhängigkeitsbeziehungen ermittelt werden. In einer Anlernphase solcher Methoden der Künstlichen Intelligenz könnte auch eine zweistufige Bewertung von zunächst einer automatisiert durchgeführten Bewertung und einer anschließend durch einen menschlichen Nutzer manuell durchgeführten Validierungsbewertung umgesetzt werden. Auf diese Weise könnte der zugrunde liegende Algorithmus mittels des Machine-Learning-Konzepts des Supervised Learning[705] antrainiert werden. Die automatisierte Bewertung bietet den Vorteil, dass die dadurch ermittelten Informationen direkt in den Eingabemasken der Informationserfassung (vgl. Kapitel 5.2.2.2) integriert werden können. So kann bspw. bei der Auswahl der Ausprägung eines Merkmals mittels Drop-Down-Menu direkt hinter der jeweiligen Merkmalsausprägung ein grafisches Zeichen mit der jeweiligen Bewertungsabstufung angezeigt werden. Ebenso kann bei der Auswahl der Spezifikationen für eine Entwicklungsleistung eine direkte Anzeige des Preises und der Durchlaufzeit erfolgen.

[705] Supervised Learning beschreibt das überwachte Anlernen von Algorithmen mittels manuell klassifizierter Trainingsdaten. Demgegenüber beschreibt Unsupervised Learning die eigenständige Identifizierung von Strukturen in den zur Verfügung gestellten Datensätzen und die Ableitung von darauf basierenden Entscheidungslogiken. Vgl. Tsihrintzis et al. (Machine Learning Paradigms), 2019, S. vii

Auch wenn ein entsprechend der vorgestellten Beschreibung vollständig umgesetztes Informationssystem mit automatisiert ausgeführter Bewertung noch nicht existiert, zeigen Einzellösungen, dass eine Umsetzung funktionieren kann. Abbildung 120 zeigt ein **reales Umsetzungsbeispiel** für einen Ausschnitt der zuvor beschriebenen Funktionalitäten.

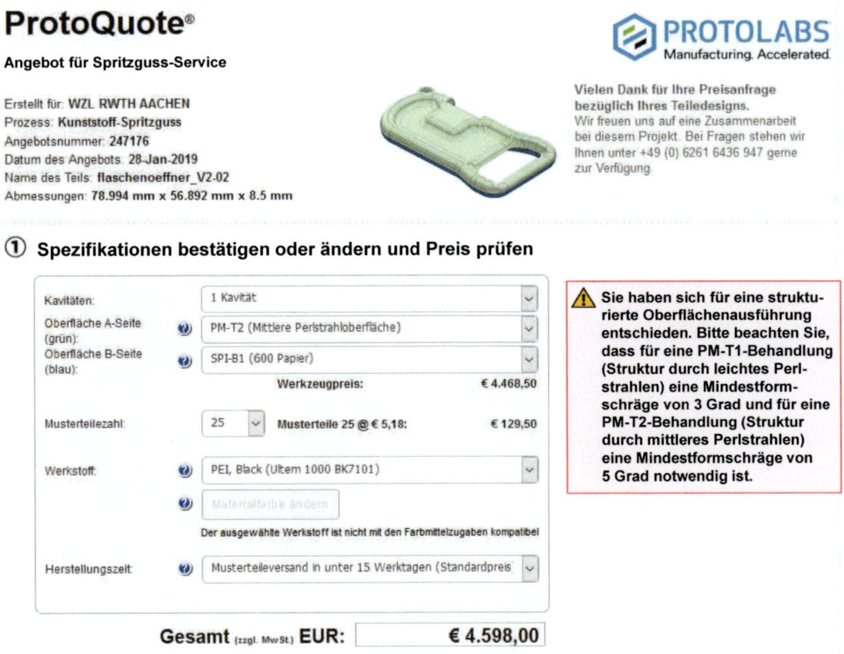

Abbildung 120: Beispiel für interaktives Angebot für Prototypenbauteile aus einem Nicht-Serienwerkzeug[706]

Der Screenshot zeigt das System der Firma Proto Labs Germany GmbH, mit dem Kunden Prototypenbauteile anfragen können, die mithilfe eines Nicht-Serienwerkzeugs erstellt werden. Zunächst muss der Kunde den CAD-Datensatz des betreffenden Bauteils auf der Website hochladen sowie weitere Spezifikationen zum Bauteil und zu dem Nicht-Serienwerkzeug eingeben. Das Angebot wird anschließend online auf der Website der Firma angezeigt. Besonders interessant ist, dass dieses Angebot interaktiv ist, sodass der Kunde auch nachträglich noch Spezifikationen wie bspw. die Kavitätenanzahl des Werkzeugs oder den Werkstoff des Bauteils ändern kann. Der angebotene Preis wird nach Änderung einer Eingabe direkt angepasst. Dabei wird derart stark in das System vertraut, dass das aktualisierte Angebot rechtsverbindlich ist und damit bestellt werden kann. Die Durchlaufzeit bzw. Lieferzeit wird in diesem System nicht als Output-Größe, sondern als Input-Größe definiert. Der Kunde kann zwischen

[706] Screenshot. Das Beispielangebot wurde mittels des Online Anfragesystems der Proto Labs Germany GmbH erstellt. Vgl. Proto Labs Germany GmbH (Online Anfragesystem), 2019

verschiedenen Standardlieferzeiten und einer Expresslieferzeit wählen. Durch Ausgrauen bestimmter Merkmale und Merkmalsausprägungen werden darüber hinaus auch die zuvor beschriebenen Abhängigkeiten berücksichtigt. Dem Kunden werden nur die relevanten Merkmale zum Ausfüllen angezeigt und er kann keine nicht möglichen Merkmalsausprägungen anwählen.

Abbildung 121 zeigt weitere Screenshots mit weiteren Funktionen des bereits beschriebenen Systems der Firma Proto Labs Germany GmbH. Hier wird dargestellt, wie für dasselbe Beispiel durch das System nicht optimale und nicht herstellbare, aber durch den Kunden gewählte Merkmalsausprägungen identifiziert und dem Kunden angezeigt werden. Dies erfolgt zunächst ausführlich textbasiert in einer Infobox. Hierbei werden sogar konkrete Empfehlungen zu nötigen Anpassungen gegeben.

⚠ Sie haben einen glasgefüllten Kunststoff ausgewählt. Bitte beachten Sie, dass es bei mit glasgefüllten Kunststoff geformten Teilen eher zu Verformungen kommt als bei ungefüllten Kunststoffen.

⚠ Sie haben sich für eine strukturierte Oberflächenausführung entschieden. Bitte beachten Sie, dass für eine PM-T1-Behandlung (Struktur durch leichtes Perlstrahlen) eine Mindestformschräge von 3 Grad und für eine PM-T2-Behandlung (Struktur durch mittleres Perlstrahlen) eine Mindestformschräge von 5 Grad notwendig ist.

⚠ Sie haben Acetal ausgewählt. Bitte beachten Sie, dass dieser Kunststoff empfindlich auf dicke Bereiche reagier. In diesen Bereichen kann es zu Einsinkungen, Lunker und übermäßiger Schwindung kommen. In diesen und anderen Bereichen des Teils sind Verformungen möglich. Um diese Probleme zu vermeiden, beachten Sie bitte die Tipps zu gleichmäßiger Wandstärke und Auskernen. Bitte beachten Sie die unten aufgeführten Angaben zu Toleranzen.

Abbildung 121: Beispielhafte systemunterstützte Bewertung und Optimierungsempfehlung in Textform[707]

Das System ist darüber hinaus in der Lage, die Optimierungsempfehlungen in einem CAD-Modell des angefragten Bauteils anzuzeigen, welches mittels eines Viewers direkt online im Browser auf der Website angezeigt wird. Hierbei kann der Nutzer das Bauteil mit den markierten Optimierungsempfehlungen frei im Raum drehen und vergrößern. Abbildung 122 zeigt die beschriebene Funktionalität als Screenshot.

[707] Screenshots. Die beispielhafte systemunterstützte Bewertung und Optimierungsempfehlung ist Bestandteil des zuvor vorgestellten Online Anfragesystems der Proto Labs Germany GmbH. Vgl. Proto Labs Germany GmbH (Online Anfragesystem), 2019

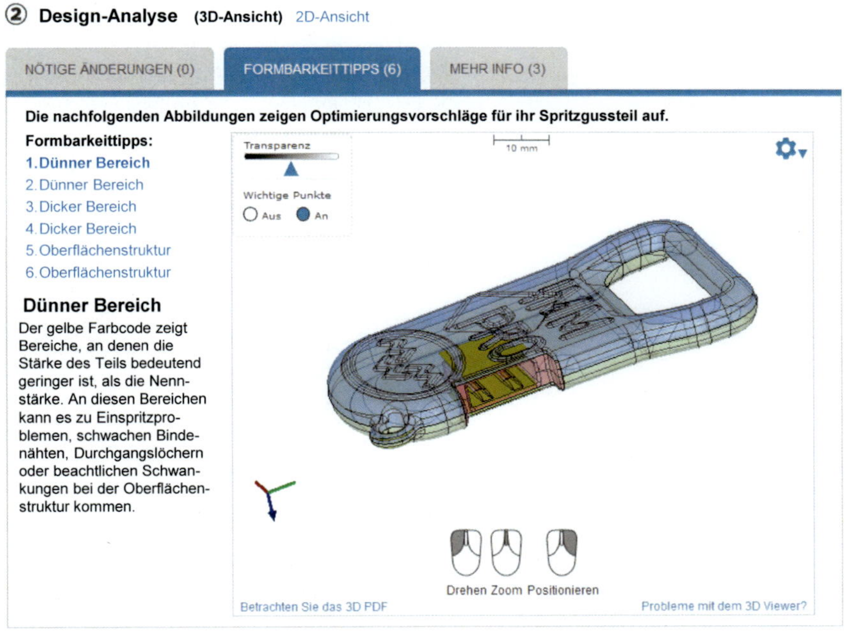

Abbildung 122: Beispielhafte systemunterstützte Bewertung und Optimierungsempfehlung per Visualisierung in einem CAD-Viewer[708]

Eine weitere sinnvolle Funktion zur Maximierung des Nutzens des durch den Werkzeugbau umzusetzenden Informationssystems ist die **automatisierte Optimierung**. Eine Optimierung kann hinsichtlich der Auswahl und Spezifizierung von Entwicklungsleistungen sowie zur Definition von Merkmalsausprägungen geschehen. Diese kann aufbauend auf der automatisierten Bewertung erfolgen. So kann dem Nutzer basierend auf mittels Künstlicher Intelligenz erkannten Mustern eine möglichst optimale Spezifizierung von Entwicklungsleistungen vorgeschlagen werden. Hierbei könnte dem Nutzer zusätzlich die Möglichkeit gegeben werden, die Kriterien dieser Optimierung festzulegen. Beispielsweise könnte hinsichtlich der Kosten, der Durchlaufzeit oder der Qualität der Absicherungsmethode (vgl. Kapitel 5.1.2.2) optimiert werden. Für den Fall, dass einzelne Merkmalsausprägungen als gegebenenfalls oder definitiv nicht herstellbar bewertet werden, könnte zudem ein Vorschlag zur Änderung von Merkmalsausprägungen erfolgen. Auch hier könnte eine Optimierung hinsichtlich verschiedener Kriterien erfolgen, indem das spätere Serienwerkzeug hinsichtlich der zuvor genannten Kriterien optimiert wird.

[708] Screenshot. Die beispielhafte systemunterstützte Bewertung und Optimierungsempfehlung ist Bestandteil des zuvor vorgestellten Online Anfragesystems der Proto Labs Germany GmbH. Vgl. Proto Labs Germany GmbH (Online Anfragesystem), 2019

Auch die mittels der Ablauf- und Iterationsbedingungen zu treffenden Entscheidungen zur Durchführung von Entwicklungsphasen, -schritten und -leistungen können durch ein Informationssystem optimiert werden. Hierzu eignen sich die Methoden des **Process Mining**. Process Mining kombiniert Methoden aus den Bereichen Geschäftsprozessmanagement und Data Mining (vgl. Abbildung 123). Geschäftsprozesse werden dabei zunächst mittels Event Logs dokumentiert. Dadurch werden diese datentechnisch analysierbar und optimierbar gemacht. Nachfolgende Analysen und Optimierungen können dann mit aus dem Bereich des Data Minings übertragenen Techniken erfolgen.[709]

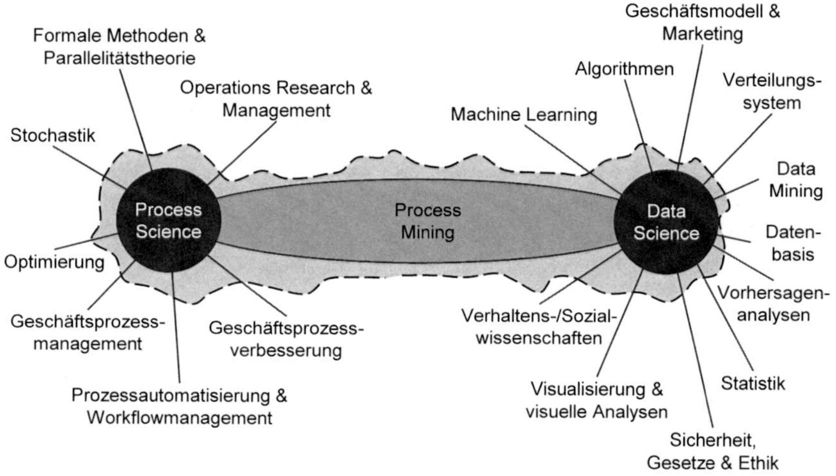

Abbildung 123: Process Mining als Kombination der Prozess- und Datenwissenschaften[710]

Abbildung 124 zeigt die wesentlichen Zusammenhänge des Process Mining. Die reale (Prozess-)Welt kann durch ein Prozessmodell[711] abgebildet werden. Softwaresysteme unterstützen die Prozesse der realen Welt und erzeugen laufend Daten, welche mithilfe von Event Logs gespeichert werden können. Aufbauend auf diesen Event Logs kann Process Mining grundsätzlich vor allem für die drei Zielstellungen **Feststellung**, **Konformitätsprüfung** und **Verbesserung** eingesetzt werden.

[709] Vgl. Ziegler et al. (Process Mining zur dynamischen Wertstromaufnahme), 2019, S. 328

[710] I. A. a. van der Aalst (Process Mining), 2016, S. 18

[711] Mit dem Prozessmodell im Zusammenhang des Process Minings ist ein detailliertes Prozessmodell auf Mikroebene zu verstehen. Daher sind Process Mining Prozessmodelle von dem in dieser Arbeit konzeptionierten Prozessmodell für den Werkzeugbau im iterativen Produktentwicklungsprozess zu unterscheiden, da dieses ein Prozessrahmenwerk auf Makroebene darstellt (vgl. Kapitel 4.3.2).

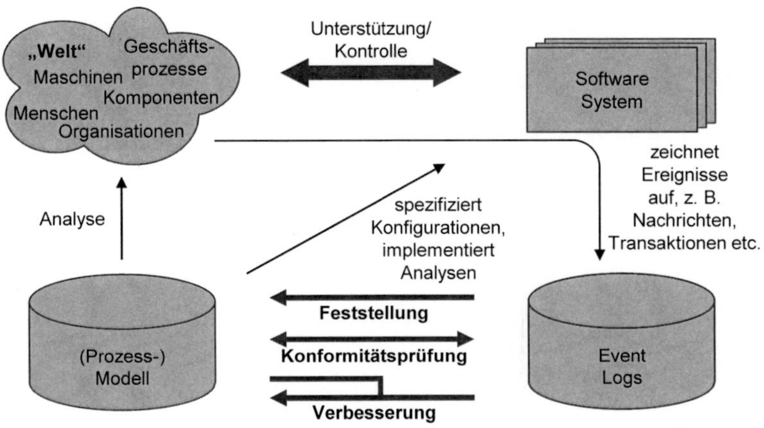

Abbildung 124: Zusammenhänge und Zielstellungen des Process Mining[712]

Die Feststellung bedeutet, ohne weitere Zusatzinformationen valide Prozessmodelle rein auf Basis der vorliegenden Event Logs zu entdecken und zu bilden. Die Konformitätsprüfung benötigt hingegen schon ein bestehendes Prozessmodell und gleicht dieses mit den mittels Event Logs dokumentierten realen Prozessen ab. Die Verbesserung beinhaltet eine Optimierung, Erweiterung und Reparatur eines bestehenden Prozessmodells, indem die realen Prozessdaten mit dem bestehenden Prozessmodell verglichen werden und darauf basierend das Prozessmodell angepasst wird.[713] Im Zusammenhang der Verbesserung steht auch die Ableitung von Empfehlungen basierend auf historischen Daten.[714] Da Process Mining auch in der Lage ist, zukünftige Auswirkungen von Prozessschritten und Entscheidungen vorherzusagen, können diese Informationen zur Ableitung von Empfehlungen zu anstehenden Handlungen, Prozessschritten und Entscheidungen genutzt werden. Diese Empfehlungen können nicht nur nachträglich (offline) ermittelt werden, sondern vor allem auch in Echtzeit während des Prozessablaufs (online), was zu einem deutlich höheren Nutzen führt.[715]

Die Zielstellung der Konformitätsprüfung ist tendenziell nicht von hoher Bedeutung, da im Rahmen des in dieser Arbeit vorgestellten Prozessmodells keine bis auf die letzte Detailstufe vorgeschriebenen Entwicklungsprozesse existieren, sondern ein individueller und flexibler Ablauf ermöglicht wird. Jedoch könnten Einzelfragestellungen, wie bspw. die in Kapitel 5.1.3.1 beschriebene unternehmensspezifische Phasendefinition, mittels Konformitätsprüfung validiert werden.

712 I. A. a. van der Aalst (Process Mining), 2011, S. 9

713 Vgl. van der Aalst (Process Mining), 2011, S. 10

714 Vgl. van der Aalst et al. (Process Mining Manifesto), 2012, S. 172

715 Vgl. van der Aalst (Process Mining), 2011, S. 241f.

Die Verbesserung stellt insbesondere mit der vorgestellten Ausprägung zur Ableitung von Entscheidungsempfehlungen die relevanteste Zielstellung dar. Mit auf eine Verbesserung abzielenden Methoden können Prozessablaufvorschläge aus vergangenen Daten extrahiert und dem Nutzer als Optimierungsvorschlag bereitgestellt werden.

Durch eine entsprechende Umsetzung der in diesem Kapitel beschriebenen automatisierten Bewertungen und Optimierungen in einem Informationssystem erfolgt eine aktive Wissensbereitstellung, wie sie in Kapitel 5.2.2.3 vorgestellt wurde. Darüber hinaus kann eine zusätzliche aktive Wissensbereitstellung erfolgen. Immer dann, wenn durch das Informationssystem eine automatisierte Bewertung oder Optimierung von Entscheidungen, Spezifikationen von Entwicklungsleistungen oder Merkmalsausprägungen durchgeführt wurde, können dem Nutzer die vergangenen Projekte angezeigt werden, auf denen die automatisierte Bewertung oder Optimierung basiert. Der Nutzer kann dann zielgerichtet ebendiese Projekte aufrufen und die automatisierten Schlussfolgerungen des Systems überprüfen und validieren.

5.3 Zwischenfazit

Die in diesem Kapitel 5 vorgestellte Detaillierung des Prozessmodells für den Werkzeugbau im iterativen Produktentwicklungsprozess zeigt konkrete Ansätze, wie die in Kapitel 4 hergeleiteten sechs Gestaltungselemente des Prozessmodells von Werkzeugbaubetrieben in ihrem konkreten Umfeld umgesetzt werden können. Die einzeln angeführten Gestaltungselemente mit ihren jeweils zugehörigen Gestaltungsaspekten sind dabei immer im Gesamtzusammenhang des Prozessmodells für den Werkzeugbau im iterativen Produktentwicklungsprozess zu betrachten. Zwischen den Gestaltungselementen bestehen Wechselwirkungen und einzelne Gestaltungselemente bauen aufeinander auf. Diese Abhängigkeiten wurden in den einzelnen Kapiteln jeweils ausgewiesen, indem zwischen den einzelnen Inhalten der Kapitel Referenzierungen vorgenommen wurden. Aufgrund dieser Wechselwirkungen muss das Prozessmodell mit seinen Gestaltungselementen und Gestaltungsaspekten durch den anwendenden Werkzeugbau ganzheitlich umgesetzt werden. Das Prozessmodell muss durch den anwendenden Werkzeugbau auf die jeweilige Unternehmenssituation übertragen und unternehmensspezifisch ausgestaltet werden. Durch eine entsprechende ganzheitliche Umsetzung kann der anwendende Werkzeugbau die in Kapitel 2.2.5.2 bis Kapitel 2.2.5.4 vorgestellten Trends für sich nutzenstiftend umsetzen, um den in Kapitel 2.2.5.1 erläuterten fünf Herausforderungen Innovationsdruck, Zeitdruck, Kostendruck, Flexibilitätsdruck und demografischer Wandel gezielt und effektiv entgegenzuwirken.

6 Fallbeispiele und kritische Reflexion

Nachdem in Kapitel 5 das Prozessmodell für den Werkzeugbau im iterativen Produktentwicklungsprozess ausdetailliert wurde, folgt in diesem Kapitel dessen Anwendung und Prüfung. Damit folgt der Autor der Strategie zur angewandten Forschung nach ULRICH (vgl. Kapitel 1.4) und stellt die Eignung des aufgestellten Prozessmodells mit seinen Gestaltungfeldern im Anwendungszusammenhang sicher.

Die Anwendung und Prüfung des Prozessmodells erfolgen mittels zweier Fallbeispiele. Hierbei wird die Umsetzung des Prozessmodells in zwei Unternehmen betrachtet:

- Phoenix Contact GmbH & Co. KG
- Vorwerk Elektrowerke GmbH & Co. KG

Im Sinne einer ganzheitlichen Anwendung verdeutlichen die beiden Fallbeispiele jeweils leicht unterschiedliche Aspekte des Prozessmodells. Um keine schützenswerten, unternehmensinternen Informationen zu veröffentlichen, beschränkt sich die folgende Vorstellung auf wesentliche, übergeordnete Beschreibungen. Diese Beschreibungen verdeutlichen die für die Umsetzung des Prozessmodells entscheidenden Grundstrukturen und Inhalte, sodass dadurch Anwendbarkeit und Zielerfüllung des Prozessmodells bestätigt werden können.

Die zwei gewählten Fallbeispiele nehmen eine unterschiedliche Rolle im forschungsmethodischen Vorgehen des Autors ein. Entsprechend dem forschungsmethodischen Vorgehen der explorativen Forschung nach KUBICEK (vgl. Kapitel 1.3) gilt es, ein zunächst theoretisches Vorverständnis und davon abgeleitete Fragen an die Realität durch direkte Erfahrungen anzureichern. Durch kritische Reflexion, Differenzierung und Abstraktion erfolgt anschließend ein weitergehendes Explorieren. Anschließend wird der Forschungsprozess iterativ wiederholt (vgl. Abbildung 3).

Das Unternehmen Phoenix Contact GmbH & Co. KG stellt eine wesentliche direkte Erfahrung des Autors in der frühen Phase des Forschungsprozesses dar. Die Prozessstrukturierung des Werkzeugbaus in diesem Unternehmen gab den Anstoß für eine tiefe, theoretische wie praktische Beschäftigung mit dem Thema Werkzeugbau im iterativen Produktentwicklungsprozess. Aus der Praxis dieses Unternehmens konnten zentrale Elemente des Prozessmodells abgeleitet und anschließend durch den Autor weiterentwickelt werden. Das Fallbeispiel der Phoenix Contact GmbH & Co. KG zeigt eine erfolgreiche Ausgestaltung der einzelnen Elemente des Prozessmodells in der unternehmerischen Praxis und belegt somit die Praxistauglichkeit des Prozessmodells.

Das Fallbeispiel der Vorwerk Elektrowerke GmbH & Co. KG hingegen stellt eine ganzheitliche aktive Übertragung und Umsetzung des Prozessmodells auf ein weiteres Unternehmen während der finalen Phase des Forschungsprozesses des Autors dar. Mit diesem Fallbeispiel wird daher die Übertragbarkeit und Umsetzungstauglichkeit des entwickelten Prozessmodells erprobt und belegt.

6.1 Fallbeispiel: Phoenix Contact GmbH & Co. KG

Im Folgenden wird die Umsetzung des Prozessmodells anhand des internen Werkzeugbaus des Unternehmens Phoenix Contact GmbH & Co. KG am Standort Blomberg beschrieben.

6.1.1 Unternehmenssituation

Phoenix Contact ist ein Hersteller von elektronischen Bauelementen mit Firmensitz in Blomberg. Phoenix Contact verzeichnete 2018 einen Umsatz von 2,38 Mrd. Euro, welcher in den internationalen Standorten mit weltweit ca. 17.400 Mitarbeitern erwirtschaftet wurde. Mit über 60.000 Produkten weist das Unternehmen ein großes Portfolio für die Verbindungs- und Automatisierungstechnik auf.[716]

Am Stammsitz in Blomberg befindet sich neben der Geschäftsleitung auch ein großer Produktionsstandort mit einem internen industriellen Werkzeugbau, in dem 200 Mitarbeiter beschäftigt sind. Der Werkzeugbau bietet neben Prototypen, Kleinserien, Rapid Tools, komplexen Mehrkavitäten- und Schnellläuferwerkzeugen auch Beratungsdienstleistungen an.[717] Insgesamt liegt der klare Fokus des Werkzeugbaus in Blomberg auf der Erstellung von Spritzgießwerkzeugen, wobei sich der Werkzeugbau in die Segmente Standard Tooling, Special Tooling und Tool Shop Service gliedert. Der Werkzeugbau am Standort Blomberg ist darüber hinaus mit weiteren Werkzeugbaubetrieben der Unternehmensgruppe in Lüdenscheid sowie in China, Indien und Polen zu einem internationalen Werkzeugbauverbund vernetzt.[718] Die Anwendung des Prozessmodells bezieht sich auf den Werkzeugbaubetrieb am Standort Blomberg.

Während seiner Tätigkeit als wissenschaftlicher Mitarbeiter am Werkzeugmaschinenlabor WZL der RWTH Aachen hat der Autor ein bilaterales Projekt mit dem Phoenix Contact Werkzeugbau am Standort Blomberg durchgeführt. Dabei wurde die Prozesssynchronisierung in der Auftragsabwicklung adressiert, um eine Erhöhung der Projektgeschwindigkeit zu erreichen. Hierbei wurde insbesondere die frühe Phase der Auftragsabwicklung betrachtet, in der eine gezielte Abstimmung mit der Produktentwicklung als Kunde des Werkzeugbaus erforderlich ist. Wesentliche Strukturen des Prozessmodells für den Werkzeugbau im iterativen Produktentwicklungsprozess waren bei Phoenix Contact bereits vor Projektbeginn etabliert. Im Rahmen des Projekts erfolgte insbesondere eine Ausgestaltung und Umsetzung der phasenübergreifenden Gestaltungselemente. Im Folgenden erfolgt eine ganzheitliche Beschreibung der Umsetzung aller Gestaltungselemente des Prozessmodells bei Phoenix Contact.

[716] Vgl. Creditreform (Phoenix Contact GmbH & Co. KG), 2019; Phoenix Contact GmbH & Co. KG (Homepage – Daten und Fakten), 2019; Phoenix Contact GmbH & Co. KG (Homepage – Was wir machen), 2019

[717] Vgl. Fritsch (Phoenix Contact halbiert Durchlaufzeiten), 2018

[718] Vgl. Fritsch (Strategien für die weltweite Wettbewerbsfähigkeit), 2017

6.1.2 Umsetzung des Prozessmodells

Das vorgestellte Prozessmodell für den Werkzeugbau im iterativen Produktentwicklungsprozess wird durch den Werkzeugbau von Phoenix Contact mit allen Gestaltungselementen umgesetzt. Die Umsetzung der einzelnen Gestaltungselemente wird im Folgenden jeweils beschrieben.

Hinsichtlich der **Entwicklungsziele** fokussiert sich der Werkzeugbau auf die Merkmalsbestimmung, Herstellbarkeitsbewertung und Merkmalsoptimierung. Der Werkzeugbau versteht sich hierbei als Partner der Produktentwicklung und des Industrial Engineering, welches die Berücksichtigung fertigungstechnischer Belange im Produktentwicklungsprozess vertritt. Für den Werkzeugbau relevante Merkmale werden in Form eines umfangreichen, einheitlich definierten Lastenhefts an die internen Kunden kommuniziert. Ist der interne Kunde nicht in der Lage, alle notwendigen Merkmalsausprägungen zu spezifizieren, wird er dabei durch den Werkzeugbau mittels standardisierter Beratungsprotokolle unterstützt.

Die **Entwicklungsleistungen** des Werkzeugbaus sind äußerst umfangreich. Auch wenn aufgrund dieses großen Umfangs eine hohe Flexibilität bzgl. möglicher Entwicklungsleistungen besteht, sind die angebotenen Leistungen klar definiert und werden als solche explizit den internen Kunden angeboten. Zu den angebotenen Entwicklungsleistungen gehören in der Phase Engineering Support insbesondere Herstellbarkeitsbewertungen und Simulationen. In der Phase Prototypen werden diverse Prototypen u. a. mittels additiver Fertigungsverfahren angeboten. Für die Phase Nicht-Serienwerkzeuge werden u. a. Stammformwerkzeuge mit additiv gefertigten Formeinsätzen eingesetzt. Serienwerkzeuge werden schließlich je nach Komplexität über die Segmente Standard Tooling und Special Tooling erstellt.

Wie in dem vorherigen Absatz beschrieben, bietet der Werkzeugbau in allen vier Phasen des Prozessmodells Entwicklungsleistungen an und hat diese analog zu den **Entwicklungsphasen** des Prozessmodells strukturiert. Eine Umsetzung der Phase Engineering Support erfolgt durch die organisatorischen Einheiten Vorentwicklung und Rheologie, die mit den notwendigen Ressourcen ausgestattet sind. Prototypen und Nicht-Serienwerkzeuge werden mittels eines spezialisierten Maschinenparks und entsprechender Prozesse hergestellt. Dieser Geschäftsbereich wurde mittlerweile sogar als Tochterunternehmen PROTIQ GmbH ausgegründet, um diese Leistungen auch externen Unternehmen anbieten zu können.[719] Insgesamt wird der Auftragsabwicklungsprozess des Werkzeugbaus durch die vier Phasen des Prozessmodells strukturiert.

Das Gestaltungselement **Ablauf- und Iterationsbedingungen** wird im Werkzeugbau von Phoenix Contact durch einen Werkzeugentwicklungsprozess umgesetzt, der strukturiert mit dem Produktentwicklungsprozess synchronisiert ist. Gezielt mögliche Iterationen zur Erstellung verschiedener Entwicklungsleistungen führen dazu, dass Entwicklungsrisiken frühzeitig abgesichert werden. Der Projektablauf einzelner Werkzeugentwicklungsprojekte wird zudem durch eine eigene Funktionseinheit, das Werkzeugprojektmanagement, gesteuert. Durch das Werkzeugprojektmanagement erfolgt eine ganzheitliche Begleitung der Entwicklungsprojekte

[719] Vgl. Moldehn (Werkzeugbau 4.0), 2017, S. 21; Protiq GmbH (Homepage), 2019

und bei auftretenden Abweichungen im Projektablauf werden systematisch und zügig Gegenmaßnahmen eingeleitet. Einheitlich definierte Meilensteine im Werkzeugentwicklungs- und -erstellungsprozess sorgen zudem für eine einfache und klare Orientierung im Prozessablauf. Zu jedem Meilenstein sind notwendige Informationen und Tätigkeiten hinterlegt, die vorhanden bzw. erledigt sein müssen, damit ein Projekt den Meilenstein passieren kann.

Die **Wissensweitergabe und -rückführung** erfolgt mittels umfangreicher Wissensdatenbanken. Eine weltweite Projekttransparenz auf Tagesbasis wird durch das in Eigenprogrammierung erstellte Global Tool Shop Information System (GTIS) sichergestellt. In diesem System werden sowohl Informationen zu aktuell laufenden Werkzeugentwicklungsprojekten als auch zu abgeschlossenen Projekten erfasst und den Mitarbeitern zugänglich gemacht. Daten aus verschiedenen weiteren einzelnen Systemen werden in GTIS zusammengefasst und hier zu wertvollem Wissen gebündelt. So haben die Werkzeugkonstrukteure bspw. die Verantwortung dafür, alles in einem Projekt erlangte Wissen nach Projektabschluss strukturiert abzulegen und so ihren Kollegen Zugriff auf ihr spezifisches Wissen zu ermöglichen.[720]

Für eine **digital vernetzte Prozesssteuerung** wird ein weiteres eigenständig programmiertes System eingesetzt, welches mit dem GTIS verknüpft ist: ein digitales Projektmanagementboard (vgl. Abbildung 125). Mithilfe dieses Systems wird eine Transparenz über alle aktuell in der Entwicklung und Erstellung befindlichen Werkzeugprojekte für alle Beteiligten in Echtzeit erreicht. Besonders relevante Informationen sind direkt auf der obersten Ebene ersichtlich. Eine übersichtliche Strukturierung des Entwicklungsprozesses in verschiedene Phasen und eine Einordnung aller in der Entwicklung befindlichen Werkzeugprojekte ermöglicht eine visuelle zeitliche Statusbetrachtung. Weitere Statusinformationen werden über Informationskästchen zum aktuellen Meilenstein, verbleibende Zeit zur Erreichung des nächsten Meilensteins sowie zu noch offenem Restbudget eines Werkzeugprojekts angezeigt. Durch verschiedene Zusatzfunktionen können weiterführende Informationen zu den Projekten aufgerufen und ggf. ergänzt werden. Ein im digitalen Projektmanagementboard hinterlegter digitaler Maßnahmenplan bietet zudem weitere Zusatzfunktionalitäten. Er ermöglicht, Entscheidungen auf Basis der bereitgestellten Informationen direkt zu treffen und verknüpft mit den jeweiligen Projekten zu dokumentieren und weiterzuleiten.[721] Darüber hinaus unterstützen die zuvor beschriebenen Beratungsprotokolle einen dokumentierten und nachvollziehbaren Abstimmungsdialog zwischen dem Werkzeugbau und seinen internen Kunden.

[720] Vgl. Fritsch (Strategien für die weltweite Wettbewerbsfähigkeit), 2017; Moldehn (Werkzeugbau 4.0), 2017, S. 20; Pergler (Über den eigenen Bereich hinaus), 2016

[721] Vgl. Moldehn (Werkzeugbau 4.0), 2017, S. 21

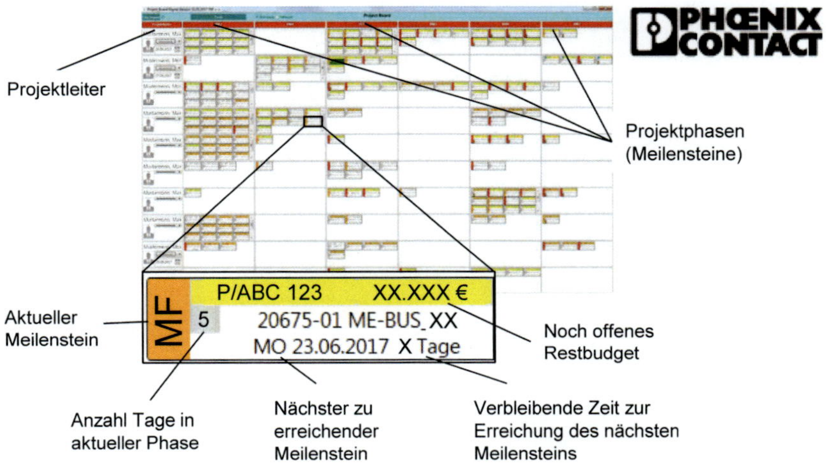

Abbildung 125: Digitales Projektmanagementboard von Phoenix Contact[722]

6.1.3 Fazit

Durch die ganzheitliche Umsetzung aller wesentlichen Elemente des Prozessmodells für den Werkzeugbau im iterativen Produktentwicklungsprozess integriert sich der interne Werkzeugbau der Phoenix Contact GmbH & Co. KG gezielt in den Produktentwicklungsprozess. Hierdurch positioniert sich der Werkzeugbau als Entwicklungspartner und kann zu einer signifikanten Durchlaufzeitenreduzierung und Flexibilisierung beitragen. In den vergangenen Jahren konnten durch die Anwendung des Prozessmodells im Werkzeugbau deutliche Verbesserungen erreicht werden.

6.2 Fallbeispiel: Vorwerk Elektrowerke GmbH & Co. KG

Im Folgenden wird die Umsetzung des Prozessmodells anhand der Werkzeugversorgung des Unternehmens Vorwerk Elektrowerke GmbH & Co. KG beschrieben.

6.2.1 Unternehmenssituation

Die Vorwerk Elektrowerke GmbH & Co. KG ist eine Tochtergesellschaft der Unternehmensgruppe Vorwerk, welche als Vorwerk & Co. KG firmiert. Im Jahr 2017 erzielte Vorwerk Elektrowerke GmbH & Co. KG einen Umsatz von 629 Mio. Euro mit 1.500 Mitarbeitern an den Produktionsstandorten in Deutschland, Frankreich und China. Aufgaben der Vorwerk Elektrowerke innerhalb der Unternehmensgruppe sind die Auftragsforschung und -entwicklung sowie Auftragsproduktion für Haushaltsgeräte. Auftraggeber für Vorwerk Elektrowerke sind die internationalen Vertriebsgesellschaften der Unternehmensgruppe.[723]

[722] Screenshot der Phoenix Contact GmbH & Co. KG.

[723] Vgl. Bundesanzeiger (Jahresabschluss Vorwerk Elektrowerke GmbH & Co. KG), 2017

Das Unternehmen ist in drei Bereiche gegliedert. Diese sind die Forschung und Entwicklung, die Produktion sowie der kaufmännische Bereich, zu dem Finanzen, Einkauf, Logistik, IT und Personalwesen zählen.[724] Am Hauptsitz des Unternehmens in Wuppertal sind ca. 700 Mitarbeiter beschäftigt. Der interne Werkzeugbau am Standort Wuppertal fokussiert sich auf die Technologieentwicklung innovativer Werkzeugkonzepte sowie auf die Wartung und Instandhaltung aller in der Produktion eingesetzten Werkzeuge. Damit sichert er den effizienten Ablauf der Fertigung. Aufgrund des hohen Werkzeugbedarfs wird jedoch die Mehrzahl aller benötigten Werkzeuge bei externen Lieferanten beschafft. Diese Werkzeugbeschaffung wird mittels eines Werkzeugentwicklungs- und -versorgungsprozesses abgewickelt, an dem die unternehmensinternen Abteilungen Konstruktion, Engineering, Beschaffung, Qualitätssicherung, Produktion, der interne Werkzeugbau sowie externe Werkzeuglieferanten beteiligt sind.

Trotz dieser vorwiegend externen Werkzeugbeschaffung bestehen für Vorwerk Elektrowerke die gleichen Herausforderungen, wie sie in Kapitel 2.2.5.1 beschrieben sind. So wird darauf abgezielt, die Werkzeugentwicklung und -versorgung möglichst schnell, flexibel und kostengünstig bei gleichzeitig hohem Qualitäts- und Innovationsanspruch abzuwickeln. Hierzu müssen alle werkzeugbezogenen Prozessschritte gezielt in den iterativen Produktentwicklungsprozess integriert werden. Nachfolgend wird gezeigt, dass das Prozessmodell für den Werkzeugbau im iterativen Produktentwicklungsprozess auch für das Unternehmen Vorwerk Elektrowerke und die hier vorliegende vorwiegend externe Werkzeugbeschaffung angewandt werden kann. Dieses Fallbeispiel belegt die allgemeine Gültigkeit und flexible Anwendbarkeit des Prozessmodells.

Während seiner Tätigkeit als wissenschaftlicher Mitarbeiter am Werkzeugmaschinenlabor WZL der RWTH Aachen hat der Autor zwei bilaterale Projekte mit Vorwerk Elektrowerke durchgeführt. Dabei wurde eine Optimierung des gesamten Werkzeugentwicklungs- und -versorgungsprozesses für Spritzgießwerkzeuge durchgeführt. Zielsetzung dieser Optimierung war, die Agilität, Geschwindigkeit und Effizienz des Prozesses zu erhöhen.

Vor Projektbeginn waren lediglich rudimentäre Strukturen des in dieser Arbeit vorgestellten Prozessmodells für den Werkzeugbau im iterativen Produktentwicklungsprozess vorhanden. Im Rahmen der Projekte erfolgten daher zunächst eine umfangreiche Prozess- und Datenanalyse sowie ein Benchmarking. Ausgehend davon wurde ein Zielbild für einen optimierten Werkzeugentwicklungs- und -versorgungsprozess mitsamt umfangreichen Handlungsfeldern konzeptioniert. Durch eine vorläufige Potenzialbewertung dieses Zielbilds hinsichtlich der definierten Zielgrößen Agilität, Geschwindigkeit und Effizienz konnte die Sinnhaftigkeit des Zielbilds belegt werden. Anschließend erfolgte daher die Umsetzung des Zielbilds anhand der definierten Handlungsfelder. Im Folgenden erfolgt eine ganzheitliche Beschreibung der Umsetzung des optimierten Werkzeugentwicklungs- und -versorgungsprozesses mitsamt seiner unterstützenden Organisation sowie eingesetzten Hilfsmitteln und Systemen. Die Vorstellung dieser Beschreibung wird analog zu dem im vorherigen Kapitel erläuterten Fallbeispiel anhand der Gestaltungselemente des Prozessmodells strukturiert.

[724] Vgl. Bundesanzeiger (Jahresabschluss Vorwerk Elektrowerke GmbH & Co. KG), 2017

6.2.2 Umsetzung des Prozessmodells

Das vorgestellte Prozessmodell für den Werkzeugbau im iterativen Produktentwicklungsprozess wird durch den Werkzeugentwicklungs- und -versorgungsprozess von Vorwerk Elektrowerke mit allen Gestaltungselementen umgesetzt. Produktentwicklungsprojekte bei Vorwerk Elektrowerke beziehen sich jeweils auf ein Elektrogerät, in dem wiederum jeweils verschiedene Spritzgießbauteile verbaut werden. Für jedes Spritzgießbauteil werden ein oder mehrere Spritzgießwerkzeuge benötigt. Die Werkzeugentwicklung muss sich somit in den Entwicklungsprozess eines Bauteils einordnen, welcher wiederum im Gesamtkontext des Produktentwicklungsprozesses des Gesamtgeräts zu betrachten ist. Der in diesem Kapitel beschriebene Werkzeugentwicklungs- und -versorgungsprozess bezieht sich jeweils auf ein spezifisches Werkzeug und das dazugehörige Bauteil.

Die **Entwicklungsziele** sind für Vorwerk Elektrowerke klar definiert und umfassen alle vier vorgestellten grundsätzlichen Entwicklungsziele von der Merkmalsbestimmung, über die Herstellbarkeitsbewertung und Merkmalsoptimierung bis hin zur Lieferung von Input für angrenzende Bereiche. Die Merkmalsbestimmung bezieht sich in den frühen Entwicklungsphasen auf die Bestimmung von Produktmerkmalen des einzelnen Bauteils. In späteren Phasen erfolgt ebenfalls eine Merkmalsbestimmung bzgl. des Werkzeugs und des späteren Produktionsprozesses. Die Bewertung der Herstellbarkeit von konstruierten Bauteilen ist wesentliche Aufgabe des Engineerings. Hierbei werden ggf. auch externe Experten hinzugezogen. Eine Merkmalsoptimierung erfolgt ebenfalls, um sowohl Zielgrößen bei der Beschaffung der Werkzeuge sowie in der späteren Serienproduktion möglichst positiv zu beeinflussen. Die Lieferung von Input für angrenzende Bereiche bezieht sich im Wesentlichen auf Prototypen-Bauteile zum Aufbau von Mustern des im Fokus der Produktentwicklung stehenden Gesamtgeräts.

Die möglichen **Entwicklungsleistungen** im Werkzeugentwicklungs- und -versorgungsprozess sind vielfältig und werden sowohl durch interne Abteilungen als auch externe Partner erbracht. So bestehen umfangreiche Simulationskompetenzen insbesondere zur Simulation des Spritzgießprozesses sowie darüber hinaus zur Strömungssimulation, elektromagnetischen Simulation und Akustiksimulation. Ein interner Musterbau sowie ein Prototypenmanager zur Fremdvergabe und Koordination einer externen Prototypenerstellung stellen Entwicklungsleistungen aus dem Bereich Prototypen bereit. Nicht-Serienwerkzeuge können sowohl über den internen Werkzeugbau als auch über externe Werkzeuglieferanten beschafft und im internen Spritzgießtechnikum erprobt werden. Hierfür liegen speziell definierte Stammformkonzepte vor, die ein kostengünstiges und schnelles Erstellen von Nicht-Serienwerkzeugen ermöglichen. Das Spritzgießtechnikum ist mit seriennahen Spritzgießmaschinen ausgestattet, welche flexibel umrüstbar sind, um dadurch möglichst realitätsnah die Produktionsbedingungen der Serienproduktion abbilden zu können.

Der Werkzeugentwicklungs- und -versorgungsprozess ist mithilfe der vier **Entwicklungsphasen** des Prozessmodells strukturiert. Die beschriebenen Entwicklungsleistungen werden entsprechend diesen Phasen in den Prozess eingebunden. Zur Umsetzung dieser Entwicklungsphasen mit den jeweiligen Entwicklungsschritten wurden gezielt die notwendigen organisations- und ressourcenbezogenen Voraussetzungen geschaffen. So besteht eine ausgewogene

Kombination aus internen und externen Ressourcen und Kapazitäten, um die Entwicklungsleistungen im notwendigen Umfang erbringen zu können. Klare Organisationsstrukturen bündeln diese Ressourcen, um sie gezielt in dem Entwicklungsprozess abrufen zu können.

Zur Umsetzung der **Ablauf- und Iterationsbedingungen** wird jedes zu entwickelnde Bauteil, nachdem ein erster Entwurf vorhanden ist, in eine Komplexitäts- bzw. Risikostufe eingeordnet. Diese Komplexitätsstufen definieren grundsätzliche Standardprojektformen, denen unterschiedlich umfangreiche Entwicklungsleistungen zugeordnet sind. Diese Einordnung erleichtert die Identifikation und fokussierte Betreuung kritischer Bauteile. Im laufenden Entwicklungsprozess sind zudem gezielte Entscheidungspunkte definiert, an denen über mögliche, durchzuführende Entwicklungsleistungen entschieden wird. Darüber hinaus existiert eine detaillierte Modellierung des Werkzeugentwicklungs- und -versorgungsprozesses, bei der sowohl diese Entscheidungspunkte als auch weitere Synchronisationspunkte zum Produktentwicklungsprozess eingeordnet sind.

Für eine **Wissensweitergabe und -rückführung** wird in der Organisation vorhandenes Wissen gezielt durch Lessons-Learned-Workshops aufgenommen und in verschiedenen Wissensportalen abgelegt. So wird prozessbezogenes Wissen in einem unternehmensweiten Wiki-System abgespeichert und verfügbar bemacht. Darüber hinaus wird themenbezogenes Fachwissen auf interaktiven File-Sharing-Plattformen abgelegt. Konzepte und Konstruktionen vergangener Werkzeugentwicklungsprojekte werden zudem strukturiert in einem PLM System hinterlegt. Durch die vorgegebene Strukturierung der verschiedenen Wissensportale wird den Mitarbeitern eine effiziente passive Wissensbereitstellung geboten. Darüber hinaus werden regelmäßig Schulungen zu Werkzeug- und Spritzgießtechnik sowie zu prozess- und organisationsbezogenen Themen durchgeführt.

Die Umsetzung einer **digital vernetzten Prozesssteuerung** erfolgt mittels einer eigenständigen Entwicklung eines Informationssystems, welches alle werkzeugprojektbezogenen Informationen bündelt und allen beteiligten Mitarbeitern zur Verfügung stellt. Dieses Informationssystem basiert auf einer gängigen Softwarelösung aus dem Bereich PLM und Requirements Engineering, die hinsichtlich der Bedürfnisse der Werkzeugentwicklung zugeschnitten und angepasst wurde. Mit diesem Informationssystem erfolgt auf oberster Ebene eine managementgerechte Zusammenfassung des Status jedes einzelnen Werkzeugentwicklungsprojekts. Darüber hinaus sind detaillierte Informationen zu jedem Projekt hinsichtlich Entwicklungsstand, zeitlichem Fortschritt sowie Kostencontrolling zugeordnet und können transparent abgerufen werden. Der Entwicklungsstand eines Werkzeugentwicklungsprojekts wird mittels einer Meilensteinbetrachtung dargestellt. Jedes Projekt muss im Laufe des Projektverlaufs werkzeugbezogene Meilensteine erreichen, welchen bestimmte durchzuführende Tätigkeiten sowie notwendige Informationen hinterlegt sind. Der zeitliche Fortschritt der Projekte erfolgt mittels eines Soll-Ist-Vergleichs zu den jeweiligen geplanten und tatsächlichen Datumsangaben der Meilensteinerreichung. Eine Schnittstelle zu den im unternehmensweiten ERP-System geführten Finanzdaten stellt die Aktualität der Informationen für das Kostencontrolling der einzelnen Werkzeugprojekte sicher.

6.2.3 Fazit

Das Prozessmodell für den Werkzeugbau im iterativen Produktentwicklungsprozess wurde bei Vorwerk Elektrowerke ganzheitlich mit allen Gestaltungselementen umgesetzt. Dadurch wird eine gezielte und strukturierte Einbindung aller werkzeugbezogenen Entwicklungsschritte in den Produktentwicklungsprozess ermöglicht. Die beiden Kennzahlen der Werkzeugbeschaffungszeit und -kosten wurden im Rahmen des Veränderungsprojekts zur Einführung des Prozessmodells für vergangene Entwicklungsprojekte ermittelt und aktuellen Entwicklungsprojekten gegenübergestellt, bei denen die eingeführten Veränderungen bereits Einfluss genommen haben. Im Ergebnis konnte durch die Umsetzung des Prozessmodells eine deutliche Beschleunigung der Werkzeugbeschaffung erreicht werden. Auch hinsichtlich der Beschaffungskosten konnte eine Verbesserung erzielt werden.

6.3 Kritische Reflexion

Die beschriebenen Fallbeispiele zur Anwendung des Prozessmodells als Gestaltungsmodell für den Werkzeugbau im iterativen Produktentwicklungsprozess belegen die Praxistauglichkeit des Prozessmodells. In beiden vorgestellten Fallbeispielen konnten die bestehenden Herausforderungen hinsichtlich Innovationsdruck, Zeitdruck, Kostendruck und Flexibilitätsdruck sowie demografischem Wandel adressiert werden, indem eine gezielte Integration des Werkzeugbaus in die Produktentwicklung erreicht wurde. Die bestehenden Potenziale additiver Fertigungsverfahren, der industriellen Auftragsabwicklung sowie der digitalen Vernetzung konnten dazu zielgerichtet umgesetzt werden. Dem in Kapitel 2.3 definierten Handlungsbedarf aus der Praxis zur Entwicklung eines ganzheitlichen Lösungsansatzes konnte somit entsprochen werden. Es wurde ein organisatorisches Rahmenwerk geschaffen, welches gezielte und effektive Gestaltungsempfehlungen zur Lösung der identifizierten Herausforderungen bietet.

Die Erkenntnisse aus der praktischen Anwendung des entwickelten Prozessmodells in den beschriebenen Fallbeispielen belegen zudem, dass den in Kapitel 3.1.2 definierten Anforderungen an einen theoretischen Ansatz zur Lösung der hergeleiteten Problemstellung entsprochen werden. Die Erfüllung der allgemeinen Anforderungen der Praktikabilität und Übertragbarkeit wird durch die Ausführungen zur Umsetzung in den zwei Praxisunternehmen bestätigt.

So konnte das Prozessmodell erfolgreich in der unternehmerischen Praxis eingesetzt werden. Dies ist nicht nur bei einem spezifischen Unternehmen gelungen, sondern bei zwei Unternehmen aus unterschiedlichen Branchen und mit unterschiedlichen organisatorischen Rahmenbedingungen, was die allgemeine Übertragbarkeit bestätigt. Es konnte sogar gezeigt werden, dass sich das Prozessmodell sowohl für in ein Gesamtunternehmen integrierte Werkzeugbaubetriebe eignet als auch zur Gestaltung einer Werkzeugentwicklung und -versorgung, welche auf externe Werkzeugbaubetriebe zurückgreift und diese gezielt in die eigenen Unternehmensprozesse integriert. Die produktentwicklungsbezogenen Anforderungen werden ebenfalls durch das Prozessmodell erfüllt. So liegt ein Bezug auf physische Prozesse vor, das Modell ist speziell auf die integrierte Werkzeugerstellung ausgerichtet und umfasst eine Prozessbeschreibung auf Makroebene. Ablaufflexibilität und Iterativität werden ebenso berücksichtigt wie ein umfangreiches und stringentes Wissens- und Informationsmanagement.

Die Fallbeispiele zeigen, wie die Gestaltungselemente des Prozessmodells zusammenhängen und ein ganzheitliches Modell bilden, welches die gestellten Anforderungen erfüllt. Dabei wird deutlich, dass das Prozessmodell durch das jeweilige Anwenderunternehmen unternehmensspezifisch auszugestalten und umzusetzen ist. Hierzu bietet das Prozessmodell die notwendigen Freiheitsgrade. Die konkrete Umsetzung ist im Kontext der jeweiligen Rahmenbedingungen bspw. hinsichtlich Unternehmensorganisation, Bedürfnisse der Produktentwicklung, Voraussetzungen und Ressourcen durchzuführen.

Im Hinblick auf den Aufbau des Prozessmodells zeigen die Fallbeispiele, dass das Prozessmodell in der hergeleiteten Form ganzheitlich und sinnvoll strukturiert ist. In beiden Fallbeispielen konnte zum einen gezeigt werden, dass alle Gestaltungselemente umgesetzt wurden und zielgerichtet zusammenwirken. Dadurch wird deutlich, dass das Prozessmodell keine überflüssigen und irrelevanten sowie auch keine singulären und nur in Einzelfällen gültigen Gestaltungselemente enthält. Zum anderen wurde gezeigt, dass sich durch die Gestaltungselemente alle wesentlichen inhaltlichen Aspekte zusammenfassen lassen, die für eine gezielte Integration des Werkzeugbaus in einen iterativen Produktentwicklungsprozess gestaltet werden müssen. Somit wird die Ganzheitlichkeit des Prozessmodells bekräftigt.

Durch die in diesem Kapitel durchgeführte Anwendung und Prüfung mittels zweier Fallbeispiele konnte die erfolgreiche Konzeption des Prozessmodells für den Werkzeugbau im iterativen Produktentwicklungsprozess festgestellt und belegt werden. Somit ist die Erfüllung der Zielsetzung der Arbeit gegeben.

7 Zusammenfassung und Ausblick

Der Produktentwicklungsprozess ist ein zentraler Prozess produzierender Unternehmen. Innovative, den Kundenbedürfnissen entsprechende Produkte schnell und effektiv zu entwickeln und in die Serienproduktion zu überführen, stellt ein wesentliches Differenzierungsmerkmal im Wettbewerb dar. Vor diesem Hintergrund ist die Produktentwicklung einem hohen Druck ausgesetzt, sich weiterzuentwickeln und zu optimieren. Dieser Druck kann in die Aspekte Innovationsdruck, Zeitdruck, Kostendruck und Flexibilitätsdruck eingeteilt werden. Der Innovationsdruck bezieht sich darauf, anforderungsgerechte, qualitativ hochwertige Produkte mit besseren Funktionalitäten als die Wettbewerber zu entwickeln. Der Zeitdruck beschreibt die Notwendigkeit, die Zeit der Entwicklung eines Produkts möglichst auf ein Minimum zu verkürzen und damit einen frühen Markteintrittspunkt zu ermöglichen. Der Kostendruck ergibt sich aus dem oftmals vorherrschenden Charakter eines Käufermarkts, auf dem die Kaufentscheidungen von Kunden entscheidend durch die Kosten eines Produkts beeinflusst werden. Da in der Produktentwicklung bereits ein Großteil aller späteren Kosten eines Produkts festgelegt wird, überträgt sich der Kostendruck in besonderem Maße auf die Produktentwicklung. Der Flexibilitätsdruck fasst die Herausforderung zusammen, während der Produktentwicklung schnell und flexibel auf sich ändernde Umstände und Ereignisse zu reagieren. Notwendige Änderungen müssen effektiv und effizient umgesetzt werden. Klassische, starr sequenzielle Produktentwicklungsprozesse können diese Herausforderungen nicht adäquat berücksichtigen und hierfür keine geeigneten Lösungen bieten. Daher sehen produzierende Unternehmen zunehmend die Notwendigkeit, iterative Produktentwicklungsprozesse einzusetzen, welche empirisch-adaptive Vorgehensweisen verfolgen und hierdurch die geforderte Flexibilität unter Berücksichtigung der weiteren Zielgrößen ermöglichen.

Der Werkzeugbau stellt ein wichtiges Element der Produktentwicklung dar und ist für die Entwicklung und Fertigung von Werkzeugen und weiteren Produktionsmitteln zuständig. Weiterhin stellt er die fertigungsgerechte Auslegung von Produkten im Produktentwicklungsprozess sicher. Aufgrund dieser zentralen Rolle ist der Werkzeugbau direkt von den beschriebenen Herausforderungen betroffen.

Im klassischen, sequenziellen Prozessverständnis von Produktentwicklung und Werkzeugbau erfolgen zunächst alle nicht-werkzeugbezogenen Entwicklungsschritte der Produktentwicklung, bevor anschließend die Werkzeugentwicklung und -herstellung erfolgt. Ziel von iterativen Produktentwicklungsprozessen ist es jedoch, den Werkzeugbau in die Produktentwicklung zu integrieren und einen teilweise parallelen Ablauf von nicht-werkzeugbezogenen Entwicklungsschritten und Werkzeugbau durchzuführen. Die i. d. R. als eigenständige organisatorische Einheiten oder Unternehmen aufgestellten Werkzeugbaubetriebe stehen im Rahmen dieses angestrebten Ziel-Zustands eines integrierten Prozessverständnisses von Produktentwicklung und Werkzeugbau vor der Notwendigkeit, sich gezielt in iterative Produktentwicklungsprozesse zu integrieren. Neben den bereits angeführten Herausforderungen der Produktentwicklung in Form von Innovationsdruck, Zeitdruck, Kostendruck und Flexibilitätsdruck, welche sich auch auf den Werkzeugbau übertragen, besteht für den Werkzeugbau darüber hinaus die Herausforderung des demografischen Wandels. Aufgrund der besonders wissens- und erfahrungsintensiven Prozessschritte im Werkzeugbau verstärken die Überalterung und Nachwuchsprobleme die Notwendigkeit, bestehende Strukturen zu optimieren. Jedoch bieten auch verschiedene Trends vielversprechende Potenziale, um den aufgezeigten Herausforderungen zu begegnen. So können insbesondere die Industrialisierung der Auftragsabwicklung, die digitale Vernetzung sowie additive Fertigungsverfahren als relevante Potenzialbereiche identifiziert werden.

Aufgrund dieser komplexen Situation mit sowohl vielfältigen Herausforderungen als auch Potenzialen und der klaren Notwendigkeit für Werkzeugbaubetriebe, sich in iterative Produktentwicklungsprozesse zu integrieren, besteht der Bedarf für einen ganzheitlichen Lösungsansatz. Werkzeugbaubetrieben fehlt es an einem organisatorischen Rahmenwerk, um die gezielte Integration in iterative Produktentwicklungsprozesse vor dem Hintergrund der beschriebenen Rahmenbedingungen erfolgreich zu gestalten. Ein solches organisatorisches Rahmenwerk ist als ein allgemeingültiges Gestaltungsmodell zu konzipieren, welches die prozessuale Gestaltung der Integration des Werkzeugbaus beschreibt und das somit als Prozessmodell definiert werden kann. Daher wurde die führende Forschungsfrage dieser Arbeit dahingehend formuliert, wie ein Prozessmodell für den Werkzeugbau im iterativen Produktentwicklungsprozess gestaltet werden muss.

Ausgehend von der formulierten Forschungsfrage wurde eine umfangreiche Analyse und Bewertung bestehender theoretischer Ansätze aus der Literatur vorgenommen. Hierzu wurden konkrete Anforderungen an die Ansätze definiert, um das hergeleitete Praxisproblem zu lösen. Die Bewertung der analysierten Ansätze zeigt, dass keiner der bestehenden Ansätze die gestellten Anforderungen vollumfänglich erfüllt. Daher wurde die Notwendigkeit zur Entwicklung eines neuen Lösungsansatzes bestätigt.

Im Rahmen dieser Arbeit wurde aufbauend auf der Betrachtung bestehender theoretischer Ansätze ein Prozessmodell für den Werkzeugbau im iterativen Produktentwicklungsprozess entsprechend den definierten Anforderungen konzeptioniert und ausdetailliert. Das Prozessmodell soll als Gestaltungsmodell für die strukturierte Integration des Werkzeugbaus in die Produktentwicklung dienen. Dazu ist das Prozessmodell in sechs Gestaltungselemente gegliedert, welche durch ein Anwenderunternehmen umzusetzen sind (vgl. Abbildung 126). Dadurch kann das Prozessmodell für den jeweiligen unternehmensspezifischen Anwendungsfall ausdetailliert und praxistauglich eingesetzt werden.

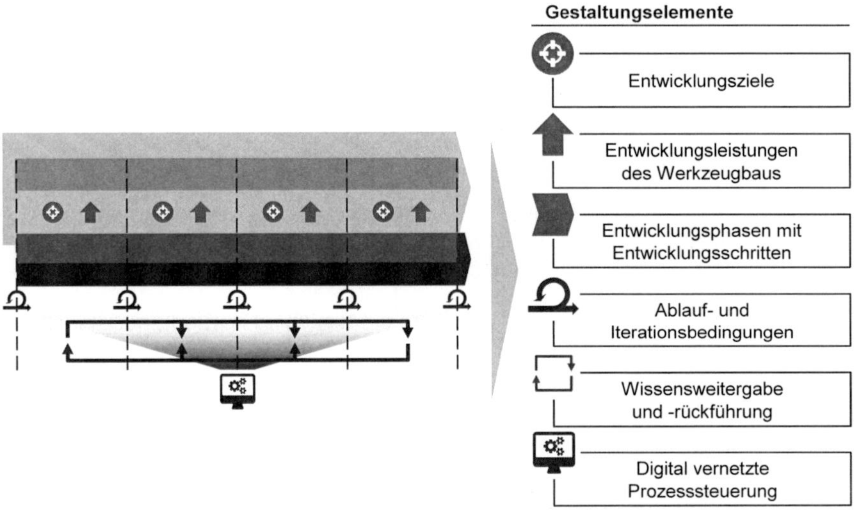

Abbildung 126: Prozessmodell mit Gestaltungselementen[725]

Die einzelnen Gestaltungselemente des Prozessmodells werden mithilfe des Metamodells der Architektur integrierter Informationssysteme (ARIS) nach SCHEER strukturiert hergeleitet. Eine übergeordnete Strukturierung des Prozessmodells liefert die Phaseneinteilung des Prozessmodells. Grundsätzlich kann in den vier übergeordneten Phasen Engineering Support, Prototypen, Nicht-Serienwerkzeuge und Serienwerkzeuge eine Integration des Werkzeugbaus in den iterativen Produktentwicklungsprozess erfolgen. Das Gestaltungselement **Entwicklungsphasen mit Entwicklungsschritten** greift diese Phaseneinteilung auf und setzt sie mithilfe der zugeordneten Gestaltungsaspekte unternehmensspezifische Phasendefinition sowie organisations- und ressourcenbezogene Voraussetzungen um. Das Gestaltungselement **Entwicklungsziele** bezieht sich auf die Definition einer projektspezifischen Zieldefinition während der Entwicklung. Die zugeordneten Gestaltungsaspekte Merkmalsübersicht des Gesamtsystems der Entwicklung sowie priorisierte Entwicklungsziele bilden die inhaltliche Detaillierung dieses Gestaltungselements. Die **Entwicklungsleistungen des Werkzeugbaus** bilden das nächste Gestaltungselement. Zugehörige Gestaltungsaspekte dieses Gestaltungselements sind ein Katalog möglicher Entwicklungsleistungen, eine Charakterisierung der Entwicklungsleistungen sowie notwendige Eingangsinformationen. Das Gestaltungselement **Ablauf- und Iterationsbedingungen** behandelt grundsätzliche Vorgaben für den Prozessablauf, indem insbesondere kurzzyklische Iterationen bewusst einbezogen werden. Zugeordnete Gestaltungsaspekte sind die Entscheidungsfindung und die Prozessdefinition. Die **Wissensweitergabe und -rückführung** stellt ein weiteres Gestaltungselement dar und fokussiert die gezielte Verwendung von einerseits während des laufenden Entwicklungsprozesses entstehenden Wissens. Andererseits wird auch bereits in der Vergangenheit bei abgeschlossenen Projekten

[725] Wiederholung von Abbildung 83.

erlangtes Wissen einbezogen. Diesem Gestaltungselement sind die Gestaltungsaspekte Wissensidentifikation, Wissensaufnahme und -speicherung sowie Wissensbereitstellung zugeordnet. Das Gestaltungselement **digital vernetzte Prozesssteuerung** hat eine Koordination der höchst komplexen Prozessabläufe in einem iterativen Produktentwicklungsprozess zum Ziel. Gestaltungsaspekte dieses Elements sind die Prozesstransparenz, die Informationserfassung und -weiterleitung sowie die Bewertung und Optimierung von Prozessschritten.

Die Anwendung und Prüfung des entwickelten Prozessmodells erfolgte mittels zweier Fallbeispiele der Unternehmen Phoenix Contact GmbH & Co. KG und Vorwerk Elektrowerke GmbH & Co. KG. Hierdurch konnten die Anwendbarkeit und die Zielerfüllung des Prozessmodells belegt werden. Die definierten allgemeinen sowie produktentwicklungsbezogenen Anforderungen werden durch das entwickelte Prozessmodell vollumfänglich umgesetzt.

In einem abschließenden Gesamtfazit zur vorliegenden Arbeit lässt sich somit feststellen, dass der bestehende Bedarf zur Entwicklung eines Lösungsansatzes zur Gestaltung der Integration des Werkzeugbaus in einen iterativen Produktentwicklungsprozess gelöst werden konnte. Die führende Forschungsfrage der Arbeit konnte mit dem entwickelten Prozessmodell beantwortet werden. Das Prozessmodell erfüllt den Anspruch, Werkzeugbaubetrieben zum einen ein organisatorisches Rahmenwerk zu liefern, um die Strukturen für eine gezielte und erfolgreiche Integration in den iterativen Produktentwicklungsprozess zu schaffen. Zum anderen werden umfangreiche Gestaltungsempfehlungen geliefert, um das organisatorische Rahmenwerk inhaltlich zu füllen und in der Praxis umzusetzen.

Als Ausblick zu möglicher im Anschluss an diese Forschungsarbeit anknüpfender Forschung können die folgenden Themenbereiche identifiziert werden. Durch die vorliegende Arbeit wurde der Ziel-Zustand des Werkzeugbaus im iterativen Produktentwicklungsprozess konkretisiert und es wurden Gestaltungsempfehlungen zur unternehmensspezifischen Ausgestaltung dieses Ziel-Zustands erarbeitet. Ein möglicher weiterer Forschungsbedarf könnte in der Erarbeitung eines methodischen Vorgehens zur unternehmensspezifischen Umsetzung des mittels dieser Arbeit entwickelten Ziel-Zustands bestehen. Darüber hinaus könnte Forschung hinsichtlich der informationstechnischen Beschreibung und Erarbeitung des in Kapitel 5.2.2 und in Kapitel 5.2.3 funktionsseitig beschriebenen Informationssystems zur Wissensweitergabe und -rückführung sowie zur digital vernetzten Prozesssteuerung wertvolle Erkenntnisse liefern. Die umsetzungsbezogene Konkretisierung der beschriebenen Aspekte insbesondere der zukunftsweisenden Funktionalitäten durch Einbindung von Anwendungen der Künstlichen Intelligenz bietet in diesem Zusammenhang verschiedene Ansatzpunkte für anschließende Forschungsarbeiten. Eine weitere Forschungsrichtung könnte in der Adaption des entwickelten Prozessmodells für andere, dem Werkzeugbau ähnliche Bereiche der Produktionsmittelerstellung bestehen. So könnte das entwickelte Prozessmodell bspw. auf die Bereiche Automatisierungstechnik oder Anlagenbau erweitert werden, welche im Rahmen des Produktentwicklungsprozesses für bestimmte Produktionsprozesse eine ähnlich zentrale Rolle wie der Werkzeugbau einnehmen.

8 Literaturverzeichnis

acatech – Deutsche Akademie der Technikwissenschaften (Smart Service Welt 2018):
Smart Service Welt 2018. Wo stehen wir? Wohin gehen wir? Online verfügbar unter https://www.acatech.de/wp-content/uploads/2018/06/SSW_2018.pdf, Stand: 18.07.2019.

Alber-Laukant, B.; Hackenschmidt, R.; Neidnicht, M.; Roith, B. (Simulation):
Simulation. In: Rieg, F.; Steinhilper, R. (Hrsg.) Handbuch Konstruktion. 2. Aufl. München: Hanser, 2018, 977-994.

Anderl, R. (Einführung Smart Engineering):
Einführung. In: Anderl, R.; Eigner, M.; Sendler, U.; Stark, R. (Hrsg.) Smart Engineering. Interdisziplinäre Produktentstehung. Wiesbaden: Springer Vieweg, 2012, S. 5.

Andreasen, M. M.; Hein, L. (Integrated Product Development):
Integrated Product Development. Bedford: Springer, 1987.

ARBURG GmbH + Co KG (Technische Daten ALLROUNDER 270 S):
Technische Daten ALLROUNDER 270 S. Online verfügbar unter https://www.arburg.com/fileadmin/redaktion/Mediathek/Technische_Daten/ARBURG_ALLROUNDER_270S_TD_526452_de.pdf, Stand: 22.08.2019.

Arnold, V.; Dettmering, H.; Engel, T.; Karcher, A. (Product Lifecycle Management):
Product Lifecycle Management beherrschen. Ein Anwenderhandbuch für den Mittelstand. 2. Aufl. Berlin: Springer, 2011.

Aryobsei, A. (Gestaltung von Freiheitsgraden):
Integrierte Produkt- und Werkzeugentwicklung durch Gestaltung von Freiheitsgraden. Aachen: Apprimus, 2015.

Aumann, P. (Die Kybernetik in der Mitte des 20. Jahrhunderts):
Neues Denken in Wissenschaft und Gesellschaft. Die Kybernetik in der Mitte des 20. Jahrhunderts. In: Jeschke, S.; Schmitt, R.; Dröge, A. (Hrsg.) Exploring Cybernetics. Kybernetik im interdisziplinären Diskurs. Wiesbaden: Springer Fachmedien Wiesbaden, 2015, S. 21-40.

Backhaus, K.; Erichson, B.; Plinke, W.; Weiber, R. (Multivariate Analysemethoden):
Multivariate Analysemethoden. Eine anwendungsorientierte Einführung. 15. Aufl. Berlin: Springer, 2018.

Bauer, W.; Dangelmaier, M. (Virtuelles Engineering):
Virtuelles Engineering. In: Lindemann, U. (Hrsg.) Handbuch Produktentwicklung. München: Hanser, 2016, S. 939-952.

Bauernhansl, T.; Zoller, K. (Werkzeuge für die Elastomerverarbeitung):
Werkzeuge für die Elastomerverarbeitung. In: Mennig, G. (Hrsg.) Werkzeugbau für die Kunststoffverarbeitung. Bauarten, Herstellung, Betrieb. 5. Aufl. München: Hanser, 2008, S. 242-258.

Baumgart, I. (Requirements Engineering):
Requirements Engineering. In: Lindemann, U. (Hrsg.) Handbuch Produktentwicklung. München: Hanser, 2016, S. 425-453.

Beck, K. (Embracing Change with Extreme Programming):
Embracing Change with Extreme Programming. In: Computer, 1999, Nr. 99, S. 70-77.

Becker, J.; Probandt, W.; Vering, O. (Grundsätze ordnungsmäßiger Modellierung):
Grundsätze ordnungsmäßiger Modellierung. Konzeption und Praxisbeispiel für ein effizientes Prozessmanagement. Berlin: Springer Gabler, 2012.

Begovic, A. (Datenbasiertes Wissensmanagement für Smart Services):
Datenbasiertes Wissensmanagement für Smart Services im Werkzeugbau. Aachen: Apprimus, 2018.

Begovic, A.; Johannsen, L. (Aktuelle Entwicklungen und Trends):
Aktuelle Entwicklungen und Trends. In: Schuh, G.; Boos, W. (Hrsg.) Werkzeugbau Akademie. Forschungsbericht 2015/2016. Aachen, 2016, S. 1-4.

Bender, B.; Gericke, K. (Entwicklungsprozesse):
Entwicklungsprozesse. In: Lindemann, U. (Hrsg.) Handbuch Produktentwicklung. München: Hanser, 2016, 401-424.

Bertsche, B.; Bullinger, H.-J. (Rapid Prototyping):
Entwicklung und Erprobung innovativer Produkte – Rapid Prototyping. Grundlagen, Rahmenbedingungen und Realisierung. Berlin: Springer, 2007.

Binder, V. A.; Kantowsky, J. (Technologiepotentiale):
Technologiepotentiale. Neuausrichtung der Gestaltungsfelder des strategischen Technologiemanagements. Wiesbaden: Deutscher Universitäts-Verlag, 1996.

Blessing, L. T. M. (Process-Based Approach to Engineering Design):
A Process-Based Approach to Computer-Supported Engineering Design. Ohne Ort: Eigenverlag, 1994.

Boehm, B. W. (Software Engineering):
Software Engineering. In: IEEE Transactions on Computers, Jg. 25, 1976, Nr. 12, S. 1226-1241.

Boehm, B. W. (A Spiral Model of Software Development and Enhancement):
A Spiral Model of Software Development and Enhancement. In: Computer, Jg. 21, 1988, Nr. 5, S. 61-72.

Böhm, R.; Fuchs, E.; Fischer, M. (System-Entwicklung in der Wirtschaftsinformatik):
System-Entwicklung in der Wirtschaftsinformatik. 5. Aufl. Zürich: Vdf Hochschulverlag, 2002.

Boos, W. (Gestaltung und Bewertung von modularen Werkzeugen):
Methodik zur Gestaltung und Bewertung von modularen Werkzeugen. Aachen: Apprimus, 2008.

Boos, W.; Arntz, K.; Prümmer, M.; Wollbrink, M.; Horstkotte, R.; Pothen, M.; Gerretz, V. (Erfolgreich CAx-Prozessketten Gestalten im Werkzeugbau):
Erfolgreich CAx-Prozessketten Gestalten im Werkzeugbau. WBA Aachener Werkzeugbau Akademie GmbH; Fraunhofer-Institut für Produktionstechnologie IPT. Aachen, 2018.

Boos, W.; Kelzenberg, C.; de Lange, J.; Goertz, D.; Ebbecke, C. (Erfolgreich Fokussieren und Segmentieren im Werkzeugbau):
Erfolgreich Fokussieren und Segmentieren im Werkzeugbau. WBA Aachener Werkzeugbau Akademie GmbH; Werkzeugmaschinenlabor WZL der RWTH Aachen. Aachen, 2019.

Boos, W.; Pitsch, M.; Salmen, M.; Wiese, J.; Kelzenberg, C.; de Lange, J. (Erfolgreich Kalkulieren im Werkzeugbau):
Erfolgreich Kalkulieren im Werkzeugbau. Werkzeugmaschinenlabor WZL der RWTH Aachen; WBA Aachener Werkzeugbau Akademie GmbH. Aachen, 2015.

Boos, W.; Salmen, M.; Begovic, A.; Kelzenberg, C.; Stracke, F. (Smart Tooling):
Smart Tooling. Werkzeugmaschinenlabor WZL der RWTH Aachen; WBA Aachener Werkzeugbau Akademie GmbH. Aachen, 2016.

Boos, W.; Salmen, M.; Hensen, T.; Wiese, J.; de Lange, J.; Goertz, D. (Erfolgreich Digital Vernetzen auf dem Shopfloor im Werkzeugbau):
Erfolgreich Digital Vernetzen auf dem Shopfloor im Werkzeugbau. Werkzeugmaschinenlabor WZL der RWTH Aachen; WBA Aachener Werkzeugbau Akademie GmbH. Aachen, 2016.

Boos, W.; Salmen, M.; Kelzenberg, C.; de Lange, J.; Stracke, F. (Agile Tool Development):
Corporate Tooling. Agile Tool Development. WBA Aachener Werkzeugbau Akademie GmbH; Werkzeugmaschinenlabor WZL der RWTH Aachen. Aachen, 2017.

Boos, W.; Salmen, M.; Kelzenberg, C.; Johannsen, L.; Helbig, J.; Ebbecke, C. (Tooling in Germany):
Tooling in Germany. 2. Aufl. Werkzeugmaschinenlabor WZL der RWTH Aachen; Fraunhofer-Institut für Produktionstechnologie IPT. Aachen, 2018.

Breuer, F.; Muckel, P.; Dieris, B.; Allmers, A. (Reflexive Grounded Theory):
Reflexive Grounded Theory. Eine Einführung für die Forschungspraxis. 3. Aufl. Wiesbaden: Springer Fachmedien Wiesbaden, 2018.

Bruder, U. (Kunststofftechnik):
Kunststofftechnik leicht gemacht. München: Hanser, 2016.

Bruns (Systemtechnik):
Systemtechnik. Ingenieurwissenschaftliche Methodik zur interdisziplinären Systementwicklung. Berlin: Springer, 1991.

Bryant, A. (Grounded Theory and Grounded Theorizing):
Grounded Theory and Grounded Theorizing. Pragmatism in Research Practice. New York: Oxford University Press, 2017.

Bullinger, H.-J.; Spath, D.; Warnecke, H.-J.; Westkamper, E. (Handbuch Unternehmensorganisation):
Handbuch Unternehmensorganisation. Berlin, Heidelberg: Springer, 2009.

Bullinger, H.-J.; Warschat, J. (Forschungs- und Entwicklungsmanagement):
Forschungs- und Entwicklungsmanagement. Simultaneous Engineering, Projektmanagement, Produktplanung, Rapid Product Development. Wiesbaden: Vieweg+Teubner, 1997.

Bundesanzeiger (Jahresabschluss Vorwerk Elektrowerke GmbH & Co. KG):
Jahresabschluss Vorwerk Elektrowerke GmbH & Co. KG. Köln: Bundesanzeiger, 2017.

Burchardt, C. (Erweitertes Konzept für die integrierte Produktentwicklung):
Ein erweitertes Konzept für die integrierte Produktentwicklung. Magdeburg: Otto-von-Guericke-Universität, Lehrstuhl für Maschinenbauinformatik, 2001.

Busse, T. M. (Industrie 4.0 im Werkzeugbau):
Industrie 4.0 im Werkzeugbau. Potentiale, Treiber, Hindernisse und Voraussetzungen. In: VDWF im Dialog, 2016, Nr. 4, S. 52-55.

Charney, C. (Time to Market):
Time to Market. Reducing Product Lead Time. Dearborn: Society of Manufacturing Engineers, 1991.

Checkland, P. (Systems Thinking, Systems Practice):
Systems Thinking, Systems Practice. Chichester: John Wiley & Sons, 1981.

Chiang, I. R.; Wu, S. J. (Supplier Involvement and Contract Design During New Product Development):
Supplier Involvement and Contract Design During New Product Development. In: IEEE Transactions on Engineering Management, Jg. 63, 2016, Nr. 2, S. 248-258.

Clark, K. B. (Project Scope and Project Performance):
Project Scope and Project Performance. The Effect of Parts Strategy and Supplier Involvement on Product Development. In: Management Science, Jg. 35, 1989, Nr. 10, S. 1247-1263.

Cooper, H. M. (Organizing Knowledge Syntheses):
Organizing Knowledge Syntheses. A Taxonomy of Literature Reviews. In: Knowledge in Society, Jg. 1, 1988, Nr. 1, S. 104-126.

Cooper, R. G. (Top oder Flop in der Produktentwicklung):
Top oder Flop in der Produktentwicklung. Erfolgsstrategien: von der Idee zum Launch. Weinheim: Wiley-VCH, 2002.

Cooper, R. G. (Winning at New Products):
Winning at New Products. Creating Value Through Innovation. 4. Aufl. New York: Basic Books, 2011.

Cooper, R. G. (What's Next?):
What's Next? After Stage-Gate. In: Research-Technology Management, Jg. 57, 2014, Nr. 1, S. 20-31.

Corbin, J. M.; Strauss, A. L. (Basics of Qualitative Research):
Basics of Qualitative Research. Techniques and Procedures for Developing Grounded Theory. 4. Aufl. Los Angeles: Sage, 2015.

Creditreform (Phoenix Contact GmbH & Co. KG):
Phoenix Contact GmbH & Co. KG. Herford: Creditreform – Deutsche und Österreichische Finanzprofile, 2019.

Dangel, R. (Spritzgießwerkzeuge):
Spritzgießwerkzeuge für Einsteiger. München: Hanser, 2017.

de Lange, J.; Busch, M. (Forschungsprojekt „WerkPriMa“):
Forschungsprojekt „WerkPriMa“. Datenbasierte Werkzeugverfügbarkeit für die Serienproduktion durch Pedictive Maintenance. Werkzeugmaschinenlabor WZL der RWTH Aachen. Online verfügbar unter www.wzl.rwth-aachen.de/werkprima, Stand: 22.08.2019.

de Lange, J.; Goertz, D. (Agiler Werkzeugbau im hochiterativen Entwicklungsprozess):
Agiler Werkzeugbau im hochiterativen Entwicklungsprozess. In: Schuh, G.; Boos, W. (Hrsg.) Forschungsbericht 2017, 2017, S. 46-50.

de Lange, N.; Nipper, J. (Quantitative Methodik):
Quantitative Methodik in der Geographie. Paderborn: Ferdinand Schöningh, 2018.

Denkena, B.; Köller, M.; Röders, G. (Virtual Prototyping im Werkzeug- und Formenbau):
Virtual Prototyping im Werkzeug- und Formenbau. Optimierungspotentiale identifizieren und Zielkonflikte visualisieren. In: wt Werkstattstechnik online, Jg. 100, 2010, 7/8, S. 612-616.

Diehl, H. (Visualisierung disziplinübergreifender Entwicklungsabhängigkeiten):
Systemorientierte Visualisierung disziplinübergreifender Entwicklungsabhängigkeiten mechatronischer Automobilsysteme. München: Dr. Hut, 2010.

Diels, F.; Rudolf, S.; Schuh, G. (Highly Iterative Product Development Process for Engineering Projects):
Highly Iterative Product Development Process for Engineering Projects. In: Applied Mechanics and Materials, 2015, Nr. 794, S. 532-539.

Dietrich, J. (Praxis der Umformtechnik):
Praxis der Umformtechnik. Umform- und Zerteilverfahren, Werkzeuge, Maschinen. 12. Aufl. Wiesbaden: Springer Vieweg, 2018.

Dilger, A. (Rigor, wissenschaftliche und praktische Relevanz):
Rigor, wissenschaftliche und praktische Relevanz. Westfälische Wilhelms-Universität Münster Institut für Organisationsökonomik. Online verfügbar unter https://www.wiwi.uni-muenster.de/io/sites/io/files/forschen/downloads/dp-io_03_2012.pdf, Stand: 22.08.2019.

DIN Deutsches Institut für Normung e.V. (DIN 12165:2002-06):
DIN 12165:2002-06. Bauteile von Press-, Spritzgieß- und Druckgießwerkzeugen – Benennungen und Symbole. Berlin: Beuth, 2002.

DIN Deutsches Institut für Normung e.V. (DIN 8580:2003-09):
DIN 8580:2003-09. Fertigungsverfahren – Begriffe, Einteilung. Berlin: Beuth, 2003.

DIN Deutsches Institut für Normung e.V. (DIN 8582:2003-09):
DIN 8582:2003-09. Fertigungsverfahren Umformen – Einordnung, Unterteilung, Begriffe, Alphabetische Übersicht. Berlin: Beuth, 2003.

DIN Deutsches Institut für Normung e.V. (DIN 69901-5:2009-01):
DIN 69901-5:2009-01. Projektmanagement – Projektmanagementsysteme – Teil 5: Begriffe. Berlin: Beuth, 2009.

DIN Deutsches Institut für Normung e.V. (DIN EN ISO 19115-1):
DIN EN ISO 19115-1:2014-07. Geoinformation – Metadaten – Teil 1: Grundsätze (ISO 19115-1:2014). Berlin: Beuth, 2014.

DIN Deutsches Institut für Normung e.V. (DIN EN ISO 9000:2015-11):
DIN EN ISO 9000:2015-11. Qualitätsmanagementsysteme – Grundlagen und Begriffe (ISO 9000:2015). Berlin: Beuth, 2015.

DIN Deutsches Institut für Normung e.V. (DIN EN ISO/ASTM 52900:2017-06):
DIN EN ISO/ASTM 52900:2017-06. Additive Fertigung – Grundlagen – Terminologie (ISO/ASTM 52900:2015). Berlin: Beuth, 2017.

DIN Deutsches Institut für Normung e.V. (DIN ISO 15226:2017-03):
DIN ISO 15226:2017-03. Technische Produktdokumentation – Lebenszyklusmodell und Zuordnung von Dokumenten (ISO 15226:1999). Berlin: Beuth, 2017.

DIN Deutsches Institut für Normung e.V. (DIN ISO 16916:2017-01):
DIN ISO 16916:2017-01. Press-, Spritzgieß- und Druckgießwerkzeuge – Werkzeug-Spezifikationsblatt für Spritzgießwerkzeuge (ISO 16916:2016). Berlin: Beuth, 2017.

Ding, Y.; Lan, H.; Hong, J.; Wu, D. (An Integrated Manufacturing System for Rapid Tooling Based on Rapid Prototyping):
An Integrated Manufacturing System for Rapid Tooling Based on Rapid Prototyping. In: Robotics and Computer-Integrated Manufacturing, Jg. 20, 2004, Nr. 4, S. 281-288.

Doege, E.; Behrens, B.-A. (Handbuch Umformtechnik):
Handbuch Umformtechnik. Grundlagen, Technologien, Maschinen. 2. Aufl. Berlin: Springer, 2010.

Dolmetsch, H.; Holznagel, D.; Ihwe, R.; Keller, E.; Klein, W. (Der Werkzeugbau):
Der Werkzeugbau. 16. Aufl. Haan-Gruiten: Europa-Lehrmittel Nourney, Vollmer, 2017.

Dowlatshahi, S. (Implementing Early Supplier Involvement):
Implementing Early Supplier Involvement. A Conceptual Framework. In: International Journal of Operations & Production Management, Jg. 18, 1998, Nr. 2, S. 143-167.

Ebert, C. (Systematisches Requirements Engineering):
Systematisches Requirements Engineering. Anforderungen ermitteln, spezifizieren, analysieren und verwalten. 4. Aufl. Heidelberg: dpunkt.verlag, 2012.

Ehlert, J. (Perfektes Zusammenspiel von virtueller und realer Welt):
Perfektes Zusammenspiel von virtueller und realer Welt. In: Quality Engineering, 2016, Nr. 2, S. 40-41.

Ehrlenspiel, K.; Kiewert, A.; Lindemann, U.; Mörtl, M. (Kostengünstig Entwickeln und Konstruieren):
Kostengünstig Entwickeln und Konstruieren. Kostenmanagement bei der integrierten Produktentwicklung. 7. Aufl. Berlin, Heidelberg: Springer Vieweg, 2014.

Ehrlenspiel, K.; Meerkamm, H. (Integrierte Produktentwicklung):
Integrierte Produktentwicklung. Denkabläufe, Methodeneinsatz, Zusammenarbeit. 5. Aufl. München: Hanser, 2013.

Ehrl-Gruber, B.; Süss, G. (Praxishandbuch Projektmanagement):
Praxishandbuch Projektmanagement. Ergebnisorientierte und termingerechte Projektabwicklung in der Industrie. Kissing: WEKA Fachverlag für technische Führungskräfte, 1995.

Eigner, M. (Einleitung – Modellbasierte Virtuelle Produktentwicklung):
Einleitung – Modellbasierte Virtuelle Produktentwicklung. In: Eigner, M.; Roubanov, D.; Zafirov, R. (Hrsg.) Modellbasierte virtuelle Produktentwicklung. Wiesbaden: Springer Vieweg, 2014, S. 1-13.

Eigner, M. (Ausgangssituation - Entwicklungsprozess cybertronischer Systeme):
Ausgangssituation. In: Eigner, M.; Koch, W.; Muggeo, C. (Hrsg.) Modellbasierter Entwicklungsprozess cybertronischer Systeme. Der PLM-unterstützte Referenzentwicklungsprozess für Produkte und Produktionssysteme. Wiesbaden: Springer Vieweg, 2017, S. 5-12.

Eigner, M.; Anderl, R.; Stark, R. (Interdisziplinäre Produktentstehung):
Interdisziplinäre Produktentstehung. In: Anderl, R.; Eigner, M.; Sendler, U.; Stark, R. (Hrsg.) Smart Engineering. Interdisziplinäre Produktentstehung. Wiesbaden: Springer Vieweg, 2012, S. 7-16.

Eigner, M.; Gerhardt, F.; Gilz, T.; Mogo Nem, F. (Informationstechnologie für Ingenieure):
Informationstechnologie für Ingenieure. Wiesbaden: Springer Vieweg, 2012.

Eigner, M.; Stelzer, R. (Product-Lifecycle-Management):
Product-Lifecycle-Management. Ein Leitfaden für Product-Development und Life-Cycle-Management. 2. Aufl. Berlin: Springer, 2009.

Eisenhardt, K. M. (Building Theories from Case Study Research):
Building Theories from Case Study Research. In: Academy of Management Review, Jg. 14, 1989, Nr. 4, S. 532-550.

Ertel, W. (Künstliche Intelligenz):
Grundkurs Künstliche Intelligenz. Eine praxisorientierte Einführung. 3. Aufl. Wiesbaden: Springer Vieweg, 2013.

Eversheim, W.; Bochtler, W.; Laufenberg, L. (Simultaneous Engineering):
Simultaneous Engineering. Erfahrungen aus der Industrie für die Industrie. Berlin: Springer, 1995.

Eversheim, W.; Klocke, F. (Werkzeugbau mit Zukunft):
Werkzeugbau mit Zukunft. Strategie und Technologie. Berlin: Springer, 1998.

Exner, K.; Sternitzke, A.; Kind, S.; Beckmann-Dobrev, B. (Hybrid Prototyping):
Hybrid Prototyping. In: Gengnagel, C.; Nagy, E.; Stark, R. (Hrsg.) Rethink! Prototyping. Transdisciplinary Concepts of Prototyping. Basel: Springer International Publishing, 2016, S. 89-127.

Feldhusen, J.; Grote, K.-H. (Der Produktentstehungsprozess (PEP)):
Der Produktentstehungsprozess (PEP). In: Feldhusen, J.; Grote, K.-H. (Hrsg.) Pahl/Beitz Konstruktionslehre. Methoden und Anwendung erfolgreicher Produktentwicklung. 8. Aufl. Wiesbaden: Springer Vieweg, 2013, S. 11-24.

Feldhusen, J.; Grote, K.-H. (Einleitung Pahl/Beitz Konstruktionslehre):
Einleitung. In: Feldhusen, J.; Grote, K.-H. (Hrsg.) Pahl/Beitz Konstruktionslehre. Methoden und Anwendung erfolgreicher Produktentwicklung. 8. Aufl. Wiesbaden: Springer Vieweg, 2013, S. 5-10.

Feldhusen, J.; Grote, K.-H. (Pahl/Beitz Konstruktionslehre):
Pahl/Beitz Konstruktionslehre. Methoden und Anwendung erfolgreicher Produktentwicklung. 8. Aufl. Wiesbaden: Springer Vieweg, 2013.

Feldhusen, J.; Löwer, M.; Bungert, F. (Agile Methods for Design to Customer):
Agile Methods for Design to Customer. In: 17th International Conference on Engineering Design; 24 - 27 August 2009, Stanford University, Jg. 6, Nr. 2, S. 451-460.

Fleischer, J.; Lanza, G.; Ender, T. (Prozessinnovation durch prozessbasierte Qualitätsprognose im Produktionsanlauf):
Prozessinnovation durch prozessbasierte Qualitätsprognose im Produktionsanlauf. In: ZWF – Zeitschrift für wirtschaftlichen Fabrikbetrieb, Jg. 100, 2005, Nr. 9, S. 510-516.

Frick, L. (Erfolgreiche Geschäftsmodelle im Werkzeugbau):
Erfolgreiche Geschäftsmodelle im Werkzeugbau. Aachen: Shaker, 2006.

Friedli, T. (Technologiemanagement):
Technologiemanagement. Modelle zur Sicherung der Wettbewerbsfähigkeit. Berlin: Springer, 2006.

Fritsch, M. (Strategien für die weltweite Wettbewerbsfähigkeit):
Strategien für die weltweite Wettbewerbsfähigkeit. Online verfügbar unter https://www.werkzeug-formenbau.de/benchmark/strategien-fuer-die-weltweite-wettbewerbsfaehigkeit-101.html, Stand: 12.07.2019.

Fritsch, M. (Phoenix Contact halbiert Durchlaufzeiten):
Aus fünf mach eins: Phoenix Contact halbiert Durchlaufzeiten. Online verfügbar unter https://www.werkzeug-formenbau.de/spritzen-giessen/aus-fuenf-mach-eins-phoenix-contact-halbiert-durchlaufzeiten-379.html, Stand: 10.07.2019.

Fritz, A. H.; Schulze, G. (Fertigungstechnik):
Fertigungstechnik. 10. Aufl. Wiesbaden: Springer Vieweg, 2012.

Gabler Wirtschaftslexikon (Integration):
Integration. Online verfügbar unter https://wirtschaftslexikon.gabler.de/definition/integration-38922, Stand: 24.07.2019.

Gabler Wirtschaftslexikon (Lebenszyklus):
Lebenszyklus. Online verfügbar unter https://wirtschaftslexikon.gabler.de/definition/lebenszyklus-39913, Stand: 24.07.2019.

Gabler Wirtschaftslexikon (Produkt):
Produkt. Online verfügbar unter https://wirtschaftslexikon.gabler.de/definition/produkt-42902, Stand: 24.07.2019.

Gabler Wirtschaftslexikon (Werkzeug):
Werkzeug. Online verfügbar unter https://wirtschaftslexikon.gabler.de/definition/werkzeug-48562, Stand: 24.07.2019.

Gadatsch, A. (Geschäftsprozess-Management):
Grundkurs Geschäftsprozess-Management. Analyse, Modellierung, Optimierung und Controlling von Prozessen. 8. Aufl. Wiesbaden: Springer Vieweg, 2017.

Gartner, R. (Metadata):
Metadata. Shaping Knowledge From Antiquity to the Semantic Web. Basel: Springer International Publishing, 2016.

Gartzen, T.; Brambring, F.; Basse, F. (Target-Oriented Prototyping in Highly Iterative Product Development):
Target-Oriented Prototyping in Highly Iterative Product Development. In: Procedia CIRP, Jg. 51, 2016, S. 19-23.

Gassmann, O.; Frankenberger, K.; Sauer, R. (Exploring the Field of Business Model Innovation):
Exploring the Field of Business Model Innovation. New Theoretical Perspectives. Cham: Palgrave Macmillan, 2016.

Gausemeier, J.; Echterfeld, J.; Amshoff, B. (Strategische Produkt- und Prozessplanung):
Strategische Produkt- und Prozessplanung. In: Lindemann, U. (Hrsg.) Handbuch Produktentwicklung. München: Hanser, 2016, S. 9-35.

Gausemeier, J.; Lanza, G.; Lindemann, U. (Produkte und Produktionssysteme integrativ konzipieren):
Produkte und Produktionssysteme integrativ konzipieren. Modellbildung und Analyse in der frühen Phase der Produktentstehung. München: Hanser, 2012.

Gausemeier, J.; Nordsiek, D. (Einführung Produkte und Produktionss. konzipieren):
Einführung. In: Gausemeier, J.; Lanza, G.; Lindemann, U. (Hrsg.) Produkte und Produktionssysteme integrativ konzipieren. Modellbildung und Analyse in der frühen Phase der Produktentstehung. München: Hanser, 2012, S. 13-27.

Gausemeier, J.; Ovtcharova, J.; Amshoff, B.; Eckelt, D.; Elstermann, M.; Placzek, M.; Wiederkehr, O. (Strategische Produktplanung):
Strategische Produktplanung. Adaptierbare Methoden, Prozesse und IT-Werkzeuge für die Planung der Marktleistungen von morgen. Heinz Nixdorf Institut, Universität Paderborn. Paderborn, 2016.

Gausemeier, J.; Plass, C. (Zukunftsorientierte Unternehmensgestaltung):
Zukunftsorientierte Unternehmensgestaltung. Strategien, Geschäftsprozesse und IT-Systeme für die Produktion von morgen. 2. Aufl. München: Hanser, 2014.

Gebhardt, A. (Rapid Prototyping im Werkzeugbau):
Rapid Prototyping im Werkzeugbau. In: Mennig, G. (Hrsg.) Werkzeugbau für die Kunststoffverarbeitung. Bauarten, Herstellung, Betrieb. 5. Aufl. München: Hanser, 2008, S. 582-606.

Gebhardt, A. (Additive Fertigungsverfahren):
Additive Fertigungsverfahren. Additive Manufacturing und 3D-Drucken für Prototyping – Tooling – Produktion. 5. Aufl. München: Hanser, 2016.

Gerhard, D. (Daten- und Informationsmanagement PDM/PLM):
Daten- und Informationsmanagement PDM/PLM. In: Lindemann, U. (Hrsg.) Handbuch Produktentwicklung. München: Hanser, 2016, S. 215-246.

Gesellschaft für Projektmanagement (Projektmanagement-Fachmann):
Projektmanagement-Fachmann. 7. Aufl. Eschborn: RKW, 2003.

Gilz, T. (Requirements Engineering und Requirements Management):
Requirements Engineering und Requirements Management. In: Eigner, M.; Roubanov, D.; Zafirov, R. (Hrsg.) Modellbasierte virtuelle Produktentwicklung. Wiesbaden: Springer Vieweg, 2014, S. 53-75.

Glaser, B. G.; Strauss, A. L. (The Discovery of Grounded Theory):
The Discovery of Grounded Theory. Strategies for Qualitative Research. New Brunswick, London: AldineTransaction, 2006.

Goll, J.; Hommel, D. (Mit Scrum zum gewünschten System):
Mit Scrum zum gewünschten System. Wiesbaden: Springer Vieweg, 2015.

Gottwald, A. (Am Bildschirm optimiert):
Am Bildschirm optimiert. In: Automobil Produktion, 2009, Juni, S. 64.

Gregor, S. (The Nature of Theory in Information Systems):
The Nature of Theory in Information Systems. In: MIS Quarterly, Jg. 30, 2006, Nr. 3, S. 611-642.

Grieb, P. (Digital Prototyping):
Digital Prototyping. Virtuelle Produktentwicklung im Maschinenbau. München: Hanser, 2010.

Grieves, M. (Product Lifecycle Management):
Product Lifecycle Management. Driving the Next Generation of Lean Thinking. New York: McGraw-Hill, 2006.

Hall, Athur, D. (A Methodology for Systems Engineering):
A Methodology for Systems Engineering. Princeton, New Jersey: D. Van Nostrand Company, 1962.

Handfield, R.; Ragatz, G.; Petersen, K.; Monezka, R. (Involving Suppliers in New Product Development):
Involving Suppliers in New Product Development. In: California Management Review, Jg. 42, 1999, Nr. 1, S. 59-82.

Helbich, B. J. (Entwicklung von Spritzgussprodukten):
Leitsystem zur Steigerung der Effizienz bei der Entwicklung von Spritzgussprodukten. Aachen: Mainz, 2017.

Hempelmann, W. (Rapid Prototyping auf dem Weg zum Rapid Manufacturing):
Rapid Prototyping auf dem Weg zum Rapid Manufacturing. In: Reinhart, G.; Zäh, M. F. (Hrsg.) Rapid Manufacturing – Vom Prototyp zur Produktion. Erwartungen – Erfahrungen – Entwicklungen. München: Utz, 2004, 5.1-6.1.

Hensen, T. (Auslegung industrieller Werkzeugbaubetriebe):
Strategische Auslegung industrieller Werkzeugbaubetriebe. Aachen: Apprimus, 2017.

Hensen, T.; Kelzenberg, C.; Arntz, K.; de Lange, J. (Aktuelle Entwicklungen und Trends):
Aktuelle Entwicklungen und Trends. In: Boos, W. (Hrsg.) Forschungsbericht 2018, 2018, S. 1-2.

Hienzsch, M. (Leistungsfähigkeit von Werkzeugbaubetrieben):
Bewertungsmodell für die lebenszykluskostenorientierte Leistungsfähigkeit von Werkzeugbaubetrieben am Beispiel von Spritzgießwerkzeugen. Aachen: Apprimus, 2016.

Hofmann, R. (Prototyp-, Klein- und Vorserienwerkzeuge):
Prototyp-, Klein- und Vorserienwerkzeuge. In: Mennig, G. (Hrsg.) Werkzeugbau für die Kunststoffverarbeitung. Bauarten, Herstellung, Betrieb. 5. Aufl. München: Hanser, 2008, S. 281-300.

Hopmann, C.; Menges, G.; Michaeli, W.; Mohren, P. (Spritzgießwerkzeuge):
Spritzgießwerkzeuge. Auslegung, Bau, Anwendung. 7. Aufl. München: Hanser, 2018.

Hopmann, C.; Michaeli, W. (Extrusion Dies for Plastics and Rubber):
Extrusion Dies for Plastics and Rubber. Design and Engineering Computations. 4. Aufl. München: Hanser, 2016.

ISO (DIN EN ISO 19115-1):
ISO 15836-1. Information and Documentation – The Dublin Core Metadata Element Set – Part 1: Core Elements. Genf: ISO Copyright Office, 2017.

Jackstien, K.; Vajna, S. (Grundlagen des Integrated Design Engineering):
Grundlagen des Integrated Design Engineering. In: Vajna, S. (Hrsg.) Integrated Design Engineering. Ein interdisziplinäres Modell für die ganzheitliche Produktentwicklung. Wiesbaden: Springer Vieweg, 2014, S. 51-94.

Jacob, A.; Künneke, T.; Lieneke, T.; Baumann, T.; Stricker, N.; Zimmer, D.; Lanza, G. (Iterative Produktentwicklung und Produktionsplanung für die Additive Fertigung):
Iterative Produktentwicklung und Produktionsplanung für die Additive Fertigung. In: ZWF – Zeitschrift für wirtschaftlichen Fabrikbetrieb, Jg. 113, 2018, Nr. 11, S. 742-745.

Jakoby, W. (Projektmanagement für Ingenieure):
Projektmanagement für Ingenieure. Ein praxisnahes Lehrbuch für den systematischen Projekterfolg. 3. Aufl. Wiesbaden: Springer Vieweg, 2015.

Jansen, S. (Generative Fertigung von konturnah temperierten Werkzeugen):
Generative Fertigung von konturnah temperierten Werkzeugen mittels Selective Laser Melting. Aachen: Apprimus, 2014.

Johannaber, F.; Michaeli, W. (Handbuch Spritzgießen):
Handbuch Spritzgießen. 2. Aufl. München: Hanser, 2004.

Kagermann, H.; Wahlster, W.; Helbig, J. (Umsetzungsempfehlungen Industrie 4.0):
Umsetzungsempfehlungen für das Zukunftsprojekt Industrie 4.0. Abschlussbericht des Arbeitskreises Industrie 4.0. Deutschlands Zukunft als Produktionsstandort sichern. acatech – Deutsche Akademie der Technikwissenschaften. Online verfügbar unter https://www.bmbf.de/files/Umsetzungsempfehlungen_Industrie4_0.pdf, Stand: 18.07.2019.

Kahn, K. B.; Kay, S. E.; Slotegraaf, R.; Uban, S. (New Product Development):
The PDMA Handbook of New Product Development. 3. Aufl. Hoboken, N.J.: John Wiley & Sons, 2013.

Kampker, A.; Förstmann, R.; Ordung, M.; Haunreiter, A. (Prototypen im agilen Entwicklungsmanagement):
Prototypen im agilen Entwicklungsmanagement. In: ATZ – Automobiltechnische Zeitschrift, Jg. 118, 2016, 7-8, S. 72-77.

Kampker, A.; Gerdes, J.; Schuh, G. (Think Big, Start Small):
Think Big, Start Small. Streetscooter die e-mobile Erfolgsstory: Innovationsprozesse radikal effizienter. Berlin: Springer, 2017.

Kantelberg, J. (Gestaltung agiler Entwicklungsprozesse technischer Produkte):
Gestaltung agiler Entwicklungsprozesse technischer Produkte. Aachen: Apprimus, 2018.

Kantelberg, J.; Aryobsei, A.; Rudolf, S.; Schuh, G. (Integrated Product and Tool Development):
Integrated Product and Tool Development. In: Applied Mechanics and Materials, 2015, Nr. 794, S. 524-531.

Karlinger, P.; Hinken, F. (Konstruktionsablauf):
Konstruktionsablauf. In: Mennig, G. (Hrsg.) Werkzeugbau für die Kunststoffverarbeitung. Bauarten, Herstellung, Betrieb. 5. Aufl. München: Hanser, 2008, S. 301-330.

Kaufmann, M. (Der Baum der Kybernetik):
Der Baum der Kybernetik. Die Entwicklungslinien der Kybernetik von den historischen Grundlagen bis zu ihren aktuellen Ausformungen. Dornbirn: ProEval, 2007.

Kennedy, P.; Zheng, R. (Flow Analysis of Injection Molds):
Flow Analysis of Injection Molds. München: Hanser, 2013.

Klein, T. P. (Agiles Engineering im Maschinen- und Anlagenbau):
Agiles Engineering im Maschinen- und Anlagenbau. München: Utz, 2016.

Klocke, F. (Fertigungsverfahren Umformen):
Fertigungsverfahren 4. Umformen. 6. Aufl. Wiesbaden: Springer Vieweg, 2017.

Klocke, F. (Fertigungsverfahren 5):
Fertigungsverfahren 5. Gießen und Pulvermetallurgie. 5. Aufl. Wiesbaden: Springer Vieweg, 2018.

Klotzbach, C. (Gestaltungsmodell für den industriellen Werkzeugbau):
Gestaltungsmodell für den industriellen Werkzeugbau. Aachen: Shaker, 2007.

Klotzbücher, A. (Werkzeugfertigung):
Werkzeugfertigung. In: Mennig, G. (Hrsg.) Werkzeugbau für die Kunststoffverarbeitung. Bauarten, Herstellung, Betrieb. 5. Aufl. München: Hanser, 2008, S. 471-489.

Koch, S. (Einführung in das Management von Geschäftsprozessen):
Einführung in das Management von Geschäftsprozessen. Six Sigma, Kaizen und TQM. 2. Aufl. Wiesbaden: Springer Vieweg, 2015.

Kohn, A. (Entwicklung einer Wissensbasis für die Arbeit mit Produktmodellen):
Entwicklung einer Wissensbasis für die Arbeit mit Produktmodellen. München: Dr. Hut, 2014.

Komorek, N. J. (Kollaborative Wertschöpfung im industriellen Werkzeugbau):
Gestaltungsmodell für kollaborative Wertschöpfung im industriellen Werkzeugbau. Aachen: Apprimus, 2014.

KPMG (Additive Manufacturing):
Additive Manufacturing. Strategy & Operations Fokusanalyse. Online verfügbar unter https://assets.kpmg.com/content/dam/kpmg/pdf/2016/04/ch-additive-manufacturing-de.pdf, Stand: 22.08.2019.

Krahn, H.; Eh, D.; Kaufmann, N.; Vogel, H. (Konstruktionsbeispiele Werkzeugbau Umformtechnik):
1000 Konstruktionsbeispiele Werkzeugbau. Umformtechnik, Schneidetechnik, Fügetechnik. München: Hanser, 2009.

Krahn, H.; Eh, D.; Vogel, H. (Konstruktionsbeispiele Werkzeugbau Spritzgießen):
1000 Konstruktionsbeispiele für den Werkzeug- und Formenbau beim Spritzgießen. München: Hanser, 2008.

Kramer, F.; Kramer, M. S. (Bausteine der Unternehmensführung):
Bausteine der Unternehmensführung. Kundenzufriedenheit und Unternehmenserfolg. Berlin: Springer, 1997.

Krcmar, H. (Informationsmanagement):
Informationsmanagement. 6. Aufl. Wiesbaden: Springer Gabler, 2015.

Krizhevsky, A.; Sutskever, I.; Hinton, G. E. (ImageNet Classification With Deep Convolutional Neural Networks):
ImageNet Classification With Deep Convolutional Neural Networks. In: Communications of the ACM, Jg. 60, 2017, Nr. 6, S. 84-90.

Kruse, R.; Borgelt, C.; Braune, C.; Klawonn, F.; Moewes, C.; Steinbrecher, M. (Computational Intelligence):
Computational Intelligence. Eine methodische Einführung in künstliche neuronale Netze, evolutionäre Algorithmen, Fuzzy-Systeme und Bayes-Netze. 2. Aufl. Wiesbaden: Springer Vieweg, 2015.

Kubicek, H. (Heuristische Bezugsrahmen):
Heuristische Bezugsrahmen und heuristisch angelegte Forschungsdesigns als Elemente einer Konstruktionsstrategie empirischer Forschung. In: Köhler, R. (Hrsg.) Empirische und handlungstheoretische Forschungskonzeption in der Betriebswirtschaftslehre. Bericht über die Tagung in Aachen, März 1976. Stuttgart: Poeschel, 1977, S. 3-36.

Kuhlmann, K. (Gestaltung von Geschäftsprozessen):
Methodik zur Gestaltung von Geschäftsprozessen im industriellen Werkzeugbau. Aachen: Apprimus, 2011.

Kuhlmann, T. (Corporate Tooling):
Corporate Tooling. Modularer Werkzeugbau als Befähiger internationaler Produktionsnetzwerke. Aachen: Apprimus, 2017.

Kuhn, T. S. (Die Struktur wissenschaftlicher Revolutionen):
Die Struktur wissenschaftlicher Revolutionen. 25. Aufl. Frankfurt am Main: Suhrkamp, 1988.

Kühn, T. (Lebenszyklusorientierte Leistungssysteme im Werkzeugbau):
Lebenszyklusorientierte Leistungssysteme im Werkzeugbau. Aachen: Apprimus, 2016.

Lange, K.; Schacher, H. D. (Hohlformwerkzeuge):
Hohlformwerkzeuge für Umform-, Trenn- und Fügeverfahren. In: Lange, K. (Hrsg.) Lehrbuch der Umformtechnik. Band 3 – Blechumformung. Berlin: Springer, 1975, S. 468-529.

Langenscheid Online Wörterbuch Latein (Producere):
Producere. Online verfügbar unter https://de.langenscheidt.com/latein-deutsch/producere, Stand: 23.07.2019.

Langer, S. (Änderungsmanagement):
Änderungsmanagement. In: Lindemann, U. (Hrsg.) Handbuch Produktentwicklung. München: Hanser, 2016, S. 513-539.

Larman, C.; Basili, V. R. (Iterative and Incremental Developments: A Brief History):
Iterative and Incremental Developments: A Brief History. In: Computer, Jg. 36, 2003, Nr. 6, S. 2-11.

Lehner, F.; Wildner, S.; Scholz, M. (Wirtschaftsinformatik):
Wirtschaftsinformatik. Eine Einführung. 2. Aufl. München: Hanser, 2008.

Lewin, K. (Action Research and Minority Problems):
Action Research and Minority Problems. In: Journal of Social Issues, Jg. 2, 1946, Nr. 4, S. 34-46.

Liewald, M.; Wagner, S. (Werkzeuge für die Blechumformung):
Werkzeuge für die Blechumformung. In: Hoffmann, H.; Spur, G.; Neugebauer, R. (Hrsg.) Handbuch Umformen. 2. Aufl. München: Hanser, 2012, S. 501-518.

Lincke, W. (Simultaneous Engineering):
Simultaneous Engineering. Neue Wege zu überlegenen Produkten. München: Hanser, 1995.

Lindemann, U. (Methodische Entwicklung technischer Produkte):
Methodische Entwicklung technischer Produkte. Methoden flexibel und situationsgerecht anwenden. 3. Aufl. Berlin: Springer, 2009.

Lindemann, U. (Handbuch Produktentwicklung):
Handbuch Produktentwicklung. München: Hanser, 2016.

Lindemann, U.; Maurer, M.; Braun, T. (Structural Complexity Management):
Structural Complexity Management. An Approach for the Field of Product Design. Berlin: Springer, 2009.

Loch, C. H.; Terwiesch, C. (Accelerating the Process of Engineering Change Orders):
Accelerating the Process of Engineering Change Orders. Capacity and Congestion Effects. In: Journal of Product Innovation Management, Jg. 16, 1999, Nr. 2, S. 145-159.

Malone, T. W.; Crowston, K.; Lee, J.; Pentland, B.; Dellarocas, C.; Wyner, G.; Quimby, J.; Osborn, C. S.; Bernstein, A.; Herman, G.; Klein, M.; O'Donnell, E. (Tools for Inventing Organizations):
Tools for Inventing Organizations. Toward a Handbook of Organizational Processes. In: Management Science, Jg. 45, 1999, Nr. 3, S. 425-443.

Mattmann, I. (Modellintegrierte Produkt- und Prozessentwicklung):
Modellintegrierte Produkt- und Prozessentwicklung. Wiesbaden: Springer Vieweg, 2017.

Mennig, G. (Werkzeugbau für die Kunststoffverarbeitung):
Werkzeugbau für die Kunststoffverarbeitung. Bauarten, Herstellung, Betrieb. 5. Aufl. München: Hanser, 2008.

Moldehn, A. (Werkzeugbau 4.0):
Werkzeugbau 4.0. Digitalisierung des Werkzeugbaus. In: FORM+Werkzeug, 2017, Nr. 5, S. 20-23.

Müller-Prothmann, T.; Dörr, N. (Innovationsmanagement):
Innovationsmanagement. Strategien, Methoden und Werkzeuge für systematische Innovationsprozesse. 2. Aufl. München: Hanser, 2011.

Murthy, D. N. P.; Rausand, M.; Østerås, T. (Product Reliability):
Product Reliability. Specification and Performance. London: Springer, 2008.

Musselwhite, W. C. (Time-Based Innovation):
Time-Based Innovation. The New Competitive Advantage. In: Training and Development Journal, Jg. 44, 1990, Nr. 1, S. 53-56.

Mynott, C. (Lean Product Development):
Lean Product Development. A manager's guide. London: The Institution of Engineering and Technology, 2012.

Nagarajah, A. (Methodisches Klären und Präzisieren der Aufgabenstellung):
Methodisches Klären und Präzisieren der Aufgabenstellung. In: Feldhusen, J.; Grote, K.-H. (Hrsg.) Pahl/Beitz Konstruktionslehre. Methoden und Anwendung erfolgreicher Produktentwicklung. 8. Aufl. Wiesbaden: Springer Vieweg, 2013, S. 319-341.

Nagel, J. (Risikoorientiertes Anlaufmanagement):
Risikoorientiertes Anlaufmanagement. Wiesbaden: Gabler, 2011.

Neutschel, B.; Vajna, S. (Organisations- und Prozessintegration):
Organisations- und Prozessintegration. In: Vajna, S. (Hrsg.) Integrated Design Engineering. Ein interdisziplinäres Modell für die ganzheitliche Produktentwicklung. Wiesbaden: Springer Vieweg, 2014, S. 335-373.

Ovtcharova, J. (Virtual Engineering):
Virtual Engineering. Vorlesung. IMI, Universität Karlsruhe. Karlsruhe, 2009.

Pahl, G.; Beitz, W. (Konstruktionslehre):
Konstruktionslehre. Handbuch für Studium und Praxis. Berlin: Springer, 1977.

Pahl, G.; Beitz, W.; Feldhusen, J.; Grote, K.-H. (Engineering Design):
Engineering Design. A Systematic Approach. 3. Aufl. London: Springer, 2007.

Patzak, G. (Systemtechnik – Planung komplexer innovativer Systeme):
Systemtechnik – Planung komplexer innovativer Systeme. Grundlagen, Methoden, Techniken. Berlin: Springer, 1982.

Pergler, R. (Über den eigenen Bereich hinaus):
Über den eigenen Bereich hinaus. Online verfügbar unter https://www.werkzeug-formenbau.de/benchmark/ueber-den-eigenen-bereich-hinaus-143.html, Stand: 12.07.2019.

Perschke, F. (Product Lifecycle Management):
Product Lifecycle Management (PLM). Kundennutzen durch integriertes Prozess-management. München: Hanser, 2017.

Petersen, K. J.; Handfield, R. B.; Ragatz, G. L. (Supplier Integration into New Product Development):
Supplier Integration into New Product Development. Coordinating Product, Process and Supply Chain Design. In: Journal of Operations Management, Jg. 23, 2005, S. 371-388.

Pfeifer, T. (Qualitätsmanagement):
Qualitätsmanagement. Strategien, Methoden, Techniken. 3. Aufl. München: Hanser, 2001.

Pham, D. T.; Dimov, S. S. (Rapid Prototyping and Rapid Tooling – The Key Enablers for Rapid Manufacturing):
Rapid Prototyping and Rapid Tooling – The Key Enablers for Rapid Manufacturing. In: Proceedings of the Institution of Mechanical Engineers, Part C: Journal of Mechanical Engineering Science, Jg. 217, 2003, Nr. 1, S. 1-23.

Phoenix Contact GmbH & Co. KG (Homepage – Daten und Fakten):
Homepage – Daten und Fakten. Online verfügbar unter https://www.phoeni-xcontact.com/online/portal/de?1dmy&urile=wcm%3apath%3a/dede/web/corporate/company/subcategory_pages/Data_and_facts/32019ead-971d-45de-b0d3-638b8968671f, Stand: 10.07.2019.

Phoenix Contact GmbH & Co. KG (Homepage – Was wir machen):
Homepage – Was wir machen. Online verfügbar unter https://www.phoeni-xcontact.com/online/portal/pc?1dmy&urile=wcm%3apath%3a/pcde/web/corporate/company/subcategory_pages/What_we_do/cf789b1a-1ea7-44b9-815c-74936760c139, Stand: 10.07.2019.

Pitsch, M. (Kompetenzfeldbasierte Vernetzung von Werkzeugbaustandorten):
Kompetenzfeldbasierte Vernetzung von Werkzeugbaustandorten. Aachen: Apprimus, 2014.

Plattform Industrie 4.0 (Was ist Industrie 4.0?):
Was ist Industrie 4.0? Online verfügbar unter https://www.plattform-i40.de/I40/Navigation/DE/Industrie40/WasIndustrie40/was-ist-industrie-40.html, Stand: 24.07.2019.

Ponn, J.; Lindemann, U. (Konzeptentwicklung und Gestaltung technischer Produkte):
Konzeptentwicklung und Gestaltung technischer Produkte. Optimierte Produkte – systematisch von Anforderungen zu Konzepten. Berlin: Springer, 2008.

Popper, K. R. (Die Logik der Sozialwissenschaften):
Die Logik der Sozialwissenschaften. In: Adorno, T. W.; Dahrendorf, R.; Pilot, H.; Albert, H.; Habermas, J.; Popper, K. R. (Hrsg.) Der Positivismusstreit in der deutschen Soziologie. 4. Aufl. Darmstadt: Luchterhand-Literaturverlag, 1975, S. 103-123.

Popper, K. R. (Logik der Forschung):
Logik der Forschung. 11. Aufl. Tübingen: Mohr Siebeck, 2005.

Porter, M. E. (Competitive Advantage):
Competitive Advantage. Creating and Sustaining Superior Performance. New York: The Free Press, 1998.

Probst, G. J. B.; Raub, S. P.; Romhardt, K. (Wissen managen):
Wissen managen. Wie Unternehmen ihre wertvollste Ressource optimal nutzen. 7. Aufl. Wiesbaden: Gabler, 2012.

Protiq GmbH (Homepage):
Homepage. Online verfügbar unter https://www.protiq.com, Stand: 14.07.2019.

Proto Labs Germany GmbH (Online Anfragesystem):
Online Anfragesystem. Online verfügbar unter https://www.protolabs.de, Stand: 13.07.2019.

Reimann, G.; Gröpper, M. (IT-Report Simulation + Visualisierung 2017):
IT-Report Simulation + Visualisierung 2017. Einsatz von Simulationswerkzeugen, Einbindung in die Organisation und Entwicklungstendenzen (Ergebnisauszug). VDMA, 2017.

Richter, S.; Wischmann, S.; itt-Berlin (Additive Fertigungsmethoden):
Additive Fertigungsmethoden. Entwicklungsstand, Marktperspektiven für den industriellen Einsatz und IKT-spezifische Herausforderungen bei Forschung und Entwicklung. Begleitforschung Autonomik für Industrie 4.0 – iit-Institut für Innovation und Technik in der VDI / VDE Innovation + Technik GmbH, 2016.

Rickert, H. (Zur Lehre von der Definition):
Zur Lehre von der Definition. Tübingen: Mohr, 1888.

Rieg, F.; Nützel, F.; Wehmann, C. (Numerische Simulationsverfahren):
Numerische Simulationsverfahren. In: Lindemann, U. (Hrsg.) Handbuch Produktentwicklung. München: Hanser, 2016, S. 905-937.

Riesener, M. (Ähnlichkeitsbasierte Produktkonfiguration im Maschinenbau):
Ähnlichkeitsbasierte Produktkonfiguration im Maschinenbau. Aachen: Apprimus, 2015.

Rittstieg, M. (Methodik zur Prozesssynchronisierung in der Auftragsabwicklung des industriellen Werkzeugbaus):
Methodik zur Prozesssynchronisierung in der Auftragsabwicklung des industriellen Werkzeugbaus. Dissertation. RWTHAachen, 2011.

Ropohl, G. (Allgemeine Technologie):
Allgemeine Technologie. Eine Systemtheorie der Technik. 3. Aufl. Karlsruhe: Universitätsverlag Karlsruhe, 2009.

Rosemann, M. (Komplexitätsmanagement in Prozeßmodellen):
Komplexitätsmanagement in Prozeßmodellen. Methodenspezifische Gestaltungsempfehlungen für die Informationsmodellierung. Wiesbaden: Gabler, 1996.

Rosemann, M.; Schwegmann, A.; Delfmann, P. (Vorbereitung der Prozessmodellierung):
Vorbereitung der Prozessmodellierung. In: Becker, J.; Kugeler, M.; Rosemann, M. (Hrsg.) Prozessmanagement. Ein Leitfaden zur prozessorientierten Organisationsgestaltung. 7. Aufl. Berlin, Heidelberg: Springer Gabler, 2012, S. 47-111.

Roubanov, D. (Produktmodelle und Simulation (CAE)):
Produktmodelle und Simulation (CAE). In: Eigner, M.; Roubanov, D.; Zafirov, R. (Hrsg.) Modellbasierte virtuelle Produktentwicklung. Wiesbaden: Springer Vieweg, 2014, S. 175-195.

Rowe, P. G. (Design Thinking):
Design Thinking. 3. Aufl. Cambridge, MA: MIT Press, 1991.

Royce, W. W. (Managing the Development of Large Software Systems):
Managing the Development of Large Software Systems. In: Proceedings of the 9th international conference on Software Engineering, 1987, S. 328-338.

Salmen, M. (Digital vernetzter Shopfloor):
Gestaltungsmodell für den digital vernetzten Shopfloor im Werkzeugbau. Aachen: Apprimus, 2016.

Scheer, A.-W. (Architektur integrierter Informationssysteme):
Architektur integrierter Informationssysteme. Grundlagen der Unternehmensmodellierung. Berlin: Springer, 1991.

Scheer, A.-W. (Prozeßorientierte Unternehmensmodellierung):
Prozeßorientierte Unternehmensmodellierung. Wiesbaden: Gabler, 1994.

Scheer, A.-W. (Referenzmodelle für industrielle Geschäftsprozesse):
Wirtschaftsinformatik. Referenzmodelle für industrielle Geschäftsprozesse. 5. Aufl. Berlin: Springer, 1994.

Scheer, A.-W. (ARIS – Modellierungsmethoden, Metamodelle, Anwendungen):
ARIS – Modellierungsmethoden, Metamodelle, Anwendungen. 3. Aufl. Berlin: Springer, 1998.

Scheer, A.-W. (ARIS – Vom Geschäftsprozeß zum Anwendungssystem):
ARIS – Vom Geschäftsprozeß zum Anwendungssystem. 3. Aufl. Berlin: Springer, 1998.

Schlößer, F. (Werkzeuge in der Angebotsphase):
Werkzeuge in der Angebotsphase. In: Mennig, G. (Hrsg.) Werkzeugbau für die Kunststoffverarbeitung. Bauarten, Herstellung, Betrieb. 5. Aufl. München: Hanser, 2008, S. 607-621.

Schuh, G. (Anlaufmanagement in der Automobilindustrie):
Anlaufmanagement in der Automobilindustrie erfolgreich umsetzen. Ein Leitfaden für die Praxis. Berlin: Springer, 2008.

Schuh, G. (Innovationsmanagement):
Innovationsmanagement. Handbuch Produktion und Management 3. 2. Aufl. Wiesbaden: Springer Vieweg, 2012.

Schuh, G. (Lean Innovation):
Lean Innovation. Wiesbaden: Springer Vieweg, 2013.

Schuh, G. (Lebenszyklusorientierte Produktentwicklung):
Lebenszyklusorientierte Produktentwicklung. In: Spath, D.; Westkämper, E.; Bullinger, H.-J.; Warnecke, H.-J. (Hrsg.) Neue Entwicklungen in der Unternehmensorganisation. Wiesbaden: Springer Vieweg, 2017, S. 195-210.

Schuh, G.; Anderl, R.; Gausemeier, J.; ten Hompel, M.; Wahlster, W. (Industrie 4.0 Maturity Index):
Industrie 4.0 Maturity Index. Die digitale Transformation von Unternehmen gestalten. acatech – Deutsche Akademie der Technikwissenschaften. Online verfügbar unter https://i40mc.de/wp-content/uploads/sites/22/2016/11/acatech_STUDIE_Maturity_Index_de_WEB.pdf, Stand: 18.07.2019.

Schuh, G.; Boos, W.; Kelzenberg, C.; de Lange, J.; Stracke, F.; Helbig, J.; Boshof, J.; Ebbecke, C. (Industrie 4.0: Implement it!):
Industrie 4.0: Implement it! Ein Leitfaden zur erfolgreichen Implementierung von Industrie 4.0-Lösungen. 1. Edition. Aachen: Werkzeugmaschinenlabor der Rheinisch-Westfälischen Technischen Hochschule Aachen, 2018.

Schuh, G.; Boos, W.; Kuhlmann, K.; Rittstieg, M. (Operative Exzellenz im Werkzeug- und Formenbau):
Operative Exzellenz im Werkzeug- und Formenbau. Aachen: Apprimus, 2010.

Schuh, G.; Boos, W.; Pitsch, M.; Salmen, M.; de Lange, J. (Smart Services im Alltag der Investitionsgüterindustrie):
Smart Services im Alltag der Investitionsgüterindustrie. In: Industryarena eMagazine, 2015, Nr. 3, 36.

Schuh, G.; Boos, W.; Pitsch, M.; Salmen, M.; Hensen, T.; Kuhlmann, T.; Rittstieg, F. (Fast Forward Tooling):
Fast Forward Tooling. Werkzeugmaschinenlabor WZL der RWTH Aachen; WBA Aachener Werkzeugbau Akademie GmbH. Aachen, 2015.

Schuh, G.; Eversheim, W.; Lenders, M. (Produktplanung):
Produktplanung. In: Schuh, G. (Hrsg.) Innovationsmanagement. Handbuch Produktion und Management 3. 2. Aufl. Wiesbaden: Springer Vieweg, 2012, S. 57-113.

Schuh, G.; Kelzenberg, C.; de Lange, J.; Boshof, J. (Systematic Knowledge Management):
Development and Application of a Systematic Knowledge Management Process Model for the Tooling Industry. In: University of Houston (Hrsg.) Proceedings of the 2019 3rd Conference on Information Systems and Data Mining – ICISDM. New York: ACM Press, 2019, S. 190-195.

Schuh, G.; Kelzenberg, C.; de Lange, J.; Busch, M. (Achieving Process Efficiency and Stability in Serial Production):
Achieving Process Efficiency and Stability in Serial Production Through an Innovative Service System Based on Predictive Maintenance. In: Schmitt, R.; Schuh, G. (Hrsg.) Advances in Production Research. Proceedings of the 8th Congress of the German Academic Association for Production Technology (WGP), Aachen, November 19-20, 2018. Basel: Springer International Publishing, 2019, S. 657-666.

Schuh, G.; Pitsch, M.; Kühn, T.; Kelzenberg, C. (Industrialization of the Tool and Die Industry):
Industrialization of the Tool and Die Industry. In: Akkök, M.; Budak, E.; Firat, M.; Kaftanoğlu, B. (Hrsg.) 8th International Conference and Exhibition on Design and Production of Machines and Dies/Molds, June 18-21, 2015, Aydin, Turkey. Ankara: Atilim University, 2015, S. 159-168.

Schuh, G.; Riesener, M. (Produktkomplexität managen):
Produktkomplexität managen. Strategien – Methoden – Tools. 3. Aufl. München: Hanser, 2018.

Schuh, G.; Riesener, M.; Diels, F. (Structuring Highly Iterative Product Development Projects by Using HIP-Indicators):
Structuring Highly Iterative Product Development Projects by Using HIP-Indicators. In: 2016 IEEE International Conference on Industrial Engineering and Engineering Management (IEEM), 2016, S. 1171-1175.

Schuh, G.; Rudolf, S.; Diels, F. (Methodology for the Evaluation and Selection of the Suitability of Highly Iterative Product Development Methods for Individual Segments of an Overall Development Project):
Methodology for the Evaluation and Selection of the Suitability of Highly Iterative Product Development Methods for Individual Segments of an Overall Development Project. In: 2015 IEEE International Conference on Industrial Engineering and Engineering Management (IEEM), 2015, S. 661-665.

Schuh, G.; Rudolf, S.; Riesener, M.; Kantelberg, J. (Application of Highly-Iterative Product Development in Automotive and Manufacturing Industry):
Application of Highly-Iterative Product Development in Automotive and Manufacturing Industry. In: The Proceedings of The 2016 ISPIM Forum Boston 13-16 March 2016, 2016.

Schuh, G.; Salmen, M.; Kelzenberg, C.; de Lange, J. (Integration of Tool Making into Agile Product Development):
Integration of Tool Making into Agile Product Development Using Industry 4.0 Technologies and Additive Manufacturing Technologies. In: Kocaoglu, D. F.; Anderson, T. R. (Hrsg.) PICMET '18 Portland International Conference on Management of Engineering and Technology. Proceedings: Managing Technological Entrepreneurship, the Engine for Economic Growth. Portland: PICMET, Portland State University, 2018, S. 1-9.

Schuh, G.; Salmen, M.; Kuhlmann, T.; Wiese, J. (Highly Iterative Product Development Within The Tool and Die Making Industry):
Highly Iterative Product Development Within The Tool and Die Making Industry. In: Procedia CIRP, Jg. 61, 2017, S. 576-581.

Schuh, G.; Warschat, J. (Potenziale einer Forschungsdisziplin):
Potenziale einer Forschungsdisziplin Wirtschaftsingenieurwesen. München: Utz, 2014.

Schuler GmbH (Handbuch der Umformtechnik):
Handbuch der Umformtechnik. Berlin: Springer, 1996.

Schulze, S.-O. (Systems Engineering):
Systems Engineering. In: Lindemann, U. (Hrsg.) Handbuch Produktentwicklung. München: Hanser, 2016, S. 153-184.

Schwaber, K. (SCRUM Development Process):
SCRUM Development Process. In: Sutherland, J.; Casanave, C.; Miller, J.; Patel, P.; Hollowell, G. (Hrsg.) Business Object Design and Implementation. OOPSLA '95 Workshop Proceedings 16 October 1995, Austin, Texas. London: Springer, 1997, S. 117-134.

Schwaber, K. (Agile Project Management With Scrum):
Agile Project Management With Scrum. Redmond, WA: Microsoft Press, 2004.

Schwaber, K.; Sutherland, J. (The Scrum Guide):
The Scrum Guide. The Definitive Guide to Scrum: The Rules of the Game. Online verfügbar unter https://www.scrumguides.org/docs/scrumguide/v2017/2017-Scrum-Guide-US.pdf, Stand: 18.07.2019.

Schwaber, K.; Sutherland, J. V. (Software in 30 Days):
Software in 30 Days. How Agile Managers Beat the Odds, Delight Their Customers, and Leave Competitors In the Dust. Hoboken: John Wiley & Sons, 2012.

Schwarz, L.; Neumann, T.; Teich, T. (Geschäftsprozesse praxisorientiert modellieren):
Geschäftsprozesse praxisorientiert modellieren. Handbuch zur Reduzierung der Komplexität. Wiesbaden: Springer Gabler, 2018.

Schwickal, H. (Formenbau):
Formenbau. In: Bührig-Polaczek, A.; Michaeli, W.; Spur, G. (Hrsg.) Handbuch Urformen. München: Hanser, 2014, 253-273,.

Seeger, B.; Weihe, J.; Specht, D. (Gestaltung von Innovationsprozessen):
Erfolgsstrategien zur Gestaltung von Innovationsprozessen. Eine empirische Analyse mittelständischer Innovationssysteme. Wiesbaden: Springer Gabler, 2014.

Seidlmeier, H. (Prozessmodellierung mit ARIS):
Prozessmodellierung mit ARIS. Eine beispielorientierte Einführung für Studium und Praxis in ARIS 9. 4. Aufl. Wiesbaden: Springer Vieweg, 2015.

Sicilia, M.-A. (Metadata Research):
Metadata Research: Making Digital Resources Useful Again? In: Sicilia, M.-A. (Hrsg.) Handbook of Metadata, Semantics and Ontologies. Singapur: World Scientific Publishing, 2014, S. 1-8.

simus systems GmbH (classmate FINDER):
classmate FINDER. Online verfügbar unter https://www.simus-systems.com/produkte/classmate-finder, Stand: 08.07.2019.

Smith, P. G. (Flexible Product Development):
Flexible Product Development. Building Agility for Changing Markets. San Francisco: Jossey-Bass, 2007.

Sonnenberg, V.; Itasse, S. (3D-Revolution in der Nische):
3D-Revolution in der Nische. In: Maschinenmarkt, 2016, Nr. 16, S. 25-27.

Spath, D. (Grundlagen der Organisationsgestaltung):
Grundlagen der Organisationsgestaltung. In: Spath, D.; Westkämper, E.; Bullinger, H.-J.; Warnecke, H.-J. (Hrsg.) Neue Entwicklungen in der Unternehmensorganisation. Wiesbaden: Springer Vieweg, 2017, S. 3-29.

Spath, D.; Dangelmaier, M. (Produktentwicklung Quo Vadis):
Produktentwicklung Quo Vadis. In: Lindemann, U. (Hrsg.) Handbuch Produktentwicklung. München: Hanser, 2016, S. 3-7.

Spilok, K. (Erfolg dank Präzision):
Erfolg dank Präzision. In: VDI Nachrichten, 2017, Nr. 46, S. 20-21.

Stachowiak, H. (Allgemeine Modelltheorie):
Allgemeine Modelltheorie. Wien: Springer, 1973.

Stark, J. (Product Lifecycle Management):
Product Lifecycle Management. 21st Century Paradigm for Product Realisation. London: Springer, 2005.

Stier, W. (Empirische Forschungsmethoden):
Empirische Forschungsmethoden. Berlin: Springer, 1999.

Thomas, O.; Scheer, A.-W. (Informationsmodellierung):
Verfahren und Werkzeuge zur Informationsmodellierung. In: Spath, D.; Westkämper, E.; Bullinger, H.-J.; Warnecke, H.-J. (Hrsg.) Neue Entwicklungen in der Unternehmensorganisation. Wiesbaden: Springer Vieweg, 2017, S. 429-457.

Tomczak, T. (Forschungsmethoden in der Marketingwissenschaft):
Forschungsmethoden in der Marketingwissenschaft. In: Marketing – Zeitschrift für Forschung und Praxis, Jg. 14, 1992, Nr. 2, S. 77-87.

Tsihrintzis, G. A.; Sotiropoulos, D. N.; Jain, L. C. (Machine Learning Paradigms):
Machine Learning Paradigms. Advances in Data Analytics. Basel: Springer International Publishing, 2019.

Ullman, D. G. (The Mechanical Design Process):
The Mechanical Design Process. 4. Aufl. Boston, MA: McGraw-Hill, 2010.

Ulrich, H. (Management):
Management. Bern: Paul Haupt, 1984.

Ulrich, K. T.; Eppinger, S. D. (Product Design and Development):
Product Design and Development. 6. Aufl. Boston, MA: McGraw-Hill, 2015.

Ulrich, P.; Hill, W. (Wissenschaftstheoretische Grundlagen der Betriebswirtschaftslehre (Teil I)):
Wissenschaftstheoretische Grundlagen der Betriebswirtschaftslehre (Teil I). In: WiSt-Zeitschrift für Ausbildung und Hochschulkontakt, Jg. 5, 1976, Nr. 7, S. 304-309.

Ulrich, P.; Hill, W. (Wissenschaftstheoretische Grundlagen der Betriebswirtschaftslehre (Teil II)):
Wissenschaftstheoretische Grundlagen der Betriebswirtschaftslehre (Teil II). In: WiSt-Zeitschrift für Ausbildung und Hochschulkontakt, Jg. 5, 1976, Nr. 8, S. 345-350.

Unger, P. (Gastrow Injection Molds):
Gastrow Injection Molds. 130 proven designs. 4. Aufl. München: Hanser, 2006.

Vajna, S.; Burchardt, C. (Vorgehensweisen der Integrierten Produktentwicklung):
Modelle und Vorgehensweisen der Integrierten Produktentwicklung. In: Vajna, S. (Hrsg.) Integrated Design Engineering. Ein interdisziplinäres Modell für die ganzheitliche Produktentwicklung. Wiesbaden: Springer Vieweg, 2014, 3-50.

Vajna, S.; Weber, C.; Bley, H.; Zeman, K. (CAx für Ingenieure):
CAx für Ingenieure. Eine praxisbezogene Einführung. 2. Aufl. Berlin: Springer, 2009.

van der Aalst, W. (Process Mining):
Process Mining. Data Science in Action. Berlin: Springer, 2016.

van der Aalst, W.; Adriansyah, A.; Alves de Medeiros, A. K.; Arcieri, F.; Baier, T.; Blickle, T.; Bose, J. C.; van den Brand, P.; Brandtjen, R.; Buijs, J.; Burattin, A.; Carmona, J.; Castellanos, M.; Claes, J.; Cook, J.; Costantini, N.; Curbera, F.; Damiani, E.; de Leoni, M.; Delias, P.; van Dongen, B. F.; Dumas, M.; Dustdar, S.; Fahland, D.; Ferreira, D. R.; Gaaloul, W.; van Geffen, F.; Goel, S.; Günther, C.; Guzzo, A.; Harmon, P.; ter Hofstede, A.; Hoogland, J.; Ingvaldsen, J. E.; Kato, K.; Kuhn, R.; Kumar, A.; La Rosa, M.; Maggi, F.; Malerba, D.; Mans, R. S.; Manuel, A.; McCreesh, M.; Mello, P.; Mendling, J.; Montali, M.; Motahari-Nezhad, H. R.; zur Muehlen, M.; Munoz-Gama, J.; Pontieri, L.; Ribeiro, J.; Rozinat, A.; Seguel Pérez, H.; Seguel Pérez, R.; Sepúlveda, M.; Sinur, J.; Soffer, P.; Song, M.; Sperduti, A.; Stilo, G.; Stoel, C.; Swenson, K.; Talamo, M.; Tan, W.; Turner, C.; Vanthienen, J.; Varvaressos, G.; Verbeek, E.; Verdonk, M.; Vigo, R.; Wang, J.; Weber, B.; Weidlich, M.; Weijters, T.; Wen, L.; Westergaard, M.; Wynn, M. (Process Mining Manifesto):
Process Mining Manifesto. In: Daniel, F. (Hrsg.) Business Process Management Workshops. BPM 2011 International Workshops, Clermont-Ferrand, France, August 29, 2011, Revised Selected Papers. Berlin: Springer, 2012, S. 169-194.

van der Aalst, W. M. P. (Process Mining):
Process Mining. Discovery, Conformance and Enhancement of Business Processes. Berlin: Springer, 2011.

VDI Verein Deutscher Ingenieure e.V., (VDI 2815 Blatt 5):
VDI 2815 Blatt 5. Begriffe für die Produktionsplanung und -steuerung, 1978.

VDI Verein Deutscher Ingenieure e.V., (VDI 2221):
VDI 2221. Methodik zum Entwickeln und Konstruieren technischer Systeme und Produkte, 1993.

VDI Verein Deutscher Ingenieure e.V., (VDI 2222 Blatt 1):
VDI 2222 Blatt 1. Methodisches Entwickeln von Lösungsprinzipien, 1997.

VDI Verein Deutscher Ingenieure e.V., (VDI 2206):
VDI 2206. Entwicklungsmethodik für mechatronische Systeme, 2004.

VDI Verein Deutscher Ingenieure e.V., (VDI 2223):
VDI 2223. Methodisches Entwerfen technischer Produkte, 2004.

VDI Verein Deutscher Ingenieure e.V., (VDI 3405):
VDI 3405. Additive Fertigungsverfahren. Grundlagen, Begriffe, Verfahrensbeschreibungen, 2014.

VDI Verein Deutscher Ingenieure e.V. (Handlungsfelder AM):
Handlungsfelder. Additive Fertigungsverfahren, 2016.

Verband Deutscher Maschinen- und Anlagenbau e.V. (Präzisionswerkzeuge):
Präzisionswerkzeuge. Online verfügbar unter https://pwz.vdma.org, Stand: 17.07.2019.

Verworn, B.; Herstatt, C. (Frühe Phasen des Innovationsprozesses):
Bedeutung und Charakteristika der frühen Phasen des Innovationsprozesses. In: Herstatt, C.; Verworn, B. (Hrsg.) Management der frühen Innovationsphasen. Grundlagen – Methoden – Neue Ansätze. 2. Aufl. Wiesbaden: Gabler, 2007, S. 3-19.

vom Brocke, J.; Simons, A.; Niehaves, B.; Riemer, K.; Plattfaut, R.; Cleven, A. (Reconstructing the Giant: On the Importance of Rigour in Documenting the Literature Search Process):
Reconstructing the Giant: On the Importance of Rigour in Documenting the Literature Search Process. In: ECIS 2009 Proceedings, Jg. 161, 2009, S. 2206-2217.

von Bertalanffy, L. (General System Theory):
General System Theory. Foundations, Development, Applications. New York: George Braziller, 1969.

Wagner, K. W.; Lindner, A. (Wertstromorientiertes Prozessmanagement):
Wertstromorientiertes Prozessmanagement. Effizienz steigern; Verschwendung reduzieren; Abläufe optimieren. 2. Aufl. München: Hanser, 2017.

Waltl, H.; Kerschner, M. (Werkzeuge der Umformtechnik):
Werkzeuge der Umformtechnik. In: Hoffmann, H.; Spur, G.; Neugebauer, R. (Hrsg.) Handbuch Umformen. 2. Aufl. München: Hanser, 2012, S. 731-754.

Ward, A.; Liker, J. K.; Cristiano, J. J.; Sobek, D. K. (The Second Toyota Paradox):
The Second Toyota Paradox. How Delaying Decisions Can Make Better Cars Faster. In: Sloan Management Review, Jg. 43, 1995, Nr. 36, S. 43-61.

Warnecke, H.-J. (Die Fraktale Fabrik):
Die Fraktale Fabrik. Revolution der Unternehmenskultur. Berlin: Springer, 1992.

Weske, M. (Business Process Management):
Business Process Management. Concepts, Languages, Architectures. 2. Aufl. Berlin: Springer, 2012.

Westhäuser, S.; Eschey, C.; Zäh, M. F. (Prozesskette zur Werkzeugauslegung):
Prozesskette zur Werkzeugauslegung. Methode zur simulationsgestützten Auslegung und Optimierung von Werkzeugen mit Temperiersystemen. In: wt Werkstattstechnik online, Jg. 101, 2011, Nr. 11, S. 719-723.

Whetten, D. A. (What Constitutes a Theoretical Contribution?):
What Constitutes a Theoretical Contribution? In: Academy of Management Review, Jg. 14, 1989, Nr. 4, S. 490-495.

Winter, R. (Design Science Research in Europe):
Design Science Research in Europe. In: European Journal of Information Systems, Jg. 17, 2008, Nr. 5, S. 470-475.

Winter, R. (A Framework for Evidence-Based and Inductive Design):
A Framework for Evidence-Based and Inductive Design. In: Magalhães, R. (Hrsg.) Organization design and engineering. Coexistence, cooperation or integration. Houndmills, Basingstoke, Hampshire: Palgrave Macmillan, 2014, S. 101-125.

Winter, R.; Aier, S. (Design Science Research in Business Innovation):
Design Science Research in Business Innovation. In: Hoffmann, C. P.; Lennerts, S.; Schmitz, C.; Stölzle, W.; Uebernickel, F. (Hrsg.) Business Innovation. Das St. Galler Modell. Wiesbaden: Springer Gabler, 2016, S. 475-498.

Wippenbeck, P. (Werkzeuge für verschiedene Verarbeitungsverfahren):
Werkzeuge für verschiedene Verarbeitungsverfahren. In: Mennig, G. (Hrsg.) Werkzeugbau für die Kunststoffverarbeitung. Bauarten, Herstellung, Betrieb. 5. Aufl. München: Hanser, 2008, S. 1-297.

Wohlers, T.; Campbell, I.; Diegel, O.; Kowen, J. (Wohlers Report 2018):
Wohlers Report 2018. 3D Printing and Additive Manufacturing State of the Industry – Annual Worldwide Progress Report. Fort Collins, CO: Wohlers Associates, 2018.

Wohlers, T.; Campbell, I.; Diegel, O.; Kowen, J.; Caffrey, T. (Wohlers Report 2017):
Wohlers Report 2017. 3D Printing and Additive Manufacturing State of the Industry – Annual Worldwide Progress Report. Fort Collins, CO: Wohlers Associates, 2017.

Wohlers, T.; Gornet, T. (History of Additive Manufacturing (1987-2014)):
History of Additive Manufacturing (1987-2014). Wohlers Associates, 2014.

Womack, J. P.; Jones, D. T. (Lean Thinking):
Lean Thinking. Banish Waste and Create Wealth in Your Corporation. New York: Simon & Schuster, 1996.

Wössner, U. (Virtuelle und hybride Prototypen in kooperativen Arbeitsumgebungen):
Virtuelle und hybride Prototypen in kooperativen Arbeitsumgebungen. Universität Stuttgart. Institut für Höchstleistungsrechnen. Stuttgart, 2009.

Wynn, D. C. (Model-Based Approaches to Support Process Improvement in Complex Product Development):
Model-Based Approaches to Support Process Improvement in Complex Product Development. Apollo – University of Cambridge Repository, 2007.

Wynn, D. C.; Eckert, C. M.; Clarkson, P. J. (Modelling Iteration in Engineering Design):
Modelling Iteration in Engineering Design. In: International Conference on Engineering Design, ICED'07, 28-31 August 2007, 2007, S. 1-12.

Zäh, M. F. (Wirtschaftliche Fertigung mit Rapid-Technologien):
Wirtschaftliche Fertigung mit Rapid-Technologien. München: Hanser, 2006.

Zeschky, M.; Gassmann, O. (The Innovation Process):
The Innovation Process: Sparking Creativity by Cross-Industry Analogies. In: Hoffmann, C. P.; Lennerts, S.; Schmitz, C.; Stölzle, W.; Uebernickel, F. (Hrsg.) Business Innovation. Das St. Galler Modell. Wiesbaden: Springer Gabler, 2016, 229-240.

Ziegler, S.; Braunreuther, S.; Reinhart, G. (Process Mining zur dynamischen Wertstromaufnahme):
Process Mining zur dynamischen Wertstromaufnahme. In: ZWF – Zeitschrift für wirtschaftlichen Fabrikbetrieb, Jg. 114, 2019, Nr. 6, S. 327-331.

Zimmermann, N.; Lentes, J.; Werner, A. (Potenziale durch die Anwendung Additiver Fertigung):
Potenziale durch die Anwendung Additiver Fertigung. Eine Evaluierung von Auswirkungen und Potenzialen bei Einführung additiver Fertigung. In: wt Werkstattstechnik online, Jg. 108, 2018, Nr. 6, S. 405-412.

Zukunftsinstitut (Megatrend Individualisierung):
Megatrend Individualisierung. Online verfügbar unter https://www.zukunftsinstitut.de/dossier/megatrend-individualisierung, Stand: 22.07.2019.

Zwanzig, F. (Taktung der Unikatfertigung am Beispiel des Werkzeugbaus):
Taktung der Unikatfertigung am Beispiel des Werkzeugbaus. Aachen: Apprimus, 2010.

9 Anhang

Mit nachfolgender Auflistung, dargestellt in 127 bis Abbildung 132, wird eine Übersicht zu digitalen Prototypen gegeben, welche als Entwicklungsleistungen durch den Werkzeugbau in der Phase Engineering Support erbracht werden können (vgl. Kapitel 5.1.2.1). Dabei werden einzelne digitale Prototypen mit einer Bezeichnung und Beschreibung vorgestellt. Die Auflistung beruht auf einer Sammlung von Produktmodelltypen nach KOHN, welche in gekürzter Form wörtlich übernommen wird.[726] Während KOHN sich in seinen Beschreibungen lediglich auf Modelle für Produkte bezieht, können die gleichen Modelle durch den Werkzeugbau sowohl zur Abbildung des zu entwickelnden und produzierenden Produkts sowie des dazugehörigen Werkzeugs angewandt werden. Ergänzend wird daher eine Bewertung bzgl. der Eignung der aufgelisteten digitalen Prototypen als Entwicklungsleistung des Werkzeugbaus in der Phase Engineering Support vorgenommen. Die Bewertung erfolgt in den Abstufungen hohe Eignung (vollständig ausgefüllter Harvey Ball), mittlere Eignung (halb ausgefüllter Harvey Ball) und geringe Eignung (nicht ausgefüllter Harvey Ball).

Bezeichnung digitaler Prototyp	Beschreibung	Eignung
Adjazenzmatrix	Eine Adjazenzmatrix beschreibt als Verknüpfungsmatrix einen Zusammenhang zwischen Elementen.	◑
Aktivitätsdiagramm	Ein Aktivitätsdiagramm wird genutzt, um dynamische Aspekte eines Systems zu modellieren.	○
Akustikmodell	Ein Akustikmodell dient der Simulation der Geräuschentwicklung eines Produkts.	○
Alternativenbaum	Ein Alternativenbaum stellt mögliche Lösungsalternativen als Verkettung ihrer Elemente dar.	●
Alternativkonzept/ Alternativlösung	Alternativkonzept bezeichnet Lösungen, die neben der aktuellen Lösung existieren, diese sind dann jedoch als "inaktiv" klassifiziert.	◑
Änderungsdokument	Ein Änderungsdokument enthält Informationen über eine Änderung des Produkts und zugehöriger Dokumentation.	◑
Anforderungsliste	Eine Anforderungsliste ist ein Hilfsmittel zur strukturierten Dokumentation von Anforderungen.	●
Anforderungsmodell	Ein Anforderungsmodell beinhaltet die Summe der Anforderungen an ein Produkt.	●

Abbildung 127: Auflistung und Bewertung verschiedener digitaler Prototypen als Entwicklungsleistungen der Phase Engineering Support (I/VI)[727]

[726] Auflistung und Beschreibung der digitalen Prototypen übernommen von Kohn (Entwicklung einer Wissensbasis für die Arbeit mit Produktmodellen), 2014, S. 231ff. Die Eignungsbewertung der digitalen Prototypen beruht auf der Einschätzung des Autors der vorliegenden Arbeit.

[727] I. A. a. Kohn (Entwicklung einer Wissensbasis für die Arbeit mit Produktmodellen), 2014, S. 231ff.

Bezeichnung digitaler Prototyp	Beschreibung	Eignung
Anwendungsfalldiagramm/ Kontextdiagramm	Ein Anwendungsfalldiagramm zeigt eine Sicht auf das erwartete Verhalten eines Systems anhand Anwendungsfällen und Akteuren.	○
Baugruppen/ Baugruppenbeschreibung	Eine Baugruppenbeschreibung beinhaltet eine textuelle und grafische Beschreibungen von Baugruppen.	◑
Baumodell	Ein Baumodell repräsentiert ein Produkt auf der Ebene konkreter Bauelemente, wie sie anschließend gefertigt und montiert werden.	●
Baustruktur	Eine Baustruktur ist die Gliederung technischer Produkte in Baugruppen und Bauteile sowie die Kopplung der Bauteile.	●
Berechnungsergebnisse/ Berechnungsmodell	Berechnungsergebnisse beschreiben Produkteigenschaften und dienen der Bewertung des Produkts.	●
Bewertungsergebnisse	Bewertungsergebnisse fassen eine Bewertung übersichtlich zusammen.	●
Black Box	Mit Hilfe der Black-Box-Darstellung wird die grundlegende Funktion beziehungsweise der wesentliche Zweck eines Systems abgebildet.	●
CAD-Geometriemodell (2D/3D-Modell)	CAD-Geometriemodelle sind durch Verwendung eines Computers als Hilfsmittel genutzte Modelle, die die Geometrie des Produkts darstellen.	●
CAM-Modell	CAM-Modelle beinhalten einen NC-Code zum Fertigen des Produkts/Bauteils.	○
CFD-Modell	CFD-Modelle entstehen als Teil einer Methode zur Strömungsberechnung.	●
Designskizze (Designmodell)	Eine Designskizze ist eine Skizze der geometrischen Form des Produkts.	●
Effektstrukturen	Effektstrukturen dienen der Darstellung von physikalischen Wirkprinzipien.	●
Einflussmatrix	Methode, bei der in strukturierter Form die gegenseitige Beeinflussung von Elementen eines Systems ermittelt wird.	●
ERM	Ein ERM bildet typisierte Objekte und deren Beziehungen untereinander ab.	◑
Entscheidungstabellen	Entscheidungstabellen dienen der übersichtlichen Darstellung von komplexen Entscheidungsregeln.	◑
Entwicklungsmodell	Ein Entwicklungsmodell dient der Spezifikation der Struktur sowie der geometrischen und stofflichen Beschaffenheit eines zu entwickelnden Produkts.	●
Entwurfsmodell	Ein Entwurfsmodell weist den Prinziplösungen konkrete Baugruppen und -teile zu und detailliert deren Geometrie und Material.	●
Fehlerbaumanalyse	Eine Fehlerbaumanalyse dient zum systematischen Erstellen von Ursache-Wirkungs-Zusammenhängen zur Abbildung von Fehlern.	●
FEM-Modell	Ein FEM-Modell bildet ein System anhand partieller Differentialgleichungen ab (bspw. zur Spannungs-, Verformungsanalyse etc.)	●
Fertigungszeichnung	Eine Fertigungszeichnung enthält die Darstellung eines Teils mit weiteren Angaben (Oberflächenangaben etc.) für die Fertigung.	●
FMEA-Dokument	Ein FMEA-Dokument unterstützt dabei, das Risiko möglicher Mängel oder Schäden eines Produkts oder Prozesses abzuschätzen.	●

Abbildung 128: Auflistung und Bewertung verschiedener digitaler Prototypen als Entwicklungsleistungen der Phase Engineering Support (II/VI)[728]

[728] I. A. a. Kohn (Entwicklung einer Wissensbasis für die Arbeit mit Produktmodellen), 2014, S. 231ff.

Bezeichnung digitaler Prototyp	Beschreibung	Eignung
Function Oriented Product Description (FOPD)	FOPD ist eine Spezifikation der funktionalen Aspekte von Elektronik/Elektrik-Systemen auf der Anwenderebene.	◑
Freiheitsgradanalyse	Eine Freiheitsgradanalyse dient der Bestimmung von Handlungs- und Gestaltungsspielräumen für die Entwicklung.	●
Funktionsmodell	Ein Funktionsmodell bildet ein System anhand dessen Funktionen ab. Diese können in Form von Listen, hierarchischen Bäumen oder Netzen vorliegen.	●
Funktionsnetz (nutzerorientiert)	Ein nutzerorientiertes Funktionsmodell stellt die nutzerorientierten Funktionen eines Produkts unter Orientierung am Lebenslauf dar.	●
Funktionsnetz (relationsorientiert)	Ein relationsorientiertes Funktionsmodell stellt die Zusammenhänge zwischen nützlichen und schädlichen Funktionen eines Produkts dar.	●
Funktionsnetz (umsatzorientiert)	Ein umsatzorientiertes Funktionsmodell stellt die Funktionen eines Systems anhand des Energie-, Stoff- und Signalumsatzes flussorientiert dar.	●
Funktionsplan	Ein Funktionsplan wird verwendet, um komplexe Schaltvorgänge zu erstellen und zu visualisieren.	◑
Gesamtentwurf	Ein Gesamtentwurf enthält alle wesentlichen gestalterischen Festlegungen zur Produktrealisierung.	●
Gestaltstudie	Eine Gestaltstudie stellt ähnlich wie die Designskizze das Produkt graphisch dar, allerdings ist noch nicht alles endgültig definiert.	●
Gewichtete Punktbewertung	Eine gewichtete Punktbewertung ist ein Bewertungsverfahren, das einen Vergleich von Lösungsalternativen ermöglicht.	●
Gozintograph	Ein Gozintograph ist ein Modell zur Darstellung des Produktionsprozesses eines Produkts anhand dessen Zusammensetzung aus einzelnen Teilen.	●
Ideenformular	Ein Ideenformular ist eine strukturierte Sammlung von Lösungsmöglichkeiten für verschiedene Teilfunktionen des Produkts.	●
Interner Projektauftrag	Ein interne Projektauftrag ist Grundlage und Initiierung für die anstehende Entwicklung und enthält Informationen über die eigentliche Aufgabe.	●
Kinematische Skizze	Eine kinematische Skizze stellt in vereinfachter Darstellung die Kinematik eines Produkts dar.	●
Konsistenzmatrix	Eine Konsistenzmatrix dient der Analyse von Kombinationen zwischen Betrachtungsobjekten (Situationsmerkmalen, Anforderungen, Lösungen etc.).	●
Konstruktionskatalog	Ein Konstruktionskatalog ist die Sammlung von bewährten Lösungen eines Produkts.	●
Konzeptheft	Ein Konzeptheft legt Wirkprinzipien des Produkts fest und beschreibt verschiedene Lösungsvarianten.	●
Konzeptplan/ Lösungskonzept/Konzept	Ein Lösungskonzept ist eine aus mehreren Lösungsalternativen ausgewählte prinzipielle Lösung eines Produkts.	●
Kundenauftrag	Ein Kundenauftrag beschreibt das Produkt anhand der Kundenwünsche und -bedingungen an das zu entwickelnde Produkt.	●
Lastenheft	Ein Lastenheft beschreibt Anforderungen des Auftraggebers an den Auftragnehmer.	●
Lastkollektiv	Ein Lastkollektiv bezeichnet die an einem Produkt aufgetretenen Schwingungsamplituden in einem bestimmten Zeitraum.	◑

Abbildung 129: Auflistung und Bewertung verschiedener digitaler Prototypen als Entwicklungsleistungen der Phase Engineering Support (III/VI)[729]

[729] I. A. a. Kohn (Entwicklung einer Wissensbasis für die Arbeit mit Produktmodellen), 2014, S. 231ff.

Bezeichnung digitaler Prototyp	Beschreibung	Eignung
Lieferantendatenblatt	Ein Lieferantendatenblatt enthält Informationen zu den technischen Daten und Eigenschaften einer gelieferten Komponente.	◑
Logikplan	Ein Logikplan stellt die logischen Grundfunktionen elektrischer, elektronischer, pneumatischer und hydraulischer Schaltungen dar.	●
Materialliste/ Materialmodell	Eine Materialliste beschreibt die benötigten Materialien und enthält Informationen zu Lieferanten, Bezeichnungen, Materialmengen, Masse und Kosten.	●
Mehrkörpersimulation (MKS)/ kinematische Simulation	Ein MKS-Modell bildet ein Produkt als Mehrkörpersystem durch mehrere unverformbare Körper ab.	●
Meilensteindokumentation	Eine Meilensteindokumentation beschreibt den aktuellen Entwicklungsstand des Produkts und fasst dessen Status zusammen.	●
Modulare Struktur	Eine modulare Struktur beschreibt die Gliederung eines Produkts in einzelne Gruppen und Elemente einschließlich deren Verknüpfungen.	●
Modulmodell	Ein Modulmodell gliedert das Produkt in Teilbereiche, so dass eine effiziente Bearbeitung mit Hilfe von Methoden des Projektmanagements erfolgen kann.	●
Montageplan	Ein Montageplan beschreibt, wie das Produkt im Rahmen der Fertigung montiert werden muss.	○
Montagevorranggraph	Ein Montagevorranggraph stellt die Teilaufgaben der Montage eines Produkts netzplanähnlich dar.	○
Montagezeichnung	Eine Montagezeichnung stellt das Produkt in einer Explosionsansicht dar, wodurch die Montagereihenfolge ersichtlich wird.	○
Morphologischer Kasten	Ein morphologischer Kasten ist ein nach bestimmten Kriterien aufgebautes, eindimensionales Ordnungsschema, um ein Lösungsfeld abzubilden.	◑
Nutzwertanalyse	Das Ergebnis einer Nutzwertanalyse ermöglicht die differenzierte Bewertung von Alternativen vor allem bei komplexen Produkten.	●
Ordnungsschema	Ein Ordnungsschema dient der Strukturierung von Lösungsalternativen.	●
Paarweiser Vergleich/ Zielpräferenzmatrix	Das Ergebnis eines paarweisen Vergleichs ermöglicht einen direkten Vergleich von jeweils zwei Alternativen bzgl. einzelner Kriterien.	●
Package	Ein Package enthält Informationen über die Anordnung der einzelnen Bauteile und Gruppen eines Produkts.	●
Patent	Patente stellen eine juristische Beschreibung eines Lösungsprinzips bzw. Produkts dar, welche dieses eindeutig definiert.	○
Perspektivische Skizze	Eine perspektivische Skizze bildet ein Produkt meist stark vereinfacht perspektivisch unter Nutzung von Symbolen ab.	●
Petri-Netz	Ein Petri-Netz beschreibt den Ablauf von Prozessen als markierter gerichteter Graph.	○
Pflichtenheft	Ein Pflichtenheft beschreibt, wie der Auftragnehmer die Anforderungen des Auftraggebers zu lösen gedenkt.	●
Problemmodell	Ein Problemmodell dient zur Generierung eines besseren Problem- oder Systemverständnisses für existierende oder zu entwickelnde Systeme.	●
Product Family Evolution Model (PFEM)	Ein PFEM stellt die Evolution einer Produktfamilie anhand der Veränderungen zwischen Produkten dar.	●

Abbildung 130: Auflistung und Bewertung verschiedener digitaler Prototypen als Entwicklungsleistungen der Phase Engineering Support (IV/VI)[730]

[730] I. A. a. Kohn (Entwicklung einer Wissensbasis für die Arbeit mit Produktmodellen), 2014, S. 231ff.

Bezeichnung digitaler Prototyp	Beschreibung	Eignung
Produktlogik	Eine Produktlogik stellt in Ergänzung zur Produktstruktur gegenseitige Beeinflussungen zwischen baugruppenübergreifenden Elementen dar.	●
Produktstruktur/ Produktarchitektur	Eine Produktstruktur bzw. Produktarchitektur beschreibt die strukturierte Zusammensetzung des Produkts aus seinen Komponenten.	●
Prüfanweisung	Eine Prüfanweisung enthält die Anweisung für die Durchführung einer Qualitätsprüfung und gibt an, wie eine Prüfung durchzuführen ist.	○
Prüfplan	Ein Prüfplan gibt vor, was, wann, mit welcher Methode und wie häufig geprüft werden muss.	○
Recyclingplan/ Recyclinginformationen	Ein Recyclingplan beschreibt das Produkt hinsichtlich des Recyclingprozesses.	○
Structured Analysis and Design Technique (SADT)	SADT dient der grafischen Spezifikation von Anforderungen mittels hierarchisch geordneter Diagramme.	○
Schaltdiagramm/Schaltplan	Ein Schaltplan ist eine grafische, abstrahierte Darstellung einer elektrischen Schaltung.	◑
Sequenzdiagramm	Ein Sequenzdiagramm beschreibt die Kommunikation zwischen Objekten in einer Situation anhand ausgetauschter Objekte und deren Reihenfolge.	◑
Simulationsmodell	Ein Simulationsmodell ermöglicht es, anhand der Simulation Aussagen über Eigenschaften des Produkts zu treffen.	●
Skizze/Handskizze/ Brainsketching-Ergebnis	Eine Skizze ist eine nicht unbedingt maßstäbliche, vorwiegend freihändig erstellte Zeichnung.	●
Spezifikationsmodell	Ein Spezifikationsmodell dokumentiert die Kundenbedürfnisse für den gesamten Produktentwicklungsprozess.	●
Stückliste	Eine Stückliste ordnet die für den Zusammenbau eines Produkts erforderlichen Bestandteile und stellt diese dar.	●
Tatsächliches Leistungsprofil	Ein tatsächliches Leistungsprofil beschreibt die Leistungsfähigkeit des endgültigen Produkts.	●
Technische Zeichnung/ Zeichnungen/Drawings	Eine technische Zeichnung zeigt in grafischer und schriftlicher Form alle notwendigen Informationen für die Herstellung und Beschreibung eines Produkts.	●
Teilekatalog	Ein Teilekatalog enthält die zu verwendende Bauteile, die im Produkt eingesetzt werden können.	●
Toleranzmodell	Ein Toleranzmodell bildet Toleranzinformationen in Ergänzung der Produktmerkmale ab.	●
TRIZ Stoff-Feld-Modell	Ein TRIZ Stoff-Feld-Modell bildet die erwünschte Funktion eines Produkts durch das Zusammenspiel von Stoffen (Objekten) und Feldern (Aktionen) ab.	●
Ursache-Wirkungs-Analyse	Eine Ursache-Wirkungs-Analyse bildet kausale Zusammenhänge zwischen Fehlern bzw. unerwünschten Ereignissen, ihren Ursachen und Wirkungen ab.	●
Verifikationsmodell	Ein Verifikationsmodell bildet wesentliche Eigenschaften eines Produkts ab, um dessen Bewertung zu ermöglichen.	●
Verknüpfungsmatrix	Eine Verknüpfungsmatrix stellt Zusammenhänge zwischen Betrachtungsobjekten aus unterschiedlichen Kategorien her.	●
Vertriebsunterlagen	Vertriebsunterlagen ergänzen den internen Projektauftrag durch die dem Kunden kommunizierten Bedingungen des Auftrags.	○

Abbildung 131: Auflistung und Bewertung verschiedener digitaler Prototypen als Entwicklungsleistungen der Phase Engineering Support (V/VI)[731]

[731] I. A. a. Kohn (Entwicklung einer Wissensbasis für die Arbeit mit Produktmodellen), 2014, S. 231ff.

Bezeichnung digitaler Prototyp	Beschreibung	Eignung
Vorentwurf	Ein Vorentwurf konkretisiert durch Gestalten der maßgebenden Module die prinzipielle Lösung.	●
Vorteil-Nachteil-Vergleich	Ein Vorteil-Nachteil-Vergleich stellt Vor- und Nachteile zwischen Lösungsalternativen gegenüber.	●
VR-Modell	VR-Modelle sind all diejenigen Modelle, die das Produkt in der Virtuellen Realität abbilden.	◑
Wirkkonzept	Ein Wirkkonzept stellt ein Gesamtkonzept für das Produkt auf Ebene des Wirkmodells dar	●
Wirkmodell/ Wirkstrukturmodell	Ein Wirkmodell beschreibt die prinzipielle Lösungsmöglichkeit für eine technische Aufgabenstellung beschreibt.	●
Wirkstruktur	Eine Wirkstruktur stellt die Verknüpfung mehrerer Wirkprinzipien einer Lösung dar.	●
Zielmodell	Ein Zielmodell dient zur Erfassung, Strukturierung und Dokumentation von gewünschten Systemmerkmalen.	●
Zusammenstellzeichnung/ Zusammenbauzeichnung	Eine Zusammenstellzeichnung dient der Erläuterung von Zusammenbauvorgängen des Produkts.	●

Abbildung 132: Auflistung und Bewertung verschiedener digitaler Prototypen als Entwicklungsleistungen der Phase Engineering Support (VI/VI)[732]

[732] I. A. a. Kohn (Entwicklung einer Wissensbasis für die Arbeit mit Produktmodellen), 2014, S. 231ff.

Lebenslauf

Persönliche Daten

Name, Vorname:	Johan Daniel Matthias de Lange
Geburtsdatum:	07.02.1989
Geburtsort:	Beckum
Nationalität:	Deutsch

Ausbildung

1999 - 2008	Abitur, Albertus-Magnus-Gymnasium, Beckum
2008 - 2013	B.Sc. Wirtschaftsingenieurwesen Fachrichtung Maschinenbau, Vertiefung Produktionstechnik an der RWTH Aachen
2011 - 2012	Auslandsstudium Mechanical Engineering und Erasmus-Stipendium am Imperial College London
2013 - 2014	M.Sc. Wirtschaftsingenieurwesen Fachrichtung Maschinenbau, Vertiefung Produktionstechnik an der RWTH Aachen

Beruflicher Werdegang

2008 - 2013	Diverse Praktika (Beumer Group GmbH & Co. KG; Deloitte Consulting GmbH; Haver & Boecker OHG; Audi AG)
2009 - 2014	Studentischer Mitarbeiter an diversen Instituten der RWTH Aachen (Institut für Allgemeine Mechanik IAM; Lehrstuhl für Volkswirtschaftslehre, insb. Mikroökonomie; Werkzeugmaschinenlabor WZL der RWTH Aachen)
2015 - 2018	Wissenschaftlicher Mitarbeiter, Abteilung Unternehmensentwicklung, Werkzeugmaschinenlabor WZL der RWTH Aachen
2018 - 2019	Gruppenleiter, Gruppe Kompetenzmanagement, Werkzeugmaschinenlabor WZL der RWTH Aachen
2015 - 2019	Berater, Abteilung Industrieberatung, WBA Aachener Werkzeugbau Akademie GmbH
Seit 2019	Senior Manager Business Development, Business Unit Technical Service, SMS group GmbH

In der Reihe **Ergebnisse aus der Produktionstechnik** zuletzt erschienen:

de Lange, Johan:
Prozessmodell für den Werkzeugbau im iterativen Produktentwicklungsprozess
ISBN: 978-3-86359-898-3
Erscheinungsdatum: 12.10.2020

Lachenmaier, Maximilian:
Beschleunigungsbasierte Prozessauslegung des ungeführten Vibrationsgleitschleifprozesses
ISBN: 978-3-86359-900-3
Erscheinungsdatum: 06.10.2020

Hild, Rafael:
Dry Full Forward Extrusion by Textured Workpieces and Self-Lubricating Tool Coatings
ISBN: 978-3-86359-892-1
Erscheinungsdatum: 30.09.2020

Herrig, Tim:
Elektrochemisches Schneiden mit einer Drahtelektrode
ISBN: 978-3-86359-876-1
Erscheinungsdatum: 07.09.2020

Rey, Jan:
Methodik zur hochiterativen Gestaltung von Fertigungsprozessfolgen
ISBN: 978-3-86359-874-7
Erscheinungsdatum: 27.07.2020

Brill, Nicolai-André:
Optische Kohärenztomographie für die Quantifizierung funktioneller und morphologischer Eigenschaften von humanem Knorpelgewebe
ISBN: 978-3-86359-868-6
Erscheinungsdatum: 16.07.2020

Voigtmann, Christoph:
Modellierung des Risikos thermischer Verletzungen bei minimalinvasiven Eingriffen an der lateralen Schädelbasis
ISBN: 978-3-86359-867-9
Erscheinungsdatum: 12.10.2020

Pollaschek, Jonas:
Fertigungsgerechte Zahnfußoptimierung von Stirnrädern
ISBN: 978-3-86359-888-4
Erscheinungsdatum: 06.10.2020

Welter, Tobias:
Logistikeffizienz der Produktionssteuerung in der variantenreichen Kleinserienproduktion
ISBN: 978-3-86359-887-7
Erscheinungsdatum: 16.09.2020

Vogt, Florian:
Gestaltung typenbasierter Transferprozesse von Innovationen aus firmeninternen Inkubatoren
ISBN: 978-3-86359-881-5
Erscheinungsdatum: 04.08.2020

Janssen, Henning:
Additive Prozesskette zur Herstellung von thermoplastischen Faserverbund-Hybridbauteilen
ISBN: 978-3-86359-870-9
Erscheinungsdatum: 23.07.2020

Ackermann, Philippe:
Optische Kohärenztomographie für Laserdurchstrahlschweißprozesse bei Kunststoffen
ISBN: 978-3-86359-872-3
Erscheinungsdatum: 13.07.2020

Edition Wissenschaft
Apprimus

Wetterney, Tim:
Disruptionsorientierter Spezifikationsprozess technischer Systeme
ISBN: 978-3-86359-875-4
Erscheinungsdatum: 09.07.2020

Schares, Richard:
Laserstrahl-Fügevorbehandlung von CFK-Bauteilen in Formwerkzeugen von Spritzgießanlagen
ISBN: 978-3-86359-852-5
Erscheinungsdatum: 18.05.2020

Teli, Mahesh Pradip:
Development of Wire- and Powder-based Laser Metal Deposition Process for Locally Modified Mechanical Properties of X37CrMoV5-1 Tool Steel
ISBN: 978-3-86359-848-8
Erscheinungsdatum: 04.05.2020

Vits, Frederik:
Tribologie beim Schleifen von polykristallinem Diamant
ISBN: 978-3-86359-838-9
Erscheinungsdatum: 14.04.2020

Schultes, Thilo Konrad:
Gestaltungsmodell zur digitalen Vernetzung von Werkzeugbaubetrieben mit Lieferanten
ISBN: 978-3-86359-835-8
Erscheinungsdatum: 19.03.2020

Hildebrand, Maria:
Übertragungsverhalten von Planetenrollengewindetrieben unterschiedlicher Gewindegangzahl der Spindel und der Mutter
ISBN: 978-3-86359-822-8
Erscheinungsdatum: 02.03.2020

Kelzenberg, Christoph:
Datenstrukturmodell für den digitalen Schatten der Auftragsabwicklung von Werkzeugbaubetrieben
ISBN: 978-3-86359-861-7
Erscheinungsdatum: 01.07.2020

Rittstieg, Felix:
Ambidextre Organisationsarchitekturen im industriellen Werkzeugbau
ISBN: 978-3-86359-855-6
Erscheinungsdatum: 18.05.2020

Vollmer, Thomas:
Transparency-Driven Vertical Data Connection of Production Systems for Resources Monitoring in Manufacturing
ISBN: 978-3-86359-851-8
Erscheinungsdatum: 27.04.2020

Schröder, Stephan:
Integration von Lieferanten in agile Entwicklungsprozesse technischer Systeme
ISBN: 978-3-86359-845-7
Erscheinungsdatum: 31.03.2020

Dannapfel, Matthias:
Ein systemisches Management-Modell für die Fabrikplanung
ISBN: 978-3-86359-770-2
Erscheinungsdatum: 13.03.2020

Behnen, Daniel:
Planungsbasierte Generierung von Abläufen für Maschinensteuerungen
ISBN: 978-3-86359-825-9
Erscheinungsdatum: 02.03.2020

Edition Wissenschaft
Apprimus

Kolibri 360 GmbH
Ferdinand-Jühlke-Straße 7
99095 Erfurt, Deutschland
produktsicherheit@kolibri360.de